AF666732

DEUTSCHE DEMOKRATISCHE REPUBLIK
DEUTSCHE AKADEMIE DER LANDWIRTSCHAFTSWISSENSCHAFTEN ZU BERLIN
INSTITUT FÜR LANDWIRTSCHAFTLICHE INFORMATION UND DOKUMENTATION

Landwirtschaftliches Zentralblatt

ABTEILUNG III

TIERZUCHT · TIERERNÄHRUNG FISCHEREI

8. JAHRGANG

1963

AKADEMIE-VERLAG · BERLIN

LZ III TIERZUCHT · TIERERNÄHRUNG · FISCHEREI · JG. 1963 · NR. 4 · SEITE 665—888 · BERLIN · APRIL 1963

LANDWIRTSCHAFTLICHES ZENTRALBLATT

KURATORIUM

Prof. Dr. Gustav Becker — Quedlinburg
Prof. Dr. Johannes Dobberstein — Berlin
Prof. Dr. Ernst Ehwald — Eberswalde
Prof. Dr.-Ing. Heinrich Heyde — Berlin
Prof. Dr. Hermann Meusel — Halle/Saale
Prof. Dr. Kurt Nehring — Rostock
Prof. Dr. Erwin Plachy — Berlin
Prof. Dr. Johannes Reinhold — Berlin
Prof. Dr. Heinz Röhrer — Insel Riems bei Greifswald
Prof. Dr. Otto Rosenkranz — Böhlitz-Ehrenberg
Prof. Dr. Rudolf Schick — Groß-Lüsewitz, Krs. Rostock
Prof. Dr. Karl Schmalfuß — Halle/Saale
Prof. Dr. Wilhelm Stahl — Rostock
Prof. Dr. Hans Stubbe — Gatersleben, Bez. Halle

CHEFREDAKTEUR

Dr. Ursula Wittbrodt — Berlin

STELLVERTRETENDER CHEFREDAKTEUR

Dr. Werner Kleeberg — Berlin

ABTEILUNG TIERZUCHT · TIERERNÄHRUNG · FISCHEREI

REDAKTIONSAUSSCHUSS

Prof. Dr. Knut Breirem — Vollebekk
Dr. Virgil Gligor — Bukarest
Prof. Dr. Erwein Höpler — Wien
Prof. Johannes Jaeger — Merbitz
Prof. Dr. Karl Ivar Johansson — Uppsala
Prof. Dr. Jan Kielanowski — Warschau
Prof. Dr. Vladimír Koželuha — Prag
Prof. Dr. Edwin Lauprecht — Mariensee
Prof. Dr. Walter Lenkeit — Göttingen
Prof. Dr. Kurt Nehring — Rostock
Prof. Dr. Maximilian Pflücke — Potsdam
Prof. Dr. Nikola Platikanow — Sofia
Prof. Dr. József Schandl — Budapest
Prof. Dr. Ivan Šmalcelj — Zagreb
Prof. Dr. Wilhelm Stahl — Rostock
Prof. Dr. Michail Tomme — Moskau
Prof. Dr. Hans-Helmuth Wundsch — Berlin

REDAKTION

Dr. Hans Dieter Hennig — Tierzucht
Dr. habil. Bernhard Piatkowski — Tierernährung
Dr. Werner Steffens — Fischerei

INHALTSVERZEICHNIS

NAMENVERZEICHNIS

Seitenzahl in [Klammern] bedeutet Bibliographie, mit Stern * bedeutet Buchbesprechung

LANDWIRTSCHAFTLICHES ZENTRALBLATT
ABT. TIERZUCHT · TIERERNÄHRUNG · FISCHEREI

1963 NR. 4 APRIL

SAMMELREFERAT

Aus dem Oskar-Kellner-Institut für Tierernährung Rostock der Deutschen Akademie der Landwirtschaftswissenschaften zu Berlin

(Direktor: Prof. Dr. Dr. h. c. K. Nehring)

Über den Vitaminstoffwechsel im Pansen

H. H. Budzier

Manuskripteingang: 1.12.1962

Besonders in den letzten Jahren sind in zahlreichen, sehr zerstreuten und z. T. nicht allgemein zugänglichen Publikationen eine Reihe von Ergebnissen über Untersuchungen des Vitaminstoffwechsels im Pansen mitgeteilt worden. Da diese Befunde einen größeren Interessentenkreis, so vornehmlich aus den Gebieten der Tierphysiologie, Tierernährung, Veterinärmedizin, Mikrobiologie und Milchwissenschaft angehen, soll im folgenden versucht werden, das erreichbar gewesene neuere Schrifttum zusammenfassend darzustellen, wobei jedoch patho-physiologische Verhältnisse nicht in diesen Kreis einbezogen wurden.

Allgemeines

An wasserlöslichen Vitaminen werden im Pansen ohne Zweifel Thiamin (aber nicht nach 20), Riboflavin (auch 20, 25, 38), Pyridoxin, Cyanocobalamin, Biotin, Nicotinsäure, Pantothensäure (54) und Folsäure synthetisiert (14). Dasselbe wird ganz allgemein auch von den übrigen, eben nicht genannten Vitaminen der B-Gruppe gesagt (3, 55). Für Ascorbinsäure hält Cappa (10) eine ruminale Bildung für nicht ausgeschlossen, diese wird jedoch von anderer Seite angezweifelt (55) oder für nicht existent gehalten (14). Bei den fettlöslichen Vitaminen dürfte die mikrobielle Entstehung von Vitamin K als gesichert angesehen werden (54, 55), dagegen ist die Frage der generellen Möglichkeit einer intraruminalen Produktion von Vitamin A noch nicht so eindeutig geklärt (3, 14), obwohl Elhatw (19) an Schafen das Fehlen einer solchen experimentell nachweisen konnte.

Entwicklung der Pansenfunktion

Mit der ontogenetischen Entwicklung des Kalbes von der Geburt an und der damit verbundenen Veränderung der mikrobiologischen Vorgänge in den Vormägen geht ein sich verändernder Vitaminstoffwechsel im Pansen einher. Während der Gehalt an Thiamin von der 2. bis 14. Lebenswoche mit Werten zwischen ca. 8 μg und 11μg/g Tr.-Subst. annährend gleich ist, ist sowohl bei Riboflavin als auch bei Nicotinsäure mit 34 μg auf ca. 20–25 μg und 72 μg auf ca. 50 μg/g Tr.-Subst. eine fallende Tendenz im Vitaminspiegel zu erkennen (30). Andererseits stellten Buziassy und Tribe (9) fest, daß im Pansen von Lämmern von der Geburt bis zur Entwöhnung die Konzentration an Thiamin, Riboflavin sowie Nicotinsäure in den ersten 3 Wochen stark anstieg, bis zur Entwöhnung etwa konstant blieb, danach aber sehr schwankte, wobei der Gehalt an Nicotinsäure jedoch merklich zurückging. In ähnlicher Richtung liegen die Ergebnisse von Poppe (45), der während der Milchfütterungsperiode bei Kälbern eine starke ruminale Synthese an Thiamin und

Riboflavin feststellte und Vitaminkonzentrationen im Pansen bilanzmäßig nachweisen konnte, die schon im 2. Lebensmonat 4- bzw. 3mal so hoch lagen wie im Futter. Erst zur Zeit des Absetzens der Milchgaben, wenn sich der Zuckergehalt in der Gesamtration zugunsten von Stärke reduzierte, wurde ein Abfall in der Syntheseleistung verzeichnet. Es gibt aber auch Anzeichen, die dafür sprechen, daß einige Vitamine des B-Komplexes im Kälberpansen überhaupt in unzureichender Menge synthetisiert werden, wodurch bestimmte Vitamine bei jungen Wiederkäuern eine essentielle Stellung einnehmen können (3).

Mikrobielle Vitaminlokalisation

Das im Panseninhalt vorhandene Thiamin soll nach Phillipson und Reid (42) in extrazellulärer Form zur Verfügung stehen. Demgegenüber sind Rérat, Molle und Le Bars (47) sowie auch Conrad und Hibbs (3) der Meinung, daß unter normalen physiologischen Verhältnissen alle oder zumindest einige Vitamine des B-Komplexes lediglich in nicht-resorbierbarem Zustand, nämlich intrazellulär in den Mikroorganismen vorliegen. Dieses trifft offenbar für das ganze oder doch für einen bedeutenden Teil des Vitamins B_{12} zu, da es nach eingesetzter Lysis auf Grund des Autoklavierens von Pansensaft in erheblich größerer Menge nachzuweisen war als vorher (40). Von nicht geringer Bedeutung ist im Hinblick auf die in Lösung befindlichen Vitamine das quantitative Verhältnis von solchen Bakterien, die Vitamine synthetisieren, zu den Mikroorganismen im Pansen, die die Vitamine sofort als essentielle Nährstoffe konsumieren oder sie sogar zerstören, da nur der vorhandene Überschuß von extrazellulär erzeugten Vitaminen für eine ruminale Resorption in Frage kommen kann (5).

Ruminale Resorption

Die resorptive Verfügbarkeit wäre von entscheidender Bedeutung für eine schnelle Wirksamkeit der Vitamine im intermediären Stoffwechsel, wenn die Pansenwand für diese Produkte voll permeabel wäre. Obwohl namhafte Autoren dieses als experimentell bestätigt anzusehen glauben (3), gibt es doch gegenteilige Meinungen (43, 46), die die Resorption allgemein ablehnen bzw. deren Möglichkeit nur bestimmten Vertretern des B-Komplexes zusprechen. Letzteres trifft offenbar für das Thiamin, nicht aber für das Riboflavin (43) zu.

Mikrobielle Vitaminproduzenten

Recht unklare Vorstellungen herrschen heute noch über die als eigentliche Vitaminproduzenten anzusehenden Mikroorganismen. Cienciała (12) konnte von 68 Bakterienstämmen, die aus 190 Isolaten aus mehreren Schafpansen ausgewählt wurden, lediglich 4 ermitteln, die Vitamin B_{12} (Escherichia-Test) zu synthetisieren vermochten. Für *Lactobacillus bifidus* wurde sicher festgestellt, daß er extrazellulär Thiamin, Pyridoxin, Nicotinsäure sowie Folsäure und intrazellulär Riboflavin erzeugen kann (41). Poppe (44) berichtet darüber, daß unter Vermehrung „runder Formen und Diplokokken" bei gleichzeitiger Reduzierung der „Kettenförmigen" die Syntheseleistung im Rinderpansen von Riboflavin bedeutend anstieg, während die des Thiamins parallel dazu stark abnahm. Die Pantothensäurebildung ist wohl nicht streng auf bestimmte Mikroorganismenarten beschränkt, da sie dem Keimgehalt und der Mikrobenaktivität parallel verläuft (26). Nach Usuelli (14) dürften die Pansenprotozoen gar nicht in der Lage sein, irgendwelche Vitamine in nachweisbaren Mengen zu produzieren. Auf die Kompliziertheit des in- vitro-Nachweises einer Synthesemöglichkeit von Isolaten macht Nurmikko (3) aufmerksam. Zahlreiche Species sollen nämlich im Hinblick auf die Vitaminsynthese symbiotisch voneinander derart abhängig sein, daß gewisse Zwischenstufen dieses Stoffwechsels auf extrazellulärem Wege ausgetauscht werden die für den jeweils in Frage kommenden Partner für die Gesamtsynthese des Vitamins essentiell sind. Aus den doch relativ geringen konkreten Angaben unter Hinweis auf das Letztgesagte ergibt sich allgemein, daß man über die eigentliche ruminale Vitaminsynthese und deren Bedingungen praktisch kaum etwas Genaues weiß (54).

Mikrobielle Vitaminkonsumenten

Bryant und Robinson (6) untersuchten den Vitaminbedarf einiger Pansenmikroorganismen. Von 15 Ruminococcus-Stämmen benötigten 1 Thiamin, 1 Riboflavin, 8 Pyridoxin, 10 Biotin, 8 para-Aminobenzoesäure sowie 2 Folsäure zum Wachstum in vitro. Die Notwendigkeit der Thiaminversorgung für bestimmte Pansenkeime wird auch von anderer Seite (5) betont. Chu und Bryant (11) stellten an 4 Stämmen von *Bacteroides succinogenes* fest, daß Biotin für alle essentiell war, para-Aminobenzoesäure aber nicht, sie wirkte jedoch auf das Wachstum stark stimulierend. Allgemein sollen die Cellulolyten Biotin unbedingt benötigen (17), andererseits konnte eine Celluloseverdauungsdepression durch perorale Vitamin-B-Supplementierung jedoch nicht behoben werden (49). Bei der Dextransynthese aus Saccharose ist Biotin zumindest in vitro auch für einige Stämme von *Streptococcus bovis* essentiell, für andere dagegen offenbar nur Pantothensäure (39). Die Pantothensäure kann ebenfalls von *Lactobacillus bifidus* nicht selbst erzeugt und muß exogen zugeführt werden (41). Weitere Literaturangaben beziehen sich auf das Vitamin B_{12}. Nach Johnson u. a. (25), Campbell u. a. (3) sowie Welch (3) ist die Frage noch nicht eindeutig entschieden, ob die im Pansen synthetisierten Komponenten des Vitamin-B_{12}-Komplexes eigentlich in erster Linie von bestimmten Pansenmikroorganismen essentiell benötigt werden und so eine Voraussetzung für den Ablauf des ruminalen Fermentationsprozesses darstellen oder ob vornehmlich das Tier direkt aus der ruminalen Synthese seinen B_{12}-Bedarf deckt. Vom Vitamin C ist durch Koser und Thomas (3) bekannt geworden, daß es bei *Lactobacillus casei* teilweise Cystein und bei einer Reihe von Milchsäurebakterien den Vitamin-B_{12}-Bedarf ersetzen kann. Die Pansenmikroorganismen besitzen offensichtlich einen nicht unbedeutenden Vitamin-C-Bedarf (55). Eingehend untersuchte Lev (32, 33) *Fusiformis nigrescens*, der größenordnungsmäßig in einer Menge von ca. 10^5/g Panseninhalt anzutreffen ist, auf seinen essentiellen Vitamin-K-Bedarf. Neben den Vitaminen K_1, K_2 und K_5 ergaben ebenfalls 1,4-Naphthochinon, Menaphthon, Menaphthonbisulfit, 2,3-Dimethylnaphthochinon sowie Lapachol eine Vitamin-K-Aktivität, das Phthiochol und seine Derivate zeigten dagegen eine Anti-vitamin-K-Wirkung. In höheren Dosen (1–5 μg/ml) wirkten aber die meisten der genannten Substanzen auf *Fusiformis nigrescens* toxisch. Auf die Pansenprotozoen sollen nach D'Agostino Barbaro (3) hohe Konzentrationen der Vitamine A, D_3 und E gleichfalls von toxischer Wirkung sein.

Mikrobielle Vitamindestruktion

Von mikrobieller Seite kann der Vitaminvorrat allem Anschein nach nicht nur durch produktiven Verbrauch, sondern auch infolge direkten Vitaminabbaues angegriffen werden. So beobachteten Crossland u. a. (13) an Ziegen bei Futter, das reich an Riboflavin war, einen starken Vitaminabbau im Pansen. Bei peroraler Vitamin-B_{12}-Zufuhr wurde von Kercher und Smith (29) gleichfalls eine Inaktivierung in einem erheblichen Umfang festgestellt. In vitro zugesetztes Vitamin C wurde im künstlichen Pansen innerhalb relativ kurzer Zeit völlig abgebaut (10). Über die Bedeutung des Vitamins A für die Gärungsvorgänge im Pansen, namentlich im Hinblick auf seine mögliche Destruktion, ist so gut wie nichts bekannt (3). Vitamin E kann, wie Usuelli (53) berichtet, im Pansen gleichfalls mikrobiell zerstört werden.

Einfluß der Futterzusammensetzung

Relativ viele Angaben liegen über den Einfluß der Futterrationszusammensetzung auf die ruminale Vitaminsynthese vor. Von verschiedenen Autoren wird auf einen gewissen Antagonismus zwischen dem Vitamingehalt des Futters und der Synthesepotenz im Pansen hingewiesen (5, 8, 13, 42, 54). Es bestehen zwischen dem Vitamingehalt der Ration und der im umgekehrtproportionalen Verhältnis erfolgenden Synthese jedoch keine signifikanten Beziehungen, wohl aber zwischen der jeweiligen N-Gabe und dem ruminalen Vitamingehalt (8). Ganz allgemein fördern die leichter verwertbaren Kohlenhydrate die Vitaminsynthese (20, 45, 55).

Die Thiaminproduktion wurde bei Rindern vornehmlich durch Kartoffelzulage (43), mit Grundfutter von Luzerneheu (50%), durch Weizenstroh- oder Maisstärkezulage und weniger durch Maisgluten bzw. Weidegang (48), durch SO_2- sowie Melasse-Silage (51) merklich gefördert. Zu hohe Kohlenhydratgaben, die eine zu starke Milchsäurebildung resultieren ließen, wirkten dagegen stark hemmend (4). Casein oder Harnstoff als Rationszulage hatten keine unterschiedliche Wirkung (8).

Nicht für Thiamin, sondern nur für Riboflavin konnte bei Verfütterung leichtlöslicher Kohlenhydrate ein Synthesenachweis geführt werden (20). Orth und Kaufmann (37) verglichen an Milchkühen Heu-, Getreidemehl- sowie Silage-Rationen und stellten dabei keinen Einfluß auf die Riboflavinsynthese fest. Rérat u. a. (48) ermittelten bei Verfütterung von Luzerneheu als Grundfutter (50%) an Schafe, daß nach Zulage von Maisgluten geringfügig, nach einer solchen von Weizenstroh oder Maisstärke die Riboflavinproduktion stärker anstieg. Auch wirkten SO_2- und Melasse-Silage auf die ruminale Riboflavinbildung offensichtlich günstig (51). Wurde in der Ration Casein durch Harnstoff ersetzt, so änderte sich am Riboflavinspiegel des Panseninhaltes nichts (8). Besonders soll die Art des Saftfutters für den Umfang der Riboflavinsynthese entscheidend sein. Es wurde, verglichen mit dem Gehalt der jeweiligen Ration, bei Futterrüben- und Kartoffelration das 5- bis 8fache, bei Futterkohl das ca. 5fache, bei Mais- wie Futterroggensilage das ca. 3fache und bei Wickhafergemenge das Doppelte an Riboflavin in den Vormägen nachgewiesen. In diesen Versuchen an Rindern wurden je nach Futterart täglich zwischen 35 mg und 306 mg Riboflavin im Pansen von den Mikroorganismen produziert (43).

In Fütterungsversuchen mit Schafen stellte Helwig (22) fest, daß durch den Übergang von Heuration (72 g Rohprotein/Tag) auf Kraftfutterration (215 g Rohprotein/Tag) nicht nur der Gehalt an Pyridoxin, sondern auch der an Vitamin B_{12} unverändert blieb.

Die Vitamin-B_{12}-Synthese im Pansen geht unter den Bedingungen des Hungerzustandes erheblich zurück (40). Baintner und Jécsai (2) beobachteten, daß nach Futterwechsel unter normalen Ernährungsbedingungen die Produktion von Vitamin B_{12} für einen Zeitraum von 5–6 Tagen zumindest vorübergehend spürbar abfällt. Nach diesen Autoren förderte die Verfütterung von Brauereigetreide die Vitamin-B_{12}-Bildung. Beim Vergleich der Rationen Heu, Getreidemehl und Silage scheint letztere im Hinblick auf den Vitamin-B_{12}-Spiegel im Pansen von Milchkühen einen ungünstigen Einfluß zu haben (37). Terri u. a. (52) stellten ebenfalls nach Versuchen an Milchvieh einen positiven Einfluß von Hafer sowie Mais auf den Vitamin-B_{12}-Gehalt fest. Nicht zu gleichen Resultaten kommen Rérat u. a. (48), die bei Schafen, welche als Grundfutter Luzerneheu (50%) erhielten, bei Weidegras-Zulage die höchste Vitamin-B_{12}-Zunahme mit 2,3 μg/g Tr.-Subst. des Panseninhaltes feststellten, während Weizenstroh- (1,32 μg), Maisstärke- (1,25 μg) und Maisglutenzulagen (1,65 μg) wesentlich darunter lagen und keine großen Differenzen zeigten.

Die ruminale Nicotinsäure-Bildung wird unter den eben genannten Bedingungen nach Rérat u. a. (48) durch Weidegang (90,7 μg) und besonders Maisstärkezulage (114,5μg) erheblich stimuliert. Während SO_2-Silage keinen negativen Einfluß auf die Nicotinsäureproduktion ausübte (51), wurde dieselbe erheblich reduziert, wenn in der Ration Casein durch Harnstoff ersetzt wurde (8).

Wurde die Eiweißzufuhr in Form von Casein erhöht, ohne daß die übrigen Futterkomponenten sich veränderten, stieg der Pantothensäuregehalt von 1,0–1,3 $\mu g/g$ Panseninhalt auf 1,4–1,5 μg. Desgleichen stellte Kaufmann (26) fest, daß stärkereiche Fütterung die höchsten Werte resultieren ließ. Eine weitere zusätzliche Steigerung des Eiweißgehaltes hatte mit Ausnahme bei der Heuration keine Wirkung. Die alleinige Heufütterung zeigte von allen Rationen die niedrigste Pantothensäurekonzentration im Pansen. Poppe (43, 45) untersuchte unter Prüfung zahlreicher Futterrationen die Dynamik der ruminalen Vitaminsynthese. Der Vitaminspiegel im Pansen lag je nach Ration, wenn der Gehalt im Futter gleich 100% gesetzt wird, bei Thiamin zwischen 168% und 380%, der des Riboflavins zwischen 280% und 930%. An Riboflavin wurden im Pansen pro Tag zwischen 35 mg und 306 mg produziert. Es fällt hier die besonders hohe Schwankungsbreite der Riboflavinsynthesepotenz auf. Im einzelnen wurden vom gleichen Autor große individuelle Differenzen festgestellt, wobei das Alter der Tiere aber keine Rolle spielte. Außerdem liegt offenbar ein Rhythmus im Hinblick auf die tägliche Vitaminproduktion vor (43). So war vornehmlich bei Riboflavin, in gewissem Umfang ebenfalls bei Thiamin zu beobachten gewesen, daß das Maximum nachmittags sowie abends lag, die geringste Zunahme nachts zu verzeichnen war und morgens wieder eine ansteigende Tendenz resultierte. Crossland u. a. (13) beobachteten im Gegensatz zu Poppe (43, 45), daß bei Ziegen unabhängig von der Ration sowie deren Riboflavingehalt die täglich erzeugte Riboflavinmenge praktisch gleich war und sich zwischen 5,0 mg und 6,9 mg bewegte.

Mikronährstoff-Wirkung

Nach Versuchen an Milchkühen, Ochsen sowie Hammeln sprechen offenbar und merkwürdigerweise nur die das Riboflavin erzeugenden Pansenmikroorganismen positiv auf zusätzliche Gaben von Fe, Cu, Mn, Zn, Co sowie Mg an, nicht aber jene, die für die Thiaminsynthese im wesentlichen verantwortlich sind (44). Der somit deutlich differenzierte Bedarf der spezifischen Mikroflora an irgendwelchen Mikronährstoffen wird deshalb auch von Poppe (44) als mögliche Ursache der unterschiedlichen Wirkungsweise der verschiedenen Futterrationen auf die Vitaminsynthese angesehen. Da in diesen Versuchen bis auf $CoCl_2$ alle genannten Mikronährstoffe als Sulfate verabreicht wurden, besteht auch durch den Sulfat-S eine weitere Stimulationsmöglichkeit (55). Neben S soll auch Co ganz allgemein auf die Vitaminsynthese im Pansen von günstiger Wirkung sein (55).

Besonders intensiv wurde der Einfluß von Co auf die Synthese des Vitamin B_{12} untersucht. Daß Co in Form verschiedener Salze die B_{12}-Produktion fördert, konnte vielfach bestätigt werden (21, 28, 31, 36). Wenn auch im hinteren Abschnitt des Verdauungstraktes der Schwerpunkt der Vitamin-B_{12}-Synthese (*Lactobacillus leichmannii*-Test) zu liegen scheint, wie Kercher (28) an Schafen feststellen konnte, werden doch im Pansen erhebliche Mengen gebildet. So wurden unter Co-Mangel im Pansen 4 μg B_{12}/100 g Tr.-Subst., bei normalen Fütterungsbedingungen aber 60 μg B_{12} nachgewiesen. Mit Hilfe von radioaktiv markiertem Co konnte der Nachweis erbracht werden, daß das Co von den Pansenmikroorganismen inkorporiert wird (15, 55), um zur B_{12}-Synthese verwendet zu werden. Davis u. a. (15) beobachteten dabei, daß gleichzeitige Mo-Gaben den Syntheseprozeß begünstigten. Der fördernde

Effekt von Co-Zulagen auf die ruminale Vitamin-B_{12}-Produktion soll nach den genannten Autoren vom Mo-Spiegel abhängen, und in dieser Beziehung soll ein bestimmtes Co:Mo-Verhältnis von Bedeutung sein. Da nur wenig Co über die Blutbahn in den Pansen gelangen kann, ist die perorale Zufuhr ausschlaggebend (27).

Das Co wird nicht in jedem Falle von derselben Mikroflorapopulation verarbeitet. Wie Andrews u. a. (1) und Dewey u. a. (18) nachweisen konnten, wird die Dynamik der Pansenmikroflora schon allein durch starke Co-Konzentrationsunterschiede maßgeblich beeinflußt, so daß bei Co-Mangelernährung die Mikroflorazusammensetzung eine andere ist wie bei normaler Co-Versorgung.

Bürke und Schwartz (7) berichteten über interessante Ergebnisse im Hinblick auf den Wirkungsmechanismus des Co. Nach ihnen soll Co im Pansen auch zur Eiweißsynthese verwendet werden, zumal parenteral verabreichtes B_{12} bei entsprechenden Pansenfunktionsstörungen unwirksam ist und Co die N-Retention erheblich verbessert. Da, wie von ihnen zitierte Autoren festgestellt haben, Methionin bei Säureamidverfütterung an Milchvieh N-sparend wirkt sowie andererseits Vitamin B_{12} zur Methioninsynthese benötigt wird, ist ein Mechanismus Co → B_{12} → Methionin → verbesserte Amidverwertung → verbesserte N-Retention denkbar. In dieser Richtung liegen Beobachtungen, daß das Vitamin-B_{12}-Bedürfnis der Pansenbakterien bei Harnstoffverfütterung größer ist als wenn Aminosäuren oder natives Protein als N-Quelle dargeboten werden.

Antibiotica-Wirkung

Smith und Allen (50) beobachteten an Kälbern bei einer täglichen Aureomycin-Supplementierung von 40 –80 mg keine Veränderung des Gehaltes des Blutes an Thiamin, Riboflavin, Vitamin B_{12}, Nicotinsäure sowie Pantothensäure. Nach Mameesh und Johnson (24) steigerte eine Aureomycin-Zulage von 30 mg/kg, 9 Tage lang verabfolgt, die Thiaminsynthese um 11%. Auch Streptomycin, 30 mg/kg über 9 Tage angeboten, ließ den Thiamingehalt im Schafpansen von 18,8 μg auf 32,4 μg bzw. von 26,2 μg auf 43,6 μg/100g Tr.-Subst. steigen (35). Poppe (44) wiederum fand, daß Chlortetracyclin-Hydrochlorid die Thiaminsynthese auf 35–40% der Norm der Vergleichsration ohne Antibioticazusatz senkte, während der Riboflavingehalt jedoch gleichzeitig um 50–100% stieg.

Unter den Bedingungen eines Co-Mangels konnte weder Aureomycin-Hydrochlorid (10 mg) (28) noch Na-Penicillin G (3mal wöchentlich 50000 IE über 9 Wochen) die ruminale Synthese von Vitamin B_{12} erhöhen (1).

Varia

Über das Vitamin B_{12} liegen noch eine Reihe weiterer Untersuchungen vor. Des qualitativen sowie quantitativen Nachweises wegen ist die Mitteilung von Baintner und Jécsai (2) wichtig, daß nämlich zwischen dem Vitamin-B_{12}-Gehalt der Panseningesta und dem des regurgitierten Bolus kein Unterschied besteht. Nach Terri u. a. (52) erscheinen 99% des vom Milchvieh ausgeschiedenen Vitamin B_{12} im Kot, diese Menge stellt quantitativ das 40- bis 50fache der Einnahme mit dem Futter dar. Der Anteil an Cyanocobalamin am im Pansen synthetisierten Vitamin-B_{12}-Komplex ist relativ gering (14) und soll ca. 10% betragen (3). Der Vitamin-B_{12}-Faktor A, ein Purinanalogon, dürfte mengenmäßig bei der ruminalen Synthese vorherrschen, dessen Produzenten jedoch augenblicklich noch unbekannt sind (14)*. Hiermit hängt erklärlicher-

---

*Anmerkung: Erst während der Drucklegung wurde die Arbeit von Dryden u. a. (Dryden, L. P., Hartmann, A. M., Bryant, M. P., Robinson, I. M. und Moore, L. A. Nature [London] 195 (1962) S. 201-202.) über die Indentifizierung von Vitamin B_{12} produzierenden Pansenbakterien bekannt, die im Text nicht mehr berücksichtigt werden konnte.

weise zusammen, daß mit dem *Lactobaccillus leichmannii*-Test (16) oder dem *Escherichia coli*-Nachweis (23) vom ruminal produzierten Vitamin B_{12} mehr nachzuweisen ist als mit dem *Ochromonas malhamensis*-Test (16, 23). Diskutiert wird mehrfach die offensichtlich in gewisser Weise vorhandene dualistische Rolle des Vitamin B_{12} im Pansen (3, 25), die dadurch zum Ausdruck kommt, daß einerseits eine vorwiegende Wirkung auf die Mikroorganismen beobachtet wurde, andererseits mehr ein direkter Effekt auf das Wirtstier ausgeübt zu werden scheint. In diesem Zusammenhang ist auch die Mitteilung zu sehen, daß peroral verabreichtes Pseudovitamin B_{12} bei Kälbern nicht in der Lage ist, eine Vitamin-B_{12}-Avitaminose zu beheben (23).
Völlig unklar ist noch die Funktion des Vitamin D, das bei der Regelung des ruminalen Reaktionszustandes eine Rolle spielen soll (3).

Schlußbetrachtung

Obwohl in den vergangenen Jahren, die in diesem Bericht im wesentlichen die Zeit von 1955 bis 1961 umfassen, zahlreiche Arbeiten erschienen sind, die sich mit dem Vitaminstoffwechsel im Pansen beschäftigen und in vielen Details unser Wissen auf diesem Gebiet vermehren konnten, bleiben nach zusammenfassender Sichtung des Materials doch noch viele Fragen unbeantwortet oder ungeklärt. Über das Vorliegen einer ruminalen Synthese der Vitamine A und C ist noch nicht endgültig entschieden. Dieses gilt ebenfalls über die Art der mikrobiellen Vitaminbildung, nämlich ob extra- oder intrazellulär. Es ist auch noch unklar, unter welchen Bedingungen welche Vitamine mit Sicherheit von der Pansenwand resorbiert werden können. Trotz der als gesichert anzusehenden und in größerem Umfang erfolgenden ruminalen Synthese einer ganzen Reihe von Vitaminen weiß man von den einzelnen Mikroorganismengruppen oder -arten, die hierzu fähig sind, kaum etwas. Während man über den mikrobiellen Vitaminbedarf schon mehr orientiert ist, liegen nur unzureichende Angaben über die ruminale Vitamindestruktion vor. Ein relativ großer Teil der Autoren befaßte sich mit dem Einfluß der Futterzusammensetzung auf die Vitaminsynthese im Pansen. Auch auf diesem Gebiet der Untersuchungen sowie bei der Prüfung des Einflusses von Mikronährstoffen und Antibiotica findet man keine übereinstimmenden Resultate. So ergeben ähnliche Rationen z. T. völlig abweichende, extrem gegensätzlich dagegen z. T. nahezu übereinstimmende Ergebnisse. Mit als wesentliche Ursachen muß man hier die wohl allem Anschein nach existierenden stark unterschiedlichen, individuellen ruminalen Fermentationsintensitäten (43) und die Heterogenität der Pansenmikroorganismenpopulation, deren natürliche Dynamik und der damit verbundenen Toleranz der Gärungsvorgänge (22) ansehen, wenn auch eine gewisse Differenzierungsmöglichkeit der Mikroorganismen (44) nicht abgestritten werden kann. Die ruminale Funktion der verschiedenen Vitamine im Hinblick ihrer Wirkung auf die Gärungsvorgänge im Pansen bedarf ebenfalls einer weiteren Klärung.
Es harren also der weiteren Forschungsarbeit auf dem Gebiet des Vitaminstoffwechsels des Pansens noch viele lohnenswerte Aufgaben, deren systematische und klärende Bearbeitung aber wegen der metabiotischen Natur (22) der Gärungsvorgänge im Pansen mit erheblichen Schwierigkeiten verbunden sein wird.

---

1. Andrews, E. D., Gall, L. S., Hart, L. I. und Anderson, J. P. New Zealand J. Sci. Technol., Sect. A **38** (1957) S. 654–663. (zit. n. LZ. Abt. III **4** [1959] Nr. 3. S. 632.)
2. Baintner, K. und Jócsai, Gy. Bull. Fac. Agric. Sci. [Gödöllö] **1958** S. 449–455. (zit. n. Nutrit. Abstr. Rev. **30** [1960] S. 462.)
3. Barnett, A. J. G. und Reid, R. L. Reactions in the rumen. Edw. Arnold Ltd., London 1961.
4. Broberg, G. XVI. int. tierärztl. Kongr., Abh., Madrid 2 (1959) S. 867–868. (zit. n. LZ. Abt. III **6** [1961] Nr. 2. S. 319.)

5. Broberg, G. Acute overeating with cereals in ruminants. Diss. Tierärztl. Hochschule, Stockholm 1960.
6. Bryant, M. P. und Robinson, I. M. J. Dairy Sci. **43** (1960) S. 876.
7. Bürke, R. P. und Schwartz, H. M. Landwirtsch. Forsch. **13** (1960) S. 330–336.
8. Buziassy, C. und Tribe, D. E. Austral. J. agric. Res. **11** (1960) S. 989–1001. (zit. n. LZ. Abt. III **6** [1961] Nr. 9. S. 1609.)
9. Buziassy, C. und Tribe, D. E. Austral. J. agric. Res. **11** (1960) S. 1002–1008. (zit. n. LZ. Abt. III **6** [1961] Nr. 9. S. 1609.)
10. Cappa, V. Riv. Zootecn. **31** (1958) S. 199–200. (zit.n. LZ. Abt. III **4** [1959] Nr. 3. S. 625.)
11. Chu, H. und Bryant, M. P. J. Dairy Sci. **41** (1958) S. 729–730.
12. Cienciała, M. Badania nad mikroflora źwacza owiec z uwzglednieniem biosyntezy kobalaminy. Diss. Landwirtsch. Hochschule, Kraków 1960.
13. Crossland, A., Owen, E. C. und Proudfoot, R. Brit. J. Nutrit. **12** (1958) S. 312–329.
14. Cuthbertson, D. P. The Advancement of Sci. **25** (1958) S. 140–154.
15. Davis, G. K., Jack, F. H. und McCall, J. T. J. Animal Sci. **15** (1956) S. 1232.
16. Dawbarn, M. C., Hine, D. C. und Smith, J. Austral. J. exp. Biol. med. Sci. **35** (1957) S. 273–276. 321–325. (zit.n. Nutrit. Abstr. Rev. **28** [1958] S. 466–467.)
17. Dehority, B. A., El-Shazly, Khaled und Johnson, R. R. J. Animal Sci. **19** (1960) S. 1098–1109.
18. Dewey, D. W., Lee, H. J. und Marston, H. R. Nature [London] **181** (1958) S. 1367 bis 1371.
19. Elhatw, I. A. E. Magyar Állatorvosok Lapja [Ung. veterinärmed. Bl.] **15** (1960) S. 455–457. – Aus: Ung. Agrar-Rdsch. **1961** Nr. 3. (zit. n. LZ. Abt. III **7** [1962] Nr. 1. S. 143.)
20. Hamilton, P., Plummer, B. E. und Dickey, H. C. Maine agric. Exp. Stat., Bull. **543** (1955) (zit. n. J. Sci. Food Agric. 8 [1957] S. 1–90.)
21. Harper, A. E., Richard, R. M. und Collins, R. A. Arch. Biochem. Biophysics **31** (1951) S. 328–329. (zit. n. CZ. **127** [1956] S. 7861.)
22. Helwig, R. Z. Tierphysiol., Tierernähr. Futtermittelkunde **15** (1960) S. 128–135.
23. Hopper, J. H. und Johnson, B. C. J. Animal Sci. **14** (1955) S. 272–275.
24. Horwitt, M. K. Ann. Rev. Biochem. **28** (1959) S. 411–438.
25. Johnson, R. R., Bentley, O. G., Hibbs, J. W. und Gonrad, H. R. J. agric. Food Chem. **4** (1956) S. 627–631. (zit. n. LZ. Abt. III **3** [1958] Nr. 4. S. 701.)
26. Kaufmann, W. Kieler milchwirtsch. Forsch.-Ber. **12** (1960) S. 419–433.; **13** (1961) S. 61–76. S. 121–128. S. 243–266.
27. Keener, H. A., Baldwin, R. R. und Percival, G. P. J. Animal Sci. **10** (1951) S. 428–433.
28. Kercher, C. J.: The metabolism of cobalt, vitamin B_{12}, intrinsic factor, leucovorin, and aureomycin by cobaltdeficent lambs. Diss. Abstr. **14** (1954) S. 1869. (zit. n. J. Sci. Food Agric. **6** [1955] S. 1–192.)
29. Kercher, C. J. und Smith, S. E. J. Animal Sci. **14** (1955.) S. 458–464.
30. Kesler, E. M. und Knodt, C. B. J. Dairy Sci. **34** (1951) S. 145–148.
31. Koval'skij, V. V. und Raeckaja, Ju. I. (Kowalski, W. W. und Rajczkaja, Ju. I.) Doklady Akademii nauk SSSR, Moskva **100** (1955) Nr. 3. S. 1131–1134. (zit. n. LZ. Abt. IV. **4** [1959] Nr. 4. S. 602.)
32. Lev, M. Nature [London] **181** (1958) S. 203–204.
33. Lev, M. Biochem. J. **71** (1959) S. 3 P.
34. Lev, M. J. gen. Microbiol. **20** (1959) S. 697–703.
35. Magnani, G. Veterinaria [Milan] **1957** S. 91–94. (zit. n. Chem. Abstr. **52** [1958] S. 20486.
36. Modjanov, A. V. (Modjanow, A. W.) Kukuruza, Moskva **5** (1960) Nr. 11. S. 50—53. (zit. n. LZ. Abt. III **7** [1962] Nr. 1. S. 163.)
37. Orth, A. und Kaufmann, W. Kieler milchwirtsch. Forsch.-Ber. **9** (1957) S. 253–279.
38. Owen, E. C. und Proudfoot, R. Proc. Nutrit. Soc. **18** (1959) S. XIX.
39. Oxford, A. E. J. gen. Microbiol. **19** (1958) S. 617–623.
40. Patel, B. M. und Allen, N. N. J. Dairy Sci. **35** (1952) S. 505–506.
41. Peter, A. Vitamine u. Hormone 8 (1960) S. 421–430.
42. Phillipson, A. T. und Reid, R. S. Brit. J. Nutrit. **11** (1957) S. 27–41.
43. Poppe, S. Arch. Tierernähr. 8 (1958) S. 9–21.
44. Poppe, S. Arch. Tierernähr. 8 (1958) S. 99–111.
45. Poppe, S. Arch. Tierernähr. 8 (1958) S. 259–270.
46. Rérat, A., Le Bars, H. und Molle, J. C. R. hebd. Séances Acad. Sci. **246** (1958) S. 1920–1922. (zit. n. Nutrit. Abstr. Rev. **28** [1958] S. 1065.)
47. Rérat, A., Molle, J. und Le Bars, H. C. R. hebd. Séances Acad. Sci. **246** (1958) S. 2051–2054. (zit. n. Nutrit. Abstr. Rev. **28** [1958] S. 1065.)
48. Rérat, A., Boccard, R. und Jacquot, R. C. R. hebd. Séances Acad. Sci. **247** (1958) S. 1786–1788. (zit. n. Chem. Abstr. **53** [1959] S. 14254.)
49. Salsbury, R. L., Hoefer, J. A. und Luecke, R. W. J. Dairy Sci. **43** (1960) S. 874.
50. Smith, Q. T. und Allen, R. S. J. Dairy Sci. **37** (1954) S. 1190–1197.
51. Terri, A. E., Josselyn, D., Colovos, N. F. und Keener, H. A. J. Animal Sci. **12** (1953) S. 15–18. (zit. n. J. Dairy Sci. **36** [1953] S. A 58.)
52. Terri, A. E., Enos, H. F., Pomerantz, E. und Colovos, N. F. J. Animal Sci. **14** (1955) S. 268–271.
53. Usuelli, F. VII. Congr. int. Zootecn. Madrid **1956** S. 107–114. (zit. n. LZ. Abt. III **3** [1958] Nr. 1. S. 152.)
54. Anonym. Agradata [Terre Haute] **2** (1958) Nr. 5.
55. Anonym. Agradata [Terre Haute] **3** (1959) Nr. 4.

REFERATE

ALLGEMEINES

A. GESCHICHTE, FORSCHUNG, UNTERRICHT

Anonym. **Forschung und Beratung. Auszüge aus Dissertationen und Forschungsaufträgen.** Landesausschuß landwirtsch. Forsch., Erziehung Wirtsch.-Berat. Minist. Ernähr., Landwirtsch. Forsten Landes Nordrhein-Westfalen, Forsch. u. Berat., R.A. **1962** Nr. 11. S. 1–261.

Der Band enthält kurze Auszüge aus Diss. und Forschungsberichten, und zwar 28 Diss. der Univ. Bonn, davon 8 mit Themen aus dem Fachgebiet Acker- und Pflanzenbau, 2 aus Garten- und Obstbau, 1 aus Landwirtsch. Botanik, 4 aus Phytopathologie, 1 aus Agrikulturchemie, 4 aus Tierzucht und -ernährung, 1 aus Physiologie der Haustiere, 3 aus Betriebslehre, 12 aus Agrarpolitik und -wirtschaft und 2 aus der Landtechnik. Ferner sind enthalten 2 Arbeiten der Univ. Münster und im 3. Abschnitt Berichte über 1961 abgeschlossene, vom Ministerium für Ernährung, Landwirtschaft und Forsten des Landes Nordrhein-Westfalen erteilte Forschungsaufträge, davon 14 über Landeskultur, Bodenverbesserung und Wasserwirtschaft, 1 aus Acker- und Pflanzenbau, 3 aus Gartenbau, 2 aus Tierzucht und -ernährung, 5 aus Anatomie, Physiologie und Seuchenlehre der Haustiere, 1 aus Bienenkunde, 3 aus Betriebslehre, 3 aus der Landtechnik und 1 aus dem Bauwesen. W. Stenz. 40.

B. GRUNDLAGENWISSENSCHAFTEN UND METHODIK

Meinecke, Georg. **Steriles Öffnen von Bruteiern auf chemischem Wege.** Mikrokosmos **51** (1962) Nr. 9. S. 263–264. – 1 Abb.

Es wird zunächst auf die Nachteile verwiesen, die beim Öffnen der Bruteier mit Hilfe einer rotierenden Korundsäge verbunden sind. Besser hat sich die Anwendung einer chem. Methode bewährt. Das Ei wird an der zu öffnenden Stelle mit einer säureschützenden Schicht (Paraffin) überzogen. Die Umrisse der beabsichtigten Öffnung werden mit einer Nadel in die Paraffinschicht eingeritzt. In die Rillen wird Salzsäure gebracht, die in wenigen Minuten die Kalkschale im Bereich der Rillen auflöst, ohne daß die darunter befindliche weiche Schalenhaut verletzt wird. Der Arbeitsvorgang wird in der Arbeit im einzelnen beschrieben. Bez. der Befensterung der Bruteier wird auf LZ. Abt. III **6** (1961) Nr. 5. S. 781. verwiesen. K. Löhle. 150.

Ashton, G. C., Bell, J. M., Fredeen, H. T., Knott, D. R., Leefe, J. S., Miller, M. H., Nielsen, K. F., Robinson, P. und Steppler, H. A. Suggestions for the presentation of statistics in contributions to the „Canadian Journal of Animal Science“, „Canadian Journal of Soil Science“, „Canadian Journal of Plant „Science“. **(Vorschläge für die Darstellung statistischer Auswertungen in Beiträgen für die Zeitschriften „Canadian Journal of Animal Science“, „Canadian Journal of Soil Science“ und „Canadian Journal of Plant Science“.)** Canad. J. Animal Sci. **42** (1962) Nr. 1. S. 125–128.

Vff. legen eine Empfehlung darüber vor, was bei der Darst. statistischer Auswertungen zu beachten ist. Wichtige Punkte sind: 1. Statistische Verfahren nur anzuwenden, wenn sie geeignet sind. 2. Statistische Auswertungen dienen der Interpretation der Versuchsergebnisse, folglich muß eine entspr. Versuchsplanung durchgeführt werden. 3. Versuchsanlage und Auswertungsmethode sind anzugeben. 4. Tab. der Varianzanalyse sind i.allg. überflüssig, es genügen die Angabe der Fehlervarianz und die Signifikanzgrenzen. 5. Ausgangsdaten sollten nicht angegeben werden. 6. Im Text sollen Informationen, die in Tab. enthalten sind, nicht wiederholt werden. 7. Eine Tab. soll unabhängig vom Text verständlich sein. 8. Bei multiplen Mittelwertsvergleichen sollte man an Stelle der Grenzdifferenzen den Duncan-Test verwenden. 9. Eine Interpretation des Variationskoeffizienten bei willkürlicher Maßstabswahl ist nicht möglich. 10. Bei Transformation der Versuchsergebnisse muß bei den Mittelwerten angegeben werden, ob es sich um die ursprünglichen Mittel, die der transformierten Daten oder um die rücktransformierten Mittel handelt. 11. Bei Korrelationskoeffizienten kommt es mehr auf die praktische Bedeutung als auf ihre Signifikanz an. D. Rasch. 160.

Shaw, Ralph R.; New Brunswick, N.J., Rutgers Univ. Documentation and the individual. **(Dokumentation und individuelle Bedarfsträger.)** Science [Washington] **137** (1962) Nr. 3528. S. 409–411.
Vf. geht davon aus, daß Wissenschaftler oft nur einen kleinen Ausschnitt aus der veröffentlichten Literatur benötigen und demzufolge ihr Bedarf durch gute Bibliotheken gedeckt werden kann. – Aufgabe der Dokumentation ist es, erschienenes Material zu sammeln und zu ordnen (um es damit einer allg. Benutzung zugänglich zu machen) und für spez. Arbeiten die erforderlichen Nachweise zu geben. Die Grundlage für Dokumentationsarbeit ist ein ausgearbeitetes „System" für die Erfassung der heterogenen Fakten (dieses System kann bzw. muß den unterschiedlichen Arbeitsdisziplinen angepaßt sein) und ein erfahrener Stab von Bearbeitern, die auf Grund der gewonnenen Übersicht über das Arbeitsgebiet Veröffentlichungen, Stand der Wissenschaft und Bedarf analysieren können. F. Lüpnitz. 170.

Frauendorfer, Sigmund. **Der Stand der agrarwirtschaftlichen Dokumentation.** Förderungsdienst [Wien] **10** (1962) Nr. 8. S. 253–257.
Vf. geht davon aus, daß sich die „Dokumentation" nicht nur an Forscher, Wissenschaftler oder Bibliothekare wendet, sondern auch an die in der Praxis stehenden Landwirte. Eine Erschwerung der landwirtsch. Dokumentation liegt in der räumlichen Streuung der Interessenten. Von bes. Bedeutung ist die „aktive Dokumentation", die sich nicht nur auf die Befriedigung herangetragener Literaturwünsche beschränkt, sondern die fachliche Information unmittelbar dem Praktiker zur Kenntnis bringt. – Als Grundlage für derartige Informationen liegen in Österreich ca. 300 Organe vor, in der Bibliothek des US-Department of Agriculture 21500 laufende Zeitschriften und Schriftenreihen. – In einem Übersichtsbericht wird die Form der landwirtsch. Dokumentation in den verschiedenen Wirtschaftsgebieten der Erde dargestellt und ihre Bedeutung unterstrichen. F. Lüpnitz. 170.

Weinert, E.; Kiel. **Der Wert der milchwirtschaftlichen Fachzeitschriften als Hilfsmittel für die Forschung und als Informationsquelle für die praktische Auswertung von Forschungsergebnissen.** Kieler milchwirtsch. Forsch.-Ber. **14** (1962) Nr. 3. S. 229–241. – 5 Tab.
Untersuchung des in der Bundesversuchs- und Forschungsanstalt für Milchwirtschaft in Kiel, eines Schwerpunktes der Literaturauswertung und Dokumentation auf dem Gebiete der Milchforschung, eingehenden bzw. vorhandenen Zeitschriftenbestandes. Es wurden ermittelt Zeitschriften, die sich ausschließlich mit den wiss. Belangen der Milchwirtschaft befassen 13 (ca. 9,5%), mit Beiträgen für die Praxis auf wiss. Grundlage 21 (ca. 15,4%), mit nur für die Praxis bestimmten Beiträgen 55 (ca. 40%), reine Referatenorgane 1 (ca. 0,7%), Organe mit Referaten-Anhang 5 (ca. 3,9%). – Vf.

weist darauf hin, daß sich eine milchwirtschaftliche Dokumentation nicht nur auf diese Fachorgane stützen darf, sondern auch die Randgebiete (reine und angewandte Naturwissenschaften, Medizin, Technik, Landwirtschaft, Ökonomie) berücksichtigen muß. F. Lüpnitz. 170.

ALLGEMEINE TIERZUCHT

B. ORGANE DES TIERKÖRPERS

Bogdanov, L. V. (Bogdanow, L. W.) Ob-em krovi i pokazateli krasnoj krovi v svjazi s urovnem produktivnosti i tipom teloslozenija moločnych korov. **(Das Blutvolumen und die Merkmale des roten Blutes im Zusammenhang mit der Leistung und dem Typ des Körperbaues von Milchkühen.)** Izvestija Timirjazevskoj sel'skochozjajstvennoj akademii, Moskva **1961** Nr. 6. S. 160–171. – 3 Abb., 3 Tab., 23 Lit. Zus. in Engl.

Bei Untersuchungen an Schwarzbunten Rindern ergaben sich in der Zahl der Erythrocyten, im Hb-Gehalt und Hämatokrit keine Unterschiede zwischen den Gruppen von großen Kühen mit hoher (**I**), großen Kühen mit mittlerer Leistung (**II**) und kleinen Kühen des leptosomen Typs (**III**). Die Gruppe der Tiere im Fleischtyp (**IV**) hatte geringgradig höhere Werte. **I** hatte das größte abs. und rel. Plasmavol. und den höchsten Hb-Gehalt. Vf. stellt im Zusammenhang mit der Laktation 3 Typen der Dynamik der Blutbestandteile auf: adaequat (bes. bei **I**), unabhängig (bei **II**), inadaequat (bes. bei **III**). Die Schwankungen im Hb-Gehalt hängen stärker von Änderungen der Hb-Konzentration als von Änderungen in der Gesamtblutmenge ab. Zwischen Gesamt-Hb und Hb-Konzentration bestand eine Korrelation von + 0,74.
B. Busch. 1120.

Bauer-Sič, P., Rako, A., Ivoš, J., Asaj, A., Mikulec, M. und Fašaić, V. O aklimatizaciji importiranih goveda. II. dio. Citološka istraživanja. **(Über die Akklimatisation der importierten Rinder. 2. Mitt. Die zytohämatologischen Beobachtungen.)** Stočarstvo [Zagreb] **15** (1961) Nr. 7/8. S. 391–401. – 1 Abb., 2 Tab., 11 Lit. Zus. in Engl., Dtsch. 1. Mitt. vgl. LZ. Abt. III **7** (1962) Nr. 10. S. 2059.

Aus einer Herde von 81 schwarzbunten Holländer-Färsen und Jungkühen wurden 28 Tiere für die Untersuchungen ausgesucht. Die Blutproben wurden 2 (Quarantäne); 6; 10; 12; 16 und 24 Mon. nach dem Import genommen und der Analyse auf 15 verschiedene Werte (Erythrocytenzahl, Hb-Gehalt, Leukocyten, Eosinophile usw.) unterzogen. Gleichzeitig wurden Untersuchungen auf Leberegelbefall durchgeführt. Die importierten Tiere kamen in schlechte Haltungs- und Fütterungsbedingungen, die sich erst nach ca. 1½ Jahren normalisierten. Das Blutbild zeigte eine beträchtliche Verminderung der Erythrocytenzahl (5,63 Mill. bzw. 11,3% Hb, dann einen Tiefstand von 5,04 Mill. und 9,7% Hb im 10. Mon. und im 24. Mon. 5,22 Mill. Erythrocyten sowie 10,4% Hb) neben einer bemerkenswerten Erhöhung der Eosinophilen. Nach dem 16. Mon. trat langsam eine Normalisierung des Blutbildes ein. Da man nach dem Import auch eine Invasion der Tiere mit Leberegeln beoachten konnte, sehen Vff. die negativen Blutveränderungen als Folge dieser Invasion (ähnliche Blutbildresultate konnten sie auch bei einer einheimischen Fleckviehherde feststellen) und nicht etwa als Folge des Akklimatisationsverlaufes an.
I. Smalcelj. 1120.

Luitingh, H. C.; Pretoria, Livestock and Meat Ind. Control Board. Protein-bound iodine, erythrocytes and haemoglobin in the blood of beef steers and their relation to rate of gai . **(Proteingebundenes Jod, Erythrocyten und Hämoglobin im Blut von Mastochsen und ihre Beziehung zu den Gewichtszunahmen.)** J. agric. Sci. **58** (1962) Nr. 3. S. 287–290. – 1 Tab., 21 Lit.

Es ergab sich, daß aus dem Gehalt des Blutes an proteingebundenem J und Hb kein Schluß auf die zu erwartende Mastleistung zu ziehen war. Eine signifikant positive Korrelation bestand zwischen der Erythrocytenzahl und der Gewichtsentwicklung. B. Busch. 1120.

Bonhoeffer, K. und Eigler, F. W.; Köln, Univ., II. Chirurg. Lehrstuhl, Abt. für Exp. Chirurg. **Bestimmung der Viscosität von Rinderblut für Hämatokritwerte von 0–90% bei Temperaturen von 8–38 °C.** Pflügers Arch. ges. Physiol. Menschen Tiere **273** (1961) Nr. 6. S. 579–588. – 6 Abb., 29 Lit. Zus. in Engl.
Die Messungen werden mit 2 Stahlrohrviskosimetern (r = 1,045 mm und r = 1,278 mm) bei jeweils konstanter Temperatur (8 °C bis 38 °C) und einem Hämatokrit von 0–90% durchgeführt. Änderungen des Hämatokrits ergeben bei Körpertemperatur für 0% (Plasma) ~ 1,15 cP, für 45% ~ 3,2 cP und für 90% ~ 16 cP. Die Temperatur variiert die Viskosität normalen Blutes mit 45% Hämatokrit von 10,6 cP bei 8 °C auf 5,8 cP bei 21 °C und schließlich auf 3,2 cP bei 38 °C. Damit muß mit erheblichen Veränderungen des peripheren Widerstandes im Kreislauf unter Hypothermie gerechnet werden, auch wenn sich nach Fahräus u. Lindquist mit kleinerem Gefäßradius eine rel. Entmischung des Blutes einstellt und zu anderen Werten führt. W. Baudisch. 1120.

Kičev, G. (Kitschew, G.); Plowdiw, Bulgarien, Höheres Landwirtsch. Inst. „W. Kolarow", Lehrstuhl für Physiol. und Anatomie Landwirtsch. Nutztiere. Inervacija na kosmenite folikuli v zarunenata koža na ovcete. **(Innervation der Haarfollikel in der bevliesten Haut der Schafe.)** Naučni trudove. Visš selskostopanski institut „Vasil Kolarov", Plovdiv **10** (1961) S. 159–185. – 26 Abb., 67 Lit. Zus. in Russ., Dtsch.
Vf. macht den Versuch, die Innervation der Haarfollikel in spez. Hautstrukturen des Schafes zu beschreiben. Er findet die Gegend unter und über den Talgdrüsen am stärksten innerviert. Hier liegen die Nervenstränge horizontal und verzweigen sich in eine große Anzahl horizontal liegender Nervenbündel. Der Follikel eines Oberhaares wird von dem in den Haarkomplex hineinragenden Nervenbündel innerviert. Letzteres nähert sich dem Oberhaar etwas über der Stelle, an welcher der follikuläre Muskel befestigt ist. An derselben Stelle nähert sich der Kanal der Schweißdrüse der Haarwurzel. Die Innervation des Unterhaares ist eng mit der Innervation des Oberhaares verbunden. Follikuläre Rezeptorenelemente in der Haut konnten nach einer Modifikation des Groß-Schulschen Verfahrens imprägniert werden. Das Terminalreticulum soll aus Reticulärfasern und nicht aus Nervenelementen gebildet sein. N. Iwanow. 1140.

Saltykov, F. I. (Saltykow, F. I.); Askanija-Nowa, Unions-Forsch.-Inst. für Kreuzungszücht. und Akklimatisat. der Tiere. Mineralizacija kostjaka svinej v svjazi s vozrastom i urovnem belka v racione. **(Mineralisierung des Skeletts bei Schweinen im Zusammenhang mit Alter und Eiweißspiegel der Ration.)** Trudy Instituta morfologii životnych im. A. N. Severcova. Akademija nauk SSSR, Moskva **31** (1960) S. 166–169.
Untersucht wurde die Mineralisation des Skelettes von Schweinen im Altersabschnitt bis zu 1 Jahr unter dem Einfluß einer unterschiedlichen Eiweißversorgung. Der Versuch erfolgte in 2 Serien. Die Tiere der 1. Versuchsserie wurden in 2 Gruppen aufgeteilt: Altersgruppe (1) mit einem Eiweißgehalt der Ration bis 1 Jahr von 100–120 g je FE, und Mastgruppe (2), die ab 7. Lebensmonat nur 55–60 g verd. E. je FE erhielt. In der 2. Versuchsserie erhielten die Tiere der mittleren Gruppe (3) 100–120 g verd. E., die der Kohlenhydratgruppe 55–60 g und diejenigen der Eiweißgruppe 280 g. Es ergaben sich folgende Resultate: A. Der Ca-Gehalt des Skelettes erhöht sich von der Geburt bis zu 1 Jahr von 20,9% auf 25% und der P-Gehalt von 8,6 auf 10%.

Die Mineralisation zeigte in den einzelnen Skeletteilen eine unterschiedliche Dynamik. Der Gesamtorganismus besitzt im Alter von 1 Jahr einen Ca-Gehalt von 2,11% und einen P-Gehalt von 16,8%. — 2. Der Wassergehalt des Skelettes verringert sich von der Geburt bis zu 1 Jahr von 65% auf 38%, während sein Fettgehalt von 1,9% auf 25% ansteigt. — 3. Bei unzureichender Eiweißversorgung beträgt die Ca- und P-Ablagerung in den Knochen nur 55,5–56,5% des Normalen. Die Demineralisation erfolgt bes. im Achsenskelett und in der Kreuzgegend. Es verringert sich außerdem die Verdaulichkeit der Minerale. Eiweißarm aufgezogene Tiere besaßen Knochen geringeren Ausmaßes und leichteren Gewichtes. — 4. Die Untersuchungsergebnisse geben eine gute Grundlage für die Aufstellung von Eiweiß- und Mineralstoffnormen für wachsende Schweine, der Eiweißgehalt der Rationen sollte mindestens 90–100 g je FE betragen. G. Häßler. 1310.

Tret'jakov, N. N. (Tretjakow, N. N.) Sostojanie okostenenija skeleta u raznopometnych novoroždennych ovec ramonovskoj porody. **(Die Skelettverknöcherung bei Lämmern der Romanowrasse von verschiedenen Müttern.)** Bjulleteń Moskovskogo obščestva ispytatelej prirody [N.S.] **132** (1961) Otdel biologičeskij **66** Nr. 5. S. 133–141. — 2 Abb., 3 Tab., 9 Lit.

An einem Material von 22 Lämmern wurde mit Hilfe von Röntgenstrahlen die Skelettverknöcherung untersucht. Es konnte festgestellt werden, daß die Zahl der Lämmer im Wurf ohne Einfluß auf die Skelettverknöcherung war. Die Wurfzahl spiegelt sich in der abs. Größe der Verknöcherungsherde wider, die bei Würfen von 1–3 Lämmern gleich, bei 4–5 Lämmern geringfügig kleiner sind. Bei schlechten Entwicklungsbedingungen blieben sowohl die Anlage als auch die abs. und rel. Größe der Verknöcherungsherde zurück. Aus dem Vorhandensein aller Verknöcherungsherde auch bei Vielgeburten (4–5) folgert Vf., daß diese sich nicht negativ auf die Reife der Neugeborenen der Romanowrasse bei normaler Entwicklung bis zur Geburt auswirken müssen, wenn die Tiere richtig gefüttert und gehalten werden. Als Test für eine volle Entwicklung der Neugeborenen bei weibl. Lämmern können nach Vf. das Vorhandensein aller Epiphysen des Kreuzes und der Distalepiphyse der Ellenbogenknochen sowie die abs. Größe verschiedener Verknöcherungsherde angesehen werden. W. Strack. 1310.

Barakat, M. Z. und Abdulla, A.; Cairo, Univ., Fac. of Veterin. Med., Biochem. Dep. The creatinine coefficient of normal sheep. **(Der Kreatininkoeffizient des normalen Schafes.)** Amer. J. veterin. Res. **22** (1961) Nr. 91. S. 1012–1014. — 2 Abb., 4 Tab. Zus. in Interlingua.

Die Summe der normalerweise von Ossimi- und Rahmani-Böcken unterschiedlichen Alters und Gewichts in 24 Std. ausgeschiedenen Kreatin- und Kreatininmengen ist individuell ziemlich konstant und bei beiden Rassen gleich (3,6 g und 3,5 g). Der Kreatininkoeff. (mg Kreatin-N + Kreatinin-N in 24 Std./kg Lgw.) beträgt im Mittel bei den Ossimi-Schafen 31,02 und den Rahmani 32,58. Mit zunehmendem Alter und Körpergewicht nimmt der Koeff. ab. Somit besteht eine schwache Beziehung zwischen Kreatin-Kreatinin-Ausscheidung und Muskelmasse. B. Gaßmann. 1350.

Stowe, C. M. und Good, A. L. Estimation of cardiac output by the direct Fick technique in domestic animals, with observations on a case of traumatic pericarditis. **(Die Bestimmung des Herzminutenvolumens durch das Ficksche Prinzip bei den Haustieren, mit Beobachtungen über einen Fall von Pericarditis traumatica.)** Amer. J. veterin. Res. **22** (1961) Nr. 91. S. 1093–1096. — 5 Tab., 17 Lit.

Das Herzminutenvol. von Kalb, Schwein, Schaf, Pferd, Rind und Ziege liegt, bei Bestimmung nach dem Fickschen Prinzip, bei 70–150 ml/kg. Das bei einer Färse mit Pericarditis traumatica bestimmte Herzminutenvol. lag bei 46 ml/kg. H.-A. Ketz. 1370.

Mullick, D. N. und Murty, V. N. Effects of stilboestrol and thiouracil on the electrocardiograms of the sheep. **(Die Einflüsse von Stilboestrol und Thiourazil auf das Elektrokardiogramm beim Schaf.)** Nature [London] **194** (1962) Nr. 4835. S. 1285. — 1 Abb., 1 Tab., 1 Lit.

Der Gebrauch von Stilboestrol und Thiourazil zur Erhöhung des Masteffektes beim Rind gab Veranlassung, den physiol. Einfluß dieser Drogen beim Schaf zu überprüfen. Über einen Zeitraum von 6 Mon. wurden 14tägig bei 12 erwachsenen Schafen EKG-Untersuchungen vorgenommen. Die Tiere wurden in 3 Gruppen zu je 4 Schafen eingeteilt. Tägl. Futterration: Erdnußkuchen (113,40 g), Gerste (56,70 g), Salz (28,35 g) und Haferheu ad lib. Eine Kapsel „Adoxilin" (Vit. A + D) wurde wöchentl. einmal gegeben. Gruppe 1 diente als Kontrolle, Gruppe 2 erhielt 20 mg Stilboestrol in Pillenform am Hals implantiert und Gruppe 3 erhielt 1 mg Thiourazil/45359 g Lgw./Tag. Die EKG-Aufnahmen erfolgten nach der von Mullick angegebenen Methode. Normale EKG's: P-Zacken aufrecht; geringe Unterschiede wurden im QRS-Teil beobachtet. Bei allen Ableitungen traten die Q- und R-Zacken hervor, während die S-Zacken wenig beobachtet werden konnten. Alle T-Zacken waren umgekehrt. EKG's bei stilboestrolimplantierten Tieren: Die Herzperioden waren verlangsamt und die Intervall- und Potentialbilder waren höher. Der signifikante Wechsel im Potential der T-Zacken deutete auf größere Stärke der Herzleistung bei jedem Schlag hin. Bei anderen Zacken war der Wechsel nicht so gut wahrnehmbar. Die S-Zacken fehlten. EKG's bei thiourazilgefütterten Tieren: Die Veränderungen glichen denen der vorhergehenden Gruppe, nur daß sie ein geringeres Ausmaß aufwiesen. Abschließend wurde festgestellt, daß die Drogen die physiol. Funktion des Herzens anzuregen vermochten und deshalb Vorsicht bei Anwendung der Präparate geboten ist.

Ch. Garlt. 1370.

Sager, Oscar, Foni, Lancu und Florea-Ciocoiu, Viorica; Bucarest, Clin. Neurol., Inst. de Neurol. I. P. Pawlow, Lab. de Physiopathol. Recherches sur le réflexe conditionné gastrique chez l'animal à néocorte extirpé. **(Die bedingt reflektorische Magensekretion nach Entfernung des Neopalliums.)** J. Physiol. [Paris] **53** (1961) Nr. 5. S. 741–751. — 6 Abb., 14 Lit. 1385.

Szegedi, B. Összefüggések a házilud elhizása során változó májstruktura és mellékvese aktivitása között. **(Zusammenhänge zwischen der während der Verfettung sich verändernden Leberstruktur der Hausgänse und der Aktivität ihrer Nebennieren.)** Agrártudományi Egyetem Mezügazdaságtudomanyi Karának Közleményei, Gödöllö [Ber. landwirtsch.-wiss. Fak. Univ. Agrarwiss., Gödöllö] **1961** S. 13–20. — Aus: Ung. Agrar-Rdsch. **1962** Nr. 3.

Vf. untersuchte die Zusammenhänge zwischen der Aktivität der Nebennierenrinde (NNR) und der Struktur der Leber bzw. ihres Fettgehaltes unter Berücksichtigung der Veränderungen des Lipid- und Ketonspiegels des Blutes. Er führte seine Versuche mit 8 Hausgänsen (4 Legegänse und 4 Gänseriche) durch. Während der Versuchsdauer von 6 Wochen wurden die Tiere mit angefeuchtetem Mais in herkömmlicher Weise mit der Hand gestopft. 3 Untersuchungen wurden im Abstand von 2 Wochen durchgeführt. An nach der Schlachtung entnommenen Leberschnitten stellte Vf. fest, daß sich bis Ende der 1. Periode die Struktur der Leber — verglichen mit der Kontrolle — nicht wesentlich verändert hatte. Der durch chem. Analyse bestimmte Leberlipid-Gehalt erhöhte sich auf 157%, der Serumlipidgehalt auf 134%, dagegen blieben der Ketonspiegel des Blutes und die Aktivität der NNR unverändert. Am Ende der 2. Periode war die Verfettung vorgeschritten. Sie entwickelte sich perivaskulär und trat sowohl in der Gegend der interlubolären als auch der zentralen Venen in Erscheinung. Der Leberlipidgehalt erhöhte sich auf 219%, der Serumlipidspiegel auf 183%, der Ketonspiegel auf 163% und der Kern-

volumenwert der NNR auf 122%. Am Ende der 3. Periode hatte die Verfettung der Leber solche Ausmaße erreicht, daß man in den Schnitten intakte inselartig zerstreute Zellengruppen nur äußerst selten vorfand. In einigen Abschnitten zwischen den interlobulären und zentralen Venen hatte das Lebergewebe seine Struktur vollständig verloren. Der Lipidgehalt der Leber erhöhte sich auf 401%, der des Serums auf 252%, der Ketonspiegel des Blutes auf 179%, der Kernvolumenwert der NNR auf 132%. Die Versuchsergebnisse weisen in der 1. Periode auf eine starke Leberbelastung hin, die durch die von der Ernährungsbelastung verursachten Veränderungen bedingt, jedoch nicht krankhaft war. Infolge einer erhöhten Aktivität der NNR begann sich jedoch in der 2. Periode die Leber stärker zu verfetten. Dies hielt solange an, bis sich das Syndrom der vollkommenen Leberverfettung entwickelt hatte.
1385.

Cavazos, L. F., Jeffrey, J. E. und Feagans, W. M.; Richmond, Med. Coll. of Virginia, Dep. of Anatomy. Effects of DL-ethionine on the cytochemistry of the male reproductive tract. **(Wirkungen von DL-Äthionin auf die Histochemie des männlichen Genitaltraktes.)** Acta anatom. [Basel] **45** (1961) Nr. 3. S. 252–264. – 12 Abb., 1 Tab., 13 Lit. Zus. in Franz., Dtsch.
Vff. verabreichten DL-Äthionin an infantile (0,7 g in 14 Tagen), kastrierte und adulte fertile (1,5 g in 30 Tagen) ♂ Ratten. Der Antimetabolit Äthionin konkurriert mit seinem Analogon L-Methionin und wird an Stelle dieser Aminosäure in Proteine eingebaut. – Die histochem. Untersuchung der Hoden und der accessorischen Geschlechtsdrüsen behandelter Tiere lieferte Anhaltspunkte dafür, daß L-Methionin eine für die Fortpflanzung essentielle Aminosäure darstellt. Veränderungen der Basophilie (Toluidinblau-Färbungen) und der Verteilung und des Gehaltes an Glycogen (PJS-Reaktion), Lipiden (Sudanschwarz B, Ölrot O, Phosphatid- und Cholesterinnachweise), Desoxyribonucleinsäure (Nuclealreaktion) wurden festgestellt. Nach Äthioninbehandlung verringerte sich das Hodengewicht geschlechtsreifer Tiere um 31% und das Gewicht der Samenblasen um 43%; die Spermatogenese wurde meist blockiert. Für Einzelheiten muß auf das Orig. verwiesen werden.
P. Kauffold. 1410.

Luitingh, H. C.; Pretoria, Livestock and Meat Ind. Control Board. The weight of the thyroid and pituitary glands and its re ationship with rate of gain in beef steers. **(Das Gewicht von Schilddrüsen und Hypophysen und seine Beziehung zur Zuwachsrate bei Fleischochsen.)** J. agric. Sci. **58** (1962) Nr. 3. S. 291–294. – 2 Abb., 14 Lit.
Nach Mästung auf ein konstantes Endgewicht wurden die Hypophysen und Schilddrüsen von 104 Fleischochsen, die 14, 26 oder 38 Mon. alt waren und 791, 893 bzw. 1071 lb. wogen, gewonnen, präpariert und gewogen. Das Durchschnittsgewicht der Hypophysen betrug 1,89; 2,11 und 2,19 g bei den entspr. Altersgruppen, das der Schilddrüsen16,81; 20,24 und 22,65 g. Die Unterschiede wurden statistisch gesichert. Es bestanden hochgesicherte Korrelationen zum Lgw. (r = 0,44 bzw. r = 0,55). Die Berechnung der Regressionen ergab, daß bei Erhöhung des Lgw. um 1% das Hypophysengewicht um 0,34% und das Schilddrüsengewicht um 0,89% ansteigt. Die tägl. Zunahme des Lgw. stand in gesicherter Beziehung zum Schilddrüsen-, nicht aber zum Hypophysen- und zum rel. Schilddrüsengewicht. F. Döcke. 1500.

Anonym; Fourth Acta Endocrinologica Congress Geneva, 3rd-7th Juli, 1962. Advance abstracts of lectures and short papers. **(Zusammenfassungen der Plenarvorträge und Kurzreferate auf dem 4. Acta-Endocrinologica-Kongreß, Genf, 1962.)** Acta endocrinol. [Copenhagen], Suppl. **40** (1962) Nr. 67. S. 1–178.
In engl. Sprache sind die Zusammenfassungen der 14 Plenarvorträge und 109 Kurzreferate zusammengestellt, die auf dem genannten Kongreß gehalten

wurden. Die einzelnen Themen lauteten: Eiweißhormone (4); Biosynthese, Transport und Stoffwechsel der Steroidhormone (3); Endokrinologie von Placenta und Fetus (4) und Endokrine Aspekte der Fertilität (3 Vorträge) für die Plenarvorträge. Die Kurzreferate standen unter den Rahmenthemen Eiweißhormone (20); Steroide (26); Gravidität (18); Endokrine Aspekte der Fertilität (20); Schilddrüse (15) und Verschiedenes (10 Referate). Ein Autorenregister ist angefügt. F. Döcke. 1510.

Krompecher, St., Lázsló, M. B. und Oláh, E. H.; Debrecen, Hungary, Univ., Med. School, Dep. of Anatomy, Histol. and Embryol. Effect of mucopolysaccharides and colloid on the function of the thyroid. **(Wirkung von Mucopolysacchariden und Kolloid auf die Schilddrüsenfunktion.)** Nature [London] **194** (1962) Nr. 4830. S. 778–779. – 2 Abb., 4 Lit.

3 Gruppen von je 10 männl. Ratten erhielten entweder 0,07–0,5 mg Thyroxin (**I**) oder 75 mg Methylthiouracil (**II**) bzw. als Kontrolle tägl. Injektionen physiol. Kochsalzlösung (**III**). Im Blutserum dieser Tiere wurde nach 25–28 Tagen folgender durchschn. Mucopolysaccharidgehalt (Hexosamin) festgestellt (in mg%): **I** = 90,3, **II** = 125,7, **III** = 107,7. Die **I**-Schilddrüsen zeigten plattes Epithel und große Kolloidmengen in den Follikeln, die **II**-Drüsen dagegen große säulenförmige Zellen mit wenig Kolloid. Eine Wiederholung der Versuche mit 60 weibl. Ratten ergab folgende Hexosamin-Werte im Serum: **I** = 77,1, **II** = 111,7, **III** = 96,4 und nachstehende Hexosamin-Werte im Schilddrüsengewebe: **I** = 1372, **II** = 659, **III** = 1126. Die Versuche zeigen einen histol., histochem., enzymologischen und biochem. Zusammenhang zwischen dem Schilddrüsenkolloid und dem Hexosamin-Gehalt.

H. Bergner. 1525.

Jackson, H. D., Pappenhagen, A. R., Goetsch, G. D. und Noller, C. H. Effect of parathyroid hormone on calcium and other plasma constituents of dairy cattle near parturition. **(Die Wirkung von Nebenschilddrüsen-Hormon auf den Calziumgehalt und andere Plasmabestandteile bei Milchkühen nahe dem Kalbetermin.)** J. Dairy Sci. **45** (1962) Nr. 7. S. 897–903. – 3 Abb., 1 Tab., 21 Lit.

Die Anwendung von Parathyreoiden-Extrakt (400 USP Einheiten/100 lb.) bei 31 Geburtsfällen führte zu keiner merklichen Änderung des Ca-, Mg- oder alkalischen Phosphatase-Plasmapiegels. Die Tiere wurden in 3 Gruppen geteilt: 1. Erstgebärende; 2. ältere Kühe; 3. ältere Kühe, die während der vergangenen 2 Laktationsperioden Milchfieber gehabt hatten. Sie erhielten den Extrakt 2 Std. p. p., und alkalische Phosphatase wurde innerhalb 12 Std. nach Sammlung des Blutes bestimmt. Mg wurde nach der Methode von Grette bestimmt. Der Ca-Spiegel wurde anfänglich ebenfalls nach Grette, später mit einer neueren Methode untersucht, die die direkte Titration des Plasma-Ca mit EDTA unter Verwendung von California-Rot als Indikator einschloß. Plasmaspiegelanalysen wurden tägl., in den meisten Fällen 7 Tage a.p. bis 7 Tage p.p., vorgenommmen. Der im Plasma vorhandene anorg. P stieg bei den meisten Tieren nach Verabreichung des Extraktes mäßig an. Z.Z. des Kalbens zeigten die Tiere der Gruppe 2 eine größere Abnahme an Ca und anorg. P bei größerer Zunahme an Mg im Vergleich zu jüngeren Tieren. Die alkalische Phosphatase blieb bei allen Tieren rel. konstant. Die Untersuchungen deuteten ferner an, daß in Fällen von Milchfieber (6) dieses entweder zufolge eines niedrigen Ca-Spiegels oder eines zu niedrigen Ca- und P-Spiegels entstehen konnte. Tiere mit zu niedrigem Ca- und P-Spiegel zeigten rezidivierendes Milchfieber. Kalbende Kühe waren für Epithelkörperchen-Extrakt nicht empfänglich. Die Anwendung unmittelbar nach dem Kalben hatte keinen offensichtlichen Einfluß auf das Vorkommen oder die Schwere der Milchfiebererkrankung. Ch. Garlt. 1530.

C. GENETIK

Morishima, Akira, Grumbach, Melvin M. und Taylor, J. Herbert. Asynchronous duplication of human chromosomes and the origin of sex chromatin. **(Asynchrone Verdoppelung menschlicher Chromosomen und der Ursprung des Geschlechtschromatins.)** Proc. nat Acad. Sci. USA **48** (1962) Nr. 5. S. 756 bis 763.

Von 6 Personen mit normalem Chromosomensatz und von 2 Personen mit Abweichungen der Geschlechtschromosomen-Konstitution wurden Leukocyten des peripheren Blutes in vitro kultiviert. Am 3. Tag wurde Thymidin-H^3 zum Kulturmedium gegeben und nach 10 Min. durch Waschen entfernt. Die Zellen wurden meist 3–4 Std. später (nach Behandlung mit Colchicin und hypotonischer Lösung) fixiert und nach der Feulgen-Methode gefärbt. Danach wurden Autoradiogramme hergestellt. Mundschleimhaut- und Vaginalabstriche, kultivierte Hautzellen und Blutausstriche wurden auf Geschlechtschromatin hin untersucht. Eines der beiden X-Chromosomen und das Paar 21 oder 22 zeigten durch Thymidin-H^3-Kennzeichnung eine deutlich längere Zeit der DNS-Reduplikation. Da dies gekennzeichnete X-Chromosom in Leukocyten von Chromatin-negativen Personen (normalen Männern und XO-Personen) fehlte, wird es bei chromatin-positiven Personen dem Geschlechtschromatin gleichgesetzt. Vff. nehmen an, daß sowohl das väterliche als auch das mütterliche X-Chromosom heterochromatisch werden kann und daß die Entscheidung hierüber im sehr frühen Embryonalstadium fällt.

R. Widmaier. 1615.

Johansson, I. **Schätzung des allgemeinen Zuchtwertes.** Schriftenr. Max-Planck-Inst. Tierzucht Tierernähr., Vortr. II. int. Ferienkurses junge Tierzuchtwissenschaftler in Mariensee, Sonderband **1961** S. 215–245.

Der allg. Zuchtwert wird durch den Durchschnittseffekt der Gene eines Tieres innerhalb einer Population bestimmt, während der spezielle Zuchtwert auch von Dominanz- und Epitasieabweichungen abhängt. Vf. erörtert verschiedene Verfahren zur Schätzung des allg. Zuchtwertes und vergleicht insbesondere die Schätzung auf Grund der Leistungen der Verfahren, der Voll- bzw. Halbgeschwister und der Nachkommen des Individuums, dessen Zuchtwert geschätzt werden soll. Die Vorfahrenleistungen führen zu vorläufigen Schätzwerten. Geschwisterleistungen sind bei niedrigen Heritabilitäten von Nutzen, während i.allg. die Nachkommenleistungen die zuverlässigsten Schätzwerte ergeben. D. Rasch. 1667.

Hanset, R. La génétique des populations d'effectif réduit. I. Le coefficient de consanguinité. **(Die Genetik in Populationen von beschränktem Umfang. 1. Mitt. Der Inzuchtkoeffizient.)** Ann. Méd. vétérin. **106** (1962) Nr. 5. S. 285 bis 300.

Nachdem die Äquivalenz der Wrightschen und der Malécotschen Definition der Inzucht dargelegt wurde, gibt Vf. eine Erklärung für die Formel des Inzuchtkoeffizienten nach Wright-Malécot $F = \sum \left(\frac{1}{2}\right)^{n_i + p_i} (1 + F_{Ai})/2$. Diese Formel wird auch für den Fall der Geschlechtskopplung angegeben. Die Beziehungen zwischen Inzucht und Verwandtschaft werden beschrieben und spez. für Selbstbefruchtung und Cousinenpaarung dargelegt. Mit einer Darstellung des Inzuchtkoeffizienten von Rassen oder Linien schließt dieser einführende Artikel ab. D. Rasch. 1667.

Stroun, Jean, Stroun-Guttières, Litza, Rossi, Jean und Stroun, Maurice; Genf, Univ. Modifications de la couleur du plumage provoquées chez la poule Leghorn blanche par injections répétées de sang de pintade grise. Observations sur cinq générations. **(Veränderungen der Gefiederfarbe von**

Weißen Leghorn, ausgelöst durch wiederholte Injektion von Perlhuhnblut. Beobachtungen über 5 Generationen.) C. R. hebd. Séances Acad. Sci. **255** (1962) Nr. 4. S. 781–783.

Angeregt durch die Mitteilungen von Kuschner (SU) und von Benoit und Mitarbeitern (Paris) verabfolgten die Autoren garantiert reinrassigen Weißen Leghorn Injektionen von Perlhuhnblut (6–7 Mon. lang, alle 3–5 Tage, intraperitoneal, insgesamt 180–220 ml Blut). Die Injektionen wurden über 5 Generationen fortgesetzt. Bei den neben den Versuchstieren gehaltenen Kontrollen wurden keine Verfärbungen des Gefieders festgestellt. Zwar behielten auch die behandelten Hühner ihr weißes Gefieder, aber 50% der F_1-Generation waren im Dunengefieder schmutzig weiß, wie auch in den folgenden Generationen. – In der F_2 traten neue Farbänderungen auf, und zwar aschfarbene Federn am Kopf und Hals. Ferner graue und schwarzgefleckte und seltener, vorzugsweise beim Hahn, goldene oder bräunliche Federn. – Diese neue Färbung war immer nur bei einzelnen Tieren zu finden. Eine F_3 wurde aus unbehandelten, umgefärbten Eltern gezogen, die erworbene Färbung vererbte sich weiter. – Die Vff. sind der Ansicht, daß Injektionen mit Perlhuhnblut die Fortpflanzungszellen beeinflussen und evtl. die Wirkung des dominanten Hemmungsfaktors *I* für Gefiederfärbung transformiert haben. P. Hertwig. 1670.

Stroun, Jean, Stroun-Guttières, Litza, Rossi, Jean und Stroun, Maurice; Genf, Univ. Modifications de la couleur du plumage provoquées chez la poule Leghorn blanche par injections répétées de sang de pintade grise. Caractère héréditaire de ces modifications. **(Veränderungen der Gefiederfarbe von Weißen Leghorn, ausgelöst durch wiederholte Injektion von Perlhuhnblut. Erbliche Natur dieser Modifikation.)** C.R. hebd. Séances Acad. Sci. **255** (1962) Nr. 5. S. 1030–1032.

Als Fortsetzung der im vorst. Ref. besprochenen Mitt. teilen die Autoren ihre Resultate über die Erblichkeit der erzielten Modifikation mit. Sie schildern die Nachkommenschaft eines abgewandelten Hahnes und einer ebensolchen Henne, die selbst keine Injektionen erhielten. – In der F_1 aus verfärbtem Hahn und 12 weißen Hennen (Nachkommen von injizierten Tieren) traten unter 170 Hühnern 16 modifizierte Hähne und 57 ebensolche Hennen auf. – Modifizierter Hahn × Leghorn-Hennen aus Kontrollen ergab unter 50 Tieren 4 Hähne und 14 Hennen, die alle modifiziert waren. Aus der Paarung modifizierte Henne × nicht veränderter Versuchshahn resultierten nur 2 modifizierte Hennen. – In der F_2 traten einige neue Farbtypen auf: neben homogen grau gefärbtem Gefieder eine kuckuckartige Zeichnung und bei Hennen bräunliche Töne. Die neuen Merkmale werden sowohl durch den Vater als auch die Mutter vererbt. Sie sind in der F_2 intensiver als in der F_1. Jedoch auch in der F_2 sind nie alle Tiere modifiziert. P. Hertwig. 1670.

Hetzer, H. O. **Selektionspläne zur Verbesserung unserer landwirtschaftlichen Nutztiere.** Schriftenr. Max-Planck-Inst. Tierzucht Tierernähr., Vortr. II. int. Ferienkurses junge Tierzuchtwissenschaftler in Mariensee, Sonderband **1961** S. 261–290.

Vf. bespricht die im Zusammenhang mit der Selektion von landwirtsch. Nutztieren auftretenden Probleme an Hand von der Lit. entnommenen Forschungsergebnissen. Es werden die für den Tierzüchter brauchbaren Selektionspläne dargelegt und miteinander verglichen. Bes. wird auf die Wahl des Selektionskriteriums und auf die Frage des Merzens auf Grund früherer Informationen eingegangen Wichtig ist es bei der Nachkommenschaftsprüfung, mit Gruppen zu arbeiten, deren Umfang möglichst optimal ist. Bez. der Umweltbedingungen, unter denen selektiert werden soll, wird festgestellt, daß die Selektion unter den gleichen oder unter schlechteren Bedingungen als diejenigen, in denen gezüchtet wird, vorgenommen werden sollte. Für die Simultanselektion nach mehreren Merkmalen wird die Methode des Selektionsindexes empfohlen. Abschließend werden die rel. Verbesserungsraten verschiedener Selektionspläne einander gegenübergestellt. D. Rasch. 1675.

Falconer, D. S. **Auslesezucht in verschiedenen Umwelten. Ein Versuch mit Mäusen.** Schriftenr. Max-Planck-Inst. Tierzucht Tierernähr., Vortr. II. int. Ferienkurses junge Tierzuchtwissenschaftler in Mariensee, Sonderband **1961** S. 201–213.

Zur Beantwortung der Frage, ob ein Züchter seine Tiere in einer günstigen Umwelt aufwachsen lassen soll, in der in der gewünschten Eigenschaft Höchstleistungen erzielt werden, oder ob er dieTiere selektieren soll, die unter schlechten Bedingungen den größten Nutzen bringen, wurde vom Vf. ein Selektionsversuch mit Mäusen bei guter und bei schlechter Fütterung durchgeführt. Es zeigte sich, daß die bei der schlechten Fütterung (auf Wachstum) selektierten Tiere die besten Leistungen bei jeder Fütterung aufwiesen. Sollten sich bei Haustieren ähnliche Ergebnisse zeigen, so wäre folgende Zuchtmethode angebracht: Die Selektion sollte unter den Umweltbedingungen durchgeführt werden, in denen die Nachzucht leben wird; soll die Nachzucht jedoch in verschiedenen Umwelten leben, so sollte die Selektion unter den ungünstigsten Bedingungen erfolgen. D. Rasch. 1675.

Robertson, A. **Selektion nach verschiedenen Eigenschaften.** Schriftenr. Max-Planck-Inst. Tierzucht Tierernähr., Vortr. II. int. Ferienkurses junge Tierzuchtwissenschaftler in Mariensee, Sonderband **1961** S. 247–259.

Bevor man an die Konstruktion eines Selektionsindexes herangeht, muß man etwas über die Abhängigkeit der Merkmale, nach denen man simultan selektieren will, wissen. Zu diesem Zweck schätzt man genetische Korrelationen entweder über Varianz- und Kovarianzkomponenten bei Nachkommengruppen oder durch Eltern-Nachkommenvergleich. Die Standardabweichung des genetischen Korrelationskoeffizienten erhält man aus der Heritabilität nach der Formel $s(rg) = \frac{1}{\sqrt{2}} \frac{s(h^2)}{h^2}$, wenn die Heritabilitäten der korrelierten Merkmale gleich sind. Vf. legt abschließend die Probleme der Selektion nach einem Selektionsindex dar. D. Rasch. 1675.

Haldane, J. B. S. The selection of double heterozygotes. **(Die Selektion von zweifach heterozygoten Individuen.)** J. Genetics **58** (1962) Nr. 1. S. 125 bis 128.

Vf. untersucht die Bedingungen für die Typen des Populationsgleichgewichts, die bei der Selektion von 2fach heterozygoten Individuen (ABab bzw. AbaB) auftreten können. D. Rasch. 1675.

Stubbe, Michael; Gatersleben. **Eine seltene Farbanomalie beim Feldhasen, Lepus europaeus Pall. 1778.** Z. Säugetierkunde **27** (1962) Nr. 4. S. 239–245. — 1 Abb., 1 Tab., 22 Lit.

Wenn auch bei den wildlebenden Lagomorphen die Zahl der Farbabweichungen in der Behaarung rel. gering ist, so werden doch regelmäßig aberrante Individuen gefunden. Die Ursachen für die geringe Häufigkeit können darin liegen, daß Kleinmutationen mit nur schwachen Farbabweichungen übersehen werden und daß echte Mutationen bei Hasen zufolge der natürlichen Selektion im offenen Biotop nicht lebensfähig bzw. reproduktionstüchtig sind. — Es wird ein ausgewachsener Rammler (Gewicht 3,5 kg Kopf-Rumpf-Länge 56,5 cm) beschrieben, der als flavistische Mutante anzusprechen ist. Das Fell ist fahl gelblich-braun bis isabellfarben, Bauch und Schwanzunterseite sind normal weiß, Nacken und Hals etwas bräunlich. Die Augen weisen keine Abweichungen auf. — Es werden mehr als 20 durch die Literatur bekannt gewordene Funde beschrieben und eine Zusammenstellung der Färbungsmutationen bei Feldmaus, Hausmaus und Hauskaninchen angegeben.

F. Lüpnitz. 1680.

Dikov, Vŭlo. (Dikow, Wâlo.) Učenieto za krŭvnite grupi pri selskostopanskite životni. **(Die Lehre von den Blutgruppen der landwirtschaftlichen Nutztiere.)** Seleskostopanska nauka, Sofija 1(7) (1962) Nr. 1. S. 89–91.
Vf. berichtet über die Lehre von den Blutgruppen bei landwirtsch. Nutztieren und stellt ein Schema für die Gewinnung von spez. in der Praxis bei der Bestimmung der Blutgruppen bei den Rindern benötigten Antiseren auf. Nach einem Überblick über die in einigen Ländern auf diesem Gebiet gewonnenen Erfahrungen schildert er die in Bulgarien bisher erzielten Ergebnisse. Bei der Untersuchung von 121 Kühen im VEG Samokow wurden 56 Blutgruppenfaktoren festgestellt. Es werden auch die im Phänotyp mitwirkenden Blutgruppenantigene analysiert und die Bedeutung festgelegt, die den Blutgruppen hinsichtlich der Identifizierung des Tieres und der Bestimmung der Abstammung der Nachzucht bei der KB zukommt. Es wird hervorgehoben, daß an Hand der Blutgruppen die ein- oder zweieiige Abstammung von gleichgeschlechtlichen Zwillingen bestimmter ist und ferner auch die Fälle geklärt werden können, in denen Anastomosen in der placentären Blutversorgung der Zwillinge vorhanden waren. G. Radew. 1690.

Schmid, D. O. **Die genetische Bedeutung der Hämoglobin-Typen beim Tier.** Zbl. Veterinärmed. 9 (1962) Nr. 7. S. 705–716. – 4 Abb., 3 Tab., 64 Lit.
Ausgehend von der Tatsache, daß beim Menschen neben dem Primitiv-Hämoglobin, dem fetalen Hämoglobin mit mindestens 3 Varianten und dem Erwachsenen-Hämoglobin über 30 verschiedene Hämoglobin-Typen entdeckt wurden, werden diesbezügliche Untersuchungen bei Rind, Schaf, Ziege, Maus und Rhesusaffe vorgenommen. Im Gegensatz zu den abnormen Hämoglobintypen des Menschen, deren Entstehung auf Mutationen zurückgeführt wird und deren Auftreten gleichzeitig mit Blutkrankheiten verbunden ist, zeigen viele Tierarten einen Polymorphismus des Hämoglobins, der unabhängig von pathologischen Veränderungen ist. Die Trennung der Hämoglobintypen erfolgt mittels der Papierelektrophorese und der Stärkegelelektrophorese. Abschließend wird angegeben, daß die Differenzierung der genetisch determinierten Hämoglobin-Typen eine einfache und zuverlässige immunogenetische Untersuchungsmethode ist, die als Hilfsmittel bei der Überprüfung und Klärung strittiger Abstammungsverhältnisse eingesetzt werden kann.
W. Verter. 1690.

Schmid, D. O. **Über Phänogruppen im B-Blutgruppensystem des Rindes und ihre Bedeutung für die Blutgruppenforschung.** Mh. Tierheilkunde 14 (1962) Nr. 6. S. 158–170. – 3 Tab., 33 Lit.
Vf. untersucht die Phänogruppen (*P*) des Blutgruppensystems *B*, von dem über 250 *P* bereits bekannt sind, an Nachkommen von 45 Bullen der Höhenrasse. Pro Bulle betrug die Anzahl der Nachkommen durchschnittlich 10–20 Tiere. Jede Faktorenkombination, gleich zu welcher Blutgruppe sie gehört, wird durch eine Erbeinheit kontrolliert, sie wird also geschlossen vererbt und stellt eine Antigeneinheit dar. Rassenspezifisch sind die *P* bis auf einige Ausnahmen nicht, nur die Frequenz kann signifikante Unterschiede aufweisen. An Hand von 12000 Blutgruppenuntersuchungen, darunter 1000 Abstammungs- und Familienuntersuchungen, konnten im Blutgruppensystem *B* beim Höhenfleckvieh (HF) 113, beim Braunvieh (BV) 68, beim Gelbvieh (GV) 30 und bei den Pinzgauern 9*P* festgestellt werden. Bei diesen *P* handelt es sich beim HF um 25, beim BV um 18 und beim GV um 3 bisher noch nicht beschriebene Faktorenkombinationen. Die Kenntnis der *P* ist für den Abstammungsnachweis unbedingt notwendig, sie nicht in Betracht zu ziehen wird als Kunstfehler angesehen. Ebenso werden die *P* für die Abstammungsgeschichte der einzelnen Rassen von verschiedenen Autoren herangezogen. Vf. ist aber der Ansicht, daß die Zahl der serologisch gesicherten Untersuchungsergebnisse noch keine statistische Auswertung zulassen. Der Nachweis von

mehr als 2 Phänogruppen bei einem Tier (z.B. G 0_3 I'/0_3E$_3'$J'/G T Y_2B'D'Y') spricht für das Vorliegen von Mehrlingen, es spielt dabei keine Rolle, ob der Partner vorher abortiert, resorbiert o. ä. worden ist. Mit Hilfe erweiterter Familienuntersuchungen läßt sich sogar der Bluttyp von Rindern feststellen, bei denen eine direkte Blutgruppenbestimmung (z.B. Schlachtung) nicht mehr möglich ist. G. Becker. 1690.

Audran, Roger, Moullec, Jean und Millot, Pierre. Influence de la race du mouton dans la détermination du taux de complément hémolytique. **(Serologie. Der Einfluß der Schafrasse auf die Bestimmung des Hämolysewertes im Komplement.)** C.R. hebd. Séances Acad. Sci. **254** (1962) Nr. 15. S. 2874–2876. – 5 Lit.

Bei einer 50%igen Hämolyse und dem gleichen Meerschweinchenkomplement war der gefundene Wert von der Rasse des die roten Blutkörperchen liefernden Schafes abhängig. Es wurden Schafe von 4 Mittelmeerrassen (Voralpen, Île de France, Limousin und Arles Merino) und die nordafrikanischen Buchara (Karakuls) in den Untersuchungen gegenübergestellt. Zwischen den Voralpenschafen, den Île de France und den Arles Merino bestanden keine signifikanten Unterschiede, jedoch zwischen den Limousin und den Île de France einerseits und den Arles Merino andererseits. Die Differenz zum Durchschnittswert der Voralpenrasse lag im Schwellenwertbereich der Signifikanz. Zwischen den Bucharaschafen und den 4 anderen Rassen bestanden hoch gesicherte Unterschiede. H. Busse. 1690.

Osipovskij, A. I. (Ossipowski, A. I.); Moskau, I. Med. Inst. Anomalii razvitija v četyrech pokolenijach potomstva životnych, oblučennych gammalučami. **(Entwicklungsanomalien in vier Nachkommengenerationen von Tieren, die mit Gammastrahlen behandelt worden sind.)** Žurnal obščej biologii, Moskva **21** (1960) Nr. 1. S. 59–63. – 3 Tab., 11 Lit. Zus. in Engl.

Bei mit Gammastrahlen behandelten Ratten zeigten die Nachkommen in den ersten 4 Generationen Störungen im Skelett und an den Zähnen, Hautdefekte, Zwergbildung sowie andere Entwicklungsanomalien, wobei in der 2. Generation der Prozentsatz an Anomalien am größten war. Die Untersuchung der einzelnen Linien (Familien) zeigte eine Wiederholung der Anomalien in den weiteren Generationen. Dabei traten Entwicklungsanomalien und Zwergbildung bes. häufig auf. Vf. folgert, daß diese Abweichungen erblichen Charakter haben und mit der Störung des allg. Stoffwechsels verbunden sind. Ein Teil der Anomalien dürfte nach Vf. mit der Inzestzucht verbunden sein (Gewichtsminderung, Fruchtbarkeit), was auch noch an Material anderer Tierarten untersucht werden soll. W. Strack. 1695.

Falconer, D. S. **Introduction to quantitative genetics.** Edinburgh; London: Oliver and Boyd. 1961. (VI, 365 S. m. Abb. u. Tab.) 35 s. Die vorliegende Einführung in die quantitative Genetik richtet sich nach den einführenden Worten des Vf. nicht an eine bestimmte, begrenzte Gruppe von Lesern, sondern soll möglichst viele Interessenten ansprechen. In der Inhaltsgestaltung betonte der Autor die Grundprinzipien des behandelten Stoffes unter Verzicht auf Einzelheiten der praktischen Anwendung in Tier- und Pflanzenzucht, wobei keine tiefgehenden mathematischen Kenntnisse vorausgesetzt werden. In 20 Kapiteln hat der Benutzer Gelegenheit, sich mit den Fragen der genetischen Konstitution einer Population, der Änderung der Gen-Frequenz, der genetischen Verhältnisse kleiner Populationen, der Variation, der Beziehungen zwischen Verwandten, der Heritabilität, der Selektion, der Inzucht und Kreuzung (u.a. Nutzung der Heterosis), der Beziehungen zwischen verschiedenen Merkmalen usw. bekannt und vertraut zu machen. Eine Zusammenstellung der verwendeten Symbole, die einen Vergleich zu anderen Systemen ermöglicht, und der herangezogenen Literatur sowie ein Stichwortverzeichnis vervollständigen den Inhalt des Werkes. H. D. Hennig.

D. FORTPFLANZUNG

Ahuja, L. D., Luktuke, S. N. und Bhattacharya, P. Certain aspects of physiology of reproduction in Hariana females. **(Verschiedene Gesichts-**

punkte der Fortpflanzungsphysiologie bei weiblichen Rindern der Harianarasse.) Indian J. veterin. Sci. Animal Husbandry **31** (1961) Nr. 4. Genetics and Breeding Suppl. S. 13–14. – 1 Tab., 1 Lit.
Das Hariana-Rind ist ein Zweinutzungsrind in Nordindien. Die Untersuchungen erfolgten an Färsen, bei denen vor Versuchsbeginn noch keine Brunstanzeichen zu beobachten waren, und an Kühen in der 1. oder 2. Laktation, die nach dem Kalben bis zum Versuchsbeginn noch nicht gerindert hatten. Bei den Färsen traten die ersten Anzeichen der Brunst durchschnittl. im Alter von 919,7 ± 42,9 Tagen auf. Im Alter von 1067,7 ± 66,1 Tagen war bei ihnen der reguläre Brunstzyklus zu beobachten. Das reguläre Zyklusgeschehen war demnach 148,0 ± 47,9 Tage nach den ersten Brunsterscheinungen in Gang; während dieser Zeitspanne war der Ablauf der Brunst sehr unregelmäßig. Bei den Kühen lag die erste Brunst p.p. 80,7 ± 15,8 Tage. Sie rinderten im Durchschnitt 4,9 Std. länger als die Färsen (19,0 und 23,9 Std.). Diese Differenz war statistisch zu sichern. Die Zyklusdauer betrug bei Färsen 20,6, bei den Kühen 20,32 Tage. Hier war die Differenz statistisch nicht gesichert. Bei Kühen und Färsen dauerte die Brunst im Frühjahr länger als im Herbst, die Brunstsymptome waren stärker ausgeprägt als in den anderen Jahreszeiten. Ein jahreszeitlicher Einfluß auf die Zykluslänge bestand jedoch nicht. H. Busse. 1760.

Dominic, C. J.; Banares, Hindu-Univ. A study of the atretic follicles in the ovary of the domestic pigeon. **(Eine Untersuchung über die Follikelatresie im Ovar der Haustaube.)** Proc. nat. Acad. Sci., India, Sect. B **31** (1961) Nr. 3. S. 273–286. – 18 Abb., 35 Lit.
Atretische Follikel finden sich bei der Taube in großer Zahl. Die Rückbildung der Eianlagen geschieht in verschiedener Weise. Am häufigsten ist das Platzen der Follikelwand und der Austritt des Dotters in das Stroma des Ovars. Dieser Typ findet sich bei dotterreichen, reifen Eiern (1600 μ) ebenso wie bei unreifen und dotterarmen (125 μ). Seltener reißt das Mesothel des Ovars auf, so daß der Eiinhalt in die Leibeshöhle ausfließt. Sonderfälle stellen die Atresie in situ dar – wobei der Eiinhalt durch Phagocytose resorbiert wird – (nur bei unreifen Follikeln beobachtet) und die zystische Degeneration, die bei Säugern üblich ist. Typisch für die Atresie ist die Hypertrophie der Granulosa-Schicht. Von ihr wandern Phagocyten in das Eiinnere und resorbieren den Dotter. Danach zerfallen sie. Die Zellen der Theca interna sind an der Phagocytose nicht beteiligt, dafür einige aus dem Stroma des Ovars. Pigmente erscheinen in den atretischen Follikeln – im Gegensatz zu den Beobachtungen anderer Autoren am Huhn – nicht, obwohl zuweilen starke Hämorrhagie auftritt. Bemerkenswert ist, daß die Follikelatresie bei erwachsenen Tauben und bei jungen sowie bei Nestjungen zu finden ist. Die Untersuchungen wurden im Laufe eines Jahres an 150 Tauben durchgeführt. C. Engelmann. 1763.

Bassett, E. G.; Dunedin, Med. Res. Council of New Zealand, Med. School, Endocrinol. Res. Dep. Infiltration of eosinophils into the modified connective tissue of oestrous and pregnant animals. **(Die Infiltration von Eosinophilen in das veränderte Bindegewebe von Tieren im Oestrus und in der Gravidität.)** Nature [London] **194** (1962) Nr. 4835. S. 1259–1261. – 6 Abb., 10 Lit.
Im Prooestrus kommt es in der Vulvahaut des Frettchens zu einer Vergrößerung der Nuclei und Nucleoli der Fibroblasten (F.) und zum Einwandern von Eosinophilen (Eos.) in das Bindegewebe. Dies verstärkt sich noch im Oestrus. Einige der Eos. sind in engem Kontakt mit den F. Die F. enthalten größere Mengen an RNS als im Anoestrus. Vf. erklärt die Infiltration der Eos. wie folgt: Die F. sind in die Proteinsynthese eingeschaltet und bilden vermutlich aktiv Protein. Dabei werden bestimmte Substanzen frei, welche chemotaktisch bewirken, daß Eos. einwandern, um bestimmte Stoffwechselprodukte aufzunehmen. B. Busch. 1764.

Pitkjanen, I. G.; Puschkin, Gebiet Leningrad, Forsch.-Lab. für Tierzucht. O sud'be spermatozoidov v matke sviňi. **(Über das Schicksal der Spermatozoiden in der Gebärmutter des Schweines.)** Žurnal obščej biologii, Moskva **21** (1960) Nr. 1. S. 28–33. – 3 Abb., 1 Tab., 9 Lit. Zus. in Engl.

Bei Untersuchungen des Inhaltes der Geschlechtswege beim Schwein fällt auf, daß nach 3–4 Std. von dem eingeführten Sperma nur noch min. Mengen festzustellen sind. In den Kapillaren wird eine Anhäufung von Leukocyten beobachtet. Es folgt eine Infiltration des Gewebes mit Leukocyten und ihre Übersiedlung in die Gebärmutter. In der Gebärmutter erfolgt die Phagocytose der Spermatozoiden durch Leukocyten.

W. Strack. 1764.

Abusineina, M. E. A study of the fern-like crystalline patterns of the cervical and vaginal mucus of cattle. **(Eine Studie über die farnartigen Kristallisationsformen des Cervical- und Vaginalschleims bei Rindern.)** Veterin. Rec. **74** (1962) Nr. 22. S. 619–621. – 5 Abb., 7 Lit.

Man unterscheidet 3 Kristallisationstypen. Typ A tritt bei durchsichtigem Schleim auf, der frei von Zellbeimengungen ist. Die mikroskopische Untersuchung der Schleimausstriche zeigt einen langen, welligen oder gebogenen Stamm mit gut entwickelten Abzweigungen und kurzen Unterabzweigungen. Typ B ist bei halbdurchsichtigem Schleim festzustellen. Hier haben die farnartigen Bildungen deutlich ausgeprägte Abzweigungen und Unterabzweigungen. Typ C wird bei opakem, zellhaltigem Schleim beobachtet. Der zentrale Stamm der Kristallisationsbildungen ist kurz und die Abzweigungen können fehlen. Mitunter erscheinen auch Stern- und Kreuzformen. Typ A tritt am 21.–23. Zyklustage, d. h. unmittelbar vor der Ovulation auf. Typ B ist 3–4 Tage vor und 4–5 Tage nach der Ovulation festzustellen. Im weiteren Zyklusverlauf zeigt der Cervicalschleim für 4–5 Tage den Kristallisationstyp C, während an den folgenden 7–9 Tagen die Kristallisationserscheinungen fehlen. Die Cervicalschleimuntersuchung von 100 trächtigen Uteri geschlachteter Rinder ergab 91mal das Fehlen von Kristallisationserscheinungen, 4mal Kristallisation vom Typ B und 4mal vom Typ C. Die Kristallisationserscheinungen können einen Hinweis auf den Ovulationstermin geben und zur Sicherung der klinischen Befunde herangezogen werden. Für die Trächtigkeitsdiagnose haben sie keine Bedeutung, da das Fehlen der Kristallisation nicht an die Trächtigkeit gebunden ist, sondern auch bei nichttragenden Tieren auftritt.

J. Jürgens. 1765.

Myers, K. und **Poole, W. E.**; Canberra, C.S.I.R.O., Wildlife Survey Sect. Oestrous cycles in the rabbit Oryctolagus cuniculus (L.). **(Brunstzyklen beim Kaninchen Oryctolagus cuniculus [L.].)** Nature [London] **195** (1962) Nr. 4839. S. 358–359. – 16 Lit.

Nach bisheriger Ansicht befinden sich die ♀ Kaninchen bei entspr. Haltung und Ernährung über lange Zeiträume in einem Zustand des Daueroestrus und sind paarungsbereit. Vff. hatten im Gegensatz dazu festgestellt, daß ♀ Wildkaninchen in Gefangenschaft in Intervallen von ca. 7 Tagen die Männchen zur Paarung stimulieren. Entspr. dem Sexualverhalten laufen ovarielle Zyklen ab. Auch beim Hauskaninchen läuft die Follikelentwicklung in 7- bis 10tägigen Intervallen ab. Vff. prüften das Sexualverhalten von 11 ♀ Hauskaninchen, die mit vasektomierten Böcken zusammengehalten wurden. Dabei zeigten sich Zyklen von 4–6 Tagen Länge oder einem Vielfachen davon, die sich auch in den Vaginalabstrichen widerspiegelten. 2 der Tiere, die auf dem Höhepunkt der Sexualerregung getötet worden waren, hatten ohne Begattung ovuliert. Voraussetzung dafür und für den Ablauf der Zyklen ist aber die Anwensenheit von männl. Tieren, d. h., von exteroceptiven psychischen Stimuli.

F. Döcke. 1765.

Zelfel, S.; Schönow, Inst. für Künstl. Besam. **Der Einfluß einer Zufütterung von Kälpan und Keimweizen an Besamungsbullen auf die Spermaqualität und den Besamungserfolg.** Tierzucht 15 (1961) Nr. 4. S. 152–158. – 4 Abb., 3 Tab., Lit.
Um in der Winterfütterungsperiode die Vitaminversorgung der Besamungsbullen, bes. mit Vit. A und E, zu sichern und deren Einfluß auf die Spermaeigenschaften zu prüfen, wurde an 12 schwarzbunten älteren Besamungsbullen ein Fütterungsversuch vom 2.1. bis 10.5. 1960 mit Kälpan und Keimweizen vorgenommen. An insgesamt 322 Ejakulaten (240 ersten und 82 zweiten) konnte mit Hilfe einer Varianzanalyse bewiesen werden, daß durch die Kälpanzufütterung die Samenmenge und die Spermienkonzentration nicht signifikant beeinflußt wurden. Die Keimweizenfütterung wirkte sich negativ aus. Auch auf die Massenbewegung und die Anzahl vorwärtsbeweglicher Spermien wurde kein Einfluß ausgeübt, jedoch lag der Anteil Eosin-positiver Spermien bei der Kälpanfütterung günstiger. Auf den Besamungserfolg (ermittelt nach dem Nonreturn-Verfahren) wirkte sich die Kälpanfütterung positiv, die Keimweizenfütterung nicht aus. R. Menzel. 1775.

McDonald, I. W.; Prospect, New South Wales, C.S.I.R.O., Div. of Animal Physiol. Physiological limitations on reproduction in the sheep. **(Physiologische Begrenzungsfaktoren für die Fortpflanzungsleistung der Schafe.)** Austral. veterin. J. 37 (1961) Nr. 4. S. 99–104 . – 2 Abb., 39 Lit.
Die kurze Übersicht weist auf die theroretischen Möglichkeiten für eine Verbesserung der Zuchtleistung in den Schafherden Australiens hin. Der Verwirklichung stehen jedoch viele hemmende Faktoren entgegen. Das wahrscheinlich dringendste Problem ist die Erkennung der für die Hauptzuchtgebiete primären Begrenzungsfaktoren. H. Cziharz. 1790.

Zemjanis, R., Larson, L. L. und Bhalla, R. P. S. Clinical incidence of genital abnormalities in the cow. **(Das klinische Auftreten von Veränderungen an den Genitalorganen von Kühen.)** J. Amer. veterin. med. Assoc. 130 (1961) Nr. 9. S. 1015–1018. – 4 Tab.
In einem Zeitraum von 5 Jahren untersuchten Vff. klinisch 14 Milchviehherden mit insgesamt 20913 Tieren. Dabei wurden bei 3038 Kühen Veränderungen an den Genitalorganen gefunden. In 1650 Fällen = 7,9% der Tiere lagen Veränderungen an den Ovarien vor (Hypoplasie, Follikelzysten, Luteinzysten, Eierstocksentzündungen, Granulosazelltumoren). 274mal (1,3% der Kühe) fanden sich Erkrankungen des Eileiters (Salpingitis, Hydrosalpinx), in 926 Fällen (4,37%) Erkrankungen des Uterus (Uterus unicornis, chronische Endometritiden, Pyometra, mangelhafte Involution post partum, Leukose), in 150 Fällen (0,7%) Erkrankungen der Cervix und in 38 Fällen (0,14%) angeborene Mißbildungen. H.-J. Kuller. 1797.

Jarosz, Stanisław. Uzyskiwanie zapłodnionych i niezapłodnionych komórek jajowych po owulacjach samoistnych i prowokowanych u krów. **(Die Gewinnung befruchteter und unbefruchteter Eizellen nach spontanen und provozierten Ovulationen bei Kühen.)** Zeszyty naukowe wyższej Szkoły rolniczej Krakowie, Zootechn. 1961 Nr. 2. S. 105–122. – 5 Tab., 25 Lit. Zus. in Russ., Engl.
Die Untersuchungen wurden an Schlachtkühen des Schwarzbunten Niederungsviehs und des Polnischen Rotviehs durchgeführt, um die Möglichkeit der Gewinnung von befruchteten Eizellen bei spontanen bzw. provozierten Ovulationen zu überprüfen. Die Ovulation wurde auf 2fache Weise provoziert: Durch Injektionen von Choriongonadotropin und durch Zerquetschen der Graafschen Follikel. Die Anzahl der gewonnenen Eier war bei spontaner oder mit Hilfe von Gonadotropin provozierter Ovulation annähernd gleich und betrug 87,9 und 82,8%. Nach Abdrücken der Graafschen Follikel

überstieg sie nicht 50%. Das Befruchtungsergebnis war wie folgt: Spontane Ovulation 55,2%, nach Gonadotropin 54,2% und nach Zerquetschen der Follikel 71,4%. Beobachtungen über den Einfluß des Besamungstermins, des Alters und der Qualität des Samens und des physiol. Zustandes der Eierstöcke auf das Befruchtungsergebnis und die Gewinnung der Eier werden mitgeteilt. P. Poczopko. 1812.

Moore, N. W. und Shelton, J. N.; Jerilderie, New South Wales, McCaughey Memorial Inst.; Sydney, Univ., Dep. of Animal Husbandry. Oestrous and ovarian response of the ewe to a horse anterior pituitary extract. **(Die Brunst- und Ovarreaktion des Schafes auf Hypophysenvorderlappenextrakt vom Pferd.)** Nature [London] **194** (1962) Nr. 4835. S. 1283–1284. — 1 Tab., 4 Lit.
Aus gefrorenen Hypophysenvorderlappen vom Pferd wurde mittels Alkoholpräzipitation nach einer beschriebenen Methodik ein Extrakt hergestellt, von dem jedes Schaf, beginnend am 12. Tag nach der Paarung mit einem vasektomierten Bock, 6 s.c. Injektionen im Abstand von 12 Std. mit einer Gesamtdosis von 100 mg erhielt. Während und nach der Behandlung wurden die Tiere mit fruchtbaren Böcken zusammengehalten. Von 50 im Herbst 1960 behandelten Schafen konnten 49 innerhalb 96 Std. und 31 innerhalb 36 Std. nach der letzten Injektion belegt werden. 45 Tiere hatten insgesamt 583 Eier ovuliert, von denen 325 Furchungsstadien aufwiesen. Bei einer Wiederholung der Behandlung an 18 Tieren im darauffolgenden Jahr verringerte sich die Zahl der belegten Tiere auf 67%, nicht aber die der Ovulationen und der befruchteten Eizellen beim Einzelschaf. Im Gegensatz zu den Beobachtungen am Kaninchen schien also keine Unempfindlichkeit gegenüber den hypophysären Gonadotropinen eingetreten zu sein. F. Döcke. 1812.

Padučeva, A. L., Fejgel'man, N. L. und Molčanova, A. A. (Padutschowa, A. L., Feigelman, N. L. und Moltschanowa, A. A.); Dubrowizy, Gebiet Moskau, Unions-Inst. für Tierzuchtforsch.; Unions-Inst. für Endokrinol. O primenenii prolana dlja povyšenija mnogoplodija ovec. **(Verwendung von Prolan zur Erhöhung der Mehrfruchtbarkeit von Schafen.)** Ovcevodstvo, Moskva 8 (1962) Nr. 7. S. 18–19.
Durch gemeinsame Verabfolgung des Serums tragender Stuten (PMS) mit Prolan konnte die Mehrfruchtbarkeit (Zwillingsgeburten) bei Schafen wesentlich erhöht werden. Daneben erwiesen sich auch Prolaninjektionen am Tage der Brunst während der KB als zweckmäßig. Hierbei stellten sich 2 Varianten als am aussichtsreichsten heraus: 500–800 IE PMS und 150 IE Prolan oder 150–300 IE Prolan am Tage der Brunst appliziert. E. Kahn. 1812.

Čilingarjan, A. A. (Tschilingarjan, A. A.); Akad. der Wiss. der Armen.SSR., Zool. Inst. Ob intensivnosti rosta i javlenijach geterozisa v ėmbriogeneze utok. **(Über Wachstumsintensität und Heterosiserscheinungen in der Embryogenese bei Enten.)** Doklady. Akademii nauk Armjanskoj SSR, Erevan **32** (1961) Nr. 5. S. 235–238. — 1 Abb., 2 Tab., 7 Lit. Orig.: russ., Ausz.: armen.
Vf. untersuchte die Embryogenese von Bastarden zwischen Moschus- und Pekingenten. In den Jahren 1959 und 1960 wurden 54 Embryonen reinrassig Peking, 50 Embryonen Moschus × Peking, 44 Embryonen Peking × Moschus und 38 reinrassig Moschus untersucht. Dabei wurden, beginnend am 8. Bruttag, Embryonen entnommen, gewogen, fixiert, beschrieben und fotografiert. Vom 17. Tage an wurden sie zum Studium der inneren Organe präpariert. Die Küken aus Moschus × Peking schlüpften wie die Peking nach 28 Tagen, die der reziproken Kreuzung nach 30–32 Tagen, die reinen Moschus nach 31–35 Tagen. Bei den Hybriden ist die Wachstumsintensität nach dem 8. Bruttag größer als bei den Ausgangsrassen. Bei den Hybridembryonen verlagert sich die Entwicklung mehr auf die letzten Brutabschnitte. Die Brutdauer wird vorwiegend von der Mutterrasse bestimmt. Die Geschwindigkeit

der Embryogenese wird durch die Heterosiswirkung positiv beeinflußt, durch die Moschusentenkomponente negativ. Vf. weist 2 Gruppen von Embryonen beider Kreuzungen nach, die sich im Gewicht stark unterscheiden. Bei den Bastarden mit hohem Gewicht vermutet Vf. ein Überwiegen der Heterosiswirkung, während er bei den „gewöhnlichen" Bastarden einen starken Einfluß der Moschusentenanlagen vermutet. W. Sommerfeld. 1820.

Treus, V. D. und Steklenev, E. P. (Treus, W. D. und Steklenew, Je. P.); Askanija-Nowa, Gebiet Cherson, Ukrain. Iwanow-Forsch.-Inst. für Tierzucht der Steppengebiete „Askanija-Nowa". Polučenie gibridov „leporidov". **(Hybriden „Leporiden" [Alpenhase × Hauskaninchen].)** Vestnik sel'skochozjajstvennoj nauki, Kiev 4 (1961) Nr. 12. S. 99–100. — 1 Tab. Orig.: ukrain., Ausz.: russ.
Weibl. Hauskaninchen wurden mit Sperma vom Alpenhasen besamt. 89% der Kaninchen, aber nur 78% der Eizellen waren befruchtet. Alle Keime starben jedoch während der Embryogenese ab. Vff. schließen aus dem Ergebnis, daß eine Kreuzung zwischen Hauskaninchen und Alpenhase in der durchgeführten Kombination (♂ Alpenhase und ♀ Hauskaninchen) nicht möglich ist. G. Häßler. 1820.

Johnson, K. R. und Erb, R. E.; Moscow, Univ. of Idaho, Dep. of Dairy Sci.; Pullman, Wash., Agric. Exp. Stat., Dep. of Dairy Sci. Maintenance of pregnancy in ovariectomized cattle with progestin compounds and their effect on progestin levels in the Corpus luteum. **(Die Erhaltung der Trächtigkeit beim ovariektomierten Rind mit Gestagenen und deren Wirkung auf die Gestagenspiegel im Corpus luteum.)** J. Dairy Sci. **45** (1962) Nr. 5. S. 633–639. — 2 Tab., 29 Lit.
22 Milchrinder wurden zwischen dem 55. und 143. Trächtigkeitstag ovariektomiert. Die Erprobung verschiedener Gestagendosen ergab, daß die Trächtigkeit bei am 88. Graviditätstag kastrierten Rindern durch die tägl. Verabreichung von 125 mg 17α-Hydroxyprogesteron-17n-kaproat („Delalutin") erhalten werden konnte, wenn die Behandlung wenigstens 8 Tage vor der Operation begonnen wurde. Die tägl. Injektion von 50 mg in Propylenglykol gelöstem Progesteron wirkte bei am 66. Graviditätstag ovariektomierten Tieren auch dann trächtigkeitserhaltend, wenn die Behandlung erst am Tage der Operation einsetzte. Allg. erwiesen sich häufige geringe Dosen als günstiger als seltenere große. Wenn die Progesteronbehandlung früher als 6 Tage vor dem erwarteten Geburtsbeginn abgesetzt wurde, kam es zur Nachgeburtsverhaltung. Durch die Verabreichung der Gestagene vor der Ovariektomie wurden der Gesamtgehalt und die Konzentration des Progesterons in den Corpora lutea signifikant erhöht, während deren Gehalt an Δ^4-Pregnen-20β-ol-3-on unbeeinflußt blieb. F. Döcke. 1830.

Bharadwaj, Madan B. und Calhoun, M. Lois; East Lansing, Michigan State Univ., Dep. of Anatomy. Mode of formation of the preputial cavity in domestic animals. **(Die Art und Weise der Bildung der Präputialhöhle der Haustiere.)** Amer. J. veterin. Res. **22** (1961) Nr. 89. S. 764–769. — 20 Abb., 11 Lit. Zus. in Interlingua.
Während der Embryonalentwicklung kommt es durch Invagination des Ektoderms zu einer epithelialen Verbindung zwischen dem Präputium und dem Penis, die Vff. als „balanopreputial fold" bezeichnen. Nach Untersuchungen bei Pferd, Rind, Schaf, Schwein und Hund sowie bei der Ziege werden kurz die Ausbildung dieser Falte bei den einzelnen Tieren sowie die Vorgänge bei ihrer Spaltung und das weitere Verhalten nach der Trennung beschrieben. So wird das viscerale Epithel des Präputiums ausschließlich von der inneren Hälfte der Falte gebildet, während aus der äußeren Hälfte sowie den Sekundärfalten das parietale Epithel hervorgeht, wodurch es beim Schaf und bei der

Ziege zu der ausgedehnten Faltung der parietalen Oberfläche des Präputiums kommt. G. Michel. 1840.

Kurnosov, K. M. (Kurnossow, K. M.); Moskau, Sewerzow-Inst. für Tiermorphol. der Akad. der Wiss. der UdSSR. Nekotorye osobennosti vnutriutrobnogo razvitija bliznecov ovec. **(Einige Besonderheiten der Entwicklung von Zwillingslämmern im Mutterleib.)** Žurnal obščej biologii, Moskva **23** (1962) Nr. 3. S. 239–240. – 5 Lit. Zus. in Engl.
Untersucht wurden Lämmer der Karakul- und Romanowrasse während der embryonalen und postembryonalen Periode. Es zeigten sich individuelle Unterschiede zwischen Mehrlingen bereits im Keimlingsstadium (20 Tage nach der Bedeckung). Diese Differenzen in Wachstum und Entwicklung von Mehrlingstieren blieben auch während der weiteren Entwicklung erhalten und zeigten sich auch beim Geburtsgewicht; sie waren bei verschiedengeschlechtlichen Zwillingen größer als bei gleichgeschlechtlichen. Die Ursache scheint eine zeitliche Differenz in der Ovulation und Befruchtung zu sein. Als weitere Ursachen werden verschiedenes Ausgangsmaterial, unterschiedliche Entwicklungsbedingungen, embryonale Parabiose und Geschlechtsdimorphismus genannt. Neben individuellen Wachstumsunterschieden blieben Zwillings- und Drillingswürfe auch insgesamt im Wachstum zurück, d. h. wurden leichter geboren, was auf einen geringeren Anteil Placentaoberfläche je Embryo und damit eine Unterernährung zurückgeführt wird. Bei mehrgebärenden Romanowschafen wurden Mehrlinge zwar leichter geboren, holten diesen Entwicklungsrückstand aber bei guten Haltungs- und Fütterungsbedingungen wieder auf. Jedoch ist zu beobachten, daß sich innerhalb des Wurfes und innerhalb der einzelnen Mehrlingskategorien die Tiere mit höherem Geburtsgewicht besser entwickeln als diejenigen mit geringerem Geburtsgewicht. Hingewiesen wird auch auf die Ausbildung interembryonaler placentärer Anastomosen. G. Häßler. 1840.

Künzel, E. (unter Mitarb. von Fabian, G. und Burchard, G.) **Die Entwicklung des Hühnchens im Ei.** Zbl. Veterinärmed. **9** (1962) Nr. 4. S. 371–396. – 26 Abb., 6 Lit. Zus. in Engl., Franz., Span.
Die Untersuchungen wurden an insgesamt 250 Eiern mit einem Durchschnittsgewicht von 55–60 g durchgeführt. Es wird die Entwicklung des Hühnchens im Ei vom 1. Tag bis zum Ausschlüpfen dargestellt und beschrieben. Dabei werden die tägl. Entwicklungsschritte in gleichen Präparationsstufen, die teilweise schematisch erläutert sind, wiedergegeben. Die einheitliche Orientierung der Präparate in den Abb. ergibt zwar eine eindrucksvolle Darstellung des Entwicklungsablaufs und ist die Voraussetzung guter Vergleichbarkeit der Entwicklungsstadien, aber man nimmt dabei in Kauf, daß nicht alle geschilderten Einzelheiten auf den Abb. sichtbar dargestellt werden können. R. Berg. 1840.

Ragozina, M. N. (Ragosina, M. N.); Moskau, Sewerzow-Inst. für Tiermorphol. der Akad. der Wiss. der UdSSR. Razvitie cyplenka vo vremja inkubacii v svjazi so sposobami ego dychanija i pitanija. **(Entwicklung des Kükens während der Brutzeit in Verbindung mit seinen Atmungs- und Ernährungsfähigkeiten.)** Trudy Instituta morfologii životnych im. A. N. Severcova. Akademija nauk SSSR, Moskva **31** (1960) S. 184–194. – 7 Abb., 26 Lit.
Die Atmung des Kükens erfolgt in verschiedenen Brutperioden auf verschiedene Art. Die osmotische Atmung von der Befruchtung bis zum Beginn der Muskelzusammenziehung – 30 Std. nach Beginn der Inkubation – wird durch die Atmung der Keimzelle mit Hilfe des Gefäßsystems des Eidottersackes – ab 30 Std. bis zum 8. Tag – abgelöst. Am 21. Tag beginnt die Lungenatmung. Vf. beschreibt die Atmungsvorgänge in der Zeitspanne zwischen 8. und 21. Tag im Detail. Im weiteren wird der Wechsel der einzelnen Er-

nährungsarten des noch nicht geschlüpften Kükens beschrieben. Bes. weist Vf. darauf hin, daß der Atmungs- und Ernährungsartwechsel nicht plötzlich vor sich geht, sondern ein allmählicher Übergang vorhanden ist.

M. Achmedowa. 1840.

George, J. C. und Iype, P. Thomas (unter Mitarb. von Farner, D. S.); Baroda, India, M. S. Univ., Dep. of Zool., Div. of Animal Physiol. Lipase activity in the chick liver during development. **(Lipaseaktivität in der Kükenleber während der Entwicklung.)** Proc. Soc. exp. Biol. Med. **109** (1962) Nr. 4. S. 826–828. — 1 Tab., 17 Lit.

Die auf manometrischem Wege gemessene Lipaseaktivität von Leberhomogenaten von 8–19 Tage alten Hühnerembryonen ergab bis zum 14. Tag einen kontinuierlichen Anstieg. Sodann erfolgte ein sehr steiler Anstieg der Aktivität pro Gewichtseinheit Leberprotein mit einem Aktivitätsmaximum am 16. Tag. Dieser Aktivierungsanstieg der Lipase korrelierte mit dem Fettumsatz während der beobachteten Entwicklung der Hühnerembryonen.

R. Schiemann. 1840.

Adams, C. E.; Cambridge, Univ., A.R.C. Unit of Reproduct. Physiol. and Biochem. Studies on prenatal mortality in the rabbit, Oryctolagus cuniculus: the effect of transferring varying numbers of eggs. **(Untersuchungen über die pränatale Mortalität beim Kaninchen, Oryctolagus cuniculus: Die Wirkung der Übertragung verschiedener Eizahlen.)** J. Endocrinology **24** (1962) Nr. 4. S. 471–490. — 6 Abb., 12 Tab., 29 Lit.

Von 118 superovulierten ♀ Spenderkaninchen wurden 60 Std. p.c. mehr als 3000 befruchtete Eizellen gewonnen, die intrauterin auf 160 Spender übertragen wurden, denen 72 Std. vorher 25 IE LH („Pregnyl", Organon) zwecks Auslösung einer Ovulation und Pseudogravidität verabreicht worden waren. Entweder wurden 5, 10, 15, 20, 25 oder 30 und mehr Eizellen einseitig oder 5 Eier in das eine und 5; 10; 15; 20; 25 oder 30 und mehr Eizellen in das andere Uterushorn übertragen oder in jedes Horn 10. Am 10. Trächtigkeitstag wurde die Zahl der Implantationen, am 28. die der lebenden und toten Feten bestimmt. Der Trächtigkeitsprozentsatz betrug 86,9% und wurde durch die Zahl der transplantierten Eizellen nicht beeinflußt. Mit ansteigender Eizahl nahm die Anzahl der Implantationen zu, die der überlebenden Feten aber ab. 13,9% der Embryonen waren bis zum 10. Trächtigkeitstag, 28,5% zwischen dem 10. und 17. und 15,3% nach dem 17. Tag abgestorben. Die embryonale Mortalität stieg mit zunehmender Eizahl deutlich an. Als Ursache werden hauptsächlich Faktoren des intrauterinen Milieus angesehen.

F. Döcke. 1844.

Mittler, Sidney; De Kalb, Northern Illinois Univ., Dep. of Biol. Sci. The effect of antimetabolites on sex ratio in mammals. **(Die Wirkung von Antimetaboliten auf das Geschlechtsverhältnis bei Säugern.)** J. Heredity **52** (1961) Nr. 4. S. 163–166. — 1 Tab., 5 Lit.

Wegen des hohen Verbrauchs der Spermatogonien an Nucleinsäuren wurde versucht, durch Hemmung der Synthese derselben eine Verschiebung der Produktion von X- und Y-Spermien und damit des Geschlechtsverhältnisses zu erreichen. Zunächst wurden ♂ Mäuse unbehandelt zur Zucht eingesetzt, dann wurden Amethopterin, 6-Purinaethiol, 8-Azaguanin, N-Methylformamid und Actidion i.p. in je 2 unterschiedlichen Dosierungen über einen Zeitraum von 1 Mon. (5 Injektionen/Woche) appliziert. Nur 8-Azaguanin in einer Dosis von 25 mg/kg bewirkte eine Abweichung im Geschlechtsverhältnis (114 ♂, 84 ♀ Nachkommen). Vf. schlußfolgert, daß alle untersuchten Substanzen das Geschlechtsverhältnis nicht verändern können.

B. Busch. 1850.

Krok, G. S.; Charkow, Veterinärmed. Inst., Abt. für Histol. und Embryol. Gistostrukturnye osobennosti moločnoj železy u svinej v svjazi s vozrastom i tipom kormlenija. **(Histostrukturelle Besonderheiten der Milchdrüse bei Schweinen im Zusammenhang mit dem Alter und dem Fütterungstyp.)** Sbornik trudov Charkovskogo veterinarnogo instituta **24** (1960) S. 33–40. – 8 Abb., 1 Tab.

47 Milchdrüsen von Sauen der Großen Weißen Rasse und 26 Milchdrüsen von Embryonen verschiedener Entwicklungsstadien wurden histol. untersucht. Folgende Ergebnisse wurden erzielt: 1. Ein erster Gesäugeansatz zeigt sich am 20.–22. Tag der Embryonalentwicklung bei einer Länge des Keimlings von 13–14 mm. Die Zitzen beginnen sich am 28.–30. Tag der Embryogenese zu entwickeln. 2. Die Geburt zeigte keinen entscheidenden Einfluß auf die Struktur der Milchdrüse. 3. Die Entwicklung der Milchdrüse war bis zum Alter von 7 Mon. gering. 4. Bei den güsten Sauen war die Drüsenentwicklung schwach. Ihre stärkste Entwicklung erreichte die Milchdrüse während der Laktation. Der Prozentsatz an Drüsengewebe beträgt dann ca. 88%. 5. Am stärksten entwickelt waren die 2., 3. und 5. Drüsenpaare. 6. Das Fehlen von Schweiß- und Talgdrüsen in der Zitzenhaut erfordert eine gute Hygiene der säugenden Sauen.

G. Häßler. 1862.

Grosvenor, Clark E.; Memphis, Univ. of Tennessee, Dep. of Physiol. Thyroid hormone secretion rate and milk yield in lactating rats. **(Schilddrüsenhormon-Sekretions-Rate und Milchertrag laktierender Ratten.)** Amer. J. Physiol. **200** (1961) Nr. 3. S. 483–485. – 2 Abb., 1 Tab., 16 Lit.

Die Schilddrüsen-Sekretions-Rate erstmalig laktierender Ratten betrug in den ersten 14 Tagen der Laktation im Durchschnitt 1,93 μg/100 g/Tag L-Thyroxin. Das sind 130% mehr als bei den gleichaltrigen nichtlaktierenden ♀ Ratt[illegible] In den zweiten 14 Laktationstagen ging die Sekretions-Rate auf 0,9[illegible] μg/100 g/Tag L-Thyroxin zurück. Zwischen Hormonsekretion und Milchleistung bestand in beiden Fällen eine signifikante Korrelation. Ein 2. Versuch führte zu analogen Ergebnissen. Die Intensität der Laktation ist offenbar mit der Intensität der Thyroxin-Ausschüttung gekoppelt.

H.-D. Bock. 1864.

Bilek, J. und Javnoský, M.; Prag, Forsch.-Inst. für Schweinezucht der Tschechoslow. Akad. der Landwirtsch.-Wiss., Physiol. Abt. Nekotorye voprosy nejrogumoral'noj reguljacii laktacii. **(Einige Probleme der neurohumoralen Regulation der Laktation.)** Žurnal obščej biologii, Moskva **23** (1962) Nr. 4. S. 241–255. – 4 Abb., 4 Tab., 32 Lit. Zus. in Engl.

I.v. Injektionen von Oxytocin wirken nicht auf die glatten Muskeln der Zisterne der Milchdrüsen. Da sie jedoch stets Milchejektionen hervorrufen, nehmen Vff. an, daß sie auf die Myoepithelzellen wirken, die die Alveolen umgeben. Der Oxytocineffekt ist proportional der verabreichten Dosis. Die Milchejektion ist ein neurohumoraler Prozeß. Eine bedeutende Rolle bei der Milchejektion kommt den Barorezeptoren in den Milchgängen zu.

H. Göring. 1866.

Ermolov, B. N. (Jermolow, B. N.); Leningrad, Pawlow-Inst. für Physiol. der Akad. der Wiss. der UdSSR, Lab. für Physiol. Landwirtsch. Nutztiere. Vlijanie tireotropnogo gormona na moločnoju produktivnost' u koz. **(Einfluß des thyreotropen Hormons auf die Milchleistung der Ziege.)** Fiziologičeskij žurnal SSSR imeni I. M. Sečenova, Moskva – Leningrad **47** (1961) Nr. 8. S. 1033–1040. – 1 Abb., 3 Tab., 8 Lit.

6 laktierenden Ziegen wurden tägl. 0,25 mg thyreotropes Hormon/kg Lgw. injiziert. Im Verlauf der 34tägigen Injektionsperiode stiegen die Schilddrüsenfunktion, der Sauerstoffverbrauch und der prozentuale Milchfettgehalt. Die Schilddrüsenfunktion konnte durch Beifütterung von radioaktivem ^{131}J gemessen werden. Das natürliche Nachlassen der Laktation wurde durch Thyreotropin aufgehalten. Nach Absetzen der Injektionen sanken die Schilddrüsenaktivität und der Sauerstoffverbrauch. Bei Einsatz während der Brunst

war das Hormon von geringer Wirkung. Vf. führt das auf die natürliche Veränderung des Hormonspiegels in dieser Periode zurück.
W. Sommerfeld. 1866.

Singh, G.; Izatnagar, India, Veterin. Res. Inst., Div. of Animal Genetics. Observations sur l'application pratique de l'insémination artificielle chez les bovins, les buffles, les chèvres à Izatnagar (Inde). **(Beobachtungen aus der Praxis der künstlichen Besamung bei Rindern, Büffeln und Ziegen in Izatnagar [Indien].)** Ann. Zootechnie **10** (1961) Nr. 3. S. 229–232. — 20 Lit.
Von 1946–58 wurden 6768 Rinderbesamungen vorgenommen. Die mittlere Geburtsrate betrug 53,2%. Jahreszeitliche Variationen traten nicht auf. 55,3% der Kälber waren ♂, jahreszeitliche Variationen nicht signifikant. Im gleichen Zeitraum wurden bei Büffeln 5797 Besamungen vorgenommen (24% im Herbst, 55,8% im Winter, 22,4% im Frühjahr und 7,8% im Sommer) und eine Geburtsrate von 54,2% erzielt. Kalberate und Geschlechtsverhältnis unterlagen keinen jahreszeitlichen Schwankungen. Bei 680 Ziegenbesamungen von 1950–59 war die mittlere Geburtsrate 61,6%. Jahreszeitliche Variationen waren nicht vorhanden.
A. Schaaf. 1881.

Salamon, S. und Robinson, T. J.; Sydney, Univ., Dep. of Animal Husbandry. Studies on the artificial insemination of Merino sheep. I. The effects of frequency and season of insemination, age of the ewe, rams and milk diluents on lambing performance. **(Studien über die künstliche Besamung bei Merinoschafen. 1. Mitt. Die Auswirkung der Frequenz und Jahreszeit der Insemination, Alter des weiblichen Schafes, des Bockes und der Milchverdünner auf das Ablammergebnis.)** Austral. J. agric. Res. **13** (1962) Nr. 1. S. 52–68. — 12 Tab., 30 Lit.
Zur Auswertung gelangten an 2346 Schafen durchgeführte Besamungsergebnisse. Im Herbst 1959 lagen die Ablammergebnisse signifikant höher als im Frühjahr 1958 (79,7%:54,7%). In gleicher Weise unterschieden sich zwischen den Jahreszeiten die Anteile der Lebendgeburten (76,3%:46,7%), die Gesamtzahl der geborenen Lämmer (83,5%:56,4%) und die neonatale Sterblichkeit (8,5%:17,3%), jedoch nicht die Qualität der 536 untersuchten und verwendeten, mit der künstlichen Vagina gewonnenen Ejakulate. Sowohl zwischen den Kuhmilchverdünnern als zwischen den Graden der Verdünnung (unverdünnt, 1:2, 1:4) traten keine wesentlichen Unterschiede auf. Ein Schafmilchverdünner zeigte signifikant schlechtere Ergebnisse. Die Ablammergebnisse stiegen mit dem Alter der besamten Tiere direkt proportional. Während die 2malige Besamung in einer Brunst keine signifikante Steigerung der Ablammergebnisse bewirkte, wurde eine solche in Höhe von 8–9% durch Wiederholungsbesamung bei der darauffolgenden Brunst erzielt. Der ökonomische Nutzen scheint jedoch den Aufwand einer Zweitbesamung nicht zu rechtfertigen. Die statistischen Auswertungen erfolgten mittels elektronischer Rechenverfahren.
J. Bergfeld. 1881.

Kern. **Die Rinderbesamung in der Bundesrepublik.** Tierzüchter **13** (1961) Nr. 22. S. 549–551. — 1 Abb., 5 Tab.
Im Jahre 1958 hatte die Besamung in der Bundesrepublik eine Steigerung um 273178, 1959 um 184281 besamte Tiere aufzuweisen. 1960 erreichte diese Zunahme nur noch 23299 besamte Tiere. Wegen der Steigerung des Bestandes an Kühen und Färsen ist die Besamungsdichte von 32,4% 1959 auf 32,1% 1960 zurückgegangen. Die höchste Besamungsdichte 1960 findet man in den Ländern Schleswig-Holstein (66,8% = 383061 Tiere) und Nordrhein (48,7% = 164216 Tiere). Ferner sind Bayern und das Saarland hervorzuheben, die mit 772174 und 17550 besamten Tieren eine Besamungsdichte von 38,8 und 47,2% erreichten. In der Hauptsache wird die Besamung aus züchterischen Gründen angewendet. Die Bekämpfung von Deckinfektionen

kommt nur noch in Sonderfällen in Frage. 21,7% der besamten Tiere sind im Herdbuch eingetragen, 22,5% sind Nichtherdbuchkühe mit Milchleistungskontrolle und 52,8% sind Nichtherdbuchtiere ohne Milchleistungskontrolle. Bei den Anglern betrug der Anteil der besamten Herdbuchkühe 63,8%, dann folgten die Rotbunten mit 45,9%, und beim Fleckvieh in Bayern beträgt dieser Anteil 11,7%. Der Umfang der Herdbuchzucht in den einzelnen Landesteilen übt hier einen wesentlichen Einfluß aus. Der gesamte Bullenbestand der Besamungsvereinigungen belief sich auf 2091, wovon 680 über 5 Jahre alt waren. Die Tendenz geht zur größeren Station mit mehr als 10 000 EB jährlich. Bes. in Bayern werden Hauptstellen mit mehr als 30 000 EB angestrebt, in Schleswig-Holstein hingegen nur solche mit 10 000–30 000 EB im Jahr. Das Befruchtungsergebnis hat im Jahre 1960 wieder die normale Höhe erreicht, d. h. es ergaben sich keine Nachwirkungen des sehr trockenen Sommers von 1959. W. Jenichen. 1882.

Doyle, B. J. Problems of A. I. of dairy cattle in N.S.W. Part 1. **(Probleme der KB beim Milchvieh in Neusüdwales. 1. Mitt.)** Milk Baord J. **12** (1961) Nr. 11. S. 18–19. 21–22.
Die Entwicklung der KB begann in Neusüdwales 1944 in Glanfield und der Einsatz erfolgte seit 1945. Entspr. der geographischen Verteilung der Milcherzeugerbetriebe vollzog sich auch die Entwicklung der Besamung ungleichmäßig. Die Milcherzeugung wird in Australien mit verschiedenen Zielsetzungen durchgeführt, die auch die Betriebsweise der Besamung beeinflussen. In Gegenden mit starkem Vollmilchverbrauch erstreckt sich das Paarungsgeschehen auf das ganze Jahr. Demzufolge verteilen sich der Spermabedarf und die Zahl der Inseminationen auf alle Mon. gleichmäßig. In den Buttererzeugungszentren beginnt das Inseminationsgeschäft etwa am 10. Juni, erreicht am 20. Sept. den Höhepunkt und endet im Jan. oder Febr. Der Spermabedarf konzentriert sich also auf 7½ Mon. Dieser kann nur bei ausreichender Vorratshaltung tiefgekühlten Spermas befriedigt werden. Das Angebot an zur Besamung geeigneten Bullen ist unbefriedigend. Meist scheiden sie wegen mangelnder Spermaqualität oder Sprunglust vorzeitig aus. Die Bullenbeschaffung wird noch dadurch erschwert, daß nur 10,3% der Kühe unter Kontrolle stehen und das Selektionspotential also gering ist. 50% der 1959–60 vorgenommenen 4649 Erstbesamungen wurden mit Tiefkühlsperma durchgeführt. Bei normal konserviertem Sperma betrug die Non Return-Rate 62,1%, bei tiefgefrorenem 59,4% (90–120 Tage). Unter Berücksichtigung der beim Einfrierprozeß eintretenden Spermaverluste werden pro dosi 30 000 000 Spermien gefordert. Die Samenentnahme erfolgt einmal wöchentlich mit 1–3 Ejakulationen. Trotz großer individueller Schwankungen in der Spermaqualität sind die Bullen in taugliche und untaugliche für die Lieferung von Tiefkühlsperma einzuteilen. Die Anwendung einer Hormontherapie (Testosteron und PMS) beim Nachlassen der Libido älterer Bullen ist sehr vorsichtig zu beurteilen. H. Busse. 1882.

Doyle, B. J. Problems of A.I. of dairy cattle in N.S.W. Part 2. **(Probleme der KB beim Milchvieh in Neusüdwales. 2. Mitt.)** Milk Board J. **12** (1961) S. 19–25. — 4 Lit. 1. Mitt. vgl. vorst. Ref.
Um die Besamungszentren mit dem Notwendigen auszusrüsten, sind finanzielle Aufwendungen erforderlich, ohne die ein Fortschritt nur sehr langsam zu erzielen ist. Jahrelang wird die Geschäftsführung unter Umständen mit Verlust arbeiten und der für die Besamung geforderte Preis dem Farmer keinen Anreiz bieten. Beste Ausnutzung der Bullen, die Vermeidung von Spermaverlusten und die Qualität der Erzeugnisse sind die Voraussetzungen einer Kostensenkung. Die Verbesserung der Konzeptionsrate trägt entscheidend hierzu bei, zumal sich der Fahrkostenanteil und die aufzuwendende Spermamenge dadurch verringern. Man muß die Farmer von dem Irrtum befreien,

daß alle Zuchtprobleme durch den Einsatz der KB allein zu lösen seien. Ein für spez. Untersuchungen eingesetzter Mitarbeiter kann entscheidend zur Klärung der Unstimmigkeiten, Mängel, Erkrankungen und Kritiken beitragen. Der Forschung in großen Organisationen und der einfachen Auswertung ihrer Ergebnisse bietet sich ein weites Betätigungsfeld. Der Austausch von Fachleuten mit überseeischen Gebieten ermöglicht weitere Informationen. H. Busse. 1882.

Scott, T. W., White, I. G. und Annison, E. F.; Sydney, Univ., Dep. of Veterin. Physiol.; Armidale, Australia, Univ. of New England, Fac. of Rural Sci. Oxidation of short-chain fatty acids (C_1–C_8) by ram, bull, dog and fowl spermatozoa. **(Oxydation der niederen Fettsäuren [C_1–C_8] durch Spermatozoen von Widder, Bulle, Hund und Geflügel.)** Biochem. J. **83** (1962) Nr. 2. S. 392–398. — 4 Tab., 33 Lit.

Die Oxydation der markierten C_1– bis C_8-Fettsäuren durch Spermatozoen wurde an der $^{14}CO_2$-Produktion gemessen. Essigsäure wird durch die Spermatozoen von Widder, Bulle und Hund am stärksten oxydiert, Caprylsäure durch die vom Geflügel. Die Spermatozoen vom Widder oxydieren die geraden Fettsäuren stärker als die ungeraden. Propionsäure und Essigsäure werden bei Hund und Geflügel gleich oxydiert. Beim Hund kann Essigsäure die Oxydation der Propionsäure unterdrücken. Ameisensäure wird nur von den Geflügelspermatozoen stärker oxydiert. Mittels Gaschromatographie wurde festgestellt, daß nur die Spermatozoen der Widder Essigsäure und Propionsäure aus den C_4- bis C_8-Fettsäuren bilden. W. Jentsch. 1887.

Scott, T. W., White, I. G. und Annison, E. F.; Sydney, Univ., Dep. of Veterin. Physiol.; Armidale, Australia, Univ. of New England, Fac. of Rural Sci. Glucose and acetate metabolism by ram, bull, dog and fowl spermatozoa. **(Glucose- und Acetatstoffwechsel der Spermatozoen des Widders, Bullen, Hundes und Geflügels.)** Biochem. J. **83** (1962) Nr. 2. S. 398–404. — 5 Tab., 31 Lit.

Widder- und Bullenspermatozoen oxydieren Acetat, aktiviert durch Pyruvat, mit Vorzug vor Glucose, während Hundespermatozoen Glucose bevorzugt oxydieren. Widder-, Bullen- und Hundespermatozoen bauen Glucose zu Milchsäure aerob ab, Geflügelspermatozoen akkumulieren Fructose sowie Lactat. Nach dem $^{14}CO_2$-Bildungsverhältnis beim Abbau von D-6-^{14}C-Glucose und D-1-^{14}C-Glucose scheint der Pentosephosphat-Stoffwechselweg ausgeschlossen zu sein. Die Verhältnisse des markierten CO_2 nach 1-^{14}C- und 2-^{14}C-Acetatzugabe zeigen, daß Widder-, Bullen- und Hundespermatozoen keine synthetische, sondern nur katalytische Aktivität für C_3- oder C_4-Verbindungen besitzen. Mit markiertem Acetat und markierter Glucose konnte die endogene Oxydation in den Spermatozoen in Gegenwart von exogenen Substraten abgeschätzt werden. W. Jentsch. 1887.

Flipse, R. J.; University Park, Pennsylvania State Univ., Dep. of Dairy Sci., Dairy Breeding Res. Center. Metabolism of bovine semen. XI. Factors affecting the transport of fructose in bovine spermatozoa. **(Der Stoffwechsel des Rinderspermas. 11. Mitt. Faktoren, die den Transport von Fructose in die Rinderspermien beeinflussen.)** J. Dairy Sci. **45** (1962) Nr. 7. S. 917–920. — 6 Tab., 11 Lit. 10. Mitt. vgl. LZ. Abt. III **6** (1961) Nr. 4. S. 599.

Mit Hilfe von Fructose-^{14}C- wurde der Transport des Fruchtzuckers durch die Zellmembran gewaschener Bullenspermien untersucht. Es zeigte sich, daß dieser Transport durch die Inkubationstemperatur, einen Kälteschock und durch Stoffwechselhemmer wie Cyanid, Jodacetat, Fluorid oder p-Chloroquecksilberbenzoat beeinflußt wurde. Wahrscheinlich üben auch andere verwertbare Zucker eine Wirkung aus. Der Fructosetransport lief unter anaeroben Bedingungen gegen ein Konzentrationsgefälle ab. Durch Sauerstoffmangel wurde er beschleunigt. F. Döcke. 1887.

Clamohoy, L. L. und Palad, O. A. A preliminary study of stored extended bovine and bubaline semen with known extenders at refrigerator, jar water and room temperatures. **(Ein einleitender Versuch mit aufbewahrtem, verdünntem Rinder- und Büffelsamen mit bekannten Verdünnern bei Kühlschrank-, Brunnenwasser- und Raumtemperatur.)** Philippine Agriculturist **45** (1961) Nr. 1/2. S. 63–71. – 4 Tab., 13 Lit.
Zur Prüfung kamen Eidotterzitrat-, Magermilch-, IVT- und CUE-Vedünner unter bes. Beachtung der beiden letzteren. In vitro erschienen unter Kühlschranktemperatur alle 4 Verdünner geeignet, bei Raum- und Brunnenwassertemperatur jedoch nur IVT- und CUE-Verdünner. In vivo kamen nur IVT- und CUE-Verdünner zum Einsatz. Besamungen bei 130 weibl. Tieren zeigten, daß der IVT-Verdünner bei Zimmertemperatur, der CUE-Verdünner bei Brunnenwasser- und Kühlschranktemperatur überlegen war.
J. Bergfeld. 1891.

Jenichen, Wolfram und Zeschke, Ursula. **Versuche zur Konservierung von Bullensperma mittels der CO_2-Inaktivierung bei einer Aufbewahrungstemperatur von +4 °C (II.)** Zuchthyg., Fortpflanzungsstör. Besam. Haustiere **5** (1961) Nr. 6. S. 376–393. – 9 Abb., 5 Tab. 1. Mitt. vgl. LZ. Abt. III **7** (1962) Nr. 6. S. 1156.
An Hand von 2878 Gesamtbesamungen wurden die Aufbewahrungszeit der Samenflüssigkeit, die Vorverdünnung der Ejakulate gleich nach der Gewinnung und Entnahme der Untersuchungsproben, die Spermienkonzentration in der Inseminationsdosis, der Verdünnungsgrad sowie die Zeit, die zwischen Verdünnung und Abfüllung liegt, zur Nichtumrinderungsquote in Beziehung gesetzt. Mit zunehmender Aufbewahrungszeit sinkt der Befruchtungserfolg bis zum 7. Tag um 18% (P.001). Die Vorverdünnung ergab eine Verbesserung des Resultates von 7,7% (P. 001). Die Spermienzahl in der Dosis (40, 60 oder 80 Mill.) zeigte keine signifikanten Differenzen. Hinsichtlich der Interaktion von Spermienzahl und Vorverdünnung trat Signifikanz auf. Demnach sind 60 Mill. Spermien in der Besamungsdosis zu empfehlen. Beim Verdünnungsgrad ergab sich, daß bis 1:20 die günstigsten Fruchtbarkeitsraten erzielt wurden. Nach der Verdünnung sollten innerhalb 30 bis höchstens 60 Min. die Spermaportionen hergestellt sein. Insgesamt betrug der Befruchtungserfolg mit dieser Spermakonservierungsmethode unter günstigsten Bedingungen bei einem 7täg. Spermaeinsatz 60% N.R. (90 Tage). Er befriedigt noch nicht, deshalb müssen weitere Untersuchungen angestellt werden. W. Jenichen. 1891.

Salamon, S. und Robinson, T. J.; Sydney, Univ., Dep. of Animal Husbandry. Studies on the artificial insemination of Merino sheep. II. The effects of semen diluents and storage on lambing performance. **(Studien über die künstliche Besamung bei Merinoschafen. 2. Mitt. Auswirkung von Spermaverdünnern und Aufbewahrungszeit auf die Ablammergebnisse.** Austral. J. agric. Res. **13** (1962) Nr. 2. S. 271–281. – 1. Abb., 5 Tab., 23 Lit. 1. Mitt. vgl. LZ. Abt. III **8** (1963) Nr. 4. S. 686.
Es werden 1955 im Herbst 1960 durchgeführte Besamungen ausgewertet. Nach Erstbesamung lammten 61,4%, nach Erst- und Zweitbesamung 74,6% der Schafe. Bei frisch verwendetem oder bei 3–5 Std. aufbewahrtem (10–15 °C) Sperma zeigten sich keine Unterschiede zwischen dem Vollmilch- und dem Eidotter-Glukose-Zitratverdünner (Ozin 1956). Die Aufbewahrung (5 °C) des mit beiden Verdünnern versetzten Samens bewirkte bis zum 3. Tag einen lineraren Abfall der Ablammergebnisse nach Erstbesamung von 60% auf 20%. Der zu Ungunsten des Vollmilchverdünners zwischen den beiden Verdünnern aufgetretene Unterschied von 10% konnte durch Zugabe von Penicillin ausgeglichen werden. Die Ergebnisse des E-Y-G-C-Verdünners wurden durch Antibioticumzusatz nicht verbessert. Es wird eine möglichst schnelle Versamung des gewonnenen Spermas empfohlen. J. Bergfeld. 1891.

Kušner, Ch. F. und Novik, I. E. (Kuschner, Ch. F. und Nowik, I. Je.); Moskau, Lenin-Berge, Genet. Inst. der Akad. der Wiss. der UdSSR. Opyt ispol'zovanija semennoj plazmy dlja razbavlenija spermy petuchov. **(Ein Versuch der Verwendung von Samenplasma zur Spermaverdünnung.)** Žurnal obščej biologii, Moskva **23** (1962) Nr. 4. S. 320. — 1 Tab., 1 Lit.
Samenplasma anderer Hähne verringert die Befruchtungsfähigkeit der Spermien und führt zu einer Erhöhung der Mortalität der Küken. Als Ursache nehmen Vff. nicht die Verdünnung des Spermas, sondern die Toxizität des fremden Eiweißes an. H. Göring. 1891.

Sherman, J. K.; Little Rock, Univ. of Arkansas, Med. Center, School of Med., Dep. of Anatomy. Preservation of bull and human spermatozoa by freezing in liquid nitrogen vapour. **(Konservierung von Bullen- und menschlichen Spermien durch Einfrieren in Dampf von flüssigem Stickstoff.)** Nature [London] **194** (1962) Nr. 4835. S. 1291–1292. — 5 Lit.
Vf. beschreibt eine Methode der Tiefgefrierung von Bullen- und menschlichem Sperma, die nach seiner Ansicht den bisher angewandten wenigstens ebenbürtig im Erfolg, aber einfacher in der Durchführung ist. Dem mit einem der üblichen Verdünner versetzten Bullensperma werden bei 0 oder 5 °C 7% Glycerin (Endkonzentration) fraktioniert zugegeben. Nach Abfüllung von jeweils 1 ml verdünntem Sperma in Glasampullen werden diese in Rohren aus Metall oder Plexiglas befestigt, die über der Oberfläche von flüssigem Stickstoff in einem entspr., etwa zur Hälfte gefüllten („Linde"-)Behälter aufgehängt werden. Die Temperatur im Stickstoffdampf beträgt —172 bis —194 °C. Die Abkühlung eines Rohres auf — 75 °C erfolgt mit einer durchschn. Geschwindigkeit von 25 °C/Min., bei mehreren Rohren in einem Behälter langsamer. Nach 5–10 Min. können die Rohre direkt in flüssigen Stickstoff zur Aufbewahrung überführt werden. Das Auftauen der Ampullen erfolgt im Wasserbad bei 0, 5, 21 oder 37 °C. — Vf. gibt zusätzlich einige allg. Hinweise für die Spermatiefkühlung. F. Döcke. 1893.

Boxsell, L. D. Liquid nitrogen storage of semen at Graham Park. **(Samenaufbewahrung in flüssigem Stickstoff in Graham Park.)** Milk Board J. **13** (1962) Nr. 6. S. 25. — 1 Abb.
Während man heute fast überall Trockeneis (CO_2-Eis) für die Aufbewahrung von tiefgefrorenem Sperma verwendet, suchte man vor einigen Jahren nach einem billigen Medium. Man verwandte in den USA prinzipiell dazu flüssige Gase. 1961 wurde der „Linde 640 B" Refrigerator für die Aufbewahrung von tiefgefrorenem Sperma gebaut, der 50000 Samenampullen und 640 l flüssigen Stickstoff fassen kann und eine Temperatur von —196 °C hält. Die Samenampullen werden sofort nach dem Einfrieren zu 10,50 und 100 Stück verpackt und in den Refrigerator getan. Zu gegebener Zeit werden die Ampullen für den Verbrauch entnommen und in Thermosbehältern mit Trockeneis transportiert. Es folgen Angaben über die Eigenschaften des flüssigen Stickstoffs und seine Behandlung. Nach 1jähriger Erfahrung mit flüssigem Stickstoff ist man zu dem Ergebnis gekommen, daß diese Methode der Samenaufbewahrung zu empfehlen ist. R. Menzel. 1893.

Anonym. **Die Brunst beim Schwein.** Zuchtwahl u. Besam. **1961** Nr. 22/23. S. 4.
Aufgrund der schwankenden Befruchtungsergebnisse (40–70%) bei der KB der Schweine wird die Brunst der Sauen zwecks richtiger Feststellung des Besamungszeitpunktes beschrieben. Sie wird in 3 Phasen eingeteilt: 1. Vorbrunst, 2. Paarungszeit, 3. Nachbrunst. Es wird betont, daß jede Phase sich durch bes. Kennzeichen bei der Sau äußert. Diese Erscheinungen beruhen auf a) einer Verhaltensänderung, b) dem Reagieren auf Umweltreize und c) den Veränderungen an der Scham. Zusammengefaßt sind die Ergebnisse wie

folgt dargestellt worden: 1. Vorbrunst: a) Unruhe, Springen auf andere Schweine, b) Scham rot, geschwollen und trocken, c) Duldung von Flankendruck jedoch nicht des Aufsitzens. 2. Brunst: a) Tiere bleiben „stur" stehen, b) Scham weniger rot, eher weiß, Schwellung ist zurückgegangen, zuweilen Ausfluß, c) Tiere „stehen", auch wenn man sich draufsetzt. 3. Nachbrunst: a) Verhalten normalisiert sich, b) Scham wieder normal, c) Tiere weichen bei Flankendruck oder Aufsitzenwollen wieder aus. Bester Besamungszeitpunkt ist die 2. Hälfte der eigentlichen Brunst mit Paarungsbereitschaft. Am deutlichsten zeigen die Altsauen ihre Verhaltensänderungen, jedoch sind die Veränderungen an der Scham bei Läufern am deutlichsten ausgeprägt.

W. Jenichen. 1895.

Pliško, N. T. (Plischko, N. T.); Poltawa, Forsch.-Inst. für Schweinezucht. O vlijanii količestva spermatozoidov na oplodotvorenie u svinej. **(Über den Einfluß der Spermatozoenzahl auf die Befruchtung beim Schwein.)** Žurnal obščej biologii, Moskva **23** (1962) Nr. 2. S. 127–134. — 1 Abb., 1 Tab., 32 Lit. Zus. in Engl.

An 32 Jungsauen im Alter von 9–11 Mon. wurden Untersuchungen über Befruchtungsvorgänge durchgeführt. Die Sauen wurden in 5 Gruppen aufgeteilt und auf operativem Wege mit 2–54 Tsd., 112–360 Tsd., 1–6 Mill., 14–30 Mill. und 120–212 Mill. Spermien unmittelbar in den Eileiter (Untergruppe a) oder ins caudale Ende der Gebärmutterhörner (Untergruppe b) besamt. Festgestellt wurden der Prozentsatz befruchteter Eizellen (davon mit normaler und pathologischer Zygotenteilung) und unbefruchteter Eizellen. Die optimale Spermienzahl betrug, unabhängig vom Einführungsort, 1–6 Mill. Bei geringerer Spermienzahl war der Anteil unbefruchteter Eizellen sehr hoch, und bei größeren Spermiendosen, bes. bei unmittelbarer Einführung in den Eileiter, wiesen über die Hälfte der Zygoten pathologische Erscheinungen (zerstörte Blastomeren) auf. Ergänzend wurden 7 Sauen 24–30 Std. nach Brunstbeginn durch einen Eber belegt und wenige Stunden danach geschlachtet. Dabei zeigte sich, daß nur eine verhältnismäßig geringe Spermienzahl in die Eileiter eindringt. Untersucht wurden noch weitere physiol. Besonderheiten, wie die Anzahl agglutinierter Spermien auf den Eihüllen, die Bedeutung der Spermien für die Implantation der Embryonen usw. Die Anzahl agglutinierter Spermien auf den Eihüllen war während der Befruchtungsperiode gering, vergrößerte sich aber danach und während der Zygotenteilung. Nach Angabe des Vf. unterstreichen die Untersuchungsergebnisse die Möglichkeit der Verwendung geringer Spermadosen bei der KB der Sauen nach der fraktionierten Methode.

G. Häßler. 1895.

Konand, S. K. and *Cowie, A. T.* **Milk, the mammary gland and its secretion.** Vol. 1. New York: Academic Pr. 1961. (XIII, 515 S.) 8°. (1962 A 587, 1.2.)

Konand, S. K. and *Cowie A. T.* Ed. **Milk, the mammary gland and its secretion.** Vol. 2. New York: Academic Pr. 1961. (IX, 423 S.) 8°. (1962 A 587, 1.2.)

E. ZÜCHTUNG

Schnell. F. W. **Heterosis und Inzuchtwirkung.** Schriftenr. Max-Planck-Inst. Tierzucht Tierernähr., Vortr. II. int. Ferienkurses junge Tierzuchtwissenschaftler in Mariensee, Sonderband **1961** S. 291–314. — 3 Abb., 22 Lit.

An Hand einer Diskussion aus terminologischer Sicht werden verschiedene Auffassungen über Heterosis und Inzuchtwirkung besprochen. Da es schwierig ist, Heterosis nach einem Kriterium der Nützlichkeit abzugrenzen, wird vorgeschlagen, sie von dem Mittelwert homozygoter Eltern aus zu messen, bzw. bei heterozygoten Eltern von einer hpyothetischen Basis auszugehen. Heterosis und ihr Gegenstück, die Inzuchtdepression, sind das Ergebnis ein und derselben Genwirkungsweise. Obgleich Heterosis als eine Folge von Heterozygotie und Inzuchtdepression durch erhöhte Homozygotie entsteht, geben Fremdzucht bzw. Kreuzung nicht notwendigerweise Heterosis, ebenso wie Inzucht nicht regelmäßig Inzuchtdepression zur Folge hat. Die Ursachen der Heterosis sind bis heute nicht geklärt, verschiedene Hypothesen werden diskutiert. J. Lenschow. 1920.

Hetzer, H. O. **Verfahren zur Ausnutzung der Heterosis in der landwirtschaftlichen Tierzucht.** Schriftenr. Max-Planck-Inst. Tierzucht Tierernähr., Vortr. II. int. Ferienkurses junge Tierzuchtwissenschaftler in Mariensee, Sonderband **1961** S. 315–348. — 3 Abb., 3 Tab., 40 Lit.

Obgleich die wichtigsten Ursachen der Heterosis bis heute nicht geklärt sind, wird seit langem Kreuzungszucht betrieben, um zu höheren Leistungen zu kommen. Von den 58 in Amerika bestehenden Rassen landwirtsch. Nutztiere, für die es schon 1920 Zuchtverbände gab, sind wenigstens 34 aus Kreuzungen hervorgegangen. In jüngster Zeit sind neue Schweine-, Schaf- und Rinderrassen anerkannt worden, die aus Rassenkreuzungen entwickelt wurden. Es ist gelungen, in diesen Neuzüchtungen wertvolle Eigenschaften von zwei und mehr Rassen zu kombinieren, so daß sie den Ausgangsrassen in ihren Leistungen überlegen sind. Bei Gebrauchskreuzungen ist die Überlegenheit gegenüber den Elternstämmen nicht immer eindeutig. Die Unterschiede sind jedoch so groß, daß sich Kreuzungen in der Praxis rentieren. Man schätzt, daß gegenwärtig 90% der Mastschweine, 80% der Hammel und nahezu alles Geflügel, die in den USA auf den Markt kommen, Kreuzungsprodukte sind. Bei Rindern beträgt der Anteil Kreuzungstiere etwa 10%. Nachdem bei Schweinen anfangs die Ausnutzung des Heterosiseffektes nur in der 1. Kreuzungsgeneration erfolgte, hat sich durch die Verwendung von Kreuzungstieren als Zuchtsauen ein weiterer Vorteil ergeben. Für das Wurfgewicht beim Absetzen ließ sich gegenüber Reinzucht eine Heterosiswirkung von 40% und in einem Falle von 60% ermitteln. In der Praxis wird die Zickzackkreuzung oder die Rotationskreuzung mit 3 oder 4 Linien bzw. Rassen empfohlen, wodurch gleichzeitig das Problem der Ergänzung des Sauenbestandes gelöst ist. Die Versuche zur Schaffung von Inzuchtlinien bei Schweinen und Geflügel schlugen zunächst fehl, da man sich der engen Inzucht bediente. Bei mäßiger Inzucht und gleichzeitiger starker Selektion, wobei der jährl. Zuwachs des Inzuchtgrades zwischen 2 und 4% schwankte, gelang es beim Schwein, Zuchtstämme mit einem Inzuchtkoeffizienten von max. 80% zu schaffen, während der durchschnittl. Inzuchtgrad zwischen 20 und 40% schwankte. Etwa die Hälfte der Linien mußte wegen zu starker Inzuchtdepression ausgemerzt werden. Die Differenzierung setzte ein, wenn der Inzuchtgrad 25–35% erreichte, wobei Wurfgröße und Wachstumsrate am stärksten und die Futterverwertung rel. gering beeinträchtigt waren. Die Bedeutung der Inzuchtlinien liegt in ihrem Wert für Kreuzungen. Die Verfahren dazu sind die 2- oder 3-Linienkreuzung oder die Aufkreuzung (topcrossing) nicht ingezüchteter Sauen mit ingezüchteten Ebern. Die Versuche ergaben, daß die Merkmale, die am nachteiligsten durch die Inzucht beeinträchtigt waren, am stärksten auf die Kreuzung reagierten. Auch hat sich gezeigt, daß Eigenschaften, die die größten Heterosiseffekte aufweisen, zu i. allg. weniger durch additive Gene beeinflußten Merkmalen gehören. Außerdem wurde festgestellt, daß die Eigenleistung einer Inzuchtlinie keine eindeutige Gewähr für ihre Leistungen bei Kreuzungen bietet. Inzuchtlinien unterscheiden sich in ihrem allg. und spez. Kombinationswert, worüber nur ein empirischer Kreuzungstest Auskunft geben kann. Als Zuchtverfahren, welche geeignet erscheinen, die Heterosis durch Ausnutzung des spez. Kombinationswertes bei Linien- oder Rassenkreuzung bei Großtieren nutzbar zu machen, werden die „sich wiederholende und reziprok sich wiederholende Selektion für spezifische Kombinationseignung" angesehen. Der Hauptvorteil besteht darin, daß sie es ermöglichen dürften, die auf additive Genwirkung sowie die auf Überdominanz und Epistasie beruhende Variation wirtschaftlich zu nutzen. J. Lenschow. 1935.

Kolesnik, N. N.; Ukrain. Akad. der Landwirtsch.-Wiss. Promyšlennoe skreščivanie — važnoe sredstvo povyšenija produktivnosti životnich. **(Die Gebrauchskreuzung — ein wichtiges Mittel zur Steigerung der Leistung in der Tierhaltung.)** Visnyk sil'škogospodarškoï nauky, Kyïv 4 (1961) Nr. 8. S. 73–80. — 8 Tab,, 13 Lit. Orig.: ukrain., Ausz.: russ.

Die Gebrauchskreuzung wird in verschiedenen Formen durchgeführt, um bei Nachkommen einen Heterosiseffekt zu erzielen. Voraussetzung ist, daß die zu paarenden Tiere in den gewünschten Eigenschaften sich stark unterscheiden. Vf. führt Kreuzungsversuche bei Rindern, Schweinen, Schafen und Hühnern an, die in den gewünschten Merkmalen besser waren als die Ausgangsrassen. So konnten höhere Milch- und Fettleistungen bei Rindern, bessere Futterverwertung bei Schweinen, eine bessere Wolleistung bei Schafen und höhere Eierleistungen bei Hühnern nachgewiesen werden. Durch Anwendung der KB kann in kurzer Zeit eine große Anzahl von Kreuzungstieren gewonnen werden, die bes. zur Erhöhung der Fleischleistung beiträgt. W. Strack. 1935.

Eftimov, B. (Eftimow, B.) Vlijanieto na njakoi faktori vŭrchu konstitucijata na govedoto. **(Der Einfluß einiger Faktoren auf die Konstitution des Rindes.)** Naučni trudove. Visš selskostopanski institut „Georgi Dimitrov". Zootechničeski fakultet, Sofija **11** (1962) S. 197–214. — 2 Abb., 8 Tab., 11 Lit. Zus. in Russ., Dtsch.

Die zur Feststellung des Einflusses mancher Faktoren auf die Konstitution des Sofioter Braunviehs seit 1949 angestellten Versuche und Beobachtungen führten zu folgenden Ergebnissen: 1. Die einseitige Fütterung der Kühe vornehmlich mit Kraftfutter, Stroh und Sauerschnitzeln führt zu Störungen des Bewegungsapparates, zur Senkung des Ca-Spiegels sowie zu Störungen in der Embryonalentwicklung der Kälber und zur Schwächung ihrer Konstitution; 2. die Weidehaltung der Kühe verbessert die Atmung, Durchblutung, manche Blutkennwerte und den Allgemeinzustand; 3. der Sommerauftrieb der 1- bis 1,5jährigen Färsen auf Bergweiden trägt dazu bei, daß man Tiere vom Atmungstyp, mit verbesserter Atmungs- und Durchblutungsfunktion sowie gut entwickeltem Knochensystem erhält; 4. die zusätzliche Bewegung der 2- bis 6monatigen Kälber fördert die Entwicklung des Exterieurs zum Atmungstyp mit Interieurkennwerten erhöhten Stoffwechsels. N. Platikanow. 1940.

Binns, Wayne, James, Lynn F., Shupe, James L. und Beeson, K. C. Crooked calf disease produced experimentally. **(Mißbildungen bei Kälbern — experimentell erzeugt.)** Utah Farm Home Sci. **23** (1962) Nr. 2. S. 35–37. — 8 Abb.

Vordergliedmaßenverkrümmungen sowie Hydrocephalus treten in bestimmten Staaten gehäuft auf. Dort läßt sich ebenfalls eine zeitliche Häufung der Mißgeburten beobachten. Alle vorhandenen Rassen werden betroffen. Der Anteil der Mißgeburten in den verschiedenen Farmen schwankt von weniger als 1 bis zu 100%. Gesichtsspalten treten in bestimmten Gebieten zusammen mit Vordergliedmaßenverkrümmungen auf. Im Hinblick auf die räumliche und zeitliche Häufung der Fälle wurden die entspr. Weidegebiete untersucht und Fütterungsversuche angestellt, die auf der Tatsache basierten, daß in den untersuchten Arealen einmal Blei als Inhaltsstoff des Tränkwassers und zum anderen hohe Anteile von Lupinen am Pflanzenbestand ermittelt wurden. Von 7 Holstein-Färsen gebaren diejenigen zwei Tiere Mißgeburten, denen durch eine Pansenfistel sowohl Bleiacetat als auch *Lupinus sericeus* appliziert wurde. K. Damm. 1950.

F. WACHSTUM UND ENTWICKLUNG

Wadowski, Stanisław und Słoniewska, Aniela; Olsztyn, Wyższa Szkoła Rolnicza. Przyrost ciężaru żrebiąt po urodzeniu do momentu jeg podwojenia. **(Fohlengewichtszunahme nach der Geburt bis zur Verdoppelung des Körpergewichts.)** Med. weteryn. 18 (1962) Nr. 7. S. 432–434. – 1 Abb., 7 Lit. Zus. in Russ., Engl., Franz., Dtsch.
Die vorliegende Arbeit bezweckte, Beobachtungen über das Fohlenkörpergewichtsverhalten vom Lebensanfang bis zur Körpergewichtsverdopplung durchzuführen. Diese Beobachtungen betrafen 15 Fohlen der Masurischen Rasse im Zeitabschnitt vom Febr.–Mai. Alle Mutterstuten erhielten gleiches Futter und unterlagen den gleichen ökologischen Bedingungen. Das erste Fohlenwiegen fand 15–20 Min. nach der Geburt statt. Gleich nach der Geburt (1–2 Std. danach) wird eine bei Fohlenstuten 1,4% und bei -hengsten 1,2% betragende Körpergewichtsabnahme beobachtet. Nach vorübergehender Gewichtsabnahme folgt eine Zunahme, wobei die Zunahmekurve bei allen untersuchten Fohlen i.allg. gleich verläuft, d.h., sie zeigt eine größere Zunahme von 12–20 Std. nach der Geburt, dann wird eine Zunahmeverminderung beobachtet. Die nächste größere Gewichtszunahme erfolgte zwischen der 28. und 40. Std. Vor der 48.–56. Std. kann wieder eine Zunahmehemmung, zwischen der 56. und 64. Std. eine Zunahmesteigerung und wieder eine unbeträchtliche Zunahmeverminderung beobachtet werden. Der mittlere Körperzunahmeverdopplungszeitraum der untersuchten Fohlen betrug 36,9 Tage. Die mittlere Trächtigkeitsdauer der Mutterstuten der untersuchten Fohlen betrug 321,5 Tage bzw. 330,6 Tage, je nachdem, welcher Hengst zum Deckakt herangezogen wurde. W. Radomiński. 2110.

Dardžonov, Tr. St. (Dardshonow, Tr. St.) Njakoi vŭprosi na rasteža i razvitieto na životnite i zootechničeskata praktika. **(Einige Fragen des Wachstums und der Entwicklung der Tiere und die zootechnische Praxis.)** Priroda, Sofija 11 (1962) Nr. 1. S. 55–59. – 1 Abb., 4 Tab.
In einem Versuch mit Kälbern, die bei verschieden intensiver Fütterung (100 und 70%) aufgezogen wurden, erreichten die intensiver gefütterten Tiere mit 12 Mon. ein Lgw. von 310 kg, wobei der Futteraufwand je kg Zuwachs 5,20 FE betrug. Die spärlicher gefütterten Kälber erreichten das gleiche Lgw. mit 13 Mon. und 14 Tagen, bei einem Futteraufwand von 4,47 FE/kg Zuwachs. 410 kg Lgw. erreichten die intensiver gefütterten Kälber mit 20 und die spärlicher gefütterten mit 22 Mon., wobei der Futteraufwand je kg Zuwachs 7,63 bzw. 6,00 FE betrug. Aus der Gegenüberstellung der Wachstumsintensität der Kälber und Färsen vom Milch-Fleisch-Typ mit ihrer künftigen Milchleistung schließt Vf., daß das Ernährungsniveau dieser Tiere etwas über dem liegen muß, das sich in dem Versuch als optimal abzeichnet, d.h., daß die jetzigen Fütterungsnormen um 15–20% gekürzt werden können. Dies gilt jedoch nur bis zu einem Alter von 8–10 Mon. N. Platikanow. 2110.

Svečin, Kirill Borisovič. **Individual'noe razvitie sel'skochozjajstvennych životnych.** (Die individuelle Entwicklung der landwirtschaftlichen Nutztiere.) Kiev: Izd. Ukr. akad. sel'skoch. nauk. 1961. (406 S.) 8°. (1962 A 522)

G. ÖKOLOGIE EINSCHLIESSLICH HALTUNG UND PFLEGE

Bhatnagar, D. S. und Chaudhary, N. C. Influence of climate on the physiological reactions in Murrah buffalo calves. **(Klimatische Einwirkung auf die physiologische Tätigkeit bei Murrah-Büffelkälbern.)** Indian veterin. J. 37 (1960) Nr. 8. S. 404–409. 2165.

Ádám, T. Ujabb adatok a nyitott és zárt tehénistállók összehasonlitó vizsgálatóról. **(Neue Ergebnisse klimatologischer Vergleichungsuntersuchungen in offenen und massiven Kuhställen.)** Állattenyésztés [Tierzucht] 11 (1962) Nr. 1. S. 33–41. – Aus: Ung. Agrar-Rdsch. 1962 Nr. 4.

Zwei Jahre lang führte Vf. im Frühjahr und zu Herbstbeginn (1. Nov. 1958 bis 29. März 1959 und 16. Juni–13. Sept. 1959) Untersuchungen in einem für 50 Tiere bestimmten mechanisierten, nach der Südostseite zu $^1/_3$ offenen Freiluftstall und in einem giebelbedeckten, mit Langtrog und Selbsttränken versehenen Massivstall durch. Als niedrigste Durchschnittstemperaturwerte ermittelte er im Thermometerhäuschen 12,2 °C, im Offenstall 13,7 °C und im Massivstall 17,0. °C. Als Maximalwerte der Lufttemperatur stellte er im Juli im Thermometerhäuschen 35,5 °C, im Offenstall 33,1 °C und im Massivstall 32,0 °C fest. Im Herbst und im Winter war der rel. Feuchtigkeitsgehalt der Luft im Offenstall meistens höher als im Massivstall, seine Werte betrugen 86 bzw. 82%. Der im Offenstall angehäufte Dung erhöhte nur gerinfügig den Feuchtigkeitsgehalt der Luft, da sich dieser nach dem Ausmisten nur um wenige Prozente verringerte. Der Dampfdruck betrug im Massivstall vom Nov.–März 9,0, im Offenstall 6,3, Thermometerhäuschen 4,6 mm Hg; im Sommer betrugen diese Werte — in gleicher Reihenfolge — 13,4; 13,5 und 10,9 mm Hg. Die rel. physiol. Feuchtigkeit war im Herbst und im Winter im Massivstall am höchsten. Die Durchschnittswerte des physiol. Sättigungsmangels betrugen zwischen Nov. und März im Offenstall 46,2, im Massivstall 43,4, im Thermometerhäuschen 48,0 mm Hg; von Juni–Sept. — in gleicher Reihenfolge — 39,2; 38,9 und 42,0 mm Hg. Das Ausmaß der Abkühlung ergab im Herbst und im Winter im Massivstall einen Katawert von 8,1, im Offenstall von 11,1; im Sommer glichen sich jedoch diese Werte in beiden Stalltypen fast aus und betrugen 5,4 bzw. 5,2 mgcal/cm²s. Der günstige durchschnittl. Wert der Luftströmungsgeschwindigkeit im Offenstall, der im Herbst und im Winter sowie im Sommer 0,28 m/s betrug, ist ein Beweis für die richtig exponierte Lage des untersuchten Stalles. Derselbe Wert betrug im Massivstall 0,25 m/s. 2165.

Comberg und Pechert; Hannover. **Stallklima in Schweineställen.** Mitt. dtsch. Landwirtsch.-Ges. 77 (1962) Nr. 38. S. 1247–1249.

Die von verschiedenen Autoren geforderten Temperaturen für Abferkelställe bewegen sich zwischen 12 °C und 26 °C; für Ferkelnester sind stets zusätzliche Wärmequellen vorzusehen. Einfluß auf die Stalltemperatur hat auch die Haltung (Einzel- bzw. Sammelhaltung). Durch Zusammenlegen der Ferkel kann eine Ermäßigung um 40% eintreten. Die rel. Stalluftfeuchte sollte zwischen 50 und 75% liegen. Mastschweine verlangen folgende Temperaturen: 20–65 kg — 23–24 °C; 65–155 kg — 15–16 °C; im Durchschnitt bis 100 bzw. 110 kg 18–21 °C bzw. 16–18 °C bzw. 12–20 °C (Werte verschiedener Autoren). 80% rel. Luftfeuchte sollte den Maximalwert darstellen. Eine Temperatur-Luftfeuchtigkeitskombination von 23 °C und 50% bzw. 15 °C und 70% wirkte gleich vorteilhaft auf Zunahme, Futterverwertung, Fleischbildung und Schilddrüsenfunktion. Gruppenhaltung brachte bei 8 °C ohne Einstreu die gleichen Ergebnisse wie mit Einstreu bei 3 °C. Fehler im Stallbau und in der Lüftung blieben nie ohne Folgen. Erfolge lassen sich durch Abstimmen und Zusammenwirken von Stallbauweise, Tierbesatz und Lüftung erreichen. Arbeitswirtschaftlich ist der Traktor nicht immer die beste Lösung, weil seine Arbeitshöhe eine gewisse (nicht immer ideale) Stallhöhe bedingt.

F. Schenk. 2165.

Beane, W. L., Siegel, P. B. und Siegel, H. S. The effect of light on body weight and feed conversion of broilers. **(Die Wirkung des Lichtes auf das Körpergewicht und die Futterverwertung bei Broilern.)** Poultry Sci. **41** (1962) Nr. 4. S. 1350–1351. — 1 Tab., 4 Lit.

In 2 aufeinanderfolgenden Versuchen (21.8. 61–2.1.62) wurde die Wirkung von 24 Std. Licht: 0 Std. Dunkelheit, 8 Std. Licht: 16 Std. Dunkelheit sowie 1 Std. Licht: 2 Std. Dunkelheit auf das Körpergewicht der Broiler und deren

Futterverwertung überprüft. Die notwendigen Erhebungen fanden im 3-, 6- und 9-Wochen-Alter statt. Im Versuch 1 (Aug.–Okt.) waren in allen 3 Wiegeperioden die Tiere mit ständiger Belichtung schwerer als die der anderen Behandlungsarten, sie hatten auch die günstigste Futterverwertung. Die Ergebnisse im Versuch 2 zeigten keine signifikanten Körpergewichtsunterschiede zwischen den Tieren mit Dauerbelichtung und jenen der 1:2 Behandlung im 3- und 6-Wochen-Alter. Im 9-Wochen-Alter waren dagegen die Tiere, die bei Dauerlicht herangewachsen waren, gesichert schwerer. Die Versuchstiere aus der Gruppe 8 Std. Licht:16 Std. Dunkelheit wogen durchweg weniger. Nach der 3. Woche konnten zwischen den verschiedenen Behandlungsarten keine Unterschiede in der Futterverwertung mehr festgestellt werden.
W. Greiner-Petter. 2170.

Knoche, Wilhelm; Frankfurt/Main. **Bauphysical für Stallräume.** Bauen auf d. Lande **13** (1962) Nr. 7. S. 190–192. — 4 Abb.
Die DLG-Ausstellung 1962 zeigte dem Besucher an Hand eines Grünlandbetriebes, eines Hackfrucht-Getreidebetriebes, zweier Hühnerställe und eines Schweinestalles, welche Anforderungen in bautechnischer Hinsicht an ein landwirtsch. Gebäude gestellt werden. So wurden Außenwandelemente aus Ziegeln (mehrschichtig) und Sandwich-Platten gezeigt. Beim Hühnerstall bestanden die Platten aus einer Innen- und Außenschale aus Aluminium mit dazwischenliegender Mineralfasermatte. Für die Lüftung wurden hier Druckventilatoren verwendet, die die Frischluft durch Rohrstutzen über Verteilerplatten in den Stall drücken. Die verbrauchte Luft entweicht durch einen Abluftschacht, der bis auf den Kotkasten hinuntergeführt war. Die bes. Merkmale des Schweinestalles waren die Außenmistplätze, unterschiedlich große Buchten mit schrägem Verlauf des Futterganges und die Druckventilatoren. Die Überdrucklüftung wurde gewählt, um Zuglufterscheinungen durch die Auslaufklappen zu verhindern. In leichtester Bauweise wurden aluminiumverkleidete Hallen gezeigt, die ihre Stabilität einer Drahtseilverankerung verdanken. Diese sind bes. für Maschinenschuppen geeignet. G. Klink. 2175.

Bianca, W.; Ayr, Scotland, Hannah Dairy Res. Inst., Physiol. Dep. Tolerance to severe heat and the behaviour of respiratory minute volume in cattle. **(Toleranz gegenüber starker Wärme und das Verhalten des Atmungsminutenvolumens bei Rindern.)** Nature [London] **195** (1962) Nr. 4847. S. 1208–1209. — 2 Abb., 6 Lit.
8 Ayrshire-Bullenkälber im Alter von 7–11 Mon. wurden 3mal in einer Klimakammer einer trockenen Atmosphäre von 40 °C und einer feuchten Atmosphäre von 38 °C ausgesetzt, bis die Rektaltemperatur 42 °C erreichte. Ferner wurden Atmungsfrequenz und -volumen gemessen. Es ergaben sich erhebliche individuelle Unterschiede. Das wärmetoleranteste Tier benötigte 175 Min. und das am wenigsten wärmetolerante 97 Min. bis zum Erreichen der Rektaltemperatur von 42 °C. Zwischen der Geschwindigkeit im Anstieg der Rektaltemperatur innerhalb der Tiere und dem Atmungsminutenvolumen besteht eine positive lineare Korrelation. Pro Grad Anstieg der Rektaltemperatur ergibt sich eine Steigerung des Minutenvolumens von 90 l. Zwischen den 4 im Sommer und den 4 im Winter geprüften Tieren sind statistisch gesicherte Unterschiede im Sinne einer Akklimatisation an die Wärme im Sommer vorhanden (mittlerer Anstieg der Rektaltemperatur von 1,14 ± 0,053 °C/h und 1,64 ± 0,075 °C/h). Atmungstiefe und -frequenz korrelieren nicht, so daß das Minutenvolumen nicht durch Messung der Atmungsfrequenz allein bestimmt werden kann. R. Schiemann. 2180.

Bachmet, K. A. und Čajka, M. P. (Bachmet, K. A. und Tschaika, M. P.) O temperaturnom režime vyraščivanija porosjat. **(Über die Wärmebedingungen bei der Ferkelaufzucht.)** Naučnye trudy. Kievskaja opytnaja stancija životnovodstva **7** (1961) S. 50–56. — 3 Tab., 13 Lit.

Bei der Ferkelaufzucht wirken Stallufttemperaturen von 1–10 °C günstig auf Wachstum, Entwicklung und den Ablauf der physiol. Prozesse. Bei diesen Temperaturen können die Ställe gut entlüftet werden, wodurch ein günstiges Stallklima erreicht wird. Widersprüchliche Empfehlungen über die Temperaturbedingungen für die Ferkelaufzucht in der Literatur sind theoretisch nicht begründet und bedürfen der Prüfung in spez. Versuchen. Vff. beschreiben ihre Winterversuche. K. Neumann. 2180.

Kalich, J. **Stallklima bei der Wintermast der Schweine.** Tierzüchter **14** (1962) Nr. 5. S. 171–172. – 2 Abb.

Um den Einfluß des Stallklimas auf die tägl. Gewichtszunahme und die Futterverwertung zu untersuchen, wurden 3 Versuchsgruppen zu je 10 Schweinen während der Mastperiode in Klimakammern bei 10 °C (**I**), 15 °C (**II**) und 20 °C (**III**) Umgebungstemperatur gehalten. Im Mastabschnitt von 40–80 kg zeigten die Tiere von **III** mit 860 g tägl. Zunahme und einer Futterverwertung von 3,7 kg/kg Zunahme die besten Ergebnisse. Im Gewichtsabschnitt von 80–110 kg waren mit 730 g tägl. Zunahme und einer Futterverwertung von 3,8 kg/kg Zunahme die Tiere von **II** am besten. Die niedrigsten Werte zeigten die Tiere von **I** (600 g tägl. Zunahme und eine Futterverwertung von 4,3 kg/kg Zunahme). Vf. schlußfolgert, daß die für Schweineställe geforderten Stalltemperaturen von 10–12 °C zu niedrig sind. Die günstigste Stalltemperatur für 40–80 kg schwere Tiere liegt bei 20 °C und 70% rel. Luftfeuchtigkeit, für 80–110 kg schwere Tiere bei 15 °C und 80% rel. Luftfeuchtigkeit.

F. Schenk. 2180.

Klemm, G. H. The reactions of unshorn and shorn sheep to hot wet and hot dry atmospheres. **(Die Reaktionen ungeschorener und geschorener Schafe auf feuchte und trockene Wärme in der Atmosphäre.)** Austral. J. agric. Res. **13** (1962) Nr. 3. S. 472–478. – 1 Abb., 1 Tab., 8 Lit.

Der Klimabelastungsversuch wurde bei Merinoschafen mit einer Wollänge von 7–8 cm vorgenommen. Die Reaktion wurde mit Hilfe der Messung der Rektaltemperatur und der Atemfrequenz in einstündigen Abständen während der Belastung verfolgt. Am Ende der Versuchsserie wurden die Tiere bis auf eine Wollänge von 0,5 cm geschoren und wiederum denselben Klimabedingungen unterworfen. Feuchte Wärme wurde von den geschorenen Schafen besser vertragen, während die ungeschorenen Tiere bei trockener Wärme eine geringere Reaktion zeigten. Diese Befunde stimmen mit den von Lee (1950) überein. Die unterschiedlichen Reaktionen der Schafe werden mit den physiol. Eigenschaften der Wolle zu erklären versucht. Beim ungeschorenen Schaf wird der Wärmeanstieg infolge der Hitzeeinstrahlung gebremst und vermindert. Dementsprechend erhöht sich auch die Körpertemperatur nur zögernd, wodurch die Reaktion der Atemtätigkeit zur Förderung der Verdunstungskühle ebenfalls gering bleibt. Beim geschorenen Schaf wird die Hitzebelastung nicht aufgefangen, weshalb kompensatorische Reaktionen, wie die Wärmeabgabe über die Atmung in Funktion treten. Der Stoffwechsel des Tieres steigert sich dann, und die Belastungssymptome treten beschleunigt auf. H. Busse. 2180.

Huston, Till M., Edwards jun., Hardy M. und Williams, Joanna J.; Athens, Univ. of Georgia, Poultry Div. The effects of high environmental temperature on thyroid secretion rate of domestic fowl. **(Die Wirkung einer hohen Umgebungstemperatur auf die Schilddrüsensekretion des Hausgeflügels.)** Poultry Sci. **41** (1962) Nr. 2. S. 640–645. – 4 Abb., 1 Tab., 15 Lit.

Die Schilddrüsenaktivität von 12 Wochen alten Küken und von legenden Hennen zeigte bei unterschiedlichen Umgebungstemperaturen von 66 und 88 °F keine signifikanten Unterschiede, sie war jedoch bei 5 Wochen alten Küken bei der niedrigen Temperatur erhöht. B. Busch. 2180.

Makaveev, Cvetan. (Makaweew, Zwetan.) Njakoi nabljudenija po aklimatizacijata na červenoto datsko govedo v Rusensko. **(Einige Beobachtungen**

über die Akklimatisation des Roten Dänenrinds im Landbezirk Russe.) Selskostopanska nauka, Sofija **1**(7) (1962) Nr. 1. S. 49–58. – 3 Abb., 5 Tab., 14 Lit. Zus. in Russ., Engl.
1955 wurden in Bulgarien 27 Rote Dänenkühe und 113 Rote Dänenbullen eingeführt. Die Bullen wurden zum Belegen von Simmentaler Kreuzungskühen (Graues Landrind × Simmentaler) verwendet. Die Beobachtungen über die Akklimatisation der Roten Dänen in Nordostbulgarien haben ergeben, daß die Kühe die niedrigen Winter- und hohen Sommertemperaturen schlecht vertragen. Unter diesen Verhältnissen läßt ihre Milchleistung nach. Der Fettgehalt der Milch schwankt zwischen 3,62 und 3,96%, während er in Dänemark 4,38–4,61% beträgt. Das mittlere Lebendgewicht der Dänenkühe belief sich im Jahre 1955 auf 545 kg und im Jahre 1957 auf 563 kg. Die mittlere Laktationsleistung von 565 Erstlingskühen der Simmentaler Kreuzungen stellte sich im Jahre 1958 auf 2507 l mit 3,81% Fett. Im Jahre 1960 betrug die mittlere Laktationsleistung von 65 Töchtern der Roten Dänenbullen und Simmentalerkreuzungskühen beim ersten Kalb 2866 l mit 3,78% Fett. Auf der Weide betrug im Sommer, bei 38–40 °C Lufttemperatur, die Atemfrequenz der Dänenkühe 40,8 und die der Simmentaler Kreuzungstiere 32,7. Die trächtigen der importierten Kühe hatten Totgeburten. Die Dänenkühe nahmen überhaupt schwierig auf; die Serviceperiode betrug 140–272 Tage.

N. Platikanow. 2240.

Lüttig, J. **Unterschiedliche Akklimatisation von zwei importierten Rinderherden.** Mh. Veterinärmed. **17** (1962) Nr. 17. S. 691–696.
2 Importherden, 172 tragende Färsen und Kühe ‚Rotes Dänisches Milchvieh‘ (A) aus Dänemark und 40 tragende Färsen ‚Schwarzbuntes Niederungsvieh‘ (B) aus Ostfriesland werden hinsichtlich ihrer Akklimatisation und ihres Fortpflanzungsgeschehens untersucht und gegenübergestellt. Nach Angabe von Untersuchungsergebnissen von Schoop, Brodauf, Wohanka, Heinicke und Jacob berichtet Vf. über eigene Untersuchungen. Die Herde A kam im Herbst 1958 in völlig unzureichende und bleibende Stall- und Futterverhältnisse. Bis Herbst 1961 trat ein Verlust von 27% der Tiere ein (5 notgeschlachtet, 4 verendet, 37 zuchtuntauglich); dsgl. traten Verluste bei den Kälbern auf. Nur 7,1% der Kühe haben ein normales Fruchtbarkeitsgeschehen bis zur 3. Trächtigkeit. Die Herde B, im Frühjahr importiert, kam auf die Weide und in gute Haltungs- und Umweltverhältnisse, die das Fruchtbarkeitsgeschehen günstig beeinflußten. Nur 8% Verluste traten ein. 88,6% waren zum 3. Mal trächtig. Nicht „Transport“ und „Hochträchtigkeit“ verursachten die Akklimatisationssterilität, vielmehr die belastenden Faktoren („Stressoren“) „jahreszeitlicher Termin der Umstellung“ und „Haltungs- und Fütterungsbedingungen“. Vf. erhebt Forderungen zur Vermeidung von Schäden bei Importen oder Umstellungen von Rinderherden.

K. Neuffer. 2240.

Soutar, D. S. The housing of livestock on slatted floors. **(Ställe mit Lattenrosten.)** Trans. Roy. Highland agric. Soc. Scotland [6] **6** (1961, hrsg. 1962) S. 13–30.
Vf. berichtet über die Entwicklung und Bedeutung der Haltung von Rindern, Schafen und Schweinen auf Rostböden. Die Haltung der Rinder auf Rostböden setzt einwandfreie Lüftung und zugfreie Gebäude voraus. Unter den Rosten muß genügend Raum für die Lagerung des Dunges vorhanden sein. Die größten Schwierigkeiten bereitet die Dungbeseitigung. Der Dunganfall beträgt wöchentl. $8^3/_4$ cu. ft./Kuh. Der Dung kann mit dem Traktor geräumt oder auch ausgepumpt werden. Die Beschaffenheit und die Größe der Roste für die einzelnen Tiergruppen werden vom Vf. beschrieben. Problematisch ist die Rosthaltung in Verbindung mit Selbstfütterung. Die Rosthaltung der Schafe ist noch näher zu untersuchen, um sie den örtlichen Verhältnissen an-

zupassen. In den Mastschweineställen werden Roste für den Dungplatz bevorzugt. Dadurch ist die Voraussetzung für eine Schleppschaufelentmistung gegeben. W. Heinig. 2260.

Anonym. **Wärmedämmung in Hühnerställen — Aufgabe und Ausführung.** Dtsch. Geflügelwirtsch. **14** (1962) Nr. 31. S. 404–406. – 5 Abb.
Das Verhältnis zwischen anfallender Wasserdampfmenge und abgegebener nutzbarer Wärmemenge ist in Hühnerställen bes. ungünstig, das im Stall vorhandene Tiergewicht ist rel. klein. Die Verwendung einer Zusatzheizung und einer bes. Wärmedämmung wird in vielen Fällen nicht zu umgehen sein. Leichte Wand- und Dachdeckenkonstruktionen, wie sie allg. für Hühnerställe verwendet werden, sollten bei sonst fehlenden Dämmstoffen eine 8 cm dicke Glasfaser-Dämmschicht erhalten. Die Kondenswasserbildung hängt von den Eigenschaften der verwendeten Baustoffe bez. des Dampfdurchgangs und ihrer Zueinanderordnung ab. Ein Wandelement mit folgendem Aufbau kann für Hühnerställe empfohlen werden: 13 mm dicke Holzspannplatte, 8 cm dicke Gerrix-Isolierplatte III, belüfteter Hohlraum, Außenhaut. Der Aufbau der tragenden Konstruktion des Wandelementes ist zweckmäßig auf die Abmessungen der Dämmplatte (50 cm × 100 cm) abzustimmen. An Stelle der Gerrix-Dämmplatten können auch Gerrix- oder Bergla-Matten verwendet werden. Vf. beschreibt außerdem 2 Vorschläge für die Ausbildung von Dachdecken unter Verwendung von Gerrix-Dämmfilz-Matten.
U. Hofmann. 2260.

Balabin, V. E. (Balabin, W. Je.); Rayon Arsamas, Gebiet Gorki, Kolchos „Mirovoi oktjabr“. Naš opyt gruppovogo soderžanija podsosnych matok. **(Erfahrungen mit der Gruppenhaltung ferkelführender Sauen.)** Svinovodstvo, Moskva **16** (1962) Nr. 6. S. 21–22. – 2 Abb.
Beim Umbau eines älteren Zuchtstalles wurde dieser in 2 Sektionen eingeteilt. In Sektion 1 befinden sich Einzelbuchten, in denen die Sauen mit den Ferkeln von 5–10 Tagen vor dem Ferkeln bis 15–20 Tage nach dem Abferkeln gehalten werden. In Sektion 2 liegen 6 Gruppenbuchten für je 10 Sauen mit ihren Ferkeln, für die über der halben Gruppenbucht in 1 m Höhe 2,5 × 6 m große Ferkelbalkons angebracht worden sind. In dieser Sektion werden die Tiere 35–40 Tage gehalten. Die Ferkelsterblichkeit sank bei dieser Haltungsform praktisch auf 0%. F. Schenk. 2270.

Soutar, D. S. Progress in the piggery. **(Fortschritt im Schweinestallbau.)** J. Brit. Dairy Farmers' Assoc. **65** (1961) S. 55–61.
Nach einleitender Behandlung der Bedeutung der Arbeitsproduktivität in der Schweinezucht und -mast sowie der an Schweineställe zu stellenden Anforderungen werden 2 Abferkelbuchten-Systeme an Hand von Grund- und Seitenriß-Zeichnungen mit dazugehörigen Maßen beschrieben. Die zuerst erläuterte Abferkelbucht des Westschottland-Types ist so errichtet, daß die Sau in der Bewegung sehr stark eingeschränkt ist, während den Ferkeln nach 3 Seiten genügend Platz zur Verfügung steht. Die Gesamtbucht ist 2,60 m lang und 1,65 m breit. Die Muttersau selbst hat dabei 2,0 × 0,60 m Platz in einer in der Mitte gelegenen Absperrung der Bucht, die vom Fußboden aus gesehen unten 28 cm offen ist. In dieser Bucht wird die Sau auch gefüttert. Über dem auf einer Seite gelegenen Ferkelnest ist in 0,75 m Höhe eine Wärmelampe angebracht. Der Futtergang ist 0,91 und der Hauptgang 1,22 m breit. Die zweite Abferkelbucht ist 2,40 × 3,20 m groß. Neben dem für die Muttersau zur Verfügung stehenden Platz von 0,61 × 2,0 m liegt auf der einen Seite ein 0,75 m breites Ferkelnest und auf der anderen Seite eine Ferkelbucht von 1,84 m Breite. Bei dieser Haltungsform wird die Muttersau ebenfalls in ihrer Bewegung gehemmt. Die Fütterung der Sau erfolgt auch in ihrer Bucht. Als Durchschlupfhöhe für die Ferkel sind vom Fußboden

aus 30 cm vorgesehen. Diese beiden Systeme der Abferkelbuchten sind bes. geeignet, um Ferkelverluste durch Erdrücken zu vermeiden. Außerdem werden Haltungsformen für Absatzferkel und ein Mastschweinestall mit Zeichnung und Maßen kurz beschrieben. Bei letzteren ist der Stallfußboden aus Metallgittern. Darunter befindet sich eine 1,37 m tiefe Dunggrube mit Pumpenanschluß. Dieser 6,60 m breite, an der Außenseite nur 1,37 m hohe Maststall mit isoliertem Satteldach und Ventilator besitzt einen 1,06 m breiten Mittelgang. Die Futtertröge sind senkrecht zum Mittelgang vor den einzelnen 1,85 m breiten Buchten neben einem 0,38 m schmalen Futtergang.
R. Kürbs. 2275.

Bear, W. Forrest, Speer, V. C. und Hazen, T. E.; Ames, Iowa State Univ., Dep. of Agric. Engng. Sow stalls for individual feeding. **(Einzelfütterungsboxen für Sauen.)** Iowa Farm Sci. **16** (1962) Nr. 10. S. 159–161. — 9 Abb.
Die Kosten der Ferkelproduktion lassen sich sowohl durch Verringerung der Sauenfutterkosten während der Trächtigkeit als auch durch vergrößerte Wurfstärke reduzieren. Untersuchungen zeigten, daß Sauen bei freier Futteraufnahme je Tier/Tag 10–15 lb. fraßen, obwohl 3 lb. einer ausgeglichenen Futterration je Tier/Tag während der Trächtigkeit als ausreichend anzusehen sind. Vielfach werden jedoch in der Praxis die Sauen während der Trächtigkeit überfüttert, was durch eine kontrollierte Fütterung vermeidbar wäre. Für den Bau einer aus 16 Boxen bestehenden Einzelfütterungsanlage für Sauen aus vorzufertigenden Betonteilen wird deshalb eine praktische Anleitung nebst einigen konstruktiven Angaben mitgeteilt. J. Strecke. 2275.

Häseler, F. **Der Abferkelstand, eine Einrichtung zur Vermeidung der Erdrückungsverluste. 2. Mitt.** Tierzucht **15** (1961) Nr. 8. S. 348–350. — 3 Abb., 2 Tab., 4 Lit. 1. Mitt. vgl. LZ. Abt. III **5** (1960) Nr. 5. S. 729.
Vom Vf. werden Untersuchungen über die vergleichsweise Ferkelaufzucht in Abferkelbuchten und Abferkelständen beschrieben. — In den Abferkelbuchten wurden von 240 lebend geborenen Ferkeln 9,2% in der ersten Woche und 11,7% bis zur 4. Woche erdrückt. Die Gesamtverluste betrugen in den ersten 4 Wochen 17,1%. — In den Abferkelständen wurden von 571 lebend geborenen Ferkeln 2,3% in der ersten Lebenswoche und 3,5% bis zur 4. Woche erdrückt. Der Gesamtverlust in den ersten 4 Lebenswochen betrug hier nur 10,8%. Bis zum 28. Lebenstag wurden in den Abferkelbuchten im Durchschnitt 1,27 Ferkel je Wurf erdrückt und in den Abferkelständen nur 0,40 Ferkel je Wurf. — Bei beiden Aufzuchtformen ensteht der größte Prozentsatz der Erdrükkungsverluste in der ersten Lebenswoche, bei den Aufzuchtbuchten auf die gesamten Wochen verteilt, bei den Abferkelständen vor allem an den ersten 2 Lebenstagen. E. Ritter. 2275.

Gerrie, W. A. G. Housing the sow out-of doors. **(Stallungen für Sauen bei Freihaltung.)** Pig Farming **10** (1962) Nr. 3. S. 39. 41. — 3 Abb.
Zwei verschiedene Hüttensysteme für die Unterbringung der Muttersauen und Saugferkel werden mit Zeichnungen und dazugehörigen Maßen beschrieben. Es sind in beiden Fällen Hütten mit halbrunden bis zum Fußboden hinunterreichenden Wellblechdächern. Die eine Hütte wurde vom Landwirtsch. Inst. Nordschottlands entworfen. Sie ist 3 m lang, 1,8 m breit, 1,2 m hoch und mit Türen an den Seiten geschlossen. Diese Hütte, welche ein doppeltes, mit Glasfasern isoliertes Wellblechdach aufweist, ist auf Eisenschienen errichtet, so daß sie ziemlich stabil ist. Die zweite Hütte wurde von dem Farmer Richard Roadnight in Britwell Salome, Oxfordshire, entwickelt. Sie ist 1,5 m lang, 3 m breit, 0,9 m hoch und an den Seiten nur zur Hälfte mit Brettern geschlossen, so daß die Tiere ohne Tür herein- und herausgehen können. Fußböden sind in den Hütten nicht vorhanden. Diese Unterkünfte werden laufend weitergerückt, um immer einen trockenen Liegeplatz zu erhalten. R. Kürbs. 2310.

Scholz, K.; Knau, Forschungsstelle für Tierhalt. der Dtsch. Akad. der Landwirtsch.-Wiss. zu Berlin. **Klima und Milchkuh im Hinblick auf die Offenstallhaltung.** Dtsch. Akad. Landwirtsch.-Wiss. Berlin, Tagungsber. **1960** (hrsg. 1961) Nr. 38. S. 9–16.

Vf. definiert zunächst die Begriffe Groß-, Klein- und Stallklima und bespricht anschließend die Klimafaktoren und -elemente. Zu den Klimaelementen zählen Lufttemperatur, Niederschläge, Luftfeuchtigkeit, Wind, Luftdruck, Strahlung, Belichtung und Witterungswechsel. Von diesen Elementen übt die Temperatur den größten Einfluß aus. Die Klimaleistungszone des Rindes dürfte zwischen 0 °C und 15 °C liegen. Bei starker Über- bzw. Unterschreitung dieser Werte treten i.allg. Leistungsminderungen auf; dabei sind europäische Rinderrassen kälteresistenter, jedoch wenig hitzeresistent. Ein CO_2-Gehalt der Stalluft bis zu 0,25% gilt als gut; Ställe mit Gehalten bis zu 0,4% gelten als mittelgut und darüber als schlecht. Von den schädlichen Beimengungen der Stalluft sollte bes. der NH_3-Anteil 0,005% nicht übersteigen, ab 0,025% wirkt er toxisch. Auch SO_2-Gehalte über 0,005% wirken negativ (Schleimhautentzündungen), über 0,1% wirkt SO_2 tödlich. Der Staubanteil im Offenstall ist vergleichsweise zum Massivstall um ca. 55% geringer. — In Versuchen festgestellte Schwankungen der Milchleistungen hängen zu 79–92% von Laktationsstand und Fütterung und nur zu 8–21% vom Temperaturverlauf im Stall ab. Bei Leistungen über 5000 l/Kuh/Jahr im Offenstall verhielt sich der Fettgehalt indifferent, die Futterverwertung war günstiger als in modernen Massivställen, die Gewichtsentwicklung war etwa gleich. Bei Umstellung von Milchkühen in Offenställe muß unbedingt eine Klimaanpassung vorausgehen. F. Schenk. 2320.

Bárczy, G. und Czakó, J. Adatok a nyitott és zárt istállóban tartott tehenek egyes életfolyamatainak napszaki megoszlására. **(Angaben über die Verteilung einzelner Lebensvorgänge der in Offen- und Massivställen gehaltenen Kühe auf die einzelnen Tageszeiten.)** Állattenyésztés [Tierzucht] **11** (1962) Nr. 1. S. 19–31. — Aus: Ung. Agrar-Rdsch. **1962** Nr. 4.

Im Juli und Nov. untersuchten Vff. in Massiv- und Offenställen an je 3 Kühen 48 bis 72 Std. lang das Verhalten der Tiere bzw. ihre einzelnen Lebensfunktionen. Sie stellten fest, daß die Tiere bei Grünfütterung in Massivställen 211 bis 226 Min., in Offenställen 103–173 Min. zur Nahrungsaufnahme brauchten. Im Nov. benötigten dieselben Tiere bei einer mit größeren tägl. Heugaben ergänzten Silagefütterung zur Aufnahme ihrer tägl. Ration 224–399 Min. Das Grünfutter wurde von den im Offenstall gehaltenen Kühen durchschnittl. in 5 (4–10), von den im Massivstall gehaltenen in 12 (11–14) Perioden gefressen. Die Aufnahme der Silage-haltigen tägl. Futterration erfolgte durchschnittl. in 16 (7–25) Perioden. Die durchschnittl. Gesamtdauer des Wiederkäuens in 24 Std. betrug bei Grünfütterung im Massivstall 324–468, im Offenstall 259–558 Min.; bei Silagefütterung im Offenstall 290–510 Min. Das Wiederkäuen der Kühe erfolgte bei Grünfütterung in 7–16, bei Silage- und Heufütterung in 18–25 Perioden. Das Verhältnis der zum Fressen bzw. Wiederkäuen verbrauchten Zeit betrug bei Grünfütterung 1:1,8–1:3,9; bei Silage und Heufütterung 1:1,2–1:1,8. Die im Offenstall gehaltenen Kühe verbrachten im Juli 12,3–38,1%, im Nov. 7,8–45,1% des Tages im Auslauf. Im Juli verbrachten die in Massivställen untergebrachten Kühe 43,3–52,6%, während des Nov. 22,1–50,3% des Tages liegend. Das Verhältnis zwischen der im Auslauf und im bedeckten Stallraum liegend verbrachten Gesamtzeit betrug im Juli 1:5,8. Dieselben Kühe legten sich im Nov. im Auslauf überhaupt nicht hin. Die Zeit der Ruhe, während der die Kühe nicht fraßen, nicht wiederkäuten, sich zwecks Ortsveränderung nicht bewegten, betrug im Massivstall 743–853 Min., im Offenstall im Juli 700–952, im Nov. 466–854 Min. Die Zeitdauer der mit Ortsveränderung verbundenen Bewegung der Kühe, somit die zum zwecklosen Hin- und Hergehen vergeudete Zeit (abgesehen von der beim Gang zum Futtertrog und zur Tränke verbrauchten) schwankte im Offenstall tägl. im Sommer zwischen 4 und 131, im Herbst zwischen 16 und 156 Min.; sie wurde in 1–15 bzw. in 5–43 Perioden durchgeführt. Vff. schlagen vor, die Fütterungszeit der Kuhgruppen — bes. falls mehrere nebeneinander gelegene Offenställe über eine gemeinsame Fütterungs- und Melkanlage verfügen — so einzuteilen, daß die tägl. Gesamtzeit der Winterfütterung 4–4,5 Std. beträgt. Die Länge der tägl. Liege- bzw. Ruhezeit erfordert die Anlage einer entspr. mit Einstreu versehenen geräumigen Liegefläche. 2320.

Krasil'nikov, V. S., Kosov, E. N. und Ognetova, T. N. (Krassilnikow, W. S., Kossow, Je. N. und Ognetowa, T. N.) Organizacija kompleksnych mechanizirovannych zveńev v svinovodstve. Opyt raboty zveńev N. Belaša i I. Korneeva v oporno-pokazatel'nom sovchoze „Gutovskij", Novosibirskoj oblasti. **(Die Organisation von mechanisierten Komplexbrigaden in der Schweinezucht [Arbeitserfahrungen der Brigaden von N. Belasch und I. Kornejew im Muster-Sowchos „Gutowski" im Gebiet Nowosibirsk].)** Svinovodstvo, Moskva **16** (1962) Nr. 6. S. 7–9. — 2 Abb., 1 Tab.
Die beiden Komplexbrigaden bestehen aus 1 Traktoristen und Maschinisten, 1 Kombinefahrer und 1 Schweinepflegerin bzw. 4 Schweinepflegerinnen. Beide Brigaden mästen Schweine, bauen Grün- und Saftfutter (vor allem Mais und Zuckerrüben) für den Sommer an, ernten es selbst und bereiten es zu. Dazu verfügen sie über alle erforderlichen Maschinen, für die jeweils die ganze Brigade verantwortlich ist; die Arbeit ist ohne Einteilung nach Berufen organisiert worden. Die großen Schweinegruppen werden im Sommer in Lagern mit betonierten Freßplätzen und im Winter in ganz einfachen Liegeställen auf Dauerstreu gehalten; den Liegeställen gegenüber befinden sich die aus einem alten Schweinestall umgebauten Freßställe, dazwischen liegen die Ausläufe. Pro Tier und Tag werden 2 kg Kraftfutter, 1,5 kg Kartoffeln und 1,5 bis 2 kg Silage verfüttert. Da fast alle arbeitsaufwendigen Prozesse mechanisiert worden sind, kann jede Brigade im Winter 1600–2100 und im Sommer 2500–3000 Schweine betreuen. F. Schenk. 2425.

Riebe, K.; Kiel, Univ., Inst. für Landwirtsch. Betriebs- und Arbeitslehre. **Arbeitsbedarf und Arbeitsverfahren in der Schweinehaltung.** Tierzüchter **14** (1962) Nr. 5. S. 172. 174. — 1 Abb., 2 Tab., 1 Lit.
Ein niedriger Arbeitsbedarf setzt einen entspr. Arbeitsumfang voraus, der wiederum eine Mindestbestandsgröße erfordert. Sauenbestände unter 8–10 Sauen und Mastbestände unter 20–30 Schweinen sind deshalb zu vermeiden. Der Gesamtarbeitsaufwand in der Zuchtschweinehaltung ist je nach Altersgruppe und deren Haltungsansprüchen verschieden. Für einen durchschnittl. Bestand, der sich aus allen Altersgruppen zusammensetzt, werden 6,21 AKmin/Tier/Tag benötigt. Hierbei könnte 1 AK 70–80 Tiere betreuen. Zuchtsauen mit Ferkeln weisen den höchsten Arbeitsbedarf mit 13,40 AKmin/Tier/Tag auf, wobei 28 Tiere 1 AK beanspruchen. Den geringsten Gesamtarbeitsaufwand mit 2,79 AKmin/Tier/Tag und 1 AK für 172 Tiere erfordern in Sammelbuchten gehaltene Zuchtläufer. Entscheidend für einen niedrigen Gesamtarbeitsaufwand in der Zuchtschweinehaltung ist die getrennte Haltung nach Altersgruppen und Haltungsansprüchen. Der Gesamtarbeitsaufwand bei der Schnellmast von Schweinen ist im wesentlichen, neben den übrigen Stall- und Sonderarbeiten sowie der Stallform, von der Fütterung abhängig. Er bewegt sich zwischen 2,78 und 0,10 AKmin/Tier/Tag, wobei 1 AK 173 bzw. 5000 Tiere betreuen kann. Während die ersteren Zahlen für eine Kartoffel-Rübenmast angegeben werden, beziehen sich die letzteren auf eine Getreidemast mit Rohrfütterung. J. Strecke. 2425.

LaCour Jensen; Malling, Dänemark. **Der Arbeitsaufwand in der Hühnerhaltung.** Dtsch. Geflügelwirtsch. **14** (1962) Nr. 31. S. 399–404. — 10 Abb., 12 Tab.

Die in 13 dänischen Betrieben unterschiedlicher Größe und Betriebsweise vorgenommenen Untersuchungen über den Arbeitsaufwand in der Hühnerhaltung erbrachten auch entspr. unterschiedliche Ergebnisse. Die Legeleistung lag jedoch in allen Betrieben über 180 Eier/Henne (nach Futtertagen). Der Arbeitsaufwand pro Huhn schwankte bei der Fütterung bei einem Mittel von 21,8 zwischen 7,6 und 40,2 Min., bei der Reinigungsarbeit lag das Mittel bei 9,2 Min. (von 0,8–28,2 Min.), andere Arbeiten nahmen durchschnittl. 4,6 Min. in Anspruch. Für das Eiereinsammeln waren durchschnittl. 11,4, für das Eierreinigen 12,9 Min. erforderlich, der entspr. Schwankungsbereich lag zwischen 4,1–18,7 und 5,4–18,4 Min. Fütterung und die mit den Eiern zusammenhängenden Arbeiten machten 77% des gesamten Arbeitsaufwandes aus. Der Arbeitsaufwand in der Kükenaufzucht muß mit 8 Min. pro eingestallter Junghenne veranschlagt werden, wobei größere Kükenbestände allg. einen kleineren Arbeitsaufwand erfordern als kleine Aufzuchten.
U. Hofmann. 2425.

Baltzer, Klaus; Frankfurt/Main. **Mechanisierung der Innenwirtschaft.** Bauen auf d. Lande **13** (1962) Nr. 7. S. 195–196. — 4 Abb.
Vf. beschreibt Einrichtungen für die Innenwirtschaft, die 1962 auf der DLG-Bausonderschau gezeigt wurden. Die intensive Veredlungswirtschaft setzt einwandfreie Futterwerbung und -konservierung voraus. Die Rauhfuttergewinnung steht deshalb im Zeichen der Heutrocknung. Das Gegenstück auf der Seite der Naßfuttergewinnung ist der Siloturm, der mit Gebläse beschickt wird und mit Tauchdeckel praktisch luftdicht abgeschlossen ist. Die Fütterung steht im Zeichen der vollautomatischen Entnahme und Zuteilung. Immer mehr geht man dazu über, Einrichtungen für den gesamten Futterablauf von der Annahme bis in den Trog herzustellen. So wird z.B. eine Zuteilungskette für Schweine gezeigt, die mit Hilfe von trogweise verstellbaren Zwischenvorratsbehältern Trockenfutter bis auf 50 g/Tier genau verteilen kann. Bei der Rationalisierung der Entmistung überwiegen Schwemmentmistungsanlagen. Die Nachteile dieser Entmistung (flüssiger Dung, teurer Speicherraum) sollen jedoch durch mechanische Verfahren erleichtert werden. Das Ergebnis dieser Bemühungen ist der betonierte Laufhof mit Schiebereinigung und der Rostbodenstall. G. Klink. 2425.

Parchomenko, Je. S. und Kramarenko, L. P. Porivnjal'nyj analiz sučasnych kormorozdaval'nych ustanovok dlja kurej-nesučok. **(Vergleichende Analyse moderner Futterverteileranlagen für Legehennen.)** Naučnye trudy. Naučno-issledovatel'skij institut životnovodstva Lesostepi i Pol'esja USSR, Kiev — Char'kov **31** (1961) Nr. 2. S. 107–118. — 8 Abbb., 8 Tab. Orig.: ukrain.
Bei der Konstruktion von Futterverteilern ist zu beachten, daß ein Verteiler bei Käfighaltung alle Legehennen versorgen können muß und deshalb auch seitlich bewegbar sein muß. Da 1 AK 10000–12000 Hennen betreuen kann, dürfen keine kleineren Ställe mehr gebaut werden. Die Fahrgeschwindigkeit und die Anzahl der Fütterungen bei verringerter Futtermenge pro Durchgang sind zu vergrößern. Dadurch können Bunkergröße, Metallkonstruktion und Motorstärke verringert werden. Der Futterverteiler muß auch zum Eiersammeln geeignet sein. Vff. schlagen zur besseren Ausnutzung der Technik bauliche Veränderungen vor und fordern für den Großraumhühnerstall die automatisierte Fütterung. K. Neumann. 2425.

Murray, A. J. W. An apparatus for recording milk-flow curves of cows milked by machines. **(Ein Milchflußschreiber für das Maschinenmelken von Kühen.)** Queensland J. agric. Sci. **17** (1960) Nr. 3. S. 147–153. — 4 Abb., 8 Lit.
Nach einer kurzen Lit.-Übersicht über bisherige Arbeiten zur Feststellung der Stärke des Milchflusses beim Maschinenmelken wird ein neuer Apparat be-

schrieben, der in der Abt. Milchwirtschaft vom Landwirtsch. Ministerium Queensland entwickelt wurde. Er besteht aus 2 Einheiten, die eine betrifft das Meßsystem, das mit Hilfe eines Dreibocks neben der Kuh aufgestellt wird, die andere den durch elektrische Stromstöße betriebenen Schreibapparat. Das Meßsystem besteht aus einem spez. Vakuumventil, einem bes. Pulsator, einem Milchflußanzeiger, einem spez. Meßgerät, das in Verbindung mit einer 6 V-Batterie nach dem Durchfluß von jeweils 0,2 lb. Milch einen Stromstoß zu dem an einem beliebigen Platz aufgestellten Schreibgerät übermittelt. 2 typische Kurven einer schnell und langsam melkenden Kuh sind abgebildet. Mit dem Gerät können folgende Maße genommen werden: die gesamte ermolkene Milchmenge, die Melkzeit dazu, die Melkzeit bis zum Beginn des maschinellen Nachmelkens, die Milchmenge bis zum Beginn desselben, die Dauer des Nachmelkens, die maschinell nachgemolkene Menge Milch, die Zeit, die bis zur ersten registrierbaren Milchmenge von 0,2 lb. verstrich, sowie auch die stärkste Wachstumsrate in lb./Min. in bestimmten Zeiteinheiten.

H. Senger. 2425.

Holitschek, H.; Leipzig, Zentralstelle für Wirtsch. Energieanwend. **Moderne und wirtschaftliche Wärmegeräte für die Ferkelaufzucht.** Tierzucht **16** (1962) Nr. 7. S. 298-300. – 4 Abb.

Auf Grund der Erfahrungen, daß die ausgelieferten Bodenwärmematten 24 V/80 W zu hohe Temperaturschwankungen aufweisen und daß die Infrarotstrahler durch die geringe mechanische Festigkeit und den hohen Stromverbrauch zu kostenaufwendig sind, wurde eine Bodenwärmematte 24 V/50 W entwickelt und überprüft. Die Anschaffungskosten der neuen Wärmematte liegen gegenüber denen der Wärmematte 24 V/80 W um 20,5% niedriger, während sich die Stromkosten um 38,5% verringern. Stellt man die Anschaffungskosten der neuen Bodenwärmematte denen der Infrarothellstrahler gegenüber, so zeigt sich, daß der Anschaffungspreis der Matte zwar um 46,5% höher liegt, die Stromkosten jedoch um 80% niedriger. Mit der neuen Bodenwärmematte werden trotz Spannungsschwankungen zwischen 25% Unter- bis 10% Überspannung auf der gesamten Oberfläche fast gleichmäßige Temperaturen erzielt.

Werner Schlegel. 2425.

H. NUTZUNG UND QUALITÄT TIERISCHER ERZEUGNISSE

Georgiev, I. V. (Georgiew, I. W.) Izmenenie na sŭstava i svojstvata na ovčeto mljako prez laktacionnija period. **(Veränderungen in der Zusammensetzung und den Eigenschaften der Schafmilch während der Laktation.)** Naučni trudove. Visš selskostopanski institut „Georgi Dimitrov“. Zootechničeski fakultet, Sofija **11** (1962) S. 315–326. – 1 Abb., 7 Tab., 12 Lit. Zus. in Russ., Dtsch.

Im Jahre 1957 wurde während der ganzen Laktationsperiode die Milchleistung einer Gruppe von ca. 40 Feinwollschafen (hochblütigen Kreuzungen) alle 14–15 Tage individuell kontrolliert und die chem. Zusammensetzung ihrer Milch an Hand von 562 individuellen Proben bestimmt. 1958 wurde in gleicher Weise die chem. Zusammensetzung der Gesamtmilch von 167 Schafen periodisch kontrolliert und im Jahre 1959 die chem. Zusammensetzung der Milch von 6 Schafen während der Säugezeit periodisch untersucht. Ergebnisse der chem. Analyse der Milch von ca. 40 Schafen: Tr.-Subst. zu Beginn der Laktation 12,55–16,00%, am Ende der Laktation 17,11–25,77%, durchschnittl. 21,29%; Fettgehalt zu Beginn der Laktation 1,45–5,10%, durchschnittl. 3,68%, am Ende der Laktation 6,10–13,20%, durchschnittl. 9,09%; Eiweißgehalt zu Beginn der Laktation 3,68–5,31%, durchschnittl. 4,32%, am Ende der Laktation 6,53–8,99%, durchschnittl. 7,28%; mittleres spez. Gew. der Milch 1,0355–1,0391 g, bei individuellen Schwankungen von 1,0313–1,0441 g; Säuregrad zu Beginn der Laktation 11–19 °Th, durchschnittl. 17 °Th, am Ende der Laktation 22–33,5 °Th, durchschnittl. 29,8 °Th, mittlere chem. Zusammensetzung der Milch von 167 Schafen während der Laktationsperiode: Tr.-Subst. 17,33%, Fettgehalt 6,30%, Milchzuckergehalt 4,50%, Gesamteiweißgehalt 5,63%, Caseingehalt 4,57%, Gehalt an löslichen Eiweißstoffen 1,08%, Aschegehalt 0,89%, CaO-Gehalt 0,236%, spez. Gew. 1,0379 g, Säuregrad 20,9 °Th. N. Platikanow. 2512.

Comberg, G. und Meyer, H. **Ein Beitrag zur Frage des Mineralstoffgehaltes der Milch beim Schwarzbunten Niederungsrind.** Züchtungskunde **34** (1962) Nr. 6. S. 243–254.
Nach eingehender Betrachtung der umfangreichen Literatur berichten Vff. über ihre Untersuchungsergebnisse. Milchproben von 14 schwarzbunten Kühen wurden eine Laktation lang in 2wöchigem Turnus auf Ca-, P-, Mg-, K- und Na-Gehalt untersucht. Vff. bezeichnen als wesentliches Resultat ihrer Arbeit, daß der Mineralgehalt der Milch bei den einzelnen Tieren stark fixiert erscheint. Ergebnisse der Vff. aus Untersuchungen an eineiigen Rinderzwillingen sowie Ergebnisse anderer Autoren (Reinart und Nesbitt, Jacobsen und Wallis), die bei der Untersuchung des Ca- und P-Gehalts der Milch verschiedener Rassen gewonnen wurden, verstärken die Annahme, daß hier eine überwiegend genetische Steuerung vorliegt. Große Unterschiede im Ca-, P-, Mg- und Na-Gehalt der Milch (zwischen den Tieren bis zu 27%) lassen vermuten, daß auch der Bedarf der Tiere stark schwankt. Folgende Gehaltszahlen wurden ermittelt (Laktationsdurchschnitt in mg/100 ml Milch): Ca bis 107,9; P bis 96,0; Mg bis 11,1; K bis 173,7; Na bis 40,2. Die Variation des Mineralgehalts der Milch innerhalb der Laktation des Einzeltieres war signifikant geringer als die zwischen den Tieren. Gesicherte Korrelationen konnten zwischen Ca:P (0,22); P:K (0,31); P:Na (−0,34); K:Na (−0,37); Fett:P (0,24); Fett:Na (−0,25) für die ersten 200 Tage der Laktation ermittelt werden. W. Häckert. 2512.

Džurkov, D. (Dshurkow, D.) Vlijanie na pasištnoto chranene na dojni kravi vŭrchu sŭdŭržanieto na vitamin A i karotin v mljakototo i krŭvta. **(Der Einfluß der Weidefütterung der Milchkühe auf den Vitamin-A- und Carotingehalt der Milch und des Blutes.)** Meždunarodna konferencija po vitaminite. Doklady i suobštenija, Sofija **1962** S. 423–432. — 6 Tab., 6 Lit. Zus. in Russ., Engl.
Die Milch einer Gruppe von 12 Sofioter Braunviehkühen, deren Ration aus Heu, Gärfutter, Wurzelfrüchten und Kraftfutter bestand, enthielt im Mai durchschnittl. 21,4 μg Vit. A und 9,1 μg Carotin (im ganzen 77,5 IE Vit.-A-Aktivität) je 100 ml. Im Juli betrugen die entspr. Werte bei Weidefütterung 39,8 und 34,4 μg (174,5 IE) und im Nov., bei einer Futterration aus Heu, Gärfutter und Kraftfutter, 37,6 und 26,8 μg (154,2 IE). Die gesamte Vit.-A-Aktivität schwankte im Winter zwischen 588 und 1186 IE und im Sommer zwischen 1273 und 2500 IE/l Milch. Der mittlere Gehalt an Vit. A und Carotin/100 ml Blutplasma betrug bei denselben Kühen im Mai 149,0 und 283,3 μg (insgesamt 906,3 IE), im Juli 242,1 und 1253 μg (insgesamt 2797 IE) und im Nov. 140,5 und 616,7 μg (insgesamt 1438,2 IE). Die gesamte Vit.-A-Aktivität/100 ml Blutplasma betrug im Winter 546,9–1520,5 IE und im Sommer 1819,9–4578,4 IE. N. Platikanow. 2512.

Korn, Edward D.; Bethesda, Md., Nat. Heart Inst., Lab. of Cellular Physiol. and Metabolism. The lipoprotein lipase of cow's milk. **(Die Lipoprotein-Lipase in Kuhmilch.)** J. Lipid Res. **3** (1962) Nr. 2. S. 246–250. — 3 Abb., 5 Tab., 16 Lit.
Die Lipoprotein-Lipase der Milch hat dieselben Eigenschaften, wenn sie nicht gar identisch ist, wie die Lipoprotein-Lipase im „post-heparin"-Plasma, „adipose"-Gewebe und im Herz. Nach Forster und Mitarbeiter werden

3 Enzyme unterschieden, und zwar B-Esterase, die aliphatische und aromatische Ester, aber keine Cholin-Ester hydrolisiert, die A-Esterase, die nur aromatische Ester hydrolisiert und die C-Esterase, eine spez. Cholin-Esterase. Die meisten Enzyme wurden nach der Zentrifugation in Magermilch gefunden, daneben auch einige im Rahm mit einer rel. hohen Aktivität. Die Triglyceride des Rahmes wurden durch die Lipoprotein-Lipase nicht hydrolisiert. Es wird vermutet, daß das Enzym nicht in der Milch selbst, sondern in der laktierenden Milchdrüse wirkt. W. Zeller. 2512.

Balba, M. K., El-Negoumy, A. M. und Mohamed, M. Safwat; Alexandria, U.A.R., Univ. of Alexandria, Dep. of Agric. Ind. The ratio between dialysable and nondialysable phosphorus and citric acid in Egyptian milk. **(Das Verhältnis zwischen dialysierbarem Phosphor und nicht dialysierbarer Citronensäure in Milch von ägyptischen Büffelkühen.)** Indian J. Dairy Sci. **15** (1962) Nr. 2. S. 77–80.

Zweck dieser Untersuchung war, das Verhältnis zwischem dialysierbarem Phosphor und nicht dialysierbarer Citronensäure in Büffelmilch herauszufinden, das unmittelbar mit den Problemen der Labkoagulation und Hitzestabilität der Milchproteine zusammenhängt. Kuhmilch enthielt bei einem pH von 6,6–6,8 insgesamt 84–93 mg P/100 ml und 216 mg Citronensäure/100 ml Milch, Büffelmilch bei pH 6,6–7,0 insgesamt 111–120 mg P/100 ml und 216 bis 272 mg Citronensäure/100 ml Milch. Das Verhältnis in Büffelmilch und Kuhmilch ist damit annähernd das gleiche. Während der Dialyse war die Wanderung der Citrat-Ionen stärker als die der Phosphat-Ionen.
W. Gimmler. 2512.

Johke, Tetsu und Goto, Takashi; Chiba, Japan, Nat. Inst. of Agric. Sci., Lab. of Physiol. of Lactation, Div. of Animal Physiol. Acid-soluble nucleotides in cow's and goat's milk. **(Säurelösliche Nucleotide in Kuh- und Ziegenmilch.)** J. Dairy Sci. **45** (1962) Nr. 6. S. 735–741. — 7 Abb., 2 Tab., 2 Lit.

Die säurelöslichen Nucleotide in Kuh- und Ziegenmilch zu verschiedenen Laktationszeiten wurden mit der Ionenaustausch-Säulenchromatographie untersucht. In Ziegenmilch wurden gefunden CMP 5′, DPN, AMP 5′, AMP-X, GMP 5′, UMP 5′, „orotic"-Säure, GDP-Mannose, UDP-Acetylglucosamin, UDP-Acetylgalactosamin, UDP-Glucose, UDP-Galactose, GDP, UDP, UDP-Harnsäure und andere nicht identifizierbare Nucleotide. Der Gesamtgehalt säurelöslicher Nucleotide wurde max. im Colostralstadium (330 μM/100 ml) und nimmt ab mit fortschreitender Laktation. Der prozentuale Anteil von UDP-Acetylhexosamin und UDP-Hexose in säurelöslichen Nucleotiden sind nicht nur im Colostrum (68%) hoch, sondern auch im mittleren Laktationsstadium (48%). ^{32}P wurde in diese Nucleotide inkorporiert und nach der Injektion beobachtet. — Ziegenmilch mit hohem Hormonanteil weist dieselben Banden auf wie normale Milch. Charakteristische Unterschiede bei den säurelöslichen Nucleotiden wurden zwischen Ziegen- und Kuhmilch beobachtet. Mit Ausnahme in der Colostralperiode macht die Orotsäure in der Kuhmilch den Hauptteil der säurelöslichen Nucleotide aus.
W. Zeller. 2512.

Morgan, A., Rundo, J., Vandervell, H. D. und Emeleus, V. M.; Harwell, Berks., Atomic Energy Res. Establishment; Winfrith, Dorset, Atomic Energy Establishment. Caesium-136 in rain and in milk. **(Caesium 136 im Regen und in Milch.)** Nature [London] **193** (1962) Nr. 4821. S. 1150 bis 1151. — 2 Abb., 1 Tab., 5 Lit.

Es wird über die Bildung von ^{136}Cs mit einer Halbwertzeit von 12,9 Tagen aus ^{137}Cs — Halbwertzeit 25 Jahre — berichtet. ^{136}Cs wurde nach den Atomexplosionen im Sept. und Okt. 1961 aus dem wöchentl. gesammelten Regenwasser in Harwell bei der Untersuchung auf ^{137}Cs entdeckt. Ähnlich wie von Osmond und Mitarbeiter beschrieben, wurde bei Wiederholungsmessungen der β-Aktivität an isoliertem Caesium-Chlorplatinat-Strahlern eine Abnahme der Aktivität festgestellt. An Hand einer 50tägigen Messung wurde die Halbwertzeit von ^{136}Cs mit 12,9 Tagen ermittelt. Im Gammastrahlen-Spektrum wurde eine Hauptspitze von ^{137}Cs bei 0,66 MeV festgestellt, darüber hinaus Spitzen bei 0,17, 0,34, 0,82 und 1,04 MeV. Letztere verringerten sich während einer 15tägigen Periode. Milchproben von 2 verschiedenen Farmen wurden laufend untersucht. Der durchschnittl. ^{136}Cs-Gehalt in Milch schwankte zwischen 0 und 31,5 bzw. 5,1 und 16,2 $\mu\mu c$/l Milch während der Zeitspanne vom 30. 9–18. 11. 1961. W. Zeller. 2512.

Brodie, B. O., Albright, J. L., Ormiston, E. E. und Witter, L. D. Penicillin in milk after intramuscular injection. **(Penicillin in der Milch nach intramuskulärer Injektion.)** J. Amer. veterin. med. Assoc. **140** (1962) Nr. 12. S. 1293–1294. — 1 Tab., 3 Lit.
Von insgesamt 11 laktierenden Versuchskühen (20–50 lb. Milch/Tier/Tag, ⌀ 38 lb.) bekamen 9 Tiere 6000000 E Procain Penicillin G mit Aluminiumstearat (PAM) i. m. verabfolgt, 10 Kühe erhielten 5000 E PAM/lb. Lgw. und 10 Tiere 4000 E Benzathin Penicillin G (B) und Procain Penicillin G (PPG) in wäßriger Lösung/lb. Lgw. Die einzelnen Versuchsreihen lagen zeitlich bis zu 3 Mon. auseinander, um eine Beeinflussung nachfolgender Versuche durch im Körper verbliebene Restmengen von Penicillin auszuschließen. Nach 12 und 24 Std. und dann von jedem weiteren Gemelk bis 72 Std. nach der Injektion wurden Milchproben entnommen und auf ihren Gehalt an Penicillin untersucht. Bei den mit B und PPG behandelten Kühen untersuchte man außerdem noch 24 Std. p.i. aus der V. jugularis entnommene Blutproben. Es wurde eine von der Food and Drug Administration empfohlene, modifizierte Schnelltest-Plattenmethode angewendet, bei der *Bacillus subtilis* als Teststamm diente. Aus den in Tab. zusammengefaßten Ergebnissen geht hervor, daß mit dieser Methode Penicillin in gebräuchlichen therapeutischen Dosen in öliger Lösung (PAM) i.m. verabfolgt nach 12 Std. und in wäßriger Lösung (B und PPG) nach 24 Std. p.i. bei positivem Blutspiegel nicht in der Milch nachzuweisen ist. H. Heimbürge. 2512.

Kozunin, I. I. (Kosunin, I. I.); Dubrowizy, Gebiet Moskau, Unions-Inst. für Tierzuchtforsch., Lab. für Biophysik. Nado uskorit' promyšlennoe proizvodstvo fluorescentnogo proteinmetra. **(Ein neues Florueszenzproteinmeter.)** Životnovodstvo, Moskva **24** (1962) Nr. 6. S. 87–88. — 2 Abb.
Das Arbeitsprinzip eines Fluoreszenzproteinmeters, mit dem in 2–5 Min. der Eiweißgehalt in der Milch bestimmt werden kann, wird an Hand eines Funktionsschemas erläutert. Es beruht darauf, daß die mit Wasser oder 40%iger Harnstofflösung verdünnte Milch in eine Spezialküvette aus 2 Lichtfiltern gegossen wird. Auf diese Küvette wird ein Lichtstrom gerichtet, der durch eine Kombination von Lichtfiltern läuft und ein Fluoreszieren des Eiweißes in der Milch hervorruft, deren Intensität direkt von der Konzentration des Eiweißes in der Milch abhängt. F. Schenk. 2512.

Brazis, A. Richard und Black, Luther A. Bacterial counts of bulk milk for interstate shipment. II. Influence of farm and plant practices. **(Bakteriengehalt der Milch aus Tanks für den zwischenstaatlichen Milchtransport. 2. Mitt. Der Einfluß der Milchbehandlung in der Farm und in den Sammelstellen.)** J. Milk Food Technol. **25** (1962) Nr. 8. S. 240–247. — 10 Abb., 2 Tab., 4 Lit. 1. Mitt. vgl. LZ. Abt. III 8 (1963) Nr. 3. S. 488.
Zur Prüfung dieser Frage wurden in 416 Farmen, in den Zwischensammelstellen, aus den Transporttanks auf den Schiffen und den Auslieferungsstellen über 4000 Milchproben auf ihren Bakteriengehalt hin untersucht. Dabei wurde

festgestellt, daß 96% dieser Proben Keimzahlen unter 200000/ml, 1,9% von 200000–300000, 0,7% von 300000–400000 und 1,4% über 400000/ml aufwiesen. Es erwies sich, daß der wichtigste Faktor für eine beste Versandmilch die Behandlung der Milch in der Farm selbst ist. Bes. wichtig ist peinliches Reinigen und Sterilisieren der Milchpumpen, der Ventile und der Übernahmeschläuche, wie der Sammel- und Transporttanks. H. Senger. 2514.

Major, W. C. T. Hardiness of water in relation to the cleaning of farm dairy equipment. **(Die Härte des Wassers in bezug auf die Reinigung von Milchgerätschaften in der Farm.)** Queensland J. agric. Sci. **19** (1962) Nr. 1. S. 107 bis 112. — 4 Tab., 3 Lit.
Die Untersuchungen wurden in 44 Farmen durchgeführt. Die Härte des Wassers differierte zwischen 41–1020 ppm Gesamtmineralsalzgehalt. Geprüft wurden 11 verschiedene Mittel. Alkyl-aryl-sulfat war ohne Verbindung mit einem Alkali ungeeignet. In Zusammenhang mit weichem Wasser waren 6 Mittel zufriedenstellend. Natriummetasilikat und Natriumkarbonat in Verbindung mit einem Benetzungsmittel erwiesen sich als am vorteilhaftesten. Bei Verwendung von hartem Wasser zeigten sich in allen Fällen milchsteinartige Niederschläge, die zur brauchbaren Sterilisation erst mit einem sauren Mittel an einem Tag in der Woche entfernt werden mußten. Mittel mit Karbonatgehalt führten schneller zur Ablagerung von Niederschlägen. Bei Wasser von über 200 ppm Härte ist die Hitzesterilisation stets angebracht. H. Senger. 2516.

Anonym. Research on milk quality. Survey in West Cork. **(Untersuchung über die Milchqualität. Überblick in West Cork.)** Farm Res. News **3** (1962) Nr. 3. S. 44–47. — 7 Abb.
Das National Dairy Research Centre von An Foras Taluntais in Moorepark, Fermoy erarbeitet gegenwärtig eine Übersicht über die Milchqualität bestimmter Bereiche. Als Probleme erwiesen sich 1. das Fehlen genauer Informationen über den Einfluß der Erzeuger auf die Milchqualität und die Reinigung und Milcherhitzung, 2. das Fehlen von Informationen über passende und wirksame Milchkühler, 3. das Fehlen verbindlicher Standards für Milch und Milchkannen, 4. die Anwesenheit von Inhibitoren u. a. Mängeln, 5. der Hinweis über einfache Testverfahren für den Gebrauch bei der Rahmbearbeitung bes. im Hinblick auf die bakteriologische und chem. Qualität, 6. Hinweise über wünschenswerte Milch für bestimmte Käsesorten. W. Zeller. 2516.

Nüchtern, Marina. **Die regionale Verteilung der Milchproduktion in Österreich.** Österr. Milchwirtsch. **17** (1962) Nr. 15/16. S. 254–258. — 2 Abb., 2 Tab.
Die Milchproduktion in Österreich ist von 2424000 t (1953) auf 2901000 t 1961 gestiegen. Das ist auf höhere Futtererträge und Verwendung leistungsfähigeren Viehs zurückzuführen. Die Schwerpunkte der Milcherzeugung liegen in Grünlandgebieten mit intensivem Futterbau und traditioneller Milchwirtschaft (westliches Niederösterreich, oberösterreichisches Inn- und Hausruckgebiet, Salzburger Flachgau, Grazer Becken). In den trockenen Ackerbaugebieten (Wiener Becken, nördliches Burgenland) ist die Milchviehhaltung stark eingeschränkt. Die verhältnismäßig geringe Milchproduktion in einigen Grünlandgebieten ist auf spez. Rinderhaltungsformen, z. B. Ochsenaufzucht, zurückzuführen. J. Bossmann. 2518.

Vincent, G. L'utilisation de la production laitière belge en 1960. **(Die Verwendung der belgischen Milchproduktion im Jahre 1960.)** Rev. Agric. [Bruxelles] **14** (1961) Nr. 6. S. 707–730. — 22 Tab.
Von der gesamten Vollmilcherzeugung (1953: 3,43 bzw. 1960: 3,78 Md. l) wurden im Vergleich der Jahre 1953 und 1960 u. a. zur Butterherstellung 66,96 bzw. 60,47%, zum Milchkonsum 21,14 bzw. 23,71%, als Futtermittel

8,64 bzw. 8,97%, zur Käseherstellung 1,25 bzw. 2,54% und zur Milchpulvergewinnung 0,02 bzw. 1,76% verwendet. Von der insgesamt erzeugten Vollmilchmenge wurden beim Erzeuger 57,49 (1953), 50,45 (1959) bzw. 47,80 (1960)% verarbeitet. Dabei änderte sich das Verhältnis von Buttergewinnung (63,79/1953 – 57,43/1959 – 55,01%/1960) zu Milchkonsum (20,57–24,59 bis 25,68%), zum Verbrauch als Futtermittel (15,02–17,43–18,77%) und zur Käseherstellung (0,62–0,55–0,54%) kaum. Mager- und Buttermilch fanden im wesentlichen als Futtermittel (83,36–79,35–74,81%) und Milchpulver (8,17–12,43–16,95%) Verwendung. Vf. weist auf die finanzielle Gefahr für die Landwirtschaft hin, die sich daraus ergibt, daß die Milchpulvererzeugung aus Magermilch um 12–13% gestiegen ist gegenüber einem Rückgang der Menge an Rücklieferungsmagermilch um 31%. Einer Lösung des Problems durch ein Niedrighalten der Milchpulverpreise würde eine Steigerung des Butterpreises im Wege stehen. Zahlen über die Ein- und Ausfuhr der Milchprodukte werden angegeben. U. König. 2518.

Schön, L. und Schön, I.; Kulmbach, Bundesanst. für Fleischforsch., Abt. für Fleischerzeug. und -qualitätsforsch. **Der Aussagewert der Handelsklassen von Schlachtschweinen über die grobgewebliche Zusammensetzung der Schlachtkörper.** Fleischwirtschaft **14** (1962) Nr. 10. S. 970–972. – 4 Abb., 5 Tab.
Da die Schweine ausschließlich lebend nach dem Gewicht eingestuft werden, ist nicht zu erwarten, daß dem Erzeuger ein gerechter Preis und dem Käufer eine dem Preis entspr. Ware garantiert wird. Die Untersuchungen zeigen, daß sich der Fleischanteil mit zunehmendem Gewicht verringert, der Fettanteil steigt, der Knochenanteil verringert. Die Unterschiede sind zwischen den meisten Handelsklassen signifikant. Aber die Unterschiede innerhalb der Klasse, z. B. c, sind sehr groß. Die geringe nicht gleichgerichtete Beziehung zwischen Gewicht und Handelsklasse zeigen die Korrelationskoeffizienten. Mindestens ebenso gerechtfertigt wie eine Einstufung nach dem Gewicht wäre eine nach dem Geschlecht. E. Otto. 2522.

Schön, L.; Kulmbach, Bundesforsch.-Anst. für Fleischwirtsch. **Einfluß der Behandlung vor der Schlachtung auf die Fleischbeschaffenheit.** Tierzüchter **14** (1962) Nr. 2. S. 57–58.
Vf. macht auf die schädigenden Einflüsse aufmerksam, denen das Fleisch durch fehlerhafte Behandlung der Schlachtschweine auf dem Weg vom Erzeuger zum Schlachthof ausgesetzt sein kann. Das Schwein ist gegenüber Haltung und Behandlung vor der Schlachtung sehr empfindlich. Äußere Einwirkungen, wie Treiben, Erregung, Angstzustände, Überbelegung von Transportfahrzeugen und Boxen, Beißereien und Hitzeeinflüsse bewirken oft eine Veränderung des Fleisches nach der Schlachtung. Neben diesen physiol. gibt es auch noch phys. Einflüsse, z. B. Schlagen, Treten u. a. Eine unsachgemäße Behandlung von Schlachtschweinen führt zu einer Anreicherung von Keimen u. a. in der Muskulatur und beeinflußt die Fleischsäuerung und -reifung ungünstig. Sichere Zeichen für fehlerhafte Behandlung sind ungenügendes Ausbluten und Merkmale der Totenstarre bereits nach 10–20 Min., die im normalen Falle erst nach 4–5 Std. eintritt. Abweichungen in Aussehen, Geruch und Geschmack wurden beobachtet. Bei Hausschlachtungen waren z. B. nur 5%, bei den auf Schlachthöfen geschlachteten Schweinen bis zu 50% verfärbte Schinken festzustellen. Als Ursache für alle Schäden im Fleisch wird eine Störung bzw. eine nicht einsetzende Glykolyse angesehen. Außer der Vermeidung derart schädigender Faktoren sind vor der Schlachtung angemessene Ruhezeiten bis zu 3 Tagen und Fütterung mit leichtverdaulichem kohlenhydratreichem Futter in der Ruhezeit zu empfehlen.
O. Siegl. 2522.

Aitken, A., Casey, J. C., Penny, I. F. und Voyle, C. A.; Aberdeen, Res. Establishment. Effect of drying temperature in the accelerated freeze-

drying of pork. **(Die Wirkung der Trocknungstemperatur in der beschleunigten Gefrier-Trocknung von Schweinefleisch.)** J. Sci. Food Agric. **13** (1962) Nr. 8. S. 439–448. – 8 Abb., 4 Tab., 16 Lit.
Zahlreiche Methoden der kommerziellen Gefriertrocknung bestehen, die sich in der Temperaturhöhe und dem Wasserentzug unterscheiden. Die Temperatur hat eine große Wirkung auf die Qualität. In vorliegender Untersuchung wurden Filets (M. psoas) verwendet, die bei –35 °C eingefroren wurden. Drei 15 mm starke Stücke jedes Filets wurden bei Temperaturen bei 20, 40, 60, 80 und 100 °C untersucht. Es wurden pH-Wert, Eiweiß, ATP-ase, Glucose, Wasserhaltungsfähigkeit festgestellt. Histol. wurden die Muskelfasern und Collagen festgestellt. Organoleptische Untersuchungen schlossen die Untersuchungen ab. Letztere ergaben, daß erst Temperaturen von 100 °C eine nachteilige Beeinflussung der Qualität brachten. Der pH-Wert zeigt geringe fallende Tendenz, wesentlich stärkere der Eiweißgehalt und Glucosegehalt. Längs- und Querschnitte zeigten bei den Collagen-Fasern keine Unterschiede, stärkere bei den Fleisch-Fasern. E. Otto. 2522.

Kahlenberg, O. J. und Funk, E. M. Experiments in cooking poultry for pre-cooked poultry products. **(Untersuchungen über das Kochen von Geflügel zur Herstellung von fertigen Geflügelprodukten.)** Univ. Missouri, Coll. Agric., agric. Exp. Stat., Res. Bull. **1960** Nr. 748. S. 3–32. – 18 Tab., 13 Lit.
Die Behandlung erstreckte sich auf verschiedene Methoden des Garens von Alttieren mit und ohne Zusatz von Salzen und unter Verwendung von Plastikfolien. Der Fettverlust beim Kochen variiert mit dem Fettgehalt des Tieres. Langsames Garen bringt geringere Fettverluste. Bei der Analyse des Brustfleisches ergab sich, daß die verschiedenen Salze sowie der Salzgehalt des Wassers keine Differenzen zeigten, hohe Unterschiede ergaben sich jedoch zu den unbehandelten Tieren. Das gleiche zeigte sich bei den Untersuchungen des Keulenfleisches, hier wirkte sich der Dampfdruck senkend auf den Fettgehalt aus. Das Kochen mit Salzzusatz bringt keinen Vorteil hinsichtlich des Fettverlustes und der Zartheit des Fleisches. 5 verschiedene Plastikmaterialien zeigten, daß bei ihrer Verwendung der Fettverlust gesenkt wird. E. Urban. 2522.

Makens, J. C., Dawson, L. E., Larzelere, H. E. und Zindel, H. C. Consumer preferences for grade, sex and age labeling of turkeys. **(Die Vorliebe der Konsumenten für nach Qualität, Geschlecht und Alter etikettierte Puten.)** Michigan State Univ., agric. Exp. Stat., quart. Bull. **44** (1962) Nr. 3. S. 527–533. – 4 Tab., 5 Lit.
Ein Konsumentenausschuß, ausgewählt nach einheitlichem Einkommen, Alter und Bildung, zeigte in allen Serien Vorliebe für weibl. Schlachtkörper. Ferner wurden Schlachtkörper bevorzugt, deren Qualität in Worten und nicht in Buchstaben angegeben war. Hinsichtlich der Altersangabe wurden Puten mit der Bezeichnung „jung" denen mit der Bezeichnung „Jährling" vorgezogen. Die individuelle Beurteilung der Schlachtkörper seitens der Konsumenten spielt ebenfalls eine Rolle, denn nicht etikettierte Puten guter Qualität wurden zu gleichem Prozentsatz ausgewählt wie etikettierte Puten der Qualität A. Zum geringen Prozentsatz wurden Puten der B- und C-Qualität ausgewählt, was zum Ausdruck bringt, daß nicht allein die Qualitätsangabe die Wahl der Schlachtkörper beeinflußt. H. Pingel. 2522.

Scheper, J.; Kulmbach, Bundesanst. für Fleischforsch., Abt. für Fleischerzeug. und -qualitätsforsch. **Über Merkmale der Fleischbeschaffenheit und die Möglichkeit ihrer Beeinflussung vor der Schlachtung. 1. Mitt. Chemische und chemisch-physikalische Merkmale der Fleischbeschaffenheit.** Z. Tierzücht. Züchtungsbiol. **77** (1962) Nr. 3. S. 335–362.
Qualität in bezug auf Fleisch sei ein so weiter Begriff, daß er keine Bedeutung mehr habe. Selbst wenn der Begriff in seine Einzelteile zerlegt würde, müßte

noch weiter unterteilt werden, um alle Gesichtspunkte der Tierzucht, Fütterung, fleischverarbeitendem Gewerbe und Fleischhandel zu berücksichtigen. Wenn auch die maßgebenden Eigenschaften nicht von der analytischen Zusammensetzung abhängen, so ist sie doch für den Nährwert von Bedeutung. Der Wassergehalt, der ca. 75% ausmacht, steht an erster Stelle. Es werden die Unterschiede zwischen den Fleischarten (Pferd, Rind, Schwein, Schaf) und den Muskeln aufgezeigt. Schnellwüchsige Schweine sollen ein Fleisch mit weniger Wasser als langsam wachsende erzeugen. Der i.m. Fettgehalt (Marmorierung) variiert stark zwischen den Fleischarten und wird stark vom Mastzustand beeinflußt. Der Schwankungsbereich des Eiweißgehaltes im Muskel ist rel. gering. Unterschiede bestehen aber trotzdem selbst zwischen den Muskeln eines Schlachtkörpers. Der Zuckergehalt ist sehr klein und der Aschegehalt ziemlich konstant. Als wichtigstes chem.-phys. Merkmal wird der pH-Wert angegeben. Über seine Bestimmung ebenso wie über die des Glykogengehaltes wird berichtet und über Zusammenhänge zwischen beiden. Die Möglichkeiten zur Bestimmung des Wasserbindungsvermögens und die beeinflussenden Faktoren werden aufgezeigt. E. Otto. 2524.

Otto, E.; Dummerstorf, Inst. für Tierzuchtforsch. der Dtsch. Akad. der Landwirtsch.-Wiss. zu Berlin. **Untersuchungen über den Einfluß der Jahreszeiten auf die Fleischbeschaffenheit von Hähnchen.** Arch. Tierzucht **5** (1962) Nr. 3. S. 240–247. – 7 Tab., 14 Lit. Zus. in Russ., Engl.
Vf. untersuchte ca. 400 Stck. 10 Wochen alte Leghornhähnchen. Bez. der Muskelfaserstärke besteht weder innerhalb der Jahre noch der Lebensmonate eine gleichgerichtete Tendenz. Die durchschnittl. Muskelfaserstärke betrug 27 μm. Im Winter ist das Fleisch am dunkelsten, dagegen im Frühjahr und Sommer heller. Diese Unterschiede sind hoch gesichert. Der Anteil an lockerem Wasser ist signifikant im Winter am kleinsten und hat im Sommer seinen Höhepunkt. Der Bratverlust war bei Werten zwischen 10 und 26% nicht einheitlich. Nach den Korrelationsberechnungen sind der Anteil an lockerem Wasser und der Bratverlust um so höher, je heller das Fleisch ist.
O. Siegl. 2524.

Schmidt, L.; Grub, Bayer. Landes-Anst. für Tierzucht. **Untersuchungen über die Fleischqualität beim Schwein.** Schweinezucht u. Schweinemast **10** (1962) Nr. 5. S. 94–96. – 1 Abb.
Vf. prüfte eingehend die Bewertungsmerkmale für die Fleischqualität, und zwar Festigkeit (fest 0 – mittel 5 – locker 3), Safthaltevermögen (trocken 0 – feucht 5 – naß 3) und Farbe (rot 0 – hellrosa 5 – hell 3). Die Zahlen geben die Höchstwerte für diese Eigenschaft nach dem DLG-Schema an. Für die nähere Untersuchung standen 1706 MLP-Tiere, bei 100 kg geschlachtet, zur Verfügung. Von 1023 DvL-Tieren erzielten 87,8%, von 583 Kombinationstieren (DvL × Holländer) 83,2%, dagegen von 100 Holländer-Tieren nur 69% die Wertzahlen 4 und 5. Bei Aufgliederung der Schlachtungen nach den verschiedenen Jahreszeiten ergaben sich keine gesicherten Unterschiede, jedoch die gleiche Tendenz wie bei den Zuchtrichtungen. Der Anteil an lockerem Fleisch war bei allen 3 Zuchtrichtungen ziemlich gleich. Es folgten die Kombinationen lockeres und helles bzw. lockeres, nasses und helles Fleisch. Die letztere Bewertung erhielten 16,7% der Holländer-Tiere gegenüber 5 bzw. 5,7% bei den DvL bzw. Anpaarungstieren. Von 463 im Jahre 1961 in Grub geschlachteten Mastprüfungsgruppen erhielten 64,9% der DvL, 53,2% der Anpaarungstiere bzw. 31,0% der Holländer-Tiere die Wertzahlen 4 und 5.
O. Siegl. 2524.

Hamm, R. **Über das Wasserbindungsvermögen des Säugetiermuskels. 9. Mitt. Über die Reversibilität des pH-Einflusses auf das Wasserbindungsvermögen (Säuredenaturierung).** Z. Lebensmittel-Unters. u. -Forsch. **116** (1962) Nr. 5. S. 404–407. – 8. Mitt. vgl. LZ. Abt. III 7 (1962) Nr. 10. S. 2053.

Die Versuche, deren Methodik beschrieben wird, lassen den Schluß zu, daß der Einfluß des pH-Wertes auf das Wasserbindungsvermögen des Muskels in dem für die Fleischverarbeitung in Betracht kommenden Bereich zwischen pH 5 und 7 völlig reversibel ist. Bei pH-Wert > 5 kommt es zu irreversiblen Veränderungen im Sinne einer Säuredenaturierung des Eiweißes.
W. Mathieu. 2524.

Hamm, R. **Über das Wasserbindungsvermögen des Säugetiermuskels. 10. Mitt. Der Einfluß von Salzen auf Proteinladung und Wasserbindungsvermögen.** Z. Lebensmittel-Unters. u. -Forsch. **116** (1962) Nr. 6. S. 511–516. – 5 Abb., 23 Lit. 9. Mitt. vgl. vorst. Ref.
Untersucht wird der Einfluß des pH-Wertes auf das Wasserbindungsvermögen des zerkleinerten Rindermuskels in Gegenwart verschiedener Salze. Die Wirkung von Neutralsalzen auf das Wasserbindungsvermögen wird vor allem durch den Einfluß des Anions bestimmt. Neutralsalze verschieben den isoelektrischen Punkt des strukturellen Muskeleiweißes (pH-Wert des Hydratations-Minimums) zu niedrigen pH-Werten, und zwar um so mehr, je fester das Anion von den basischen Gruppen der Proteine gebunden wird. Die Anionenwirkung ist um so geringer, je fester das Kation des Neutralsalzes vom Muskeleiweiß gebunden wird. Aus dem Einfluß von Na-Orthophosphat und Na-Pyrophosphat auf die pH-Hydratations-Kurve des Muskels werden die für die Veränderung des Wasserbindungsvermögens maßgebenden Faktoren gefolgert.
F. Rathmann. 2524.

Hamm, R. **Über das Wasserbindungsvermögen des Säugetiermuskels. 11. Mitt. Einfluß des Muskel-Plasmas und der in ihm enthaltenen Mineralstoffe auf das Wasserbindungsvermögen des Rindermuskels.** Z. Lebensmittel-Unters. u. -Forsch. **117** (1962) Nr. 1. S. 8–20. – 9 Abb., 5 Tab., 14 Lit. 10. Mitt. vgl. vorst. Ref.
Durch den Einfluß der im Sarkoplasma gelösten Salze wird das Wasserbindungsvermögen des strukturellen Muskeleiweißes auf Grund des Zusammenwirkens der im Plasma enthaltenen Anionen um das Doppelte erhöht. Mit steigendem Fremdwasserzusatz zum zerkleinerten Muskelgewebe tritt die dehydratisierende Wirkung der Plasma-Kationen zunehmend in Erscheinung. Damit ist eine Verschiebung des isoelektrischen Punktes (Hydratationsminimum) des Muskeleiweißes zu höheren pH-Werten verbunden. Das Wasserbindungsminimum des zusatzfreien Rindermuskels liegt bei pH 4,5. Die Proteine des Sarkoplasmas sind nur zu 3 ± 3% an dem gesamten Wasserbindungsvermögen beteiligt. Die muskeleigenen Erdalkalimetalle setzen das Wasserbindungsvermögen des Gewebes herab.
F. Rathmann. 2524.

Meyer, J. A., Briskey, E. J., Hoekstra, W. G. und Bray, R. W.; Madison, Univ. of Wisconsin, Dep. of Meat and Animal Sci. Glucose tolerance in swine as related to post-mortem muscle characteristics. **(Glucose-Toleranzen bei Schweinen und Beziehungen zu post mortem Muskeldaten.)** J. Animal Sci. **21** (1962) Nr. 3. S. 543–548. – 3 Abb., 2 Tab., 26 Lit.
Die Untersuchungen wurden an 20 Schweinen im Gewicht von 90–100 kg durchgeführt. Die Tiere wurden 36 Std. genüchtert, außerdem wurde ihnen Glucose injiziert. Der Blutzuckergehalt wurde 0, 15, 30, 60, 120 Min. nach der Injektion bestimmt. 2 Wochen später wurden die Tiere geschlachtet. 5 Min. nach dem Tod wurden Proben aus dem M. long. dorsi und M. glutaeus medius entnommen, 24 Std. später nochmals und Glykogengehalt, lockeres Wasser, pH-Wert, Farbe bestimmt. Die Glucoseunterschiede sind erheblich. Bei Schweinen mit den höchsten Toleranzen besitzen die Muskel höhere Glykogengehalte, auspreßbares Wasser und Farbintensität. Schweine mit höheren Glucose-Toleranzen scheinen eine bessere endgültige Muskelqualität zu besitzen.
E. Otto. 2524.

Otto, E. und Schötzau, M.; Dummerstorf, Inst. für Tierzuchtforsch. der Dtsch. Akad. der Landwirtsch.-Wiss. zu Berlin. **Die Bestandteile von Rinderkeulen und ihre Beziehungen untereinander, zu Meßergebnissen und zum Ganzen.** Arch. Tierzucht **5** (1962) Nr. 3. S. 227–233. – 4 Tab., 11 Lit. Zus. in Russ., Engl.

Vff. zerlegten von 44 Jungbullen des Schwarzbunten Niederungsviehs aus 4 Nachkommengruppen (Schlachtgewicht 400 kg) die Keulen, um die Unterschiede zwischen den Vätern zu testen sowie Beziehungen zwischen Muskeln, Meßwerten, Verfettung und der Hälfte zu berechnen. Der prozentuale Anteil der Keulen an den Hälften beträgt ca. 33%. Väterunterschiede sind nur bez. des prozentualen Fleischanteils mit schwacher Signifikanz, nicht für den Fettanteil nachweisbar. Der Jahreseinfluß ist signifikant. Folgende Korrelationskoeffizienten wurden ermittelt: Schlachtkörpergewicht: Keulengewicht $r = +0{,}294$ (nicht signifikant), Gewicht der größten Muskeln in der Keule: Keulengewicht $r = +0{,}614$ bis $+0{,}238$ (überwiegend signifikant), Keulengewicht : Keulenfleischgewicht $r = +0{,}488$ (signifikant), Fleischmenge der Muskeln: Keulenfleischgewicht $r = +0{,}823$ bis $+0{,}433$ (signifikant), Keulenfleisch: Fleisch des Rückens $r = +0{,}260$ (nicht signifikant), Keulenfleisch: Fleisch des Dreirippenstückes $r = +0{,}161$ (nicht signifikant), Auflagefett: % Fettgehalt der Keule $r = +0{,}518$ (signifikant), Einlagefett: % Fettgehalt der Keule $r = +0{,}192$ (nicht signifikant), Gesamtfettmenge der Keule: % Fettgehalt der Keule $r = +0{,}433$ (signifikant). Weitere angeführte Beziehungen beweisen den nur sehr begrenzten Wert von Messungen zur Abschätzung des Keulen- und Keulenfleischgewichtes. O. Siegl. 2526.

Butterfield, R. M.; Brisbane, Univ. of Queensland, School of Veterin., Sub-Dep. of Veterin. Anatomy. Prediction of muscle content of steer carcasses. **(Voraussage der Muskelzusammensetzung von Schlachtkörpern von Ochsen.)** Nature [London] **195** (1962) Nr. 4837. S. 193–194. – 1 Abb., 1 Tab., 7 Lit.

Es wird Rindfleisch mit einem hohen Anteil an magerem Fleisch gefordert. Da es sich zeigte, daß der Querschnitt am Rückenmuskel nur eine geringe Genauigkeit bringt, wurden einzelne Muskeln und Muskelgruppen mit der rechten Hälfte korreliert. Es handelte sich um 35 Tiere (!) (Hereford und Kreuzungen) im Alter von 6 Mon. bis 4 Jahre (!). Die Korrelationskoeffizienten zwischen der Hälfte und dem M. biceps femoris, M. semimembranaceus zusammen mit M. adductor femoris, M. infraspinatus, M. long. dorsi, M. semitendineus (Unterschenkelgruppe) betragen über $r = 0{,}9$. Auf Grund dieser starken Beziehung scheint es möglich zu sein, von einem dieser Muskel auf den ganzen Schlachtkörper zu schließen. E. Otto. 2526.

Doornenbal, H., Wellington, G. H. und Stouffer, J. R.; Ithaca, Cornell Univ. Comparison of methods used for carcass evaluation in swine. **(Vergleich von Methoden zur Bestimmung der Schlachtkörperzusammensetzung bei Schweinen.)** J. Animal Sci. **21** (1962) Nr. 3. S. 464–466. – 1 Abb., 2 Tab., 16 Lit.

Die genaueste Bestimmung ist die vollständige phys. und chem. Analyse des ganzen Schlachtkörpers. Eine andere Gruppe von Bestimmungsmethoden versucht, von einfachen Messungen auf den ganzen Schlachtkörper zu schließen. Neuere Methoden sind die Verwendung von Ultraschall und Feststellung des spez. Gew. An 10 Schweinen wurden mehrere Methoden auf ihre Genauigkeit überprüft. Die stärkste Beziehung besteht zwischen dem spez. Gew. und dem Eiweiß- bzw. Fettgehalt des ganzen Schlachtkörpers mit $r = +0{,}91$ bzw. $r = -0{,}95$. Die Ultraschallmessung hat nur eine schwache Beziehung von $r = 0{,}28$. Von den Querschnitten hat die beste Beziehung die 10. Rippe mit $r = 0{,}80$ bzw. $r = -0{,}86$. Auch die Rückenspeckstärke hat eine Beziehung von $r = 0{,}69$ zum Fettgehalt. E. Otto. 2526.

Kirton, A. H. und Barton, R. A.; Palmerston North, New Zealand, Massey Coll. Study of some indices of the chemical composition of lamb carcasses. **(Studie über einige Kenndaten der chemischen Zusammensetzung von Schlachtkörpern von Lämmern.)** J. Animal Sci. 21 (1962) Nr. 3. S. 553–557. — 5 Tab., 23 Lit.

20 sieben Monate alte Southdown-Romney Hammel-Lämmer wurden geschlachtet und eine Nacht gekühlt. Am anderen Tag wurde das spez. Gew. des Schlachtkörpers bei 15 °C festgestellt. Danach wurden die Tiere eingefroren und 1 Jahr gelagert. Die Zerlegung erfolgte in Keule, Lende, 9.–11. Rippe und Schulter. Von der rechten Seite wurden die chem. Werte ermittelt. Zwischen dem Wasser- bzw. Fettgehalt der einzelnen Teilstücke und dem ganzen Körper beträgt der Korrelationskoeffizient $r = +0{,}9$. Das Schlachtkörpergewicht ist mit $r = +0{,}78$ zum Eiweißgehalt, $r = +0{,}77$ zum Wassergehalt, aber nur $r = 0{,}63$ zum Fettgehalt korreliert. Der Wassergehalt des Schlachtkörpers und der Fettgehalt sind eng korreliert. Zwischen dem spez. Gew. und dem Fettgehalt besteht eine niedrige Korrelation, eine etwas höhere besteht zum Eiweißgehalt. E. Otto. 2526.

Hiner, Richard L. und Thornton, John W. Study of certain lamb and carcass quality factors. **(Studie über einige Lämmer- und Schlachtkörper-Faktoren.)** J. Animal Sci. 21 (1962) Nr. 3. S. 511–515. — 5 Tab., 5 Lit.

Die Bedeutung der Schlachtkörperfaktoren macht es notwendig, nach Methoden zu suchen, den Schlachtwert am lebenden Tier festzustellen. Frühere Untersuchungen hatten eine enge Beziehung zwischen Breite und Schlachtgrad ergeben. Für vorliegende Untersuchung wurden 1138 Lämmer der Rassen Hampshire, Merino, Shropshire, Southwdon und Kreuzungen dieser Rassen verwendet. Die Tiere wurden mit 70 lb. geschlachtet. Das Alter schwankte zwischen 9 Mon. (1952) und 5 Mon. (1960). Die durchschnittl. Breite (Durchschnitt der Messung an Schulter, Lende und Keule) ist mit $r = 0{,}7$ am stärksten zu den wichtigen Teilstücken korreliert. Ähnlich hoch ist das Schlachtgewicht korreliert. Die Körperlänge, Rückenmuskelfläche, Fettauflage über dem Rückenmuskel ist zu den Teilstücken mit unter $r = 0{,}5$ korreliert. Jahreszeitliche, fütterungsmäßige, geschlechtliche Einflüsse haben größere Einflüsse als das Schlachtkörpergewicht. E. Otto. 2526.

Furthmann, Günter; Aulendorf, Staatl. Lehr- und Versuchs-Anst. für Viehhalt. **Die Lebendbeurteilung und Schlachtkörperbewertung der Rinder bei der DLG-Schlachtviehschau in Stuttgart.** Tierzüchter 13 (1961) Nr. 24. S. 597–600.

Von den auf der Schau lebend beurteilten Rindern wurden 16 Kälber (unter und über 150 kg), 36 Jungbullen sowie 13 Kühe und Färsen ausgeschlachtet und punktiert. Die Gegenüberstellung der Gesamtpunktzahl der Schlachttierlebendbeurteilung und der Schlachtkörperbewertung ergab bei diesen 65 Rindern keine Übereinstimmung. Aus den Bestimmtheitsmaßen einer Vielzahl von Korrelationen war in keinem Falle eine ausreichende Übereinstimmung der Schlachttierbewertung mit der Schlachtkörpereinstufung abzuleiten. Bemerkenswert ist, daß bei Kälbern eine etwas größere Annäherung, insbesondere bei der Bewertung der Fleischfülle, erzielt wurde. Abschließend wird der Vorschlag gemacht, in Zukunft auch halbe Punkte nicht nur bei Kälbern sondern auch bei Bullen, Kühen und Färsen zu vergeben. O. Siegl. 2526.

Schmidt, Karl-Heinz. **Tiefenmessungen an Körpergeweben lebender Schweine nach dem Ultraschall-Reflexionsverfahren. 1. Mitt. Vergleichende Untersuchung über den Aussagewert der Ergebnisse der Rückenfettmessung.** Landbau-Forsch. Völkenrode 10 (1960) Nr. 3. S. 74–77. 2526.

Pinkas, Avram, Petrov, Krŭsťo und Nikolov, Rajčo (Pinkas, Awram, Petrow, Krâstjo und Nikolow, Rajtscho); Kostinbrod, Bulgarien, Zentral-

inst. für Tierzuchtforsch. Prižizneno izmervane debelinata na grŭbnata slanina s tlŭstomer. **(Messung der Rückenspeckdicke mit dem Leanmeter am lebenden Tier.)** Životnovŭdstvo, Sofija **16** (1962) Nr. 6. S. 29–33. – 2 Abb., 3 Tab., 7 Lit.
Auf der Grundlage der verschiedenen elektrischen Leitfähigkeit des Specks und Fleisches haben Vff. ein Leanmeter konstruiert. Die mit dem Leanmeter unmittelbar nach der Schlachtung (weil die Schweine sonst nicht stillhielten) und mit der Schublehre nach dem Zerlegen des Schlachtkörpers durchgeführten Vergleichsmessungen der Speckschicht entlang der Rückenlinie folgende Werte: mittlere Dicke der Speckschicht am Widerrist (bei 90 Tieren) mit der Schublehre 42,9 mm, mit dem Leanmeter 41,2 mm, bei Standardabweichung (σ) $\pm 3{,}52$ mm; zwischen der 6. und 7. Rippe (bei 68 Tieren) 34,4 bzw. 33,2 mm, bei $\sigma = \pm 1{,}53$ mm; an der letzten Rippe (bei 90 Tieren) 27,9 bzw. 27,8 mm, bei $\sigma = \pm 3{,}13$ mm. N. Platikanow. 2526.

Buysse, F.; Gontroden. L'importance économique de l'engraissement des veaux. **(Die wirtschaftliche Bedeutung der Kälbermast.)** Rev. Agric. [Bruxelles)] **14** (1961) Nr. 6. S. 731–740. – 1 Abb., 3 Tab.
Auf der Grundlage der künstlichen Milch hat sich in Belgien in den letzten Jahren die Kälbermast immer stärker ausgedehnt. Im Durchschnitt wurden 20000 t Kalbfleisch von ca. 280000 Kälbern erzeugt. Das Verhältnis der geschlachteten neugeborenen Kälber zu Mastkälbern hat sich zugunsten der letzteren verschoben, wobei der Anteil der neugeborenen Kälber von 40,2% (1950) auf 30,8% (1959) gesunken ist. Ein Vergleich mit der Geflügelfleischerzeugung ergab 1958: 46700 t Geflügelfleisch gegenüber 19090 t Kalbfleisch (41%). Bei einer finanziellen Gegenüberstellung konnte für das Kalbfleisch ein wertmäßiger Anteil von 55% erzielt werden. Das größte Kalbfleischangebot lag in den Mon. Apr.–Juni. Dem Angebot entspr. differierte der Preis der Mastkälber im Laufe eines Jahres bis zu bfr. 10/kg. Die beiden belgischen Provinzen Anvers und Brabant lieferten in den Jahren 1955–59 50% der Kälber. Bei einem Vergleich der zur EWG gehörenden Länder steht Frankreich mit einer Erzeugung von 330000 t Kalbfleisch an der Spitze, gefolgt von der BRD mit 94644 t, Italien mit 75000 t und den Niederlanden mit 31000 t. In der Periode von 1950–58 hat sich die Kalbfleischerzeugung, bes. in den Niederlanden, um 5,3% erhöht. Hier übertraf 1959 der Export an Mastkälbern den inländischen Konsum. Der Kalbfleischverzehr erreichte in Belgien 1959 pro Einwohner und Jahr 2,19 kg (1958: Niederlande 1,8, BRD 1,8, Frankreich 7,3 kg; 1956: USA 4,2 kg). Vf. weist auf die Bedeutung hin, die der Qualitätserhöhung des Kalbfleisches zukommt, bes. im Hinblick auf die Konkurrenz des Geflügelfleisches. Der gesamte Fleischverzehr setzte sich 1958 in Belgien pro Einwohner und Jahr wie folgt zusammen: Rind 21,60, Schwein 21,60, Geflügel 5,10, Pferd 2,76, Schaf 0,45 und Kalb 2,10 kg. Die große Differenz in der Preisentwicklung zwischen Erzeuger und Verbraucher wird im Verlauf der Jahre 1954–59 demonstriert. U. König. 2528.

Ritzinger, W.; München, TH, Inst. für Tierzucht. **Untersuchungen über den Stand der Erzeugung, Vermarktung und Qualitätsbeurteilung von Schlachtkälbern und Kalbfleisch in einigen Nachbarländern der Bundesrepublik.** Ber. Landwirtsch. [N. F.] **39** (1961) Nr. 4. S. 804–826. – 61 Lit. Zus. in Engl., Franz.
In den Ländern Italien, Holland, Dänemark, Schweden, Schweiz, Österreich und Frankreich untersuchte Vf. den Stand der Erzeugung, Vermarktung sowie die Handelsklasseneinreihung und Qualitätsbeurteilung von Schlachtkälbern und Kalbfleisch. Faktoren, wie Milchabsatz, Milchpreis, Verzehrsgewohnheiten, Rassen, Export u. a. beeinflussen in unterschiedlichem Maße die Erzeugung von Schlachtkälbern. Verschiedentlich wird die Mast von Schlachtkälbern mit reiner Vollmilch bzw. mit sog. Kunst- oder Magermilch, in Deutsch-

land mit Voll- und Magermilch kombiniert durchgeführt. Diese unterschiedlichen Mastmethoden haben verschiedene Mastendgewichte zur Folge. Die Vermarktung von Schlachtkälbern in lebendem Zustand herrscht vor. Die Tendenz einer zunehmenden Fleischvermarktung wird immer sichtbarer, z. B. werden schon jetzt in Schweden alle Schlachtkälber (auch alle übrigen Schlachttiere) in geschlachtetem Zustand verwertet. Gesetzlich festgelegte Handelsklassen gibt es nur in Deutschland und Schweden, während in den übrigen Ländern feste Vorstellungen für die Qualität bestehen. Schlachtkälber und Kalbfleisch bester Qualität sind durch volle Bemuskelung, gute und gleichmäßige Fettabdeckung, nicht zu starken Fettansatz sowie möglichst helle Farbe des Fleisches und Fettes gekennzeichnet. O. Siegl. 2528.

Pacyna, Hasso. **Schlachtgeflügel im Spiegel der Statistik.** Dtsch. Geflügelwirtsch. **14** (1962) Nr. 39. – S. 499–500. 502. – 1 Abb., 7 Tab.
Die westdeutsche Schlachtgeflügelproduktion hat sich gegenüber der Vorkriegszeit mehr als verdoppelt. Unter Zugrundelegung der Produktionsschätzung für das Wirtschaftsjahr 1961/62 macht die Steigerung ca. 120% aus. Bereits im Wirtschaftsjahr 1950/51 war der Vorkriegsstand überschritten. Der Ausbau dieses Betriebszweiges vollzog sich mit einer Ausnahme 1955/56 (Rückgang) rel. stetig. Eine kaum noch in Prozentzahlen auszudrückende Steigerung erfuhr die Einfuhr, 1935–38 waren es 15000 t, 1961/62 aber ca. 220000 t. Der Einfuhranteil an der Gesamtversorgung des Schlachtgeflügelmarktes wies im letzten Wirtschaftsjahr mit 67% einen Höchststand auf. Infolge der großen Steigerung von Inlanderzeugung und Einfuhr nahm das Angebot an Schlachtgeflügel gegenüber der Vorkriegszeit bis zum vergangenen Wirtschaftsjahr um 400% zu. Im gleichen Zeitraum stieg entspr. der jährl. Pro-Kopf-Verbrauch von 1,7 auf 5,8 kg. Der Anteil am Gesamtfleischverbrauch macht 10% aus, das Geflügelfleisch rangiert damit an 3. Stelle. Mit zunehmender Einfuhr gingen die Erzeuger- und Verbraucherpreise zurück, und zwar gegenüber den Vorjahren um 25–30% bei den Erzeugerpreisen und um 10–12% bei den Verbraucherpreisen. W. Fleischmann. 2528.

Hamm, Reiner; Kulmbach, Bundesanst. für Fleischforsch., Inst. für Chem. und Physik. **Fleischforschung in den Vereinigten Staaten von Nordamerika. IV. Laboratorien der Industrie.** Fleischwirtschaft **13** (1961) Nr. 4. S. 312–315. – 3 Abb. 3. Mitt. vgl. LZ. Abt. III **7** (1962) Nr. 1. S. 62.
Als letzter Beitrag dieser Reihe wird über einige Laboratorien berichtet. Während sich „Armour" und „Swift" auch stark mit der Verwertung von Nebenprodukten beschäftigen, wird bei „Rath" und „Mayer" in der Forschung mehr auf die Verarbeitung von Fleisch Wert gelegt. Alle Laboratorien sind techn. gut ausgerüstet und besitzen u. a. Ultrazentrifuge, Infrarotspektrograph, Flammenphotometer, Gaschromatograph. Das „Gebiß-Tenderometer" ahmt die Kaubewegungen nach und registriert elektronisch die angewendeten Kräfte, die als Zartheitskennziffern verwendet werden. Farbmessungsuntersuchungen nehmen einen großen Raum ein. E. Otto. 2529.

Shorland, F. B., Barton, R. A. und Rae, A. L.; Wellington, New Zealand, Fats Res. Lab.; Palmerston North, New Zealand, Massey Coll., Sheep Husbandry Dep. Variations in the iodine value of fats from the fatty, muscular and bone tissues of mature Romney ewes. **(Unterschiede in der Jodzahl von Fett aus Fettgewebe, Muskulatur und Knochen von ausgewachsenen Romney-Mutterschafen.)** J. agric. Sci. **59** (1962) Nr. 1. S. 1–4. – 4 Tab., 12 Lit.
48 sechs Jahre alte Romney Schafe aus 10 verschiedenen Fütterungsgruppen wurden untersucht. Die Fettproben wurden von der linken Seite (Lende) des Schlachtkörpers genommen. Die Jodzahlen nehmen von außen (39,8), Unterhaut (41,7), intermuskular (44,4), intramuskular (53,1) (M. long. dorsi) zu. Zwischen den Jodzahlen von Unterhautfett und inter- und intramusku-

lärem Fett bestehen Beziehungen ($r = +0,4$). Auch zwischen den Knochen bestehen signifikante Unterschiede: Femur 45,1, Tibia 54,3, Metacarpus 79,9. Die Variationsbreite ist bei allen Varianten sehr groß. E. Otto. 2530.

Heine. **Eindrücke vom Stand der Erfassung und Vermarktung von Eiern und Schlachtgeflügel im Bundesgebiet.** Dtsch. Geflügelwirtsch. **14** (1962) Nr. 41. S. 523–524. 526.

Es besteht das Bestreben, ein großes Eierangebot höchster Qualität mit möglichst geringen Unkosten auf den Markt zu bringen. Der Zusammenschluß der Erzeuger zu Produktionsgemeinschaften ist zu fördern. Die Initiative dazu muß von den Erzeugern und nicht von den Lieferanten bestimmter Betriebsmittel (Futtermittel, Küken u.ä.) ausgehen. In der Kette Produktion – Erfassung – Absatz soll der Erzeuger die stärkste Position einnehmen. Die Kosten für Erfassung, Standardisierung und Verpackung werden durch mannigfache Faktoren beeinflußt. Durch Bildung regionaler Schwerpunkte bei gleichzeitiger Vergrößerung der Hennenbestände und Verkürzung der Entfernung der Betriebe zur Kennzeichnungsstelle auf höchstens 50 km im Umkreis ist eine Kostensenkung möglich. Für den Schlachtgeflügelabsatz lohnen sich große Schlachtereien nur, wenn ein gleichmäßiger Anfall von Schlachtgeflügel und eine wirtschaftliche Junggeflügelmast gewährleistet sind. Andernfalls genügt eine kleinere, evtl. genossenschaftliche, moderne Schlachterei, deren Stammpersonal durch die Erfassung und Vermarktung der Ware gerade ausgelastet ist. Die Mindesterfassung einer Woche wird durch den durchschnittl. Bedarf der Frischgeflügelkunden bestimmt.

W. Greiner-Petter. 2535.

Proudfoot, F. G.; Kentville, Nova Scotia, Canada Dep. of Agric. The interior quality decline of spray-oiled versus unoiled eggs, stored at 70 °F., among three strains of Leghorns. **(Die innere Qualitätsabnahme der mit Öl besprühten gegenüber den ungeölten Eiern, gelagert bei 70 °F, untersucht an 3 Leghornstämmen.)** Canad. J. Animal Sci. **42** (1962) Nr. 1. S. 88–94. – 1 Abb., 3 Tab.

Bestimmte vergleichbare Mengen Eier wurden geölt und ungeölt verschieden lange (4; 8; 12; 16 Tage) gelagert und die Ergebnisse mit Vergleichszahlen von in frischem Zustand untersuchten Eiern tabellarisch zusammengestellt. Die Wirkung der Lagerzeit auf die Albuminqualität geht aus 1 graph. Darst. hervor. Weitere Tab. enthalten die Ergebnisse von Varianzanalysen, die sich auf die Regressionskoeffizienten der Albuminhöhe und der Lagerzeit, der zeitlichen Öleinwirkung und außerdem auf die Unterschiede des Albumingehaltes bei geölten und ungeölten Eiern beziehen. Der innere Qualitätsabfall schien bei den geölten Eiern geringer als bei den ungeölten zu sein.

B. Rempel. 2535.

Davis, B. Hall und Brunson, Clayton C. Relative effectiveness of oil and cellophane in protecting eggs. **(Die relative Wirksamkeit einer Öl- oder Cellophanschutzhülle für Eier.)** Poultry Sci. **41** (1962) Nr. 4. S. 1314–1317. – 4 Tab., 10 Lit.

An 672 Eiern sollte die Wirksamkeit einer Cellophanschutzhülle und eines Ölfilmes (übergesprüht) zur Verhinderung der Qualitätsverschlechterung, des Gewichtsverlustes und der Geruchsaufnahme bestimmt werden. Die Ergebnisse sagen aus, daß bis zur 5%-Wahrscheinlichkeitsgrenze von einer Schutzhülle eine nützliche Wirkung nachweisbar ist. Bis zur 1%-Wahrscheinlichkeitsgrenze ist die Cellophanhülle nur bei gewöhnlicher Zimmertemperatur nützlich. Die Ergebnisse beweisen auch, daß es keinen Ersatz für die Kühlung zur Erhaltung der Eiqualität gibt. Das Öl-Sprühverfahren hat sich bei dieser Studie wieder als brauchbar erwiesen. Der Gewichtsverlust war bei Zimmertemperatur am größten und bei 50 °F am niedrigsten. Die Öl-Behandlung bewährte sich auch hierbei. Der Knoblauchgeruch (Knoblauch als Geruchsquelle benutzt) wurde in keiner der Versuchsgruppen in den Eiern nachgewiesen. W. Greiner-Petter. 2535.

I. INHALTSSTOFFE TIERISCHER ERZEUGNISSE

Olney, C. E., Donaldson, W. E. und Kerr, T. W. Methoxychlor in eggs and chicken tissues. **(Methoxychlor in Eiern und Geweben der Küken.)** J. eon. Entomol. 55 (1962) Nr. 4. S. 477–479. — 3 Tab., 8 Lit.

Sowohl bei Legehennen als auch bei wachsenden Küken wurden in der Tagesration 2,4, 8, 10, 100 und 1000 ppm Methoxychlor verabreicht (bei den Hennen 85 Tage lang, bei den Küken 56 Tage lang) ohne schädliche Wirkung auf die Eierproduktion, die Futterausnutzung, die Aufrechterhaltung des Körpergewichtes oder auf den Gesundheitszustand. Bei den niedrigen Futterdiäten war das Insekticid in den Eiern nicht nachweisbar, wurde aber bei den 100 und 1000 ppm-Diäten vom 8. Tag aufwärts gefunden. Es konnte nicht länger als höchstens 14 bzw. 28 Tage in den Eiern festgestellt werden, nachdem die Tiere mit den hohen Beigaben wieder zur Kontrolldiät zurückgekehrt waren. Methoxychlor trat im Fett und in der Haut bei niedriger Diät auf, im Herz, Kaumagen, Schenkel, in der Leber und in der Brust ebensogut bei der höheren Diät. Bei Aufhören mit der Methoxychlor-Verfütterung nahm das Insekticid in allen Geweben verhältnismäßig schnell ab, ausgenommen in der Haut und im Fett. In diesen beiden Geweben ging der Methoxychlorgehalt auf weniger als 0,05 ppm nach 63 Tagen zurück. W. Greiner-Petter. 2560.

K. TIERPSYCHOLOGIE

Reisinger, Ludwig. **Hermann Dexlers Beitrag zur Tierpsychologie.** Wiener tierärztl. Mschr. 49 (1962) Nr. 3. S. 333–337. — 5 Lit.

Dexler wirkte einige Jahre an der Tierärztlichen Hochschule in Wien, später in Prag. Er arbeitete über die Biologie und Pathologie des ZNS und beschäftigte sich auch mit tierpsychologischen Studien. Die 4 angegebenen Veröffentlichungen stammen aus den Jahren zwischen 1911–1926. — Dexler verurteilte die sog. „populäre Tierpsychologie", nach der z. B. die Hyäne feig sei. Er bezeichnete die Tierpsychologie als die Wissenschaft vom Gesamtverhalten der Tiere. Eine subjektive oder Erlebnispsychologie der Tiere als Wissenschaft lehnt er dagegen strikt ab. Über die Instinkte äußerte er die Ansicht, daß sie an den Körperbau der betreffenden Tierart völlig angeschlossen seien. Schimpansen und Orangs billigte er „intelligente Akte" (= individuelle Strukturbildungen aus dem Verstehen einer Situation) zu. Bei höheren Tieren vermutete er ein Bewußtsein. Er glaubte, daß Tiere, bei denen ein Schlaf vorkommt, auch ein Bewußtsein aufweisen. Entschieden nahm Dexler Stellung gegen die „denkenden Pferde" (Krall, v. Osten) —. Vorwiegend entwickelte Dexler mechanische Vorstellungen in seinen Arbeiten, trotzdem ließ er einige Verhaltensäußerungen als psychisch (bewußt) gelten. Die Bedeutung Dexlers für die Tierpsychologie wird vom Vf. als nicht sehr hoch bezeichnet, da er weder von den Ethologen Tinbergen und Leyhausen noch von dem Psychologen Fischel zitiert wird; dagegen erwähnt ihn Frauchiger (1944) 13mal. H. Knappe. 2610.

Heitman jun., Hubert, Hahn, Le Roy, Bond, T. E. und Kelly, C. F.; Davis, Univ. of California, U.S. Dep. of Agric. Continuous versus periodic observations in behavior studies with swine raised in confinement. **(Ein Vergleich von ununterbrochener mit periodischer Beobachtung bei Verhaltensstudien an Schweinen in Freigehegen.)** Animal Behaviour 10 (1962) Nr. 1/2. S. 165–167. — 2 Tab., 3 Lit.

Es machte nichts aus, ob die Beobachtung der 5 verschiedenen Verhalten — Liegen im Schatten, Fressen, Wühlen und Sich-Wälzen sowie Stehen oder

Gehen — ununterbrochen oder alle 15; 30; 60 oder 120 Min. erfolgte. Die Schweine verbrachten insgesamt 43–27–21–9 und 0,8% ihrer Zeit bei den verschiedenen Tätigkeiten. Im einzelnen muß der Abstand zwischen den Beobachtungen den jeweiligen Verhaltensweisen und der Häufigkeit ihres Auftretens sowie ihrer Dauer angepaßt werden. Untersuchungen alle 60 Min. ermöglichen es einem Beobachter, mehrere Gruppen zu überprüfen. Es genügt allenfalls, je Gruppe ein Tier zu überwachen. C. Engelmann. 2610.

Wesley, Frank und Klopfer, F. D. Visual discrimination learning in swine. **(Visuelles Unterscheidungs- und Lernvermögen bei Schweinen.)** Z. Tierpsychol. **19** (1962) Nr. 1. S. 93–104. — 7 Abb., 3 Tab., 26 Lit. Zus. in Dtsch.
In Zweifach-Wahlversuchen hatten 18 Schweine aus Dänische Landrasse × Chester White zwischen schwarzen und weißen Karten (31 × 26 cm) zu unterscheiden. Zu Beginn der Vorversuche waren die Tiere 70–80 Tage alt (Gewicht ca. 15,8 kg). Die beiden Testkarten waren an der Schmalseite eines 1,5 × 2,4 m großen Sperrholzkäfigs angebracht und durch eine Glasscheibe von den Versuchstieren getrennt. Vor der Glasscheibe befanden sich 2 Absperrungen mit Türen, die nach Bedarf den Versuchstieren den Weg zu den Testkarten versperrten und so zu einer Verzögerung (Hemmfunktion) der Lösung beitrugen. Die Kombination von 3 verschiedenen Reizanordnungen und 3 Hemmsituationen ergaben 9 Versuchsanordnungen. In jeder Versuchsanordnung wurden 2 Schweine getestet. In 7 Tagen mußte jedes Tier 30 Aufgaben tägl. lösen. Die schwarze Testkarte galt als positiver, die weiße als negativer Reiz. Als Richtigwahl wurde das Schnauzeanstoßen an die Glasplatte über der schwarzen Testkarte gewertet und mit einem Futterbissen belohnt. Bei der Wahl der weißen Karte gab es keine Belohnung. Um Beeinflussung durch den Geruch auszuschließen, wurden Stall und Glasscheibe täglich gereinigt, sowie die Karten erneuert. *Ergebnisse*: Von den 18 Schweinen reagierten nur 3 regelmäßig positiv auf die schwarze Karte, während bei den übrigen die Reaktionen zufallsbedingt waren. Bei einigen Tieren war eine ± deutliche Bevorzugung einer Seite zu beobachten (Seitenstetigkeit). Günstig erwies sich für die visuelle Unterscheidung eine Verzögerung (s.o.) von 5 Sek., was auch mit den Beobachtungen anderer Autoren übereinstimmt (vgl. Munn, 1933 und Muenzinger, 1937). Bei den Versuchen traten deutlich individuelle Unterschiede hervor. Abschließend wurde versucht, eine Rangordnung der Sinne (sense hierarchy) beim Hausschwein aufzustellen. H. Knappe. 2610.

Rasmussen, O. G., Banks, E. M., Berry, T. H. und Becker, D. E.; Urbana, Univ. of Illinois. Social dominance in gilts. **(Soziale Dominanz bei Sauen.)** J. Animal Sci. **21** (1962) Nr. 3. S. 520–522. — 4 Tab., 5 Lit.
Unter 36 trächtigen Sauen im Gewicht von 270–330 lb., die in kleinen Gruppen zu 7 Tieren gehalten wurden, traten Äußerungen der Rangstellung, vornehmlich in Form von Bissen in die Ohren, dann auf, wenn nicht genügend Platz für alle am Futtertrog war. Die Rangordnung erwies sich in den 2356 Beobachtungen innerhalb von 28 Tagen als konstant. Es ist daraus der Schluß zu ziehen, daß auch Schweine sich persönlich erkennen; jedes Tier erwirbt seine Rangstellung bei der ersten Begegnung mit einem fremden — meist am Futtertrog —, wozu nicht immer ein Kampf mit Beißerei erforderlich ist; oft genügt die drohende Haltung des einen, um den anderen einzuschüchtern. Das Körpergewicht steht in keiner Beziehung zur Ranghöhe. Um die Auseinandersetzungen herabzumindern, die sich ungünstig auswirken können (Zunahme) genügt es, auf ausreichende Futtertroglänge zu achten.
C. Engelmann. 2610.

Deyoe, C. W., Davies, R. E., Krishnan, R., Khaund, R. und Couch, J. R. Studies on the taste preference of the chick. **(Untersuchungen über Geschmacksvorlieben bei Hühnerküken.)** Poultry Sci. 41 (1962) Nr. 3. S. 781 bis 784. — 2 Tab., 5 Lit.

In diesen 4 Wochen lang durchgeführten Versuchen an Hy-Lines-Eintagsküken standen den Versuchstieren, die in Batterien gehalten wurden, je Gruppe 2 Wasserbehälter zur Verfügung, von denen der eine Wasser, der andere eine Schmecklösung enthielt. Die Kontrolle bekam in beiden Behältern Wasser angeboten. Die Konzentration aller Schmeckstoffe betrug 4 ml/gal. (0,1%). Unter ihnen tranken die Küken von dem Schmeckstoff EBPA (einem Gemisch von Äthylbutyrat u.a. Estern, Phenylsäure u.a. org. Säuren, Wacholderöl u.a.) mehr als vom Wasser; von Butteraromen, allein oder mit Melasse, Orange-, Schokolade-, Zwiebel- und Kokosnußgeschmack gemischt, etwa so viel wie vom reinen Wasser. Allein waren diese Schmecklösungen weniger beliebt als reines Wasser. „Eugenol" und „Neralin" lehnten die Küken ab.

C. Engelmann. 2610.

Hutchinson, J. C. D. und Taylor, W. W.; Edinbourgh, Poultry Res. Centre. Motor co-ordination of pecking fowls. **(Motorische Koordinationen beim Picken der Hühner.)** Animal Behaviour **10** (1962) Nr. 1/2. S. 55–61. – 5 Abb., 4 Tab., 12 Lit.

Die Treffsicherheit und Schnelligkeit beim Aufpicken von Körnern maßen die Vff. an einer Drehscheibe, auf einer harten und einer weichen Unterlage. Es zeigte sich, daß die Leistungen individuell unter allen Bedingungen sehr unterschiedlich waren; einen deutlichen Einfluß übte die Kammgröße aus (Hühner mit großem Kopfschmuck hatten Mühe, die Körner auf der Drehscheibe zu treffen und aufzunehmen) und die Schnabelbeschaffenheit (Länge Ober- zu Unterschnabel). Auch die Rangstellung schien beteiligt zu sein. Die Leistungen der einzelnen Hühner blieben wochenlang gleich, änderten sich aber im Laufe der Jahre bei den erwachsenen Tieren. Die Unterschiede in der Pickschnelligkeit und in der Härte der Schnabelhiebe traten bes. hervor, wenn die Futtermenge begrenzt war. Im Durchschnitt nahmen die Rebhuhnfarbigen Italiener im Alter von 18 Monaten bis zu 2,5 Jahren an der Drehscheibe, auf harter oder weicher Unterlage 115–81–116 Körner auf (Hennen) bzw. 44–38–59 (Hähne) und brauchten dazu 183–144 u. 155 bzw. 116–96 und 131 Pickschläge.

C. Engelmann. 2610.

Dawson jun., J. S. und Siegel, H. S.; Blacksburg, Polytechn. Inst. of Virginia. Influence of comb removal and testosterone on agnostic behavior in young fowl. **(Der Einfluß des Kammabschneidens und des Testosterons auf die Auseinandersetzungen zwischen Junghähnen.)** Poultry Sci. **41** (1962) Nr. 4. S . 1103–1106. – 1 Tab., 11 Lit.

Unter 4 Gruppen Weißer Plymouth-Rocks, die vom Schlupftag an a) als Hähnchen mit kupierten Kämmen (im Alter von 1 Woche), b) als Hähnchen ohne jeden Eingriff, c) als Hennen, denen Testosteron (von der 1.–10. Lebenswoche an, 10 μg/100 g Lgw.) injiziert wurde und d) als Hennen nur mit Trägerstoff (Öl) geimpft, in Käfigbatterien zusammengefaßt waren, traten große Unterschiede im Verhalten auf. Als die Tiere im 10-Wochen-Alter auf Bodenhaltung umgestellt und tägl. 15 Min. bis zur 22. Lebenswoche beobachtet wurden, zeigte sich, daß dieAuseinandersetzungen wieAndrohen und Schnabelhiebe bei den Hähnen im 12- bis 14-Wochen-Alter sprunghaft zunahmen, und zwar bei Gruppe a schneller als bei b (a: von 6 auf 51, b: von 3 auf 20) und bei a insgesamt häufiger blieben. Von der 18. Woche nahm die Zahl der Auseinandersetzungen langsam ab auf 40 (a) bzw. 48 (b) in der 22. Woche. Bei den Hennen setzten die Auseinandersetzungen insgesamt später, zwischen der 16.–18. Woche ein, wobei die Gruppe d stets aktiver war (17:11) und es weiterhin blieb. Im Alter von 20–22 Wochen verhielten sich alle Gruppen gleich, die Anzahl der Reaktion lag zwischen 35 und 48. Durch die Androgenzufuhr hatten sich die Hennenkämme in c) sehr vergrößert. Ihr Gewicht betrug in der 22. Woche 6116 gegenüber 1926 g bei Gruppe d. Die Unterschiede machten sich bereits eine Woche nach der Behandlung bemerkbar. Das Verhalten wurde dadurch nicht aggressiver. C. Engelmann. 2610.

Schleidt, Wolfgang M. **Reaktionen von Truthühnern auf fliegende Raubvögel und Versuche zur Analyse ihrer AAM's.** Z. Tierpsychol. 18 (1961) Nr. 5. S. 534–460. – 8 Abb., 6 Tab., 31 Lit. Zus. in Engl.
Nach einer ausführlichen Literaturbesprechung über die Flugfeind-Reaktionen von Hühnervögeln, Enten und Gänsen und über die von einigen Autoren an der „Kurzhals-Raubvogel-Hypothese" Tinbergens (1939) geäußerten Kritik, gibt Vf. eine eingehende Analyse der Versuchstechnik. Mathematische Formeln erleichtern das Verständnis der Definition und Ableitung wichtiger Begriffe. Gleichzeitig ermöglichen sie es, die Ergebnisse anderer Autoren einheitlich zu beurteilen. Allg. konnte festgestellt werden, daß für die Reaktionen der genannnten Tiere auf Flugfeinde folgende Eigenschaften der Raubvögel bzw. ihrer Attrappen von bes. Bedeutung sind: Größe (ausgedrückt im Längenwinkelmaß), Form, Kontrast, Flugstrecke (Winkelmaß), Höhenwinkel und Fluggeschwindigkeit (Winkelgeschwindigkeit). Außerdem spielen Gewöhnung und Erfahrung der Friedvögel eine entscheidende Rolle.
H. Knappe. 2610.

L. MASSNAHMEN ZUR FÖRDERUNG DER TIERZUCHT

Wolter, Fr. **Über Erfahrungen bei der Durchführung des Schafherdengesundheitsdienstes (HGD).** Mh. Veterinärmed. **17** (1962) Nr. 17. S. 686–691.
Am VUTGA Neubrandenburg besteht seit 1959 ein Schafherdengesundheitsdienst (HGD). 1960 wurden vom Vf. 132 Schafbestände mit über 4400 Schafen gesundheitlich überwacht. Eine Hauptaufgabe des HGD ist der Parasitenbekämpfungsdienst. Magen-Darm-Strongylidenbefall kommt häufig vor, demgegenüber treten Lungen- und Leberegelbefall zurück. Bandwurmbefall kann in den Mon. Mai–Juli bei jungen Schafen starke Verluste hervorrufen. Wirtschaftliche Bedeutung wird auch den Ektoparasiten beigemessen; Neben Befall mit Schaflausfliegen und Haarlingen wurden in 10 Beständen Kopfräude, in 4 Herden Fußräude und in einer Herde Psoroptesräude festgestellt. Auf die derzeitigen Methoden und Mittel in der Parasitenbekämpfung wird hingewiesen. Von den Infektionskrankheiten ist bes. die Listeriose bedeutsam; allein im Jahre 1960 wurden 948 Listeriose-Fälle ermittelt; auf die Problematik dieser Krankheit wird eingegangen. Die Bestimmungen für Listeriose bei Absatzveranstaltungen werden kritisiert. Virusabort konnte bisher in 13 Herden diagnostiziert werden, eine systematische Untersuchung aller Herden mittels KBR- und Intracutantest wird als notwendig erachtet. Auf das seltene Vorkommen infektiöser Aborte anderer Genese wird hingewiesen. Moderhinke trat in 69 Herden, Lippengrind in 3 Herden auf. Mastitis und Polyarthritis werden kurz erwähnt. Von den nichtinfektiösen Herdenkrankheiten spielen Herzmuskeldegeneration der Lämmer, eine im Frühjahr 1960 gehäuft auftretende Anämie, durch fehlerhaftes Hüten entstandene schaumige Gärung und Pansenüberfüllung eine Rolle. Schließlich nimmt Vf. in seiner Arbeit, die den Charakter einer Übersicht trägt, zu den Fragen der Lammzeit Stellung. Th. Hiepe. 2670.

SPEZIELLE GROSSTIERZUCHT

A. ALLGEMEINES

Banis, A. P. Plemennaja rabota v Litovskoj SSR. **(Die Zuchtarbeit in der Litauischen SSR.)** Životnovodstvo, Moskva 24 (1962) Nr. 6. S. 59–62. – 3 Abb., 1 Tab.
1958 wurden staatliche Stationen für Zuchtarbeit und KB geschaffen, die 1961 zu staatlichen Rinderzuchtstationen umgebildet wurden und die Zuchtar-

beit in Kolchosen und Sowchosen anleiten. Hauptziel ist die Erhöhung der Milchleistung und des Milchfettgehaltes; dazu wurden Pläne für die Schaffung neuer Blutlinien und Verwandtschaftsgruppen und ein System der Nachkommenprüfung der Bullen ausgearbeitet. Sehr wichtig ist auch die zootechnische Kontrolle nach Leistung und Zuchtwert. Auf dem Gebiet der Schweinezucht beschäftigten sich 104 Zuchtfarmen, 4 Zuchtsowchose und 2 Zuchtbetriebe mit der Verbesserung und Aufzucht von Schweinen der Litauischen Weißen Rasse, der Großen Weißen Rasse und der Schwedischen Landrasse. Seit 1958 wird eine systematische Kontrollmast mit Schlachtkörperbewertung durchgeführt. Die Zuchtarbeit in der Schafzucht ist auf die Verbesserung der Fleisch- und Wollqualität der Litauischen Schwarzkopfschafe gerichtet. F. Schenk. 3001.

Kirsch, W. **Intensive Nutzleistungen — intensive Haltungsformen bei Rind, Kalb und Schwein.** Futter u. Fütterung **11** (1960) Nr. 11. S. 81–85. 3001.

Trautwein, K. und *Fritzsche, K.* **Aufzuchthygiene und Aufzuchtkrankheiten der Haustiere.** Frankfurt M.: DLG-Verlags-GmbH. 1962. (166 S. m. 40 Abb.) 15 × 21 cm. DM 6,60. Die z.Z. in der BRD bei der Jungtieraufzucht noch auftretenden Verluste von ca. 10 % bei Kälbern, 30 % bei Ferkeln und Läufern, 20 % bei Schaflämmern und 10 % bei Küken sowie Junghühnern haben Vff. zur Abfassung dieser Broschüre veranlaßt. In 4 Kap. werden alle Fragen behandelt, die eine gesunde und verlustarme Jungtieraufzucht ermöglichen. Das 1. Kap. ist den Aufzuchtstörungen bei Kälbern gewidmet und ist untergliedert in allg. Krankheitsursachen und Vorbeugemaßnahmen; vorgeburtliche Entwicklungsstörungen; Gesundheitsstörungen nach der Geburt (Haltungs- und Ernährungsschäden, Infektionskrankheiten, Parasitosen, Industrieschäden). Im 2. Kap. „Aufzuchtstörungen bei Ferkeln und Jungschweinen" ist der Stoff wie folgt gegliedert: Allg. Ursachen und Bekämpfung der Ferkelkrankheiten; hygienische Gesichtspunkte der Haltung und Ernährung; vorgeburtliche Entwicklungsstörungen und deren Verhütung; Gesundheitsschädigungen in der Geburtsperiode; Aufzuchtstörungen bei Saugferkeln sowie bei Absatzferkeln und Läufern. Unter den „Aufzuchtstörungen der Schaflämmer" werden neben einleitenden Betrachtungen über den Herdengesundheitsdienst sowie die Verbreitung von Schafkrankheiten und Maßnahmen gegen ihre Verschleppung das seuchenhafte Verlammen, bakterielle Erkrankungen der neugeborenen Lämmer, parasitäre Krankheiten, Mangelkrankheiten und Fütterungsfehler sowie sonstige Schäden bzw. Vergiftungen behandelt. Die Abhandlung über die „Aufzuchtstörungen des Junggeflügels" ist untergliedert in allg. Ursachen und Bekämpfung der Junggeflügelkrankheiten, angewandte Hygiene in den einzelnen Lebensabschnitten des Kükens, Ankauf von Geflügel und Fragen der Futterbeschaffung, Aufzuchtstörungen der Küken. Der gesamte Stoff ist übersichtlich gestaltet und leicht verständlich dargelegt. Ein gesondertes Sachwortregister wie auch ein Literaturnachweis sind dem Werk nicht beigegeben. F. Schenk.

B. PFERDE

Huppertz, Josefine. **Die frühe Pferdezucht in Ostasien.** Z. Tierzücht. Züchtungsbiol. **76** (1962) Nr. 2/3. S. 190–208. — 14 Abb., 42 Lit.

An Hand der z.T. nur wenig bekannten Lit. bringt Vf. eine konzentrierte Darstellung über die derzeitigen Kenntnisse von der Pferdezucht und -haltung im vorchristlichen China und Japan. Sie berücksichtigt eingehend die Zusammenhänge zwischen uraltem Brauchtum und der Domestizierung des Pferdes in diesen Gebieten. Es wird dabei nachgewiesen, daß zur Klärung dieser Probleme die Heranziehung prähistorischer Funde bzw. osteologischer Forschungsergebnisse allein nicht genügt, sondern die Kenntnis der ethnologischen Vorgänge und des ältesten Schrifttums unerläßlich ist. Danach kann mit Sicherheit eine Domestizierung des Pferdes in China um 3000 v.u.Z. angenommen werden. Viehzüchterkulturen (Nordkultur = Proto-Mongolen; Nordwestkultur = Proto-Türken) mit gezähmten Pferden sind nachweisbar. Aus der Frühzeit der Yin-Kultur (Ch'eng-Tzu-Yai-Kultur um 2500 v.u.Z.) ist auch der bespannte Wagen bekannt. In Japan sind Funde von Knochen kleinwüchsiger domestizierter Pferde (vgl. heutiges Tokara-Pony) erst aus der Zeit der neolithischen Jomon-Kultur (300 v.u.Z.) erfolgt, die infolge ihres mongoliden Typs auf die Herkunft vom Festland (über Korea) hinweisen. Aus der Fülle der Angaben über den Pferdekult sei die Feststellung herausgegriffen, daß eine große Zahl von Elementen dieses Kultes von innerasiatischen Hirtenkulturen (Proto-Türken u.a.) auf die der Indogermanen übergegangen sind (z.B. Weißfarbigkeit und Schmuck des Opferpferdes, Wettreiten, Wettfahren, Wahl des Frühlings als Zeit für Pferdeopfer). Mit der Ausbreitung des Christentums ist der Pferdekult bis auf wenige Riten, die sich in Europa hielten, verschwunden, nicht jedoch in China und Japan. Hier konnte sich das Christentum nicht durchsetzen, und der Pferdekult hat sich bis in die heutige Zeit hinein im Brauchtum erhalten. Da sich Pferdezucht und Pferdekult im Ost- und Westasien der Frühzeit in ihrem Ursprung auf das zentral gelegene Turan-Altai-Gebiet orientieren, nimmt Vf. dort das erste Domestikationszentrum für das Pferd an. J. E. Flade. 3010.

Volkov, D. A. und Volkov, P. P. (Wolkow, D. A. und Wolkow, P. P.) Doslid vykorystannja riznych typiv konej u sil'skomu gospodarstvi. **(Versuche über die Verwendung verschiedener Pferdetypen in der Landwirtschaft.)** Naučnye trudy. Naučno-issledovatel'skij institut životnovodstva Lesostepi i Polesja USSR, Kiev **31** (1961) Nr. 1. S. 154–158. — 4 Tab. Orig.: ukrain.
Die Mechanisierung der landwirtsch. Transportarbeiten erfordert die Klärung der Typfrage in der Pferdezucht. Versuche mit 12 Arbeitspferden in 2 Gruppen zu 3 Paaren ergaben bei Arbeit unter verschiedenen, aber für alle Versuchstiere gleichen Bedingungen, daß den gewünschten Typ für die Kolchosen und Sowchosen der Ukrain.SSR in der Waldsteppe verhältnismäßig große Tiere mit einer Wideristhöhe von 150 cm, einem Lgw. von 520–600 kg und einer Zugkraft von 65–70 kg darstellen. Die Pferde sollen genügend massiv, von fester, trockener Konstitution mit korrektem Exterieur sein und können auf dem Wege der Rassenkreuzung (Orlowtraber × Sowjetisches Kaltblutpferd; Budjonnypferd × Sowjetisches Kaltblutpferd) oder der Verdrängungskreuzung bodenständiger Pferde mit Kulturrassen (Orlow- und Russische Traber, Sowjetische und Russische Kaltblutpferde) bis zur II. und III. Generation erhalten werden. Die Tiere sind einsatzfähig bei beliebigen Wetter- und Wegeverhältnissen und ermüden nicht so schnell wie kleinere Tiere. Rationelle Anwendung der Pferdearbeit erfordert zumindest ein Minimum an Mechanisierung in der Be- und Entladung bei entspr. Wagengrößen (mit Kipper). Weitere Untersuchungen über die Verwendung verschiedener Pferdetypen in der mechanisierten Landwirtschaft müssen mit einer größeren Anzahl von Versuchstieren an verschiedenartigen Arbeiten durchgeführt werden.
K. Neumannn. 3110.

Dencker. **Das Vollblut in der Oldenburger Zucht.** Oldenburger in Zucht u. Leistung **14** (1962) Nr. 4. S. 5–6.
Zur Blutauffrischung dienten seit 1840 folgende in der Oldenburger Zucht eingesetzten Hengste: die Vollbüter „Grand Falconer“ und „Sportsmann“ (1843), der Vollbut-Sohn „Menkes Senner“ (1856–60), der Anglo-Normanne „Glasmacher“ (nach 1900) und „Lupus xx“ (1935–37). Ihre Aufgabe bestand in der Verbesserung von Gesundheit, Ausdauer, Härte, Fruchtbarkeit und Langlebigkeit. Im vergangenen Jahrzehnt wurden zur Veredlung der seit 1950 in Oldenburg deckende „Condor“ sowie die Vollblüter „Adonis xx“ (1959) und „Manolete xx“ in die Zucht genommen. U. König. 3138.

Dobrev, Dobri. (Dobrew, Dobri.); Sofia, Höheres Landwirtsch. Inst. „Georgi Dimitrow“. Za plemennata rabota pri polukrŭvnoto konevŭdstvo u nas. **(Über die Halbblutzucht in Bulgarien.)** Selekostopanska nauka, Sofija **1(7)** (1962) Nr. 2. S. 207–214. — 3 Tab.
Die Halbblutzucht in Bulgarien datiert aus dem Jahre 1894. Sie wurde in 2 Gestüten betrieben: im Gestüt Kabijuk (zum Landwirtschaftsministerium gehörig) für den Bedarf der Landwirtschaft und im Gestüt Boshuristsche (zum Kriegsministerium gehörig) zur Versorgung des Heeres mit Reitpferden. Die mittlere Widerristhöhe der bulgarischen Halbblüter konnte seit 1926 von 151,8 auf 159,4 cm und ihr Röhrbeinumfang von 18,8 auf 19,8 cm erhöht

werden. Im Gestüt Kabijuk hat sich der Index des Brustumfangs von 114,8 auf 116,6, und der Index der Rumpflänge von 99,1 auf 100,0 erhöht, während sich im Gestüt Boshuristsche diese Indices von 116,2 auf 114,5 bzw. von 100,2 auf 99,8 vermindert haben. In den letzten Jahren ist infolge der vermehrten Einkreuzung von Vollblut ein Rückgang im Kaliber des Halbblüters bemerkbar, wodurch seine Brauchbarkeit in der Landwirtschaft gemindert wird. Durch Benutzung massiverer Halbbluthengste soll das Kaliber des bulgarischen Halbblutpferdes verbessert werden. N. Platikanow. 3170.

Popov, Vladimir und Venkov, Venko. (Popow, Wladimir und Wenkow, Wenko.); Kostinbrod, Bulgarien, Zentralinst. für Tierzuchtforsch. Čistokrŭvnata ezdova poroda v našite konezavodi. **(Die Vollblutzucht in den bulgarischen Gestüten.)** Životnovŭdstvo, Sofija **16** (1962) Nr. 3. S. 30–33. – 2 Abb.
Im Jahre 1953 wurden zum erstenmal aus der UdSSR 6 Vollblutstuten nach Bulgarien eingeführt, In den folgenden Jahren wurden weitere Vollblutstuten, und zwar 41 aus der UdSSR, 26 aus Polen, 8 aus der DDR und 5 aus Rumänien, importiert. Heute besitzen 3 Gestüte 85 Vollblutstuten aus den Blutlinien der Hengste „Tagor“, „San Simon“, „Galtimore“, „Sunstar“, „Phalaris“, „Bajardo“, „Dark Ronald“ u.a. Die Hauptbeschäler, u.a. die Derbysieger „Makar“ und „Mister Tory“, gehören ebenfalls 6–7 Blutlinien an, was die Möglichkeit bietet, die Vollblutzucht in Bulgarien auf einer verhältnismäßig breiten Grundlage zu organisieren. N. Platikanow. 3170.

Chadžidimitrov, P. (Chadshidimitrow, P.); Sofia, Höheres Landwirtsch. Inst. „Georgi Dimitrow“, Zootechn. Fak., Lehrstuhl für Pferdezucht. Vŭrchu linejnija podbor na plemennite žrebci i kobili ot plevenskata poroda v DZS „G. Dimitrov“ kraj Pleven. **(Über die Blutlinienwahl der Plewener Stutbuchhengste und -stuten auf dem VEG „Georgi Dimitrow“, Plewen.)** Naučni trudove. Visš selskostopanski institut „Georgi Dimitrov“. Zootechničeski fakultet, Sofija **11** (1962) S. 341–362. – 1 Tab., 9 Lit. Zus. in Russ., Dtsch.
Es wurden einerseits nach den Stutbuchmaterialien (Körpermaße, Körperproportionsindices, Abstammung und Nachkommenschaft) 12 Zuchthengste aus 7 Blutlinien und 90 Zuchtstuten des VEG „Georgi Dimitrow“ bei Plewen, andererseits durch Gegenüberstellung der Eigenschaften der einzelnen Stuten mit denen ihrer Eltern die Ergebnisse aus jeder Paarung beurteilt und Schlüsse über die Zusammenführung der einzelnen Blutlinien gezogen. Die Untersuchung führte zu der Feststellung, daß sich die väterlichen Veranlagungen in höherem Maße auf die Nachkommenschaft vererben als die mütterlichen sowie daß das Alter der angepaarten Hengste und Stuten ebenfalls einen Einfluß auf die Eigenschaften der Nachkommen hat. Daraus wird gefolgert, daß junge (4- bis 5jährige) und alte Hengste (älter als 16 Jahre) mit Stuten reifen Alters (8- bis 17jährigen) gepaart werden sollten. N. Platikanow. 3225.

Laskov, A. A. und Troickij, I. A. (Laskow, A. A. und Troizki, I. A.) Osobennosti kormlenija sportivnoj lošadi. **(Besonderheiten der Fütterung von Sportpferden.)** Trudy. Vsesojuznyj naučno-issledovatel'skij institut veterinarnoj sanitarii, Moskva **16** (1960) S. 328–334. – 11 Lit.
Die Trainingsbelastung mit ihrem großen Verbrauch der Energievorräte des Organismus verlangt neben der notwendigen Quantität auch eine bestimmte Qualität des Futters und eine überlegte Futterverabreichung. Vf. empfiehlt als mittlere Tagesration 10–12 sowj. FE bei einer Gesamttrockenmasse von 12–15 kg. Da das Glykogen in der biochemischen Muskeldynamik eine bedeutende Rolle spielt, haben kohlenhydratreiche Futtermittel bes. Bedeutung. Um die osmotischen Prozesse, das Säuren-Basen-Gleichgewicht im Blut und die Wasserbilanz aufrechtzuerhalten, ist ausreichende Versorgung der Sportpferde mit Salzen unumgänglich. Vf. fordert eine Anpassung der Fütterung an die jeweiligen Trainingsbedingungen, um Verfettung oder Abmagerung zu verhindern. W. Sommerfeld. 3345.

C. RINDER

Voigtländer, K.-H. und Belg, E.; Leipzig, Univ., Inst. für Tierzucht und Milchwirtsch.; Dresden, Bezirks-Tierzuchtinspektion. **Körpermaße und Lebendgewichte schwarzbunter Jungbullen auf Verkaufsveranstaltungen im Bereich der ehemaligen Tierzuchtinspektion Dresden.** Arch. Tierzucht **5** (1962) Nr. 1. S. 12–30. – 14 Tab., Lit.

Von 1953–55 wurden auf 37 Verkaufsveranstaltungen bei insgesamt 1917 gekörten Jungbullen neben den Lgw. folgende Maße genommen: Widerrist-, Kreuzhöhe, Brusttiefe, Rippenbrust-, Hüft-, Umdreherbreite, Becken-, Rumpflänge, Brust- und Röhrbeinumfang und die Ergebnisse mittels Hollerithverfahren statistisch verrechnet. Das Durchschnittsalter der Jungbullen betrug 13,6 Mon. (11–29 Mon.) mit einer Häufung in den Klassen 12–15 Mon. (1721 Tiere). In den weiteren Berechnungen wurde sich auf diese Tierzahl beschränkt und untersucht, welche Faktoren Unterschiede in den durch Gewicht und Messungen ermittelten Körperformen der Tiere hervorrufen können. Dabei wurde festgestellt: Im Verlauf der Verkaufsveranstaltungen von1953–55 nahmen Körperlänge, Beckengröße und Lgw. der gekörten Bullen zu, während ihre Größe, Brustausformung und Knochenstärke rel. gleich blieben. Geringen Einfluß auf Körperform und Lgw. hatten die Herkunft der Tiere aus verschiedenen Geoklimagebieten des ehemaligen Landes Sachsen, die Jahreszeit der Geburt der Bullen, die Zugehörigkeit zu männl. Blutlinien, die Herkunft aus der KB oder der natürlichen Paarung, die TBC-Freiheit oder tuberkulin positive Reaktion der Jungbullen vor den Verkaufsveranstaltungen. Die Rangierung entspr. den Leistungsnoten I bis III ließ eine Abnahme in allen Einzelmaßen sowie im Lgw. in der genannten Reihenfolge erkennen. In den für die Körperform vergebenen Formnoten haben dem Zuchtziel entspr. lange, breite und tiefe Tiere mit genügender Knochenstärke und nicht zu großer Widerrist- und Kreuzhöhe die bessere Bewertung erfahren. Zusammenfassend wird geschlußfolgert, daß die genannten Faktoren nur in geringem Maße die Entwicklung der Jungbullen beeinflussen und die aufgetretenen Variationen stärker durch individuelle Veranlagung der Tiere und bes. durch die Einwirkung von Haltung und Fütterung in den Aufzuchtbetrieben bewirkt werden, so daß auch in Zuchtbezirken mit unterschiedlichen geoklimatischen Voraussetzungen die Möglichkeit besteht, ein weitgehend einheitliches Zuchtmaterial zu erstellen. E. Semisch. 3464.

Anonym. The Jersey. **(Das Jerseyrind.)** J. Brit. Dairy Farmers' Assoc. **65** (1961) S. 7–14. – 4 Abb.

Von der „Jerseyzuchtgesellschaft des Vereinigten Königreiches", Sitz London, W. C. 1, 19 Bloomsbury Square, wird ein ausführlicher Überblick über die geschichtliche Entwicklung der Jerseyzucht gegeben. Es ist sicher, daß diese Rasse schon mehr als 200 Jahre auf der Kanalinsel Jersey rein gezüchtet wird, denn seit 1763 ist die Einfuhr von Lebendvieh nach dieser Insel untersagt. 1833 wurde eine Jerseyzuchtgesellschaft gegründet, die u.a. das Zuchtziel für Bullen und Kühe nach einem 100-Punkte-Schema festlegte, welches mit sehr wenig Änderungen noch bis zur Gegenwart Gültigkeit hat. Diese Beurteilungsmethode, welche dargelegt ist, umfaßt bei den Vatertieren 13 und bei den Kühen 15 Einzelmerkmale. Je ein männl. und weibl. Zuchttier, das dem heute angestrebten Standard entspricht, ist als Abb. beigefügt. 1844 erschienen zum 1. Mal auf der „Royal Show" Rinder von den Kanalinseln. Ab 1862 wurden Jersey- und Guernsey-Rinder auf diesen Schauen getrennt ausgestellt. In England selbst wurde eine Jerseyzuchtgesellschaft 1878 gegründet, die ein Jahr später ihren 1. Herdbuch-Band veröffentlichte. Jährl. folgte dann ein weiterer Band. 1961 besaß die Jerseyzuchtgesellschaft in England 5500 Mitglieder. Pro Jahr werden jetzt ca. 20000 weibl. Jungrinder registriert. Jerseyrinder wurden bisher in alle Welt exportiert. Nach Amerika gelangten die ersten Jerseyrinder im Jahre 1853. Heute gibt es in den USA mehr als 100000 Jerseyzüchter. Vor ca. 100 Jahren wurden die ersten Jerseyrinder nach Australien und Neuseeland ausgeführt. In Neuseeland nehmen gegenwärtig die Jerseykühe über 85% vom Gesamtkuhbestand ein. Auch in Kanada gibt es viele Jerseyherden; eine der größten der Welt ist in Ontario. Ebenfalls befindet sich in Kanada, und zwar am „Peace-River" in der Provinz Alberta, die nördlichste Milchviehherde der Welt, die sich auch aus Jerseykühen zusammensetzt. In England selbst sind heutzutage Jerseyrinder überall zu finden, denn sie liefern eine gehaltvolle Milch, sind futterdankbar und gegenüber Tbc nicht so anfällig. Die moderne Jerseykuh ist eine „Milchkuh" und besitzt daher wenig Fleisch. Ihr Körpergewicht liegt etwas unter 385 kg. Für ihre Größe ist sie tief und hat einen geräumigen Körperbau. Der Rücken ist fest und das Fundament stabil. Das Euter ist geräumig, gleichmäßig ausgebildet und weist gut geformte Zitzen auf. In der Farbe variieren die Jerseys vom schönen glänzenden hellbraun bis zur dunklen Farbe der Maulbeere, fast schwarz. Auch kommen verschiedene Schattierungen von braun, braun mit weiß und maulbeerfarben mit weiß vor. Die Nase der Tiere ist schwarz, umgeben von einem hellen Ring. Der Kopf ist fein und besitzt dünne, nach innen gebogenen Hörner, die schwarze Spitzen aufweisen. Ein Vorzug der Jerseys besteht darin, daß sie sehr widerstandsfähig gegenüber Umwelteinflüssen sind. Viele Herden blieben Tag und Nacht auch während des Winters im Freien. Mit 2 Jahren kalben die Jerseyfärsen zum 1. Mal ab. Die Jerseys sind langlebig. Ihre normale Laktationsperiode beträgt ca. 11 Mon. Im Durchschnitt erbrachten alle 32000 unter amtlicher Milchleistungsprüfung stehenden Jerseykühe im Kontrolljahr 1960, das am 1. Okt. endete, in einer Laktationszeit von 305 Tagen 3193 kg Milch. Die höchste Leistung während der 1. Laktation, welche 361 Tage umfaßte, lag bei 8628 kg Milch. Der Weltrekord in der jährl. Milchleistung der Jerseyrasse (361 Tage) wird von der englischen Jerseykuh „Nashend Royal's Gay-Lady" mit 12108 kg Milch gehalten. Auch hat den Weltrekord für die Lebensleistung von Jerseykühen eine englische Jerseykuh namens „Hockley Lila" inne. Diese Kuh erbrachte in 16 Laktationen 88363 kg Milch. In einerbeträchtlichen Anzahl von Jerseyherden werden durchschnittl. Jahresleistungen von 4500 kg Milch mit 5% Fettgehalt erreicht. Der mittlere Gehalt der Jerseymilch an fettfreier Tr.-Subst. beläuft sich auf ca. 9,5%. R. Kürbs. 3480.

Vsjakich, A. S. (Wsjakich, A. S.) Plemennaja rabota s porodoj. **(Zuchtarbeit mit verschiedenen Rinderrassen.)** Vestnik sel'skochozjajstvennoj nauki, Moskva **6** (1961) Nr. 10. S. 60–70. — 4 Abb., 10 Tab. Zus. in Engl., Franz., Dtsch.

In der UdSSR wurden Rinderrassen in großer Zahl gezüchtet. Nunmehr wird an der leistungsmäßigen Verbesserung der Rassen auf dem Wege der Reinzucht, aber auch durch Kreuzung mit ausländischen Rassen gearbeitet. Hohen Anteil an der Verbesserung leistungsschwächerer bodenständiger Rassen hat das Schweizer Braunvieh, das 8,5% des gesamten Rinderbestandes ausmacht und in Spitzenbetrieben rein gezüchtet wird. Durch Verdrängungskreuzung bodenständiger Rassen mit dem Schweizer Braunvieh entstanden berühmte Rassen, wie die Kostroma-, Alatau-, Lebediner und Kaukasische Rasse. Es werden Vergleichskennwerte angeführt, welche die Leistungen des Braunviehs und der neuentwickelten Rassen kennzeichnen. Aus den Leistungen der besten Tiere, die ins staatliche Zuchtbuch (GPK) eingetragen wurden, ist ersichtlich, daß die neuen Rassen in der Milchleistung an das Braunvieh heranreichen, es im Milchfettgehalt sogar übertreffen. Die Tiere der neuen Rassen zeichnen sich durch bessere Anpassungsfähigkeit aus. An der weiteren Erhöhung der Milchleistung und bes. des Milchfettgehalts wird gearbeitet. Die Zuchtarbeit wird mit großen Kuhzahlen nach Linien und Familien geführt. Das Schweizer Braunvieh steht im Milch-Fleisch-Typ. Es wird eine Kuh mit einem Lgw. von 550–600 kg angestrebt, welche 5000–6000 kg Milch mit mehr als 4% Fett produziert. An der Erhöhung des Lgw. der Kühe muß in vielen Zuchtbetrieben noch gearbeitet werden. Dazu muß u.a. die Jugendentwicklung der Tiere verbessert werden. In vielen Betrieben liegt das Lgw. 18 Mon. alter Jungrinder zwischen 250 und 280 kg. Es soll auf 300–350 kg erhöht werden. — Umfangreiche Erörterungen organisatorisch-züchterischer Maßnahmen werden geführt. G. Nitzsche. 3480.

Jacenko, O. Ju. (Jazenko, O. Ju.) Pidsumky roboty za 10 rokiv i zachody po dal'šomu udoskonalennju lebedinškoi porody velykoï rogatoï chudoby. **(Die Ergebnisse 10jähriger Zuchtarbeit und Maßnahmen zur weiteren Verbesserung der Lebediner Rinderrasse.)** Naučnye trudy. Naučno-issledovatel'skij institut životnovodstva Lesostepi i Polešja USSR, Kiev **31** (1961) Nr. 1. S. 3–25. — 7 Abb., 9 Tab. Orig.: ukrain.
Im Laufe von 10 Jahren seit der Anerkennung der Rasse wuchs die Anzahl der Tiere um das 5fache, das Verbreitungsgebiet erweiterte sich bedeutend. Die Verbesserung von Fütterung, und Haltung sowie eine planmäßige Zuchtarbeit erhöhten die Leistungen. Eine Anzahl wertvoller Familien, Linien und Gebrauchszuchten wurden geschaffen, woraus die Möglichkeit einer weiteren Festigung der Rasse erwächst. Die Milchleistung, bes. die Milchfettleistung, müssen Gegenstand weiterer Verbesserungsarbeiten sein. Bisher wurden ca. 24000 hoch eingestufter Jungtiere an Kolchose und Sowchose verkauft. K. Neumann. 3480.

Mokjejev, O. Ju., Kononenko, N. V. und Voronjuk, U. (Mokjejew, O. Ju. Kononeko, N. W. und Woronjuk, U.); Askanija-Nowa, Gebiet Cherson, Ukrain. Iwanow-Forsch.-Inst. für Tierzucht der Steppengebiete „Askanija-Nowa". Perspektyvnyj plan pleminnoï roboty z červonoju stepovoju porodoju. **(Perspektivplan der Zuchtarbeit mit der Roten Steppenrasse.)** Socialistyčne tvarynnyctvo, Kyïv **34** (1962) Nr. 1. S. 35-39. — 4 Abb., 3 Tab., Orig.: ukrain.
Laut Viehzählung aus dem Jahre 1960 beträgt der Anteil der Roten Steppenrasse an der Gesamtzahl der Rinder in der Ukraine 60%, d.h. sie nimmt in der Republik den 1. und in der UdSSR den 2. Platz überhaupt ein. Die Rasse ist milchreich und trockenem Klima angepaßt. Seit der Oktoberrevolution erhöhte sich das Durchschnittsgewicht um 30% und die Milchleistung auf das Doppelte. Der Körperbau wurde verbessert. Neben dem Milchfleischtyp ist auch eine Typrichtung Fleisch vorhanden. Die Fleisch- und Fettausbeute erreicht bei 18–20 Mon. alten Ochsen 56–58%, im Alter von 1 Jahr 62,1–62,7% bei guter Fleischqualität. Als Mangel ist der geringe Milchfettgehalt (3,6–3,7%) anzusehen. In den letzten Jahren gaben bereits einzelne Kuhfamilien in der 4. Laktation 6134 kg Milch mit 4,98% Fettgehalt. Auf der Grundlage der Perspektivpläne von 26 staatlichen Zuchteinrichtungen, statistischer staatlicher Angaben, Herdbücher und anderer Quellen wurde von Institutsmitarbeitern ein Perspektivplan der Zuchtarbeit mit der Rasse für die ganze Republik für 1961–65 ausgearbeitet. In jeder Wirtschaft ist die Entwicklung der Linien und Familiengruppen geplant, die unter den gegebenen Verhältnissen die besten Leistungen erreichen. Außer der Entwicklung von Linien sind Zwischenlinienkreuzungen bei streng individueller Auswahl unter Berücksichtigung der Qualität und Besonderheiten jeden Tieres beabsichtigt. Der Plan sieht für Kühe in der 3. Laktation ein Lgw. von 500–550 kg, eine 300-Tage-Leistung von 4000–4500 kg Milch mit 3,8–4% Fett und eine Schlachtausbeute von 55 bis 58% vor. Zuchtbullen sollen im Alter von 5 Jahren 900–1000 kg wiegen und von bester Abstammung sein. K. Neumann. 3480.

Romanov, P. A. (Romanow, P. A.); Jakut. Forsch.-Inst. für Landwirtsch. Mestnyj jakutskij skot Severo-Vostoka. **(Das bodenständige Jakutische Rind der nordöstlichen Bezirke.)** Životnovodstvo, Moskva **24** (1962) Nr. 6. S. 64 bis 66. — 2 Abb.

Die Jakutischen Rinder der nördlichen Bezirke sind kleine Tiere mit gedrungenem Körper auf kurzen kräftigen Beinen. Die Widerristhöhe von 7jährigen und älteren Kühen beträgt 105–113 cm, die Rippenbrustbreite 29,7–35,3 cm und die Brusttiefe 60,1–64,8 cm. Die Rinder haben eine kräftige Konstitution und Gesundheit sowie feste Zähne und sind langlebig. Auf Grund der schlechten Fütterungs- und Haltungsbedingungen ist die Milchleistung niedrig. Es wird empfohlen, in jedem Kolchos die besten reinrassigen Jakutischen Rinder für die weitere Zuchtarbeit in einer Zuchtfarm zusammenzufassen.

F. Schenk. 3490.

Verbeek, W. A. The improvement of beef cattle. **(Die Verbesserung der Fleischrinderrassen in Südafrika.)** Farming South Africa **36** (1960) Nr. 7. S. 25–29. 3490.

Scholz, F. **Die Milchleistungsprüfungen im Bundesgebiet.** Molkerei-Ztg., Welt d. Milch **16** (1962) Nr. 36. S. 1208–1209. – 2 Tab.

2,1 Mill. Kühe (= 35,8% vom Gesamtkuhbestand) in 235000 landwirtsch. Betrieben stehen in der BRD unter Milchkontrolle. Durch Förderungsmittel des Grünen Planes wurde erreicht, daß sich seit 1949 die Zahl der kontrollierten Kühe verdoppelt hat. Die Durchschnittsleistung der ganzjährig kontrollierten Kühe betrug 4069 kg Milch mit 3,87% Fett und 158 kg Fett. Die kontrollierten Kühe erbringen pro Jahr gegenüber den nicht geprüften Tieren ca. 1000 kg Milch mehr. Der Leistungsvorsprung der Herdbuchkühe gegenüber den kontrollierten Nichtherdbuchkühen beträgt 548 kg Milch und liegt bei den Schwarzbunten mit 396 kg am niedrigsten. In den hohen Fettgehaltsklassen sind die Herdbuchkühe am stärksten vertreten. Die Beauftragten der Landeskontrollverbände führen auch Beratungen auf den Gebieten der Fütterung und der Qualitätsverbesserung der Milch durch. Die Auswertung wird mit Hilfe des Hollerithverfahrens vorgenommen. 11673 Personen sind für die Durchführung der Milchleistungsprüfungen eingesetzt. H. Kleiber. 3520.

Zachariev, Zach. (Sachariew, Sach.) Sŭotnošenie na mlečnata produktivnost ot otdelnite četvŭrtini na vimeto prez perioda na laktacijata. **(Das Verhältnis der Milchergiebigkeit der einzelnen Euterviertel während der Laktationsperiode.)** Naučni trudove. Visš selskostopanski institut „Georgi Dimitrov". Zootechničeski fakultet, Sofija **11** (1962) S. 139–160. – 6 Abb., 11 Tab., 18 Lit. Zus. in Russ., Dtsch.

Im Verlauf einer 300tägigen Laktation wurde jeden Monat an 2 aufeinanderfolgenden Tagen die aus jedem Euterviertel von 49 Kühen (Montafonern und hochblütigen Montafoner Kreuzungen) ermolkene Milch gemessen. Außerdem wurde die Leistung von 2 Montafoner Kühen, 2 kurzhornigen Rhodopenkühen und 2 Büffelkühen in derselben Weise tägl. kontrolliert und die Milch jeden Tag analysiert. Der Anteil der einzelnen Euterviertel an der Gesamtmilchleistung des Euters betrug durchschnittl.: rechtes Vorderviertel 20,70%, linkes Vorderviertel 20,71%, rechtes hinteres Viertel 28,70%, linkes hinteres Viertel 29,89%. In dieser Beziehung sind erhebliche individuelle Unterschiede, sogar bei Kühen gleicher mütterlicher Abstammung feststellbar. So wurden z.B. aus der vorderen Euterhälfte von 4 Töchtern einer Kuh 33,74; 35,95; 38,52 bzw. 44,12% und aus der hinteren Euterhälfte 66,26; 64,05; 61,48 bzw. 55,88% des Gesamtgemelkes ermolken. Das Prozentverhältnis zwischen der aus den einzelnen Eutervierteln ermolkenen Milch verändert sich während der ganzen Laktationsperiode fast nicht. Die chem. Zusammensetzung der Milch aus den einzelnen Eutervierteln ist die gleiche und hängt nicht von der Menge der aus jedem Viertel ermolkenen Milch ab. – Die Arbeit enthält weitere ausführliche Angaben über die tägl. Milchleistungskontrolle der 4 Kühe und 2 Büffelkühe. N. Platikanow. 3546.

Heidhues, T. **Züchterische Planung in der Rinderzucht, Besamung und Nachkommenprüfung. 1. Teil.** Tierzüchter **14** (1962) Nr. 7. S. 236–237.

Nach einer Definition des allg. Zuchtwertes wird darauf hingewiesen, daß sich die Ergebnisse der Erbwertschätzung in einem Globalindex ausdrücken lassen. Für Besamungsbullen ist dieses Verfahren wenig sinnvoll, und es erscheint zweckmäßig, die geschätzten Erbwerte für Milchmenge, Fettmenge und Fleischleistung getrennt anzugeben. Hierbei hängt die Genauigkeit der Schätzung von der Zahl der geprüften Nachkommen ab. Auf Grund der Veränderung des Genbestandes bei fortschreitendem Verwandtschaftsgrad sollte man beim Bullenkauf in erster Linie die Nachkommenschaftsprüfung des Vaters, in zweiter Linie die Leistung der Mutter und danach erst die Leistungseigenschaften der übrigen Vorfahren berücksichtigen. H. Winkler. 3550.

Ivanova, Em. (Iwanowa, Em.) Proučvane linijata na bik Širok 811. **(Untersuchung der Blutlinie des Bullen Schirok 811.)** Naučni trudove. Visš selskostopanski institut „Georgi Dimitrov". Zootechničeski fakultet, Sofija **11** (1962) S. 401–431. – 18 Tab., 18 Lit. Zus. in Russ., Engl.
Der Bulle „Schirok 811", aus einer Roten Sadowoer Kuh von einem importierten Angler Bullen („Kom"), wurde in Nordostbulgarien zur Schaffung eines Roten Rindes vom Milch-Fleisch-Typ 12 Jahre lang zur Zucht verwendet. Er hinterließ eine wertvolle Nachkommenschaft. Vf. verglich die Eigenschaften und die Milchleistung seiner 72 Töchter mit denen ihrer Mütter, ihrer Altersgenossinnen und der ganzen Herde in 3 Betrieben. Auf dem Staatsgut (VEG) Silistra war die Milchleistung der Töchter des „Schirok 811" während der 3. und der folgenden Laktationen um ⌀ 1001 kg und der Milchfettgehalt um 0,125% höher als bei ihren Altersgenossinnen. Auf dem VEG „Stefan Karadsha" war die Tochterleistung um ⌀ 1530 kg höher, der Fettprozentgehalt ihrer Milch aber um 0,38 niedriger als bei den Müttern (letztere waren vornehmlich Iskâr Kühe und Simmentaler Kreuzungen). Im VEG Tolbuchin waren die Töchter von „Schirok 811" ihren Müttern (vornehmlich Roten Sadowoern, Töchter der importierten Angler Bullen „Kom" und „Klas") in der Milchleistung um ⌀ 516 kg unterlegen. N. Platikanow. 3550.

Nedava, V. E. (Nedawa, W. Je.) Metodičeskie osobennosti ocenki bykov zavodskich linij po kačestvu potomstva na primere linii Al'ruma 49 KS7. **(Methodische Besonderheiten der Bewertung von Bullen aus Zuchtlinien nach der Qualität ihrer Nachkommen [am Beispiel der Linie Alrum 49 KS7].)** Naučnye trudy. Kievskaja opytnaja stancija životnovodstva **7** (1961) S. 21 bis 29. – 7 Tab., 5 Lit.
Unter den Bedingungen einer ausgedehnten Anwendung der KB führt die Reinzucht notwendigerweise zur Linienzucht. Die notwendigen Kenntnisse über die Eigenschaften und Leistungen der Linien werden auf dem Wege der Nachkommenprüfung gewonnen. Die Bullenbewertung nach den Töchterleistungen stellt die Hauptmethode der Zuchtarbeit nach Linien dar. Bei noch bestehenden unterschiedlichen Fütterungs- und Haltungsbedingungen in verschiedenen Jahren ist der Stallgefährtinnen-Vergleich auf der Grundlage der 1. und der höchsten 300-Tage-Laktationsleistung das beste Bewertungsverfahren. Selektion und zielgerichtete Aufzucht des Nachwuchses können die entscheidenden Merkmale der Linien in einer Reihe von Generationen festigen. Bei der Linienzucht kann die Verwandtschaftspaarung in einzelnen Fällen zu Heterosis führen, die sich in gesteigerter Milchleistung der Nachkommen äußert. K. Neumann. 3550.

Hickman, C. G. Effects of level of herd environment. I. Relationship between yield and age. **(Wirkungen der Herdenumwelt. 1. Mitt. Beziehungen zwischen Leistung und Alter.)** J. Dairy Sci. **45** (1962) Nr. 7. S. 861–864.
Vf. untersucht den Einfluß unterschiedlicher Herdenleistungen auf die Beziehungen zwischen Leistung und Alter, insbesondere auf die Alterskorrekturen. Da es statistisch problematisch ist, die Herden nach den Leistungen in Grup-

pen einzuteilen, die dann untersucht werden sollen, nimmt er die Einteilung in gut, mittel, schlecht auf Grund der Leistungen eines anderen Jahres vor. Eine Analyse von alterskorrigierten Leistungen (20063) in diesen 3 Umwelten zeigt eine Abhängigkeit der Alterskorrekturen von dem Niveau der Herde. Außerdem zeigt sich bei den alterskorrigierten Leistungen eine Abhängigkeit vom Alter beim 1. Zulassen. D. Rasch. 3550.

Grube, H.-J. **Beitrag zur Anwendung verschiedener Methoden der Jungbullenmast bei der Nachkommenprüfung auf Mastleistung von Zweinutzungsrindern.** Diss. Georg-August-Univ. Göttingen, Landwirtsch. Fak. **1960** 64 S. — 27 Lit.
Die Mast mit 201 Bullen wurde nach der 16wöchigen Aufzuchtperiode in 3 Verfahren durchgeführt, und zwar a) Stallmast bis zum Endgewicht von 320–350 kg mit wirtschaftseigenem Saftfutter gegenüber Trockenfutter, b) Stallmast mit Wirtschaftssaftfutter bis zum Endgewicht von 450–500 kg, c) Ausnutzung einer Weideperiode und anschließende Ausmast im Stall bis 450–500 kg. 3 Gruppen wurden davon in landwirtsch. Betrieben geprüft, während alle anderen Tiere in Einzelfütterung standen. Die Ergebnisse ließen erkennen, daß in landwirtsch. Betrieben durchgeführte Nachkommenprüfungen keine genügende Aussagekraft haben. Bes. Stationen mit einheitlicher Umwelt und Fütterung sind erforderlich. Das Alter von 10–12 Bullenkälbern je zu prüfendes Vatertier bei Ankunft in der Station soll 14 Tage nicht überschreiten. Ohne Risiko ist die Aufzucht der Kälber mit 90–120 kg Vollmilch und 600–650 kg aufgewerteter Trockenmagermilch zu empfehlen. Bei Stallmast bis 350 kg ist die Fütterung mit wirtschaftseigenem Saftfutter der Trokkenfütterung überlegen. Trockenfütterung führt dagegen zu höherer Vergleichbarkeit, wobei noch fraglich ist, ob dadurch nicht die erbliche Veranlagung der Tiere verschleiert wird. Bei Verfütterung von Trockenfutter ist die Streuungsbreite in der Gewichtsentwicklung geringer, jedoch tritt hierbei die erblich beeinflußte Freßlust nicht deutlich in Erscheinung. Bei Ausmast bis auf 500 kg sind erblich bedingte Unterschiede am sichersten mit wir schaftseigenem Saftfutter nachzuweisen. Nachkommenprüfungen auf der Weide haben nur ungenügenden Aussagewert. O. Siegl. 3550.

Ėjdrigevič, E. V. (Eidrigewitsch, Je. W.) Podbor v uslovijach iskusstvennogo osemenenija. **(Die Zuchtwahl unter den Bedingungen der künstlichen Besamung.)** Životnovodstvo, Moskva **24** (1962) Nr. 6. S. 62–64.
Vf. schlägt für Gebrauchszuchten die Gruppenzuchtwahl vor, bei der die Zuchtbullen der Besamungsstationen nach Typ, Qualität und möglichst auch Blutlinie zu Paaren zusammengestellt werden und 3 nicht verwandte Bullenpaare der gleichen Rassen eine Bullengruppe bilden. Die von der Besamungsstation betreuten Betriebe werden nach der Qualität der Kühe ebenfalls in Gruppen eingeteilt, deren Anzahl der Zahl der Bullengruppen entsprechen muß. Jeder Betriebsgruppe wird für 6 Jahre eine bestimmte Bullengruppe zugeteilt, wobei alle 2 Jahre ein Bullenpaar in einen anderen Betrieb umgesetzt wird. In Zuchtbetrieben soll die Kuhherde nach der Anzahl der Blutlinien in 3–4 Gruppen eingeteilt werden; in den Betrieb muß entspr. Sperma von 3–4 Bullen gebracht werden. F. Schenk. 3560.

Maslov, M. F. (Maslow, M. F.) Ocinka bugaïv-plidnykiv za sim-japrodukcije-ju. **(Zuchtbullenbewertung nach der Spermaproduktion.)** Naučnye trudy. Naučno-issledovatel'skij institut životnovodstva Lesostepi i Polesja USSR, Kiev **31** (1961) Nr. 1. S. 53–63. — 13 Tab. Orig.: ukrain.
Bei der Auswahl von Besamungsbullen ist zu beachten, daß die größte Spermamenge schwere Tiere mit weniger grober Konstitution geben. Eine 1 Mon. (in der Zeit von Mai–Aug.) lang vorgenommene Beobachtung unter günstigen Fütterungs- und Haltungsbedingungen genügt für die Bewertung der Spermaproduktion. Nur Tiere derselben Rasse sollen miteinander verglichen werden.

Mit wachsendem Alter steigt die Spermaproduktion, vom Alter von 7–8 Jahren an sinken Menge und Qualität der Spermaproduktion nicht mehr ohne äußere Ursachen. Besamungsbullen sind vor hohen Außentemperaturen zu bewahren. Abkühlungsduschen werden empfohlen. Mangel an Vit. A wirkt schädlich auf Menge und Qualität des Spermas. K. Neumann. 3560.

Gallagher, R. M. Ruakura recommendations for selecting a beef bull. **(Empfehlungen der Forschungsanstalt Ruakura zur Selektion von Fleischvieh-Bullen.)** New Zealand J. Agric. **101** (1960) Nr. 4. S. 357. 359. 3560.

Klockenbring, R. **Die Leistungseigenschaften und Formmerkmale der selbstgezüchteten Kuhelite in Südhannover-Braunschweig.** Tierzüchter **13** (1961) Nr. 23. S. 573–576.; (1961) Nr. 24. S. 606–609.
Die Herdbuchgesellschaft Südhannover-Braunschweig führt seit 1951 ein zusätzliches Eliteregister für bodenständig gezüchtete Wirtschaftskühe („BW-Kühe"), in das Dauerleistungskühe mit mindestens 2 Generationen Abstammung eingetragen werden, die hinsichtlich Leistungsfähigkeit, Fruchtbarkeit, Typ, Körper- und Euterform über dem Durchschnitt aller Herdbuchkühe liegen und vornehmlich als Bullenmütter Verwendung finden sollen. In dieses Leistungsregister, das die bes. Belange des Südhannoverschen Zuchtgebiets in Ergänzung zum übergebietlichen Rinderleistungsbuch berücksichtigt, wurden bereits 703 Kühe eingetragen, so daß sich für eine zusammenfassende Auswertung genügend Material bietet. Die BW-Kühe erreichten ein durchschnittl. Alter von 9,6 Jahren und brachten ⌀ 7 Kälber. Das Erstkalbealter betrug 33,4 Mon., die durchschnittl. Zwischenkalbezeit 381 Tage. Die mittlere jährl. Lebensleistung der BW-Kühe beträgt 5000 kg Milch mit 3,96% Fett und 198 kg Fett. Es wird eine Trennung in lebende und tote BW-Kühe vorgenommen und an Hand dieser Gegenüberstellung die züchterische Entwicklung nachgewiesen. Weiterhin werden an Hand der Streuung der einzelnen Leistungs- und Formmerkmale Hinweise gegeben, in welcher Richtung die Selektion zu erfolgen hat. K. Pilz. 3565.

Hansson, A. **Neue Untersuchungen an eineiigen Rinderzwillingen.** Schriftenr. Max-Planck-Inst. Tierzucht Tierernähr., Vortr. II. int. Ferienkurses junge Tierzuchtwissenschaftler in Mariensee, Sonderband **1961** S. 99–125. — 16 Tab., 19 Lit.
Unterschiedliche Intensität der Fütterung in der Aufzucht weibl. Rinderzwillinge beeinflußt die Wachstumsgeschwindigkeit. Mit fortschreitendem Alter wird der Einfluß der unterschiedlichen Ernährung geringer, so daß schließlich der Genotyp unabhängig von der Fütterungsintensität die Körperentwicklung in ausgewachsenem Zustand auf nahezu gleiche Größe und gleiche Form ausrichtet. Hohe Aufzuchtintensität beschleunigte den Eintritt des 1. Oestrus und erhöhte die Atem- und Herzfrequenz. Die schwach aufgezogenen Tiere erzielten in den 1. und folgenden Laktationen die höchsten Milch- und Milchfettleistungen. Die Variation der Melkintervalle von 15 und 9 sowie 16 und 8 Std. hatte gegenüber gleichen Zwischenzeiten 12 und 12 Std. bei 2maligem tägl. Melken keinen sicheren negativen Einfluß auf die Milchmenge und -inhaltsstoffe. Einmaliges Melken pro Tag senkte die Milchleistung um ca. 50%, wobei Kühe mit höherem Leistungsniveau einen rel. geringeren Abfall als leistungsschwache Tiere zeigten. Untersuchungen über das Anrüsten (Eutermassage) vor dem Melken ergaben eine Steigerung der Milchmenge und des Fettgehaltes um 32,8 bzw. 32,0%. Die Laktationsdauer war um 23,2% verlängert und die tägl. Melkzeit trotz höherer Milchmenge geringer.
J. Lenschow. 3585.

Prowel, A. W. The single-suckler beef herd. **(Ein besonderes System der Kälberaufzucht in Fleischrinderherden.)** Agriculture [London] **69** (1962) Nr. 2. S. 63–68. — 1 Abb.

Es wird ein System der Rinderhaltung und Kälberaufzucht geschildert (bes. im Hinblick auf dessen Rentabilität), das im englischen Hügel- und Hochland an Verbreitung gewinnt. Der Grundsatz dieses Systems der extensiven Rindfleischproduktion, das in Ergänzung zur Schafhaltung betrieben wird, ist: wenig Arbeit — wenig Kosten. Das Verhältnis von Zuchtkühen zu Mutterschafen liegt je nach Bodenqualität zwischen 1:12 und mehr und 1:4. Die Abkalbezeiten werden auf 1 oder 2 Perioden (Winter und Frühjahr) zusammengedrängt, um einheitliche Posten von Schlachtvieh auf den Markt zu bringen. Oft kalben die Herden im Freien, die Kälber werden nicht gefüttert, sondern säugen nur (daher der Name des Systems) und wachsen im Freien gesund auf. Die Produktionskosten für die Winter- und Frühjahrskalbung werden gegenübergestellt, weiter werden Möglichkeiten der Senkung der Futterkosten aufgezeigt, die vor allem darin bestehen, die Ernährung der Rinder ausschließlich mit Gras in frischer und konservierter Form durchzuführen.

K. Damm. 3604.

Starodubcev, V. M. (Starodubzew, W. M.); Rjasan, Landwirtsch. Inst. Rezul'taty skreščivanija černopestrych korov s džerzejskimi bykami. **(Kreuzungsergebnisse schwarzbunter Kühe mit Jersey-Bullen.)** Vestnik sel'skochozjajstvennoj nauki, Moskva **6** (1961) Nr. 5. S. 48–54. — 4 Abb., 7 Tab. Zus. in Engl., Franz., Dtsch.

Im Gebiet Rjasan wird ein schwarzbuntes Rind gehalten, das aus der Kreuzung von Ostfriesen mit örtlichen Rassen entstanden ist. Dieses schwarzbunte Vieh ist bodenständig, hat ein hohes Lgw. und weist gute Milchleistungen auf. Der Fettgehalt der Milch ist gering, er sinkt im Sommer auf 2,8–3%. Vf. verglich über 3 Laktationen 39 schwarzbunte (I), 54 Jersey-Kühe (II) und 35 Kühe aus der Kreuzung (III). Der durchschnittl. Milchfettgehalt der 3 ersten Laktationen betrug bei **I** 3,37%, **II** 5,9% und **III** 4,3%. Die Fettleistung der 3 Laktationen zusammen betrug je Kuh bei **I** 347 kg, **II** 542 kg, **III** 427 kg. Vf. empfiehlt die Durchführung dieser Kreuzung in größerem Umfang und fordert die Ausweitung der Jersey-Reinzucht, um eine ausreichende Anzahl Bullen für Kreuzungszwecke bereitstellen zu können.

W. Sommerfeld. 3606.

Horn, A. und Bozó, S. u. a. Beszámoló jersey keresztezésből származó növendékbikák hizlalási és vágási eredményeiről. **(Bericht über Mast- und Schlachtergebnisse von aus Jersey-Kreuzungen stammenden Jungbullen.)** Magyar todományos Akad., Agrártudományok Osztályának Közleményei [Ung. Akad. Wiss., Ber. Abt. landwirtsch. Wiss.] **20** (1962) Nr. 1/2. S. 158–177. — Aus: Ung. Agrar-Rdsch. **1962** Nr. 4.

Vff. stellten fest, daß der aus Jersey-Kreuzungen stammende F_1- (50% Fleckvieh) und F_2- (25% Fleckvieh, 25% Braunvieh) Bestand hinsichtlich der Zunahme während der Mast auf 400–450 kg Lgw. den Mastbullen des Ungarischen Fleckviehs praktisch nicht unterlegen ist. Der auf ein Durchschnittsgewicht von 435 kg gemästete F_2-Bestand erzielte während der Mast eine tägl. Zunahme von ⌀ 1039 g, die ⌀ 446 kg schweren Fleckviehbullen erreichten ⌀ 1118 g. Während der Aufzucht und der Mast waren die Kreuzungstiere in den Zunahmen um nur 2%, in der Futterverwertung um nur 4% schlechter als die Fleckviehvergleichstiere. Bei einer Mast auf 500 kg Schlachtgewicht erzielten jedoch die F_2-Bullen eine um 12% geringere Zunahme und eine um 16% schlechtere Futterverwertung. Es ist daher unwirtschaftlich, die F_1- und F_2-Mastbulen über ein Gewicht von 400–450 kg hinaus zu mästen. Der R_1-Bestand (25% Jersey, 75% Fleckvieh) läßt sich praktisch mit dem gleichen Erfolg auf dasselbe Gewicht mästen wie das Ungarische Fleckvieh. Bis zum Gewicht von ca. 600 kg blieb während der gesamten Zeit der Aufzucht und Mast die Zunahme der R_1-Bullen nur um 3%, ihre Futterverwertung nur um 7% geringer als die der Fleckviehbullen. Demgegenüber erwies sich bei der

Schlachtbeurteilung der R_1-Bestand als überlegen: Die Schlachtausbeute bei Fleckviehbullen betrug 57%, die der R_1 57,6%. Der R_1-Bestand ist einheitlicher als der Fleckvieh-Bestand. In allen Gewichtsklassen lieferten die Tiere der F_1- und F_2-Bestände mehr Talg als die Fleckviehrinder, sie eignen sich daher weniger zum Export. Demgegenüber ist der R_1-Bestand auch in dieser Hinsicht dem Ungarischen Fleckvieh ebenbürtig. 3606.

Lebedev, L. S. (Lebedew, L. S.) Izučenie chozjajstvenno-biologičeskich kačestv molodnjaka krupnogo rogatogo skota, polučennogo pri promyšlennom skreščivanii porod moločnogo i moločno-mjasnogo napravlenija s gerefordskoj porodoj. **(Erforschung der wirtschaftlich-biologischen Eigenschaften von Jungrindern aus der Kreuzung von Rassen der Milch- und Milchfleischrichtung mit Herefordbullen.)** Naučnye trudy. Kievskaja opytnaja stancija životnovodstva **7** (1961) S. 30–41. — 13 Tab., 17 Lit.
Bastarde von Hereford-Bullen haben einen höheren Lebendgewichtszuwachs als reinrassige Jungtiere des Simmentaler und des Ukrainischen Weißköpfigen Rindes, die Zunahmen liegen um 5–11,5% höher bei einem 7–16% geringeren Futterverbrauch pro kg Zuwachs (in FE). Die Schlachtausbeute ist um 1,2 bis 3,1% besser, das Fleisch-Knochen-Verhältnis günstiger. Das Fleisch ist wasserärmer, fettreicher und nähert sich in der Qualität dem ausgewachsener Masttiere. Die Aufzucht soll bei 600–700 g tägl. Zunahme bis zum Gewicht von 380–400 kg im Alter von 18 Mon. geführt werden. Frühschlachtungen werden empfohlen, wenn es gelingt, die Tiere in einem Jahr auf 300–320 kg Gewicht zu bringen. K. Neumann. 3606.

Ivanov, P. und Ivanova, Em. (Iwanow, P. und Iwanowa, Em.) Optimalna vŭzrast i živo teglo za zaploždane na telicite ot červenoto govedo u nas. **(Optimales Alter und Lebendgewicht für die Zulassung der Rotviehfärsen in Bulgarien.)** Naučni trudove. Visš selskostopanski institut „Georgi Dimitrov". Zootechničeski fakultet, Sofija **11** (1962) S. 33–49. — 12 Tab., 13 Lit. Zus. in Russ., Dtsch.
Erhebungen an 421 Sadowoer Rotviehkühen und Rotviehkreuzungstieren (verschiedene Generationen), die in unterschiedlichem Alter zugelassen wurden, ergaben, daß sich die mit 18–20 Mon. zugelassenen Färsen körperlich und gewichtsmäßig am besten entwickeln. Ihr mittleres Lgw. mit 3 Jahren betrug 481,7 kg und mit 5 Jahren 557,1 kg. Beim 1. Kalb betrug das mittlere Geburtsgewicht der Bullenkälber 34,7 kg und das der Kuhkälber 32,2 kg. Beim 3. Kalb waren diese Werte entspr. 39,6 und 35,3 kg. Die mittlere Milchleistung der mit 18–20 Mon. zugelassenen Färsen während der 1. Laktation betrug 2842,2 kg und die der übrigen Kühe (früher oder später zugelassenen) 2662,5–3490,8 kg. Bei der 3. und den folgenden Laktationen belief sich die Milchleistung entspr. auf 3315 kg bzw. 3450–4335,6 kg. Die Höchstmilchleistung bis zum 9. Lebensjahr (26068 kg) zeigten die mit 21–23 Mon. erstmalig zugelassenen Kühe. Die mit 18–20 Mon. erstmalig zugelassenen Rotviehkreuzungen lieferten während der 1. Laktation ∅ 3676,3 kg Milch. Sie übertrafen damit sowohl abs. als auch rel. die Milchleistung der übrigen Kühe. Als optimales Zulassungsalter hat sich ein Alter von 18–20 Mon. erwiesen, wenn das Lgw. 65–70% von dem der erwachsenen Kühe beträgt.
N. Platikanow. 3608.

Danow, D. (Danow, D.); Sofia, Höheres Landwirtsch. Inst. „Georgi Dimitrow". Vŭzrast, ot kojato mladite bici mogat da se izpolzuvat za razplodnici. **(Die Zuchtreife bei Jungbullen.)** Životnovŭdstvo, Sofija **16** (1962) Nr. 6. S. 24–28.
Vf. hat die Spermaproduktion von 9 Braunvieh-Jungbullen bis zum 18. Lebensmonat ständig kontrolliert. Das 1. Ejakulat wurde im Alter von 9 Mon. erhalten, es enthielt jedoch keine Spermien. Das 1. Ejakulat mit

Spermien lieferten 5 Jungbullen mit 10 Mon., 2 mit 11 Mon., 1 mit 12 Mon. und 1 mit 13 Mon. Mit fortschreitendem Alter nimmt das Ejakulatvolumen durchschnittl. von 1,0 ml auf 2,47 ml (mit 18 Mon.) allmählich zu, wobei sich die Spermienzahl von 311,08 Mill. auf 2637,96 Mill. erhöht. Max. Beweglichkeit und höchste Lebensdauer (102,7 Min.) der Spermien waren im Alter von 16 Mon. zu verzeichnen, der höchste Fruktolyseindex (1,91) mit 18 Mon., die höchste Resistenz (31,150) mit 17 Mon. Mit fortschreitendem Alter verbessert sich das Spermatogramm, wobei aber die einzelnen Kenngrößen ihren Normalwert bei einem verschiedenen Alter der Bullen erreichen. In jeder Beziehung normales Sperma erhält man von ungefähr 18 Mon. alten Bullen.
N. Platikanow. 3608.

Pasfield, John. The effect of modern methods on the health and reproduction of dairy cattle. **(Die Auswirkung moderner Haltungsmethoden auf die Gesundheit und Fortpflanzungsfähigkeit der Milchkühe.)** J. Brit. Dairy Farmers' Assoc. **66** (1962) S. 38–45.
Die modernen Haltungsmethoden sichern zunächst eine bessere, verlustärmere Entwicklung der Kälber durch die Verabfolgung eines qualitätsvollen, stets gleichmäßig zusammengesetzten Kraftfutters in Futterautomaten und eine bessere Weidenutzung. Die stärkere Weidenutzung führt zwar zu einem Ansteigen des Parasitenbefalls, der aber durch die neuen organ. Phosphormedikamente bekämpft werden kann. Als wirksam gegen Stoffwechsel- und Mineralstoffmangelerkrankungen auf der Weide hat sich eine Beifütterung von gutem Heu bewährt. Die Klauenschäden in der Offenstallhaltung wurden durch 3 cm breite Zwischenräume zwischen den Pflastersteinen verringert, die starke Verschmutzung der Keulen und Euter durch überdachte Futter- und Liegeplätze. Der Kot in den Vorwartehöfen an den Melkhäusern vermehrte die Fliegenbelästigung, die Fliegenbisse an den Beinen sollen zu einer Art „Hauttuberkulose" führen, weil die Tuberkulinreaktionen dadurch unklar werden und Nachuntersuchungen nötig sind. Die Enthornung der Rinder bringt nicht den erwarteten vollen Erfolg. Quetschungen, Rippenbrüche, Verkalbungen blieben immer noch bestehen. Die moderne Milchgewinnung erhöht die Ausbreitung der Mastitis, und leichtfertig angewendete Antibiotica führten über die Milch zu einem verstärkten Auftreten allergischer Erscheinungen beim Menschen. In 5% aller Milchproben lassen sich Antibiotica nachweisen. Wichtig bleibt die Euterwaschung vor dem Melken mit fließendem Wasser. Die Hast (stress) beim Melken und in der Betreuung der Tiere zum Zeitgewinn führt zu Folgeschäden mit Leistungsminderungen: z. B. das Füttern beim Melken, das Unterlassen des Nachmelkens, das laute und oft rohe Eintreiben der Kühe in den Melkstand. Die KB bringt neue Ausfälle durch Verletzungen und nachträgliche Infektionen der Geschlechtswege. Trotz aller Gegenmaßnahmen waren immer noch 45000 Brucelloseverkalbungen zu verzeichnen. 37% aller Verkalbungen werden nach Untersuchungen des Zentralen Veterinärmed. Lab. in Weybridge durch Fungi-Arten in schimmlig gewordenem Heu in Ecken der Selbstfutterautomaten hervorgerufen. Die Unfruchtbarkeit und zu lange ZKZ werden am besten dadurch bekämpft, daß man 1. die Besamungen im Okt., Nov. und Dez. durchführt, 2. einen Suchbullen benutzt und 3. auf gute Verträglichkeit des Automatenfutters achtet. H. Senger. 3610.

Holt, A. F. Movement of cattle and its effect on fertility. **(Der Einfluß des Umtriebes auf die Fruchtbarkeit des Rindes.)** Brit. veterin. J. **118** (1962) Nr. 7. S. 293–298. — 1 Abb., 3 Tab., 4 Lit.
Umweltveränderungen führen bei Kühen und Färsen vorübergehend zu einem deutlichen Absinken der Fruchtbarkeit. Dieses Phänomen untersuchte Vf. in den Mon. Jan.–Dez. 1959 und März–Okt. 1960 in einem größeren englischen Besamungsbereich an Hand der Erstbesamungsergebnisse (30–60 bzw. 60–120

Tage Non-return) bei 32202 betriebsständigen und bei 11276 älteren bzw. 3522 jüngeren Zutretern. Die Besamungsergebnisse waren bei den betriebsständigen Rindern am besten, bei Zutretern, die weniger als 8 Wochen vor der Besamung umgestallt worden waren, am schlechtesten. Das Absinken der Fruchtbarkeit bei Zutretern wird auf frühembryonalen Fruchttod zurückgeführt, der u. a. von fehlender Immunität gegen die im neuen Milieu vorhandenen Genitalinfektionserreger verursacht wird. W. Rommel. 3610.

Roy, N. C. Variation in the birth weight of Zebu × Friesian crossbred cattle. **(Schwankungen im Geburtsgewicht bei Kreuzungsrindern aus Zebu und Friesian.)** Indian veterin. J. **37** (1960) Nr. 8. S. 409–414. 3614.

Reddy, D. Bhim, Ramakrishna, K. und Siddiqui, Riaz Hussain. Secondary sex ratio of normal births in Indian buffaloes. **(Das sekundäre Geschlechtsverhältnis bei Normalgeburten von indischen Büffeln.)** Indian veterin. J. **37** (1960) Nr. 8. S. 414–416. 3614.

Makaveev, Cvetan. (Makaweew, Zwetan.); Russe, Bulgarien, Landwirtsch. Versuchsstat. "Obraszow tschiflik". Vlijanie na tipa na chranene vŭrchu rasteža, razvitieto i bŭdeštata produktivnost na mladi goveda. **(Einfluß des Fütterungstyps auf Wachstum, Entwicklung und künftige Leistung der Jungrinder.)** Životnovŭdstvo, Sofija **16** (1962) Nr. 5. S. 7–11. — 2 Abb., 4 Tab.
Zwei Gruppen Kreuzungskälber (Iskârrind × Simmentaler) I. und II. Generation wurden bis zum 18. Lebensmonat mit nährwertgleichen, jedoch strukturverschiedenen Rationen gefüttert, und zwar bis zum 6. Mon. nach folgendem Schema (in Klammern Kontrollgruppe): Vollmilch 160 (340) kg, Magermilch 600 (700)kg, Kraftfutter 182 (198,4) kg, Wurzelfrüchte 717 (381) kg, Maissilage 526 (343) kg und Wiesenheu 290 (238)kg. Der tägl. Gewichtszuwachs betrug 708 (790)g und der entspr. Futteraufwand je kg 4,72 (4,41) FE. Der Geldwert eines kg Zuwachses belief sich auf 6,65 (8,05) Lewa. In der Altersperiode 6–12 Mon. belief sich der Kraftfutteranteil in der Ration auf 31,76 (48,45)%. Der tägl. Gewichtszuwachs betrug 736 (741)g und der entspr. Futteraufwand je kg Zuwachs 6,53 (6,93)FE. In der Altersperiode 12–18 Mon. machte das Kraftfutter 14,42 (40,98)% vom Nährwert der Ration aus. Der tägl. Gewichtszuwachs betrug 586 (648)g und der entspr. Futteraufwand je kg Zuwachs 9,23 (9,39)FE. Mit 18 Mon. wurden alle Färsen gedeckt. Sie zeigten während der ersten 6 Laktationsmonate keine Unterschiede in der Milchleistung. Die Futterkosten für die Aufzucht einer Färse bis zum Alter von 18 Mon. beliefen sich auf 174,42 (215,50) Lewa. N. Platikanow. 3636.

Rostovcev, N. und Čerkaščenko, I. (Rostowzew, N. und Tscherkastschenko, I.); Moskau, Landwirtsch. Lenin-Akad .Promyšlennyj i kontrol'nyj otkorm skota v SŠA. **(Wirtschafts- und Kontrollmast der Rinder in den USA.)** Moločnoe i mjasnoe skotovodstvo, Moskva **7** (1962) Nr. 4. S. 59–63. — 3 Abb., 1 Tab.
Eine Studienkommission von Tierzuchtspezialisten aus der UdSSR besuchte Farmen und Versuchsstationen in den USA, um sich über die Wirtschaftsmast in den Farmen und die Mastkontrolle in den Versuchsstationen zu informieren. In allen besuchten Farmen konnte festgestellt werden, daß die Rindermast in den USA mit kombiniertem Futter, einschließlich des Rauhfutters (Baumwollkernschalen und Maisstrünke), durchgeführt wird. Die Mastdauer beträgt 90–120 Tage, wobei die Futteraufnahme nicht rationiert ist. Die Tiere werden auf offenen Futterplätzen gefüttert. Alle Arbeitsgänge in der Haltung und Fütterung sind mechanisiert, so daß eine Arbeitskraft 500–1000 Tiere betreuen kann. In den Versuchsstationen werden die Tiere (Bullen, Ochsen und Färsen) auf Zunahmeleistung geprüft. Die in der Zunahmeleistung besten Bullen werden zur Zucht zurückgenommen oder als Zuchtbullen verkauft. Vff. schlagen vor, auch in einigen Gebieten der UdSSR

mit ähnlich klimatischen Verhältnissen die gleichen Methoden der Fütterung unter Anwendung der Mechanisierung einzuführen wie auch die Kontrollmast, bes. für die Qualitätsfleischerzeugung, durchzuführen.
W. Strack. 3652.

Anonym. Mesten van jong rundvee. **(Die Jungrindermast.)** Landbouwvoorlichting **17** (1960) Nr. 7. Vlugschr. Nr. 105. 7 S. 3652.

Richter, K., Cranz, K. L. und Schmidt, K.-H. **Mastversuch mit Jungbullen des Deutschen Schwarzbunten Rindes.** Züchtungskunde **34** (1962) Nr. 6. S. 255–271.

Vff. prüften im Versuch 15 Jungbullen, die ab 1 Jahr aufgestallt und intensiv mit vorwiegend wirtschaftseigenen Saft- und Kraftfuttermitteln bis zur Marktreife gemästet wurden. In der Normalgruppe betrug der Aufwand je Tier und Tag ⌀ 9,27 kg Tr.-Subst. mit 835 g verd. E. in 5335 StE (1:6,4) und in der Versuchsgruppe 9,68 kg Tr.-Subst. mit 1235 g verd. E. in 5615 StE (1:4,6). Versuchsergebnisse (Versuchsgruppe in Klammern): Die Normalgruppe wog bei Mastbeginn 316 (314) kg, die Mastzeit betrug 191 (205) Tage und endete bei ⌀ 544 (550) kg mit ⌀ 558 (571) Tagen. Die durchschnittl. tägl. Zunahme lag bei 1195 (1153) g, der Aufwand pro kg Lgw.-Zunahme bei ⌀ 700 (1070) g verd. E. in 4465 (4870) g StE. Meßtechnisch konnten nur bei der Widerristhöhe und den Brustmaßen Unterschiede zugunsten der Versuchsgruppe ermittelt werden. Die Zweihälftenausbeute betrug in beiden Gruppen mehr als 61%, die Magen- und Darmfettgewichte der Versuchsgruppe lagen um 10% höher als die der Normalgruppe. Die Schlachtkörperbewertung zeigte die hohe Qualität. Zwischen den Mittelwerten der Gruppen bestanden nur geringe Unterschiede, die Streuung innerhalb der Gruppen war erheblich. Tägl. Eiweißmengen von mehr als 900 g und ein engeres Eiweiß-StE-Verhältnis von 1:5,5–6 erbringen beim schwarzbunten Jungmastbullen keinen wesentlichen Vorteil. W. Häckert. 3652.

Hoogerbrugge, A. J. und Haven, D. van der. Het slachtrijp maken van jonge stieren. **(Das Schlachtreifmachen von Jungbullen.)** Landbouwvoorlichting **19** (1962) Nr. 8/9. S. 501–507. — 2 Abb., 5 Tab.

Neben der Kälbermast besteht die Möglichkeit, Kälber nach der Aufzucht von 4 Mon. noch weitere 6–14 Mon. zu mästen. Für die Mast ergeben sich in Anpassung an die Futterverhältnisse der Betriebe verschiedene Methoden. Es wird über Erhebungen in 5 verschiedenartigen Betrieben von 25–130 ha berichtet, in denen bis zu 18 zugekaufte Bullkälber gemästet wurden. Ausgaben und Einnahmen werden einander gegenübergestellt. Je Tier und Tag ergeben sich Gewinne zwischen 16 und 56 holländischen Cents. Das günstigste Ergebnis wurde mit Rauhfuttermast im Anbindestall nach vorhergehendem Weidegang erzielt. Wegen der hohen Kraftfutterkosten war der Gewinn nach Kraftfuttermast mit oder ohne Weidegang geringer als bei Rauhfuttermast. Bei Zukaufskälbern ist mit dem Ausfallen von 10–20% der Tiere zu rechnen.
J. K. Hinrichsen. 3652.

Konenenko, S. G.; Chaŕkow, Veterinärmed. Inst. Vlijanie kratnosti doenija i kormlenija na moločnuju produktivnost' korov i proizvoditel'nost' truda v skotovodstve. **(Einfluß der Melk- und Futterzeiten auf die Milchleistung der Kühe und die Arbeitsproduktivität in der Rinderzucht.)** Sbornik trudov Chaŕkovskogo veterinarnogo instituta **24** (1960) S. 124–131. — 2 Abb., 4 Tab.

Auf Grund der unterschiedlichen Auffassungen in der Lit. bez. der Milchleistung und des Arbeitsaufwandes bei 2- oder 3maligem Melken wurde vom Vf. ein langfristiger Versuch mit folgender Zielsetzung durchgeführt: Einfluß des Überganges vom 3maligen Melken zum 2maligen und Einfluß auf die Gesamtmilchleistung während einer Laktationsperiode. Die anfänglichen Beunruhigungen der umgewöhnten Kühe erwiesen sich ohne nachhaltigen

Einfluß auf die Milchleistung. Nach 5tägiger Umgewöhnung sind keine merklichen Unterschiede festzustellen. Im Vergleich mit der vorjährigen Laktationsperiode steigerte sich bei den Versuchstieren das Laktationsgemelk um 32%, während bei der Kontrollgruppe 11% Zuwachs festzustellen waren. Bei 2maligem Melken wurde je dt gemolkene Milch 166 AKmin aufgewendet, bei 3maligem dagegen 250 AKmin. Für eine GV werden entspr. 116 bzw. 130 AKh für Pflege, Fütterung u. a. jährl. aufgewendet. Vf. weist darauf hin, daß nicht alle Kühe in den Zyklus „2mal melken — 2mal Füttern" einbezogen werden können, z. B. frischmelkende Kühe. Neben den Einsparungen könne der Arbeitsgag der Melkerinnen unter Berücksichtigung der 8 Arbeits-Std. besser eingeteilt werden. M. Achmedowa. 3662.

King, J. O. L.; Liverpool, Univ., School of Veterin. Sci. Variations in the quantity and composition of the milk yielded by diseased cows while not eating concentrate foods. **(Variationen in der Menge und Zusammensetzung der Milch bei kranken Kühen ohne die Aufnahme von Kraftfuttermitteln.)** Veterin. Rec. 74 (1962) Nr. 9. S. 267–268. — 2 Tab., 4 Lit.
Die Beobachtungen erstrecken sich auf 32 Kühe, die zwar krank waren, aber keine höheren Körpertemperaturen als 102,4 °F aufwiesen. Eine Milchprobe wurde in der Periode, in der die Tiere kein Konzentrat aufnahmen, die andere nach der Genesung bei Konzentratfütterung entnommen. Bei allen Kühen stieg die Milchmenge bei Aufnahme des Futters an, die Differenz zwischen den beiden Proben war mit 1% gesichert. Außer bei 5 Tieren war bei den übrigen eine Verminderung des Fettgehaltes bei Anstieg der Milchmenge zu verzeichnen. Die Differenz im Fettgehalt war ebenfalls mit 1% gesichert. Der Gehalt fettfreier Tr.-Subst. stieg in der Milch von 29 Kühen bei der Genesung an, bei 3 Tieren blieb er unverändert. Die Differenz zwischen beiden Proben lag ebenfalls mit 1% im signifikanten Bereich. In früheren Versuchen war bei kranken Kühen mit einer Körpertemperatur nicht über 102,4 °F bei Zufütterung von Konzentraten bei der Genesung ein Anstieg in der Milchmenge und eine allerdings nicht signifikante Minderung des Fettgehaltes und der fettfreien Tr.-Subst. zu beobachten. H. Busse. 3662.

Gall, Christian und Weissweiler, Paul; **Untersuchungen über die Labfähigkeit der Milch und ihre Beziehung zur Mineralstoff-Fütterung der Kühe.** Milchwissenschaft 17 (1962) Nr. 8. S. 413–415.
Es wurden Untersuchungen vorgenommen, ob die Labfähigkeit der Milch Schlüsse auf die Mineralstoffversorgung der Kühe zuläßt. Dazu wurden vom Herbst 1958 bis zum Herbst 1959 von 147 Kühen aus 13 Kleinbetrieben (Oberpfalz) und einem Großbetrieb (Niederungsmoor in der Nähe Münchens) 263 Einzelgemelke untersucht. Die Bestimmung der Labgerinnungszeit einer Milch wurde nach der Methode von Hostettler u. a. vorgenommen, indem die Zeit festgestellt wird, die nach Zusatz einer standardisierten Lablösung in verschiedenen Verdünnungen bei konstanten Temperatur- und pH-Werten bis zur Milchgerinnung vergeht. Als „Labwert" wird die durchschnittl. Gerinnungszeit bezeichnet. — Es ergab sich, daß das Laktationsstadium die Werte nicht beeinflußt. Jedoch lassen sich jahreszeitliche, zwischen den einzelnen Betrieben hoch signifikante Unterschiede der Labwerte feststellen, vermutlich zurückzuführen auf die Versorgungslage der Kühe mit Wirkstoffen. Zusammenhänge zwischen Zwischenkalbezeiten konnten nicht gefunden werden. Offenbar werden die Fruchtbarkeit der Kühe und die Labfähigkeit ihrer Milch von verschiedenen Faktoren beeinflußt. Chr. Dietz. 3662.

Harkins, J. Beef production from Friesians. **(Die Fleischerzeugung mit Friesian-Rindern.)** Scott. Agric. 40 (1960) Nr. 2. S. 65–68. 3664.

Atraškov, V. A. (Atraschkow, W. A.) Vlijanie uslovij soderžanija na produktivnost', vosproizvoditel'nuju sposobnost' i nekotorye kliniko-fiziologičeskie pokazateli korov. **(Einfluß der Haltung der Kühe auf Leistungen, Fortpflanzungsfähigkeit und einige klinisch-physiologische Merkmale.)** Izvestija Timirjasevskoj sel'skochozjajstvennoj akademii, Moskva **1960** Nr. 1. S. 225–235. – 12 Tab., 3 Lit. Zus. in Engl.

Zur o. a. Aufgabenstellung wurden 20 Kühe etwa gleichen Alters (2.–3. Laktation) der Cholmogoryer Rasse ausgewählt und unter den Verhältnissen der Praxis in einem Kolchos im Moskauer Gebiet beobachtet und untersucht. Es wurden untersucht: der Einfluß des Mikroklimas zweier verschiedener Ställe (alt und neu), der Einfluß eines regelmäßigen Auslaufes während der Winterstallhaltung und des ganztägigen Aufenthalts im Freien während der Weideperiode sowie das Verhalten der Kühe in Abhängigkeit von ihrer Haltung während der Weide- und Stallperiode. Der Versuch dauerte 14 Mon. Die Versuchsergebnisse zeigen, daß die Haltungsbedingungen einen unterschiedlichen Einfluß auf die untersuchten Merkmale ausüben. So beeinflußte das ungünstigere Mikroklima des alten Stalles den physiol. Zustand (Appetit, Wiederkäuen, Peristaltik, Verdauung) der Tiere stark negativ, während der Auslauf im Winter und der Weidegang im Sommer einen positiven Einfluß ausübten. Desgl. zeigten die Versuche, daß die Kühe mit Winterauslauf bzw. ganztägigem Weidegang eine günstigere Puls- und Atmungsfrequenz im Durchschnitt des Jahres aufweisen und die Blutzusammensetzung (Gesamteiweiß, Albumin, Globulin, Ca, P; Hb und Erythrocyten) positiv verändert ist. Dauer des Schlafes und Zeitraum des Wiederkäuens sind bei ihnen länger, Milchleistung sowie Milchfettgehalt erhöht. Gesundheitszustand und Befruchtungsfähigkeit wurden durch den Aufenthalt im Freien ebenfalls positiv beeinflußt. K. Richter. 3672.

Lightbody, Lorna G. und Murray, A. J. W.; Queensland, Dep. of Agric. and Stock, Div. of Dairying. Effect of variation of vacuum level on milking rate of Australian Illawarra Shorthorn cows. **(Der Einfluß wechselnden Unterdrucks beim Maschinenmelken auf die Melkleistung bei australischen Illawara-Shorthorns.)** Queensland J. agric. Sci. **17** (1960) Nr. 3. S. 155–163. – 1 Abb., 3 Tab., 11 Lit.

Mit einer „Ridd"-Melkmaschine, in der einzelne Teile anderer Marken Verwendung fanden, wurden 11 bzw. 12 Kühe hinsichtlich des Einflusses verschieden hohen Unterdrucks auf die Melkleistung geprüft. Gearbeitet wurde mit 54 Takten/Min. Das Vakuum betrug 16; 14; 12 und 10 in. Das höchste Minutengemelk aller Kühe schwankte zwischen 3,5 und 6,5 lb. bei 16 in. und zwischen 2,0 und 5,2 lb. bei 10 in., ähnlich verhielten sich die durchschnittl. Minutengemelke. Der Vakuumabfall von 16 auf 10 in. bewirkte einen progressiven Abfall der Melkgeschwindigkeit. Schnellmelkende Kühe waren noch bei 10 in. den schwermelkenden, die mit 16 in. gemolken wurden, überlegen. Weder die Höhe des Nachgemelks noch die Nachmelkzeit wurden anscheinend durch die Höhe des Unterdrucks beeinflußt. Das Nachgemelk machte bei 10 in. ⌀ 14,6%, bei 12 in. 11,1%, bei 14 in. 11,9% und bei 16 in. 8,5% des Gesamtgemelks aus. An den Zitzengummis wurde regelmäßig ein Vakuumabfall von 1–2 in. gemessen. K. Damm. 3677.

Kartašova, V. M. (Kartaschowa, W. M.) Vlijanie pnevmatičeskoj čistki kožnogo pokrova na organizm korov. **(Einfluß pneumatischer Hautreinigung auf den Rinderorganismus.)** Trudy. Vsesojuznyj naučno-issledovatel'skij institut veterinarnoj sanitarii, Moskva **16** (1960) S. 273–283. – 3 Tab.

Vf. führte unter den Bedingungen einer Sowchose physiol. Untersuchungen an Rindern durch, die einer pneumatischen Hautreinigung unterworfen waren. Vf. schließt aus seinen Beobachtungen, daß die pneumatische Reinigung die Nervenendigungen in der Haut anregt und reflektorisch die Tätigkeit des Gefäßsystems beeinflußt. Sofort nach der Reinigung erniedrigt sich die Temperatur der Haut um 0,1–0,2 °C, und der arterielle Blutdruck erhöht sich um 20 mm Hg-Säule. Nach 5–10 Min. erhöht sich die Temperatur, und der Blutdruck fällt innerhalb 1 Std. auf den Ausgangswert. Die Sauerstoffeinatmung steigt innerhalb 1 Std. nach der Reinigung um 11,1%, die CO_2-Abgabe um 12,5%. Auf reflektorischem Wege erhöht sich der Stoffwechsel, die oxydativen Prozesse werden verstärkt und die Futterausnutzung verbessert. W. Sommerfeld. 3678.

Meyn, A.; München. **Die Fortschritte der Rindertuberkulosebekämpfung in der Bundesrepublik.** Mh. Tierheilkunde **14** (1962) Nr. 5. Rindertuberkulose u. Brucellose **11** S. 71–78. – 9 Abb.
In der BRD (ohne Saarland) gab es am 31. 12. 1961 1 223 046 Rinderbestände mit 13 024 206 Rindern, wovon 99,9% der Bestände mit 99% der Rinder dem staatlichen Tuberkulosebekämpfungsverfahren angeschlossen waren. Ende 1961 waren amtlich anerkannt 99,7% der Bestände mit 99,6% aller Rinder. Damit kann die Sanierung der Rindertuberkulose praktisch als abgeschlossen gelten. Von den Rindern in anerkannt Tbc-freien Beständen haben im Berichtsjahr 192 309 = 1,52% bei Wiederholungstuberkulinisierung positiv reagiert. Den positiven Reaktionen lagen zu Grunde: Infektionen mit Rindertuberkelbakterien zu 0,35%, mit Geflügeltuberkelbakterien zu 0,22%, mit Menschentuberkelbakterien zu 0,02%. Bei 0,07% sind die unspezifischen Tuberkulinreaktionen auf Infektionen mit anderen Mykobakterien, parasitäre Erkrankungen, entzündliche Prozesse und hormonelle Einflüsse zurückzuführen. J. Otta. 3680.

Oliver, J., Neave, F. K. und Sharpe, Elisabeth; Reading, Univ., Nat. Inst. for Res. in Dairying. The prevention of infection of the dry udder. **(Die Verhütung der Infektion des trockenstehenden Euters.)** J. Dairy Res. **29** (1962) Nr. 1. S. 95–100. – 2 Tab., 10 Lit.
Die Zitzen von 37 trockenzustellenden Kühen wurden mit Kulturen von *Staph. aureus*, *Sc. uberis* und *Sc. dysgalactiae* verunreinigt und einer unterschiedlichen Behandlung unterzogen. Die Bakterien infizierten 6 von 37 nur desinfizierten Vierteln und 5 der 37 Kontrollen, während nur 1 von 74 mit Antibiotica behandelten Vierteln erkrankte. Die Infusion von Antibiotica am Ende der Laktationsperiode scheint den besten Schutz gegen Infektionen des trockenstehenden Euters zu geben. Jedoch wäre es wegen des ansteigenden Vorkommens antibioticaresistenter Stämme von *Staph. aureus* unklug, eine Zitzendesinfektion zu unterlassen. Pathogene Keime, die die Zitzen am Ende der Laktation verunreinigen, sind eine entscheidende Ursache für die Infektion der Euter in der Trockenperiode.
F. Ulbrich. 3680.

D. SCHWEINE

Hofmann, Fritz. **Grundsätze und Methoden der Schweinehaltung in einer Volkskommune.** Wiss. Z. Friedrich-Schiller-Univ. Jena/Thür., math.-naturwiss. R. **11** (1962) Nr. 1/2. S. 91–99.
Vf. gibt einen Bericht über seinen Besuch der Volkskommune (VK) Wangschü in Südchina im Jahre 1959. Die VK umfaßt mehrere Dörfer mit 51132 Einwohnern, wovon 11000 arbeitsfähige Männer sind, und bewirtschaftet 4000 ha Ackerfläche. Im Besuchsjahr wurden 97545 Schweine gemästet. In der VK sind über 1000 Schweinestationen, wobei es Großbrigaden mit 100 Sauen oder 300–400 Mastschweinen und auch kleine Produktionseinheiten gibt. Insgesamt werden 10864 Zuchtsauen, 5000 Jungsauen und 226 Eber gehalten. Seit 1958 ist die KB eingeführt worden. Die Brigaden arbeiten selbständig mit genauer Planung des Produktionssolls und Kostenabrechnung. Der Arbeitskräfteeinsatz in den Ställen ist sehr hoch, wobei allerdings die Viehpfleger ihr Futter selbst erzeugen müssen und auch alle Familienangehörigen bei der Arbeit mithelfen. Ein Pfleger soll ca. 12 Zuchtsauen

mit Ferkeln oder 70 Läufer oder 60 Mastschweine versorgen. Die Brigaden stehen untereinander im sozialistischen Wettbewerb, wobei die guten Leistungen mit roten Fahnen und die schlechten mit weißen bedacht werden. Die Vergütung erfolgt nach der erbrachten Leistung in Arbeitspunkten. Die Fütterung geschieht dick- oder dünnflüssig, wobei die Futtermittel, zum überwiegenden Teil Grünfutter, vorher gekocht und nach bestimmten Rezepten gemischt werden. Dieser Futterbrei heißt dann „5-Geschmack“ oder „6erlei-Suppe“ und wird von den Schweinen gern gefressen. Die Flächenproduktivität ist sehr hoch. Es werden 2250–3000 dt Grünfutter pro ha geerntet. H. G. Englisch. 3710.

Howad, St. **Die Schweinezucht in Großbritannien.** Schweinezucht- u. Schweinemast **10** (1962) Nr. 6. S. 119–121. – 5 Abb.
Die Schweinezucht in Großbritannien erfuhr nach dem vergangenen Krieg eine Umstellung auf den Gebieten der Zucht, der Mast und der Vermarktung. Die Herdengröße nahm zu, und es erfolgte eine Spezialisierung der Betriebe auf Absatz von Pork oder Bacon. Nach dänischem Muster wurden Nachkommen- und Eberleistungsprüfungen eingeführt. Weiterhin wurden von den Züchtervereinigungen Bacon- und Pork-Schlachtwettbewerbe veranstaltet. – Mit der wachsenden Zahl der Schweine in den einzelnen Betrieben traten verstärkt Krankheiten auf. Schweinefieber und Rotlauf konnten durch Impfung erfolgreich bekämpft werden. Die Verluste, die durch Pneumonie und andere Erkrankungen der Atemwege entstehen, sind noch sehr ernst zu nehmen. Von den USA wurde die Schaffung krankheitsfreier Herden durch Hysterectomie übernommen. G. Koch. 3710.

Calder, A. Observations on the British pig industry and pig development projects. **(Betrachtungen über die britische Schweinefleischindustrie und züchterische Vorhaben.)** Rhodesia agric. J. **59** (1962) Nr. 1. S. 1–11.
Vf. gibt eine Einschätzung der Situation der britischen Schweinefleischindustrie im Hinblick auf den zu erwartenden Beitritt zur EWG. Dieser Beitritt wird vor allem Veränderungen im bestehenden Preissystem für die Erzeuger, bes. hinsichtlich der Subventionen, bringen. Die jetzigen EWG-Staaten sind zwar Importländer für Schweinefleisch, aber Holland und Dänemark, die zu gegebener Zeit ebenfalls Mitglieder werden, verfügen über gewaltige Reserven in der Schweinefleischerzeugung. Die dänischen Produktionskosten liegen jetzt bereits an der unteren Grenze. Die Senkung der Produktionskosten ist für Großbritanniens Produzenten daher wichtigste Aufgabe. Die Organisation des Marktes muß der neuen Situation und den veränderten Verbraucherwünschen Rechnung tragen. Vf. stellt die Entwicklung des Preissystems dar und erläutert die Gründe für die Verdrängung der bisher einseitigen Produktion von Pork oder Bacon, einschließlich Fleisch für industrielle Zwecke, durch das schwere Schwein. Dieses wird mit einem Schlachtlebendgewicht von 260 lb. empfohlen. Das schwerere Vielzweckschwein kann zerteilt und für Pork, Bacon und industrielle Zwecke verwendet werden. Die Schweinezucht bleibt von diesen Problemen nicht unberührt. Die britischen Rassen können in 2 große Gruppen eingeteilt werden, die weißen Rassen mit allg. guten Fleischqualitäten und die bunten Rassen, die sich durch Faktoren auszeichnen, welche den Produzenten bes. interessieren: Widerstandsfähigkeit, Mütterlichkeit und Futterdankbarkeit. Die Ergebnisse der Zuchtprüfungen zeigen, daß bestimmte reine Linien mit den besten Fleischqualitäten, die dem Standard entsprechen, durchaus auch in der Fruchtbarkeit und Futterverwertung mit Rassenkreuzungen konkurrieren können. Zur Verbesserung bestimmter Rassen wurde durch die Züchtervereinigung die kontrollierte Blutauffrischung und auch die Rassenkreuzung, die zur Fusion zweier Rassen führen könnte, auf Grund von Erfahrungen bei der Verbesserung der Waliser-Rasse mit schwedischen Landschweinen, be-

gonnen. Neue Rassen, z. B. das Piétrain-Schwein, gewinnen ebenfalls an Bedeutung. Vf. stellt die Bedeutung solcher züchterischer Maßnahmen wie Nachzuchtprüfung (Wurfprüfungen), Eberleistungsprüfungen u. a. für die Qualitätsverbesserung heraus, wobei bes. auf die Vor- und Nachteile der Verfahren und ihre Auswirkungen hingewiesen wird. Die Anwendung des Ultraschalls zur Qualitätskontrolle wird diskutiert. K. Damm. 3710.

Doehler, G. **Zum Wirken der ökonomischen Gesetze und ihrer Beachtung auch in der Tierzucht.** Tierzucht **16** (1962) Nr. 1. S. 8–11. – 2 Tab.
Durch den vollgenossenschaftlichen Zusammenschluß ist der Wirkungsbereich der ökonomischen Gesetze des Sozialismus in der Landwirtschaft der DDR bedeutend erweitert worden. – Ein Erfordernis der ökonomischen Gesetze des Sozialismus ist die konsequente Fortführung der gesellschaftlichen Arbeitsteilung und in ihrem Ergebnis die Spezialisierung der Produktion. Hierfür sind spezielle Bedingungen der Zucht und der Technologie der Schweineproduktion zu schaffen. In der Zucht ist diesen Forderungen durch eine Orientierung auf den Bedarf, auf die moderne Technologie der Fütterungs- und Haltungsbedingungen Rechnung zu tragen. E. Ritter. 3715.

Vynogradskyj, A. I. (Wynogradsky, A. I.) Nova poroda. **(Eine neue Schweinerasse.)** Socialistyčne tvarynnyctvo, Kyïv **34** (1962) Nr. 1. S. 43. – 2 Abb. Orig.: ukrain.
1961 wurde in der Ukraine eine neue Schweinerasse unter der Bezeichnung „Ukrainische Bunte Steppenrasse" staatlich anerkannt. Die Rasse wurde vom Forschungsinst. für Tierzucht der Steppengebiete entwickelt und war 1960 in den Gebieten Cherson, Krim, Saporoshje, Nikolajew und Dnepropetrowsk in einer Anzahl von 27600 Schweinen, darunter 8000 Muttersauen und Eber, verbreitet. Die Tiere besitzen eine kräftige Konstitution, hohe Fruchtbarkeit und Schnellwüchsigkeit und sind dem Klima und den Futterbedingungen der Südukraine gut angepaßt. Ihre Farbe ist bunt gefleckt bis gescheckt mit unterschiedlichen Abstufungen von Schwarz, Schwarzbraun und Braun. Die Tiere haben einen langen, massiven Körper. Eber wiegen ⌀ 297 kg, Sauen 248 kg, bes. große Eber wiegen 365 kg, bes. große Sauen 351 kg. Die Fruchtbarkeit der Sauen betrug bei 1037 Würfen 10,6 Ferkel, die Milchleistung 68,8 kg. 6 Monate alte Tiere wogen 94 kg. Für 1 kg Lgw.-Zuwachs wurden 4 FE benötigt. Die Eber dieser Rasse zeigen gute Resultate bei der Kreuzung mit anderen Rassen. Z. Z. bestehen 6 Eberzuchtlinien und 19 Mutterfamilien. K. Neumann. 3770.

Vasilev, Cv. (Wassilew, Zw.); Kolarowgrad, Bulgarien, Forsch.-Inst. für Tierzucht. Pŭstrata dermanska svinja – nova cenna porona grupa svine v Bŭlgarija. **(Das Schwarzbunte Dermanzier Schwein — eine wertvolle neue Rassengruppe in Bulgarien.)** Priroda, Sofija **10** (1961) Nr. 6. S. 88–92. – 4 Abb., 3 Tab.
Das Schwarzbunte Dermanzier Schwein macht 0,6–0,7% des Schweinebestandes Bulgariens aus und wird in einem begrenzten Hügellandgebiet im Bezirk Lowetsch gezüchtet. Es ist aus der Kreuzung der primitiven Landrasse zunächst mit Berkshireebern (1894), später mit Mangalicaebern (1920–1935) und schließlich mit Cornwallebern (1953–1954) hervorgegangen. Heute wird nur Reinzucht getrieben. Es ist ein schwarzbuntes Schwein mit runden Körperformen, das der Weidehaltung sehr gut angepaßt ist. Das mittlere Lgw. der Muttersauen beträgt 170 kg, das der Eber 190 kg; die Rumpflänge der Sauen und Eber 135 bzw. 140 cm, der Brustumfang 140 bzw. 145 cm, das Fleisch (mit Knochen)-Fett-Verhältnis 50:50; die Fruchtbarkeit 10,2 Ferkel je Wurf; das mittlere Geburtsgewicht der Ferkel 1,08 kg; die mittlere tägl. Milchleistung der Muttersauen im 1. Laktationsmonat 4,897 l, im zweiten 4,012 l; der Fettgehalt der Milch 5,32%, mitunter aber auch bis 12,5%; der tägl. Zu-

wachs bis zum Gewicht von 125–140 kg 475–480 g bei einem Futteraufwand von 5,7 FE je kg Zuwachs. Der tägl. Gewichtszuwachs erhöht sich bei Gebrauchskreuzung mit dem Bulgarischen Weißen Schwein um 20,8%, mit dem Mangalicaschwein um 13,3%, mit Berkshires um 11% und mit Mirgorodern um 5%. N. Platikanow. 3770.

Schaaf, A. und Hannemann, W. **Untersuchungen zur Methodik der Mastleistungsprüfung bei Schweinen.** Arch. Tierzucht 4 (1961) Nr. 2. S. 98–123. – 4 Abb., 21 Tab., 23 Lit. Zus. in Russ., Engl.
Es wurden die Feststellungen während der Mastzeit von 1416 Schweinen, die in den staatlichen Mastprüfungsstationen 1958 geprüft wurden, ausgewertet. Aus der Gegenüberstellung des tägl. Futterverzehrs und der wöchentl. Gewichtsentwicklung der Tiere war zu erkennen, daß die Unterschiede zwischen den einzelnen Prüfungsstationen hinsichtlich der Futterintensität in den verschiedenen Gewichtsabschnitten größer waren als zwischen den Rassen und Jahren. Zum Ausgleich dieser Unterschiede schlagen Vf. Richtzahlen für den tägl. Futterverzehr in den verschiedenen Gewichtsabschnitten vor und erörtern diese im Zusammenhang mit international in der Nachkommenprüfung bei Schweinen üblichen Rationen. E. Ritter. 3820.

Kertész, F., Csire, L., Berek, G. und Farkas, M. Performance tests of the principal types of pigs bred in Hungary, and the relationships of their meat and fat production to feeding and rate of growth. **(Leistungsprüfungen der in Ungarn gezüchteten wichtigsten Schweinetypen sowie die Zusammenhänge zwischen ihrer Fleisch- und Fettproduktion, ihrer Fütterung und ihrem Wachstum.)** Acta agronom. Acad. Sci. hung. **11** (1961) Nr. 1/2. S. 85–111. – Aus: Ung. Agrar-Rdsch. **1962** Nr. 4.
Zur Ermittlung des optimalen Schlachtgewichtes und des tatsächlichen Futterverwertungsvermögens führten Vff. Untersuchungen an Ungarischen Yorkshire- und Mangalicaschweinen durch. In die Versuche wurden je 70 Schweine beider Rassen einbezogen, die in Einzelfütterung ein Kraftfuttergemisch aus 70% Gerste, 25% Maisschrot und 5% Kleie erhielten, das mit Magermilch ergänzt wurde. Die Mast erfolgte von 20 auf 140 kg Gewicht. Zu Beginn der Versuche schlachtete man im Gewicht von ca. 20 kg, dann im Gewicht von 40, 60, 80, 100, 120 und 140 kg je 10 Tiere beider Rassen. Hinsichtlich der Frohwüchsigkeit und der Futterverwertung fanden sich während des ganzen Mastverlaufes erhebliche Unterschiede zwischen den beidenRassen. Die Ungarischen Yorkshire erreichten ein Lgw. von 140 kg 41 Tage (14,3%) früher und verbrauchten zur Erzeugung von 1 kg Lgw. 471 g (15,1%) weniger StW als die Mangalica. 3820.

Kudrjavcev, P. N. und Knjazev, K. I. (Kudrjawzew, P. N. und Knjasew, K. I.); Dubrowizy, Gebiet Moskau, Unions-Inst. für Tierforsch. Kontrol'noe delo v svinovodstve kak odno iz važnych sredstv umen̂šenija zatrat korma. **(Das Kontrollwesen in der Schweinezucht als eines der wichtigsten Mittel zur Verringerung des Futteraufwandes.)** Životnovodstvo, Moskva **24** (1962) Nr. 6. S. 55–58. – 4 Tab.
Die besten Erfolge im Kontrollwesen sind bisher in Dänemark und Schweden erzielt worden. So ist z. B. der Futteraufwand bei der Schwedischen Landrasse von 4,44 FE/kg Zunahme im Jahre 1923 auf 3,66 FE im Jahre 1959 gesunken. In der SU wurde 1956 eine Methodik der Kontrollmast ausgearbeitet und bestätigt. Danach werden von jeder erstferkelnden, in die Zuchtherde aufgenommenen Sau je 4 Läufer (2 Jungeber, 2 Jungsauen) ausgewählt. Die Mastperiode lag 1956–60 zwischen 30 und 100 kg, ab 1961 wurde sie auf 25–95 kg festgelegt. Je 4 Tiere werden bei 12–18 °C in einer 4,8 m² großen Bucht gehalten. Sie erhalten im Durchschnitt bis zu 90 Tagen 1,46 kg Mischfutter + 2 l Magermilch; von 91–120 Tagen 1,65 kg + 2 l Ma-

germilch; von 121–150 Tagen 2,15 kg + 2 l; von 151–180 Tagen 2,9 kg + 1 l und von 181–210 Tagen 3 kg Mischfutter + 1 l Magermilch/Tier/Tag.
F. Schenk. 3820.

Lužkov, M. A. (Lushkow, M. A.); Askanija-Nowa, Gebiet Cherson, Ukrain. Iwanow-Forsch.-Inst. für Tierzucht der Steppengebiete „Askanija-Nowa". Intensivnyj mjasnoj otkorm svinej na juge Ukrainy. **(Die Intensivfleischmast von Schweinen im Süden der Ukraine.)** Svinovodstvo, Moskva **16** (1962) Nr. 6. S. 19–20. – 3 Tab.
Bei der Mast von 2 Mon. alten Ferkeln (I-Ukrainische Weiße Steppenrasse, II-Ukrainische Bunte Steppenrasse, III-Kreuzungstiere dieser Rassen) bis zu 6 Mon. betrugen die Tagesdurchschnittszunahmen 608 (I), 613 (II) und 646 (III) g; der Futterverbrauch je kg Zunahme erreichte entspr. 4,49; 4,45 und 4,22 FE; die Tiere wiesen ein Gewicht von 92,8; 92,9 und 97,1 kg auf. Die Schlachtausbeute betrug 77,80%; 77,50% und 78,90%, das Gewicht der kalten Schlachtkörper mit Haut 56,8 kg; 56,5 kg und 57,9 kg. In bezug auf Lgw. und Schlachtgewicht sowie die Fettablagerung entspr. Gr. I. und II dem Standard für Baconschweine. F. Schenk. 3820.

Wussow, W. und Grosse, F. **Untersuchungen über Gewicht, Größe und Form der Teilstücke Kotelett, Schinken und Speck.** Arch. Tierzucht **4** (1961) Nr. 2. S. 124–135. – 2 Abb., 6 Tab., 2 Lit. Zus. in Russ., Engl.
Nach der Erörterung der Marktanforderungen an die Schlachtqualität untersuchten Vf. an 157 Schweinen aller Rassen die Beziehungen zwischen Teilstückgewicht, Anschnittgröße und Form der Anschnitte. Festgestellt wurde, daß die genannten Merkmale von Teilstück zu Teilstück und innerhalb dieser unabhängig voneinander ausgebildet werden. Vff. schlußfolgern, daß eine Indexzahl nur ungenügende Auskunft über den Zuchtwert eines Tieres geben kann. Für die züchterische Arbeit müssen die wichtigsten unabhängig voneinander sich ausbildenden Leistungen erfaßt und berücksichtigt werden. E. Ritter. 3825.

Fender, M.; Hohenheim, Landwirtsch. Hochschule, Inst. für Tierzucht. **Untersuchungen über die Zuverlässigkeit der Abschätzung des Fleisch- und Fettanteiles bei Schweinen aufgrund von Ausschlachtungsbefunden.** Z. Tierzücht. Züchtungsbiol. **77** (1962) Nr. 3. S. 273–284. – 5 Tab., 17 Lit. Zus. in Engl.
Vf. untersuchte an 102 Schweinen (53 HVL und 49 DVL), mit welcher Zuverlässigkeit der Fleisch- und Fettanteil mit Hilfe a) von Maßen an der Schlachthälfte und b) des Anteils der Teilstücke am Zwei-Hälftengewicht abgeschätzt werden kann. Der Fleischanteil umfaßt die Fleischmenge von Kotelett, Schinken und Schulter in % des Zwei-Hälftengewichtes, für den Fettanteil gilt das entspr. Die 3 Maße am Kotelettanschnitt zwischen der 13. und 14. Rippe (Fläche des M. long. dorsi sowie der darüber liegenden Speckdicke und -fläche) stehen in enger Beziehung zum Fleisch- und Fettanteil. Die Teilstücke Schinken, Filet, Flomen und Schulter befinden sich ebenfalls in enger Beziehung zum Fleischanteil, während die Teilstücke Kotelett mit Rückenspeck bzw. Rückenspeck allein und Flomen eine Abschätzung des Fettanteils ermöglichen. Das Bestimmtheitsmaß für die Abschätzung des Fleischanteils liegt bei 78,6%, für die des Fettanteils bei 66,2%.
O. Siegl. 3825.

D., Minkema, Kroeske, D. und Hart, P. C. Enkele genetische aspecten van zachte bacon. **(Einige genetische Gesichtspunkte hinsichtlich der Zartheit von Bacon.)** Tijdschr. Diergeneeskunde **86** (1961) Nr. 2. S. 111–120. – 2 Abb., 3 Tab., 6 Lit. Zus. in Engl., Franz., Dtsch.
Bei 3300 in den Jahren 1954 und 1955 geborenen Schweinen aus 7 Mastprüfungsanstalten wurde mittels refraktrometrischer Messung der Brechungs-

index des Rückenspeckfettes festgestellt. Die Streuungszerlegung mit Hilfe der Varianzanalyse erbrachte den Nachweis, daß die Variation der Härte des Rückenspecks in starkem Maße erblich ist. Zwischen zufällig ausgewählten Tieren wurde eine etwa doppelt so große Varianz errechnet wie zwischen den Vollgeschwistern. Bei den Sauen ist die Variation größer als bei Börgen. Bei den weibl. Tieren zeigt die Häufigkeitsverteilung der Speckfestigkeit eine deutliche Zweigipfligkeit. Bei den männl. Tieren ist dies nicht der Fall. Zwischen Brechungsindex und Wachstum besteht eine niedrige negative Korrelation. Erschwerend für die Zucht ist die höhere negative Korrelation zwischen Brechungsindex und Rückenspeckdicke. Solange sich die Weichheit von Speck nicht im Preis auswirkt, bleibt es fraglich, ob eine Züchtung auf Speckfestigkeit vorteilhaft ist. J. K. Hinrichsen. 3825.

Hofmann, F. und Ritter, E. **Untersuchungen über die röntgenologische Rippenzählung beim Schwein.** Arch. Tierzucht **3** (1960) Nr. 6. S. 465–490. 3835.

Kuppelmayr. **Fortschritte in der Herdbuchschweinezucht.** Tierzucht **16** (1962) Nr. 2. S. 69–73. — 1 Abb., 5 Tab.
Damit eine schnellere Verbesserung der Herdbuchschweine in ihrer Leistungsveranlagung möglich wird, treten 1962 neue Bestimmungen der Herdbuchzucht in Kraft. Danach müssen Ebermütter eine Mindestzuchtleistung von 9,5 (8,5) 60 kg erreichen, wenn ihre Nachkommen in die Zuchtwertklassen I bis II b eingestuft werden sollen. Durch die Erweiterung der Mastprüfungskapazität auf 10000 Tiere jährl. werden zukünftig auch Mindestforderungen hinsichtlich der Mast- und Schlachtleistung für die Einstufung gestellt. — Ein Jungeber des VL oder DE, der in Zuchtwertklasse I eingestuft werden soll, muß für einen Eltern- oder 2 Großelternteile den Nachweis von höchstens 3,60 kg Futterverbrauch je kg Zuwachs und mindestens 30 cm² Kotelettfläche erbringen. — Es wird an Hand von Beispielen aus der Herdbuchzucht nachgewiesen, daß diese Leistungen erreicht werden. — Vf. fordert, daß Züchter und Zuchtleitungen konsequent die Ergebnisse der Leistungsprüfungen für die praktische Zuchtarbeit nutzen. E. Ritter. 3840.

Venev, Iv. (Wenew, Iw.); Sofija, Höheres Landwirtsch. Inst. „Georgi Dimitrow", Zootechn. Fak. Vlijanie na vŭzrastta na roditelite vŭrchu količestvoto i kačestvoto na priplodite pri svine. **(Einfluß des Alters der Eltern auf die Quantität und Qualität der Nachkommen bei Schweinen.)** Naučni trudove. Visš selskostopanski institut „Georgi Dimitrov". Zootechničeski fakultet, Sofija **11** (1962) S. 281–302. — 6 Abb., 8 Tab., 22 Lit. Zus. in Russ., Engl.
Die variationsstatistische Bearbeitung des Materials über 105 Muttersauen des Bulgarischen Weißen Schweins im Alter bis zu 5 Jahren mit insgesamt 792 Würfen sowie über 9 Eber, von denen bei fünfjähriger Verwendung 493 Würfe erhalten wurden, ergab folgende Resultate (geordnet nach dem Alter der Muttersauen — bis 1, 1–2, 2–3, 3–4, 4–5 und 5–6 Jahre): Fruchtbarkeit (einschließlich Totgeburten) 8,95; 11,18; 12,04; 11,80; 11,98 und 11,50 Ferkel je Wurf; totgeborene Ferkel 2,92; 3,53; 5,05; 6,65; 8,27 und 8,45%; Geburtsgewicht der Ferkel 1,333; 1,412; 1,406; 1,364; 1,355 und 1,325 kg; auf 100 weibl. Ferkel entfielen 97,6; 105,3; 113,8; 107,9; 111,3 und 98,7 männl.; Anzahl der 4 Wochen alten Ferkel 8,70; 9,90; 10,42; 9,94; 9,68 und 9,68; Vierwochen-Wurfgewicht 46,0; 58,5; 60,9; 56,6; 56,3 und 58,4 kg; Lgw. der 8 Wochen alten Ferkel 12,25; 12,98; 13,03; 13,25; 13,79 und 13,84 kg. Die beste Zuchtleistung zeigten die 2- bis 3jährigen Sauen und die 3- bis 5jährigen Eber. Die schlechtesten Ergebnisse wurden bei der Paarung junger Sauen mit jungen Ebern (bis 2 Jahre alt) und die besten bei der Paarung von Sauen und Ebern im reifen Alter (2- bis 5jährig) erzielt.
N. Platikanow. 3852.

Venev, Ivan und Dimitrov, Vladimir. (Wenew, Iwan und Dimitrow, Wladimir); Sofija, Höheres Landwirtsch. Inst. „Georgi Dimitrow". Vlijanie na vŭzrasta na svinete za razplod vŭrchu njakoi ot produktivnite im kačestva. **(Einfluß des Alters auf einige Leistungseigenschaften der Zuchtschweine.)** Životnovŭdstvo, Sofija **16** (1962) Nr. 4. S. 15–17. – 2 Tab.

Bei der Analyse der Zuchtleistung bis zum 5. Lebensjahr von 105 Muttersauen des Bulgarischen Weißen Schweins mit insgesamt 792 Würfen und 9 Ebern derselben Rasse bei insgesamt 493 Würfen wurden folgende Ergebnisse erzielt: mittlere Fruchtbarkeit der Muttersauen im 1. Lebensjahr 8,95, im Alter von 1–2 Jahren 11,18, von 2–3 Jahren 12,04, von 3–4 Jahren 11,80 und von 4–5 Jahren 11,98 Ferkel je Wurf; Totgeburten (in derselben Reihenfolge) 2,92; 3,53; 5,05; 6,65 und 8,27%; mittleres Geburtsgewicht der Ferkel 1,333; 1,412; 1,406; 1,364 und 1,365 kg; Vierwochenwurfgewicht 46,0; 58,5; 60,9; 56,6 und 56,3 kg. Zwischen den Nachkommen der Eber verschiedenen Alters waren keine wesentlichen Unterschiede feststellbar.

N. Platikanow. 3852.

Tichonov, V. N. (Tichonow, W. N.); Lett. Forsch.-Inst für Tierzucht und Veterinärmed. K voprosu o vlijanii nasledstvennosti na vnutriutrobnoe razvitie svinej. **(Zur Frage des Einflusses der Vererblichkeit auf die Entwicklung der Schweine im Mutterleib.)** Trudy Instituta morfologii životnych im. A. N. Severcova. Akademija nauk SSSR, Moskva **31** (1960) S. 158–165. – 7 Tab.

15 Jungsauen, Töchter von 4 Sauen: „Meta 38", „Maura 40", „Poga 114" und „Luna 47" aus 4 verschiedenen Sauenfamilien, wurden geprüft. Alle Jungsauen wurden von einem Eber der Eliteklasse im Alter von 8–9 Mon. gedeckt. 6 Jungsauen wurden am 45. Trächtigkeitstag geschlachtet und Länge, Gewicht und Verteilung der Embryonen sowie Anzahl der Gelbkörper in den Eierstöcken festgestellt. Die restlichen 9 Sauen ferkelten ab. Die potentielle Fruchtbarkeit, d. h. die Anzahl der in der Brunstperiode ovulierten Eier, betrug im Mittel 20, bei den Nachkommen der „Poga" 24, bei den Nachkommen der „Maura" 17. Die Gelbkörperzahl betrug im linken Eierstock ⌀ 12,5, im rechten 7,5. Demgegenüber war die Embryonenzahl in beiden Uterushörnern ausgeglichen, was auf eine Keimwanderung hindeutet. Im Mittel wurden je Sau 17 Embryonen gefunden, davon 15,83 normale und 1,17 abgestorbene. Die höchste embryonale Fruchtbarkeit hatten die „Luna"-Nachkommen. Das Geschlechtsverhältnis betrug 1,32 ♂: 1♀ Embryonen. Bei der Geburt erbrachten die Töchter von „Maura" 11, „Meta" 13, „Poga" 14 und „Luna" 16 Ferkel. Das höchste Geburtsgewicht von 1,41 kg hatten die Ferkel der „Poga"-Nachkommen und das geringste mit 1,08 kg die Ferkel der „Luna"-Nachkommen, obwohl sich bei den Embryonen am 45. Trächtigkeitstag ein umgekehrtes Verhältnis zeigte. Entspr. vergrößerte sich das Gewicht der Ferkel in den letzten 70 Trächtigkeitstagen bei den Töchtern von „Poga" 64,5mal, von „Maura" 51,6mal und von „Luna" nur 38,9mal. Festgestellt wird ferner, daß das Ferkelgeburtsgewicht das Wurfgeburtsgewicht stärker beeinflußt als die Ferkelzahl. G. Häßler. 3856.

Tóth, S. A szarvasi és mezőhegyesi mangalica állomány szaporaságának, 30 és 60 napos alomsulyának örökolhetősége. **(Heritabilität der Fruchtbarkeit und des 30- und 60-Tage-Wurfgewichtes in den Mangalicabeständen von Szarvas und Mezöhegyes.)** Állattenyésztés [Tierzucht] **11** (1962) Nr. 1. S. 43–46. – Aus: Ung. Agrar-Rdsch. **1962** Nr. 4.

Vf. bearbeitete die Herdbuchunterlagen von 425 Mutter-Schwester-Paaren des Mangalicabestandes von Szarvas (I) und von 710 des Bestandes von Mezőhegyes (II). Die Leistungsangaben bezogen sich in beiden Fällen auf die Jahre 1953–59. Die Berechnung erfolgte nach Lerner, wobei die Leistungen väterlicher Halbgeschwister mit den Leistungen der Mütter verglichen wurden. Die Zuverlässigkeitsgrenzen wurden nach Jonsson (Standard-Fehler der Heritabilität) bestimmt. Die Werte liegen im Bestand I für die Fruchtbarkeit beim 1.–5. Wurf zwischen 24,6 und 33,3%, für das 30 Tage-Wurfgewicht zwischen 11,5 und 37,8%. Im Bestand II schwanken sie beim 1.–4. Wurf für die Zahl der Ferkel am 1. Tag zwischen 14,71 und 43,80%, am 30. Tag zwischen 8,38 und 30,47%, am 60. Tag zwischen 17,59 und 27,15%. Für das durchschnittl. Wurfgewicht am 1., 30. bzw. 60. Tag wurden Werte zwischen 11,90 und 23,33% errechnet. Diese Heritabilitäten sind etwa doppelt so hoch wie die in der ausländischen Fachliteratur für andere Rassen angegebenen Werte. Das ist nach Vf. dadurch bedingt, daß die genetische Varianz der untersuchten Bestände den für die Rasse gegebenen Maximalwert annähernd erreicht hatte; demnach könnte die weitere Verbesserung der Fruchtbarkeit der Rasse nur infolge einer Erhöhung der genetischen Varianz durch Kreuzungen mit anderen Rassen erzielt werden. 3856.

Medvedjev, V. O. (Medwedjew, W. O.) Šljachy pleminnogo polipšennja svynej u kolgospach i radgospach Charkivśkoï oblasti. **(Wege zur rassenmäßigen Verbesserung der Schweine in den Kolchosen und Sowchosen des Gebietes Charkow.)** Naučnye trudy. Naučno-issledovatel'skij institut životnovodstva Lesostepi i Polesja USSR, Kiev **31** (1961) Nr. 1. S. 90–102. – 4 Tab. Orig.: ukrain.
Vf. fordert die Schaffung eines wiss. begründeten Systems zur Organisierung der züchterischen Arbeit mit den vorhandenen Rassen in Zucht- und Produktionsbetrieben verbunden mit einer wirksamen Kontrolle. Für jeden Bezirk müssen entspr. differenzierte Maßnahmen erarbeitet werden. Bes. Augenmerk ist auf richtige Eberauswahl aus bewährten Linien, die nach 2–3 Jahren mit anderen Bezirken ausgetauscht werden, zu lenken. Die Zuchtfarmen züchten mit den anerkannten Rassen in Reinzucht, in Produktionsfarmen soll die Sauen-Herde ebenfalls reinrassig sein, jedoch die Gebrauchskreuzung mit anderen Rassen praktiziert werden. Die Eber werden jährl. mit anderen Betrieben ausgetauscht, 25–30% der besten Sauen werden jährl. in die Stammherde aufgenommen. Die altersmäßige Zusammensetzung der Sauenherde ist: 2–3 Jahre alte Tiere 30%, 3–4 Jahre alte 24%, 4–5 Jahre alte 21% und 5- bis 6jährige 17%. 6 Jahre und älter sollen nur 8% der Tiere sein. Die Anzahl der geprüften Sauen soll 50–60% der Herde ausmachen. Die Festigung wirtschaftlich nützlicher Merkmale, wie Schnellwüchsigkeit, Futterverwertung, Schlachtausbeute und Fleischqualität, kann nur bei Durchführung von systematischen Fütterungskontrollen und Nachkommenprüfungen erreicht werden. K. Neumann. 3904.

Taggart, W. F. und Hillier, J. C. Life cycle feeding and management of swine under Oklahoma conditions using Oklahoma feeds. **(Die Fütterung und Betreuung der Schweine unter den Bedingungen Oklahomas.)** Oklahoma State Univ., Extens. Serv., Circ. Nr. **E-670** S. 1–31. – 8 Abb., 7 Tab.
Eine eingehende Beschreibung der Durchführung der Schweinezucht und -mast unter den Bedingungen Oklahomas wird vorgenommen. Gesichtspunkte, die bei der Selektion zu beachten sind, werden eingangs an Hand von Standards für Zuchteber und -sauen dargelegt. Jungsauen sollen beim ersten Bedecken mit 8 Mon. 275 lb. wiegen. Vor der Erstbedeckung sollen die Jungsauen in Gruppen von höchstens 25 Stück. auf Weide gehalten werden. Die genauen Futterzusammensetzungen für 25; 60; 100 und 150 lb. schwere Zuchtschweine sowie für tragende und säugende Sauen und Deckeber sind spez. für Eiweißfuttermittel, Mineralstoffe und Vit. genannt. Jungeber sollten mindestens 8–10 Mon. alt sein, bevor sie zum Decken verwendet werden. Die Brunst, welche beim Schwein normalerweise 40–65 Std. dauert, sollte sorgfältig beobachtet werden, um hohe Fruchtbarkeit zu erzielen. Da nach 30–35 Std. vom Brunstbeginn an gerechnet die Reifeier vom Eier-

stock ausgeschüttet werden und die Spermien nur ca. 16 Std. befruchtungsfähig sind, wird die Anwendung des Doppelsprunges empfohlen. Die Bekämpfung der Schweine-Brucellose und Leptospirose sowie der embryonalen Sterblichkeit wird kurz beschrieben. Eine Woche vor dem Abferkeln sind die Sauen einzeln zu halten. Abferkelstände sollten benutzt werden. Im Ferkelnest sollen anfangs 85–90 °F sein, für die Sau reichen 55–65 °F im Winter aus. Bei Saugferkeln wird Eiseninjektion als zweckmäßig erachtet. 2 verschiedene Kerbschlüssel werden an Hand von Zeichnungen erläutert. Während der Säugezeit sollen gute Muttersauen nicht mehr als 50–75 lb. abnehmen. Mit 2–3 Wochen sollen die Saugferkel Beifutter und frisches Tränkwasser erhalten. Die Kastration der männl. Ferkel soll mit 2–4 Wochen erfolgen. Das Absetzen der Ferkel kann unter 8 Wochen vorgenommen werden, wenn sie Starterfutter und die sonstigen erforderlichen Umweltbedingungen erhalten. Nicht mehr als 50–60 gleichaltrige Absatzferkel sollen pro Bucht zusammen gehalten werden. Für 3–4 Schweine soll ein Futterautomatenplatz und für 20–25 Schweine ein Selbsttränkeplatz vorhanden sein. Optimale Stalltemperaturen für Mastschweine werden für die einzelnen Gewichtsabschnitte wie folgt genannt: 50–100 lb. = 70–75 °F, 200 lb. = 60–65 °F. Schweine bis 75 lb. Gewicht sollten komplett gemischte Rationen erhalten. Für Schweine unter 50 lb. Gewicht sollte Pelletfutter gereicht werden. Wahlfütterung ab 75 lb. Gewicht mit Getreide (Milo) und Ergänzungsfutter ist möglich. Mastfutterzusammensetzungen bis 50; 50 bis 120 und über 120 lb. Tiergewicht sind für Getreide, Eiweißfuttermittel, Mineralien (spez. Zink), Vit. und Aureomycin dargelegt. Die chem. Analysenwerte und die produktiven Energiemengen von mehreren Getreidearten und Eiweißfuttermitteln sowie die Zusammensetzung von Knochenmehl, Dicalciumphosphat und Calciumkarbonat sind angegeben.

R. Kürbs. 3904.

Mazaraki, J. **Beziehungen zwischen dem 8-Wochenwurfgewicht und der Ferkelzahl im Wurf bei der Geburt.** Arch. Tierzucht **5** (1962) Nr. 4. S. 299–304.
An 1150 Würfen von 386 Sauen wurden die Beziehungen zwischen der Wurfgröße bei der Geburt und dem Wurfgewicht am 56. Lebenstag ermittelt. Der Korrelationskoeffizient beträgt bei Erstlingssauen r = 0,531 und bei älteren Sauen r = 0,614, die Regression b = 9,55 bzw. 11,26. Da die Bestimmtheit 25–36% beträgt, empfiehlt der Vf. zur züchterischen Dokumentation die Ferkel am 1. Lebenstag zu zählen und am 21. oder 28. zu wiegen. In Gebrauchszuchten genügt als Selektionsmaßstab entweder das Zählen der Ferkel am 1. Lebenstag oder das Wiegen am 28. Tag. G. Möbius. 3910.

Rühe, H.; Rostock, Bezirks-Tierzucht-Inspektion, Abt. Fütterungsberat. **Empfehlungen für den Grünfuttereinsatz bei Schweinen.** Tierzucht **16** (1962) Nr. 7. Fütterungsberatung **2** Nr. 4. S. 28–29.
Die Verdaulichkeit der organ. Subst. von sehr jungem Grünfutter beträgt 60–65%, nach dem Knospenstadium 50%. Futterpflanzenbestände sind deshalb nur bis zur Wuchshöhe von 30 cm für die Schweinefütterung geignet. Bevorzugt werden Luzerne, Rotklee, Hülsenfruchtgemenge, Gräser, Seradella und Süßlupinen. Rotklee verholzt langsam und kann lange genutzt werden. Saubere Ernte und Frischverfütterung sind notwendig. Durch Zerkleinerung des Grünfutters werden höherer Verzehr und bessere Ausnutzung erreicht. Infolge des stark schwankenden Phosphor-Kalk-Verhältnisses im Grünfutter von 1:2 bis 1:8 ist eine Beifütterung je Tier/Tag von 25 g Standardmineralstoffgemisch an Läufer und Mastschweine bzw. 50 g an Zuchtschweine notwendig. Trotz hohen Vitamingehaltes im Grünfutter ist der gleichzeitige Einsatz von Wirkstoffkonzentraten zu empfehlen. Das Umtriebsweidesystem mit E-Zaun ist für Zuchtläufer, Jung- und Zuchtsauen bei stundenweiser Beweidung (je Sau 5 a Weidefläche) anzuraten.

Bes. geeignet sind Rot- und Weißkleegras- sowie Luzernegrasweiden. Tagesfutterrationen bei Grünfuttereinsatz werden angegeben. O. Siegl. 3931.

Eden, A. Feeding the sow and litter. **(Sauen- und Ferkelfütterung.)** Pig Farming **10** (1962) Nr. 3. S. 43. 47–48. — 1 Abb.
Die Fütterung und Haltung der tragenden und säugenden Sauen sowie der Saug- und Absatzferkel werden bei der in England gehandhabten Weidehaltung beschrieben. Es wird bes. hervorgehoben, daß Weidegang für die Verbesserung des Gesundheitszustandes der Zuchtschweine förderlich ist. Außerdem wird die Fütterung vereinfacht und verbessert, indem die Tiere junges eiweiß- und Vit.-A- und -B-reiches Gras sowie Eisen und andere Mineralstoffe vom Boden aufnehmen. Die Methodik des Weideganges für Schweine wird ausführlich abgehandelt. Tragende Sauen benötigen bei Weidegang pro Tier und Tag in den ersten 3 Trächtigkeitsmonaten ca. 4–5 lb. und im letzten Trächtigkeitsmonat 5–6 lb. Kraftfutter. Jungsauen sollten tägl. 1 lb. Kraftfutter mehr als Altsauen erhalten. Das Abferkeln soll in Hütten auf der Weide erfolgen oder aber im Stall. Im letzteren Fall sollte die Muttersau mit Wurf nach einigen Tagen wieder auf Weide getan werden. Die Kraftfutterzufütterung an die säugende Sau richtet sich nach der Qualität und Menge des aufgenommenen Weidegrases. Einige Farmer geben tägl. 8 lb. für die Sau und ½ lb. für jedes Ferkel, andere verabreichen 4 lb. für die Sau und ¾–1 lb. für jedes Ferkel. Auch während der Weidehaltung sollte die Zufütterung der Saugferkel mit Creep-Futter vorgenommen werden. Frisches Wasser ist bei Weidegang den Tieren ständig zur Verfügung zu stellen. Die Benutzung des Elektroweidezaunes wird empfohlen. R. Kürbs. 3944.

Lemcke, B. und Gastmeier, W. **Die Mast ganzer Würfe bis zum Alter von 12 Monaten zur Feststellung der Rentabilitätsgrenze in der Schweinemast und deren Abhängigkeit von der Wurfgröße sowie vom Alter, vom Gewicht und von der Typenzugehörigkeit der Tiere.** Arch. Tierzucht **3** (1960) Nr. 6. S. 491–511. 3952.

Jessen, P. **Futterrationierung und Mastkontrolle.** Mitt. dtsch. Landwirtsch.-Ges. **77** (1962) Nr. 29. S. 999–1001. — 3 Tab.
An Hand der in Schleswig gesammelten Erfahrungen ist Vf. der Meinung, daß in der Schweinemast eine Futterrationierung entspr. dem jeweiligen Tiergewicht vorgenommen werden sollte. Für die einzelnen Tiergewichte innerhalb der 3 Hauptmastabschnitte (–40 kg, –75 kg, –110 kg) ergeben sich aus der angeführten Tab. z. B. folgende Futtermengen pro Tier und Tag: 10 kg Tiergewicht = 0,400, 40 = 1,520, 75 = 2,900, 110 = 3,580 kg Futter. Tägl. sollte 2mal Futter verabreicht werden. Alle 2 Tage ist die Futterration zu erhöhen. Gewichtskontrollen sollten monatl. vorgenommen werden. Berechnungen über Futteraufwand und Futterkosten neben Hinweisen zur Fütterungstechnik sind angeführt. R. Kürbs. 3954.

Braude, R. und Harrington, G. Baconers and heavy pigs compared. **(Vergleich von Bacon- und schweren Schweinen.)** Pig Farming **10** (1962) Nr. 3. S. 76–77. — 2 Tab.
In 8 Versuchsbetrieben Englands wurden 1961 vier Gruppen von je 8 Mastschweinen der Large White- bzw. Landrasse aufgestallt, um Wachstum, Futterverwertung und Schlachtwert bei rationierter und freier Futteraufnahme sowie bei verschieden hohem Eiweißanteil in der Futterration bei 205 und bei 260 lb. Lgw. zu prüfen. In der Gr. I wurde rationiert gefüttert, während in der Gr. II die gleiche Futtermischung ad libitum verabreicht wurde. In der Gr. III erhielten die Tiere bis Mastende Eiweißkonzentrat, während in Gr. IV im Mastabschnitt von 140–260 lb. kein Eiweißkonzentrat mehr verfüttert wurde. Die Tiere der Gr. I und II wurden bei 205 und

die der Gr. III und IV bei 260 lb. Lgw. versuchsmäßig geschlachtet. Die einzelnen Futtermischungen sind genannt. Im folgenden kurz die wichtigsten Ergebnisse in der Reihenfolge der Gruppen: tägl. Gewichtszunahme in lb.: 1,389; 1,544; 1,543; 1,461; Futterverwertung: 3,426; 3,593; 3,883; 4,146; Ausschlachtungsprozente: 79,1; 80,4; 82,5; 82,6; prozentualer Anteil an der Schlachthälfte: a) Fleisch: 46,1; 45,3; 42,4; 41,6; b) subcutanes Fett: 27,5; 29,9; 32,9; 33,6; c) intermuskuläres Fett: 9,7; 8,8; 9,4; 9,1; d) Knochen: 11,1; 10,4; 9,8; 9,9; e) Schwarte: 5,3; 5,2; 5,1; 5,1. Auf Grund der erhaltenen Resultate wurde die Ökonomik der 4 beschriebenen Verfahren ausgearbeitet. Die wichtigsten finanziellen Ergebnisse sind angeführt. R. Kürbs. 3954.

Pečiščev, I. F. (Petschistschew, I. F.); Gorki, Landwirtsch. Inst. Ispol'zovanie uslovnych refleksov pri vyraščivanii porosjat. **(Die Ausnutzung der bedingten Reflexe bei der Ferkelaufzucht.)** Životnovodstvo, Moskva **24** (1962) Nr. 4. S. 67–69.
Um bei der Großgruppenhaltung auch bei der Ferkelaufzucht menschliche Arbeit einzusparen, wurden im o. g. Inst. den Sauen und Ferkeln auf der Grundlage der unbedingten Reflexe 3 bedingte Reflexe anerzogen, so daß sie bei bestimmten Licht- oder Tonsignalen den Freßplatz aufsuchen, den Freßplatz verlassen und in den Auslauf gehen und schließlich in den Schweinestall zurückkehren. Bei Anwendung dieses Verfahrens kann 1 AK jährl. ca. 2000 Ferkel aufziehen. F. Schenk. 3978.

Eyles, Dudley E. Two leys for grazing. **(Zwei Saatmischungen für Schweineweiden.)** Pig Farming **10** (1962) Nr. 3. S. 45. 47. — 2 Abb.
Nach einleitender Darlegung der Bedeutung des Schweineweideganges werden 2 vom Inst. für Grünland-Versuchswesen Hurley, Berkshire, erprobte Saatmischungen für Schweineweiden beschrieben. Pro acre (0,4 ha) enthält die Mischung I 12 lb. Deutsches Weidelgras und 4 lb. Wiesenlieschgras, während sich die Mischung II aus 4 lb. Wiesenschwingel, 4 lb. Wiesenlieschgras, 6 lb. Zichorie, 2 lb. Rotklee und 4 lb. Weißklee für die gleiche Fläche zusammensetzt. Der Weidebetrieb für Schweine wird beschrieben. So wird das Einziehen von Ringen empfohlen, um das Wühlen zu vermeiden. Im Frühjahr rechnet man im Durchschnitt pro acre Weide 6 Muttersauen mit Ferkeln, beim Nachlassen des Graswuchses dann entspr. weniger. Als zweckmäßig erwies sich, die Schweineweide in 4 Koppeln zu unterteilen und jede Koppel 1 Woche beweiden zu lassen. R. Kürbs. 3980.

E. SCHAFE

Hyland, P. G. Fat lamb production in Victoria (Australia). **(Mastlämmerproduktion in Victoria/Australien.)** J. Agric. [Melbourne] **60** (1962) Nr. 4. S. 157–162. — 7 Abb.
Die Mastlämmerproduktion hat in den letzten Jahren in Victoria zugenommen und nähert sich jetzt dem Stadium der Stabilisierung. Die Entwicklung dieser Nutzungsrichtung der Schafzucht basiert auf: 1. der vermehrten Anwendung der Kleebrache in weiten Bezirken des Schaf- und Weizengürtels, 2. der verbesserten Futterkonservierung, 3. der verstärkten Produktion auf den verbesserten Weiden in den Gebieten mit hohen Niederschlagsmengen, 4. den geringen Unterschieden zwischen den Erlösen der Woll- und der Mastlämmerproduktion. In den letzten Jahren war diese in den Gebieten mit starken Niederschlägen einträglicher als die Wollerzeugung. Die die Rentabilität am stärksten beeinflussenden Faktoren sind die Ablammergebnisse, die Lämmerverluste und die Gewichtszunahmen. Die Unterschiede in der Haltung, der Paarungsmethode und der Fütterung und Haltung der Mutterschafe vor und während der Trächtigkeit und nach dem Ablammen bedingen die Verschiedenheiten im Betriebserfolg. Die Versuchsstationen

Rutherglen und Walpeup haben durch ihre Untersuchungen zur Klärung offenstehender Fragen beigetragen und stellen den Schafhaltern ihre Berater zur Förderung der Schafzucht zur Verfügung. Der Lämmerüberschuß von Okt.–Dez. bei gleichzeitig verringertem Lammfleischverzehr im Inland und die sinkenden Exporterlöse beeinträchtigen die Rentabilität und Kriesenfestigkeit der Mastlämmerproduktion. H. Busse. 4010.

Kasten, A. **Ökonomische Maßstäbe für den Wettbewerb zwischen Stammschäfereien.** Tierzucht **16** (1962) Nr. 8. S. 358–362. — 8 Tab.
Vf. erläutert an Hand einiger VEG-Stammschäfereien ein Punktsystem für den Wettbewerb zwischen Schafzuchtbrigaden. Es werden Kennzahlen für Arbeitsmaß, Arbeitszeitaufwand, Futteraufwand sowie für Zucht-, Woll- und Fleischleistungen angegeben. Zur Auszahlung einer Hüteprämie wird empfohlen, vom Futteraufwand auszugehen und dabei die Hüte- und Produktionsleistung zu berücksichtigen. Neben einer Übersicht über die Zuordnung verschiedener durch Schafe zu nutzender Futtermittel werden Hinweise zur Errechnung von Selbstkosten und Futteraufwand gegeben. S. Mertins. 4015.

Hansen, W. J. Culling for wool improvement. **(Selektion zur Verbesserung der Wolle.)** New Zealand J. Agric. **104** (1962) Nr. 4. S. 347. 349. 351. — 3 Abb., 4 Tab.
Die Selektion nach Wollfehlern kann die Einkünfte aus dem Schurertrag beträchtlich steigern, oft aber würden die Mutterherden dadurch zu stark dezimiert. Die Selektionsrate zum Zwecke der Wollverbesserung ist von folgenden Faktoren abhängig: 1. dem Anteil der von der gesamten Herde zum Bock gebrachten Mutterschafe, 2. dem Ablammergebnis und 3. der Sterblichkeitsziffer. Die Zahl der zu selektierenden Tiere hängt von dem Niveau der einzelnen Herden ab. Jedes Schaf muß sorgfältig untersucht werden. Die Bedeutung der einzelnen Fehler ist unterschiedlich, je nachdem, wie oft sie in den Herden vorkommen. Auf je weniger Merkmale Selektion betrieben wird, desto größer wird der züchterische Erfolg in der betreffenden Richtung sein. Die bei verschiedenen Berechnungszeiträumen unterschiedlichen Vliesgewichte können nur bei Berücksichtigung des Wollpreises in Betracht gezogen werden. Erworbene Fehler dürfen nicht mit Erbfehlern verwechselt werden. H. Busse. 4125.

Turner, Helen Newton, Hayman, R. H., Triffitt, L. K. und Prunster, R. W. Response to selection for multiple births in the Australian Merino: A progress report. **(Die Reaktion gegenüber der Selektion auf Mehrlingsgeburten bei den australischen Merinos. Ein Fortschrittsbericht.)** Animal Product. **4** (1962) Nr. 1. S. 165–176. — 3 Abb., 6 Tab., 13 Lit.
Es wird über die Ergebnisse von 2 Arten der Selektion in einer australischen Merinoherde berichtet. Bei den Stammutterschafen wurde nach der Selektion auf Mehrlings- und Einlingsgeburten bei der Ablammung mit 5 und 6 Jahren eine gute Reproduzierbarkeit der Ergebnisse gefunden. In der T-Gruppe (Zwillingsmütter) wurden in 6 aufeinanderfolgenden Ablammungen ⌀ 31 Lämmer je 100 angepaarte Mutterschafe mehr geboren als in der O-Gruppe (Einlingsmütter). Die unselektierten Töchter der Stammutterschafe haben jetzt im Alter von 2–6 Jahren ebenfalls unterschiedliche Ablammergebnisse zu verzeichnen. In der T-Gruppe waren es 21 Lämmer mehr als bei den Vergleichstieren. Mit zunehmendem Alter der Töchter stieg auch die Differenz in den Ablammergebnissen an. Im Alter von 6 Jahren wurden 31% mehr Lämmer geboren. In einem kleinen Merinobestand beträgt bei Selektion auf Mehrlingsgeburten das Ablammergebnis bereits mit 2–3 Jahren 1,6 Lämmer je gepaartes Mutterschaf. Vermutlich haben die früher niedrig geschätzten Heritabilitätskoeffizienten zu ungerechtfertigtem

Pessimismus Anlaß gegeben. Evtl. ist in einigen Fällen die Selektion auf Zwillingsfruchtbarkeit doch von Erfolg. H. Busse. 4125.

Malikov, D. I. (Malikow, D. I.); Stawropol, Unions-Forsch.-Inst. für Schaf- und Ziegenzucht. Izmenenie plemennoj cennosti tonkorunnych ovec obuslovlennye rostom i stareniem. **(Veränderung des Rassewertes feinwolliger Schafe bedingt durch Wachstum und Altern.)** Trudy Instituta morfologii životnych im. A. N. Severcova. Akademija nauk SSSR, Moskva **31** (1960) S. 147–148. — 2 Tab., 7 Lit.
Die Ergebnisse des Vf. weisen darauf hin, daß die Spermien junger Zuchttiere unterschiedliche biol. Eigenschaften im Vergleich zu älteren Tieren gleicher Rasse aufweisen. Die Intensität von Oxydationsvorgängen ist in den Spermien junger Tiere am gößten, bei erwachsenen Schafen sind mittlere und bei älteren Tieren die geringsten Werte vorhanden. Auch die Stoffwechselvorgänge in den befruchteten Eizellen werden durch die Keim-Herkunft von jungen oder älteren Böcken beeinflußt. In Tab. sind die Unterschiede in der Entwicklung der Nachkommenschaft und deren Leistungsfähigkeit an Hand verschiedener Kenndaten in Abhängigkeit vom Alter der Eltern dargestellt. Vf. vertritt die Ansicht, daß leistungsfähige Zuchttiere mit kräftiger Konstitution im Alter von 3–6 Jahren verwendet werden sollen, wobei junge Mutterschafe mit älteren Böcken (und umgekehrt) zu paaren sind. M. Achmedowa. 4142.

Schandl, J. und Berek, S. Ulučsenie cigajskoj ovcy s porodoj Il'-de-Frans. **(Veredelung von Zigajaschafen mit der Ile-de-France-Rasse.)** Acta agronom. Acad. Sci. hung. **11** (1961) Nr. 1/2. S. 183–189. — Aus: Ung. Agrar-Rdsch. **1962** Nr. 4.
Vff. stellten fest, daß sich die Ile-de-France-Rasse auch unter schwach durchschnittl. Fütterungsverhältnissen zur Veredelung der Zigajas eignet. Die aus der Kreuzung der beiden Rassen stammenden Bastarde erzeugten in der I. und II. Generation um 50% mehr Wolle mit einer durchschnittl. Feinheit von 26 μm, ihre Körperformen verbesserten sich, wobei gleichzeitig die Anspruchslosigkeit und Widerstandskraft der Zigajas erhalten blieb. Obwohl die Milchleistung um ca. 8–9% abfiel, wurde dieser Verlust durch die übrigen Vorteile der Kreuzung reichlich aufgewogen. 4164.

Watson, R. H. Seasonal variation in occurrence of oestrus in Merino ewes in Southern Victoria. **(Jahreszeitliche Abweichungen im Auftreten der Brunst bei Merinoschafen in Süd-Victoria.)** Austral. veterin. J. **38** (1962) Nr. 6. S. 310–323. — 3 Abb., 9 Tab., 21 Lit.
In den klimatisch verschiedenen Gegenden Australiens ist die Fortpflanzungssaison der Schafe sehr unterschiedlich. Um genauere Angaben darüber machen zu können, untersuchte Vf. die entspr. Verhältnisse in je 2 Herden in New South Wales bzw. Queensland und in Victoria (Mai 1956–Jan. 1959). Die meisten Schafe kamen in den Mon. Jan.–Juni in Brunst. In den übrigen Mon. wurde auch Brunst beobachtet, die aber von Tier zu Tier, Herde zu Herde und Jahr zu Jahr unterschiedliche Frequenz zeigte. Die Fortpflanzungssaison wurde von den Herden in New South Wales und Queensland besser eingehalten als von den Herden in Victoria. Der Zeitpunkt der Schur und die Dauer des Aufenthaltes von Suchböcken in der Herde hatte keinen Einfluß auf den Beginn der Geschlechtstätigkeit. W. Rommel. 4166.

Smith, Ian D. The effect of plane of nutrition upon the incidence of oestrus in the Merino ewe in Queensland. **(Der Einfluß der Ernährungslage auf den Brunsteintritt beim Merinoschaf in Queensland.)** Austral. veterin. J. **38** (1962) Nr. 6. S. 338–340. — 1 Tab., 11 Lit.
Da in Zentral- und Nordwest-Queensland im Frühjahr und in den ersten Sommermonaten die Futterverhältnisse normalerweise für Schafe im Hin-

blick auf den Brunsteintritt ungenügend sind, prüfte Vf. die Wirkung einer verbesserten Fütterung im Frühjahr auf das Brunstgeschehen im Verlaufe des Jahres. Die Untersuchungen erfolgten an 44 erwachsenen Merinoschafen, die aus 2 verschiedenen Gegenden stammten. Es wurden 2 Gruppen gebildet, die unterschiedliche Futterrationen erhielten (Futterzusammensetzung wird beschrieben). Im Endergebnis der Untersuchungen hatte die besser gefütterte Gruppe einen signifikant höheren Anteil brünstiger Tiere (bes. in den Mon. Aug.–Okt.) als die schlechter gefütterte aufzuweisen. W. Rommel. 4166.

Becze, József; Budapest, Forsch.-Inst. für Tierzucht, Abt. Fortpflanzungsbiol. A fésüs merinó és a cigája anayák nemikészülékének és endokrin szerveinek vizsgálata, tekintettel a szaporulat növelésének biológiai lehetöségeire. **(Untersuchung des Geschlechtsapparates und der endokrinen Organe von Mutterschafen der Merinokammwoll- und Zigajarasse bez. einer Fruchtbarkeitssteigerung.)** Állattenyésztés [Tierzucht] **9** (1960) Nr. 3. S. 253–256. – 2 Abb., 6 Lit. Zus. in Russ., Dtsch.
Auf Grund der anatomischen, histol. und histochemischen Untersuchung des Geschlechtsapparates und des endokrinen Systems von Mutterschafen der Merino- und Zigaja-Rasse kann festgestellt werden, daß kein Unterschied zwischen den 2 Rassen besteht, obwohl ihre Zuchtperiode verschieden ist. Beide Rassen produzieren auch außerhalb der Zuchtperiode Follikel. Der Zyklus außerhalb der Zuchtperiode entsteht also nicht infolge der Inaktivierung des Hypophysenvorderlappens, sondern infolge eines Überwiegens von Prolan B gegenüber dem Follikelreifungshormon Prolan A. Will man also die Brunst außerhalb der Zuchtperiode hervorrufen, so muß man dem Organismus erst Gelbkörper-Hormon zukommen lassen. F. Kertész. 4166.

Vasin, A. D. (Wassin, A. D.) Nekotorye osobennosti plodovitosti u altajskich tonkorunnych ovec. **(Einige Besonderheiten der Fruchtbarkeit bei den feinwolligen Altaischafen.)** Životnovodstvo, Moskva **24** (1962) Nr. 6. S. 71 bis 73. – 2 Tab.
Bei Untersuchungen der isolierten Geschlechtsorgane (Scheide, Gebärmutterhals, Gebärmutterhörner) zeigte sich, daß ihr Gewicht (von 167 g bei 6,5 Jahre alten Muttern auf 210 g bei 10,5 Jahre alten Muttern) und Volumen (von 160 auf 190 ml) mit dem Alter der Schafe ansteigen, während die Länge abnimmt. Bei ca. 40% der Schafe wurden Querfalten im Scheidenteil des Gebärmutterhalses festgestellt; bei der KB dieser Tiere muß sorgfältig der Eingang in den Cervikalkanal gesucht werden, das Sperma kann erst eingespritzt werden, nachdem das Spritzenende in den Kanal eingeführt worden ist. – Es gibt nur wenig Altaimuttern mit Drillings- und Vierlingsgeburten, während bei 20% der Muttern Einzel- und Zwillingsgeburten abwechseln. F. Schenk. 4168.

Cuenca, Carlos Luis de. L'alimentation des ovins. **(Die Ernährung der Schafe.)** Mouton **17** (1962) Nr. 6. S. 65–67.
Der Erhaltungsbedarf eines mittelschweren Hammels im Gewicht zwischen 30 und 70 kg liegt zwischen 0,4 und 0,65 Nährstoffeinheiten tägl. Beim Leistungsfutter müssen Nährstoffbedarf für die Wollproduktion und für die Säugeleistung sowie Ergänzungsbedarf beim Weidegang unterschieden werden. Bei einer Wolleistung von 3 kg Schweißwolle jährl. wird ein tägl. Wollzuwachs von 8 g unterstellt. Je 1 g Wolle werden ca. 10 Kalorien, pro Tag also 80 Kalorien zur Wollbildung benötigt. Das entspricht einem Aufwand von 0,05 Nährstoffeinheiten. Der Proteinbedarf beläuft sich auf 16 g, da man berücksichtigen muß, daß für das tägl. gebildete Keratin die doppelte Menge an Albuminen erforderlich ist. Zuchtböcke benötigen 2 Wochen vor der Bockzeit 1 Mill IE Vit. A, bei Mutterschafen liegt der Bedarf 2 Mon. vor dem Ablammen in der gleichen Höhe. Der gewöhnlich errechnete Erhaltungsbedarf ist lediglich für ein Tier im Ruhezustand ausreichend. Für

die Bewegung bei der Futtersuche während des Weideganges liegt für die Muskel- und Organfunktionen ein Mindestbedarf an Protein vor. Der Energiebedarf beläuft sich je nach Körpergewicht und zurückgelegter Entfernung (normalerweise 5–10 km tägl.) auf 50 Kalorien je 100 kg Lgw. in ebenem Gelände. – Die Ernährung der Milchmastlämmer, der Mastlämmer nach dem Absetzen und der Zuchtlämmer sowie praktische Fütterungsrezepte werden eingehend besprochen. H. Busse. 4192.

Nedkov, Nedko. (Nedkow, Nedko.) Vŭzmožnosti za proizvodstvo na poveče agneško meso. **(Möglichkeiten zur Steigerung der Lammfleischproduktion.)** Životnovŭdstvo, Sofija **16** (1962) Nr. 2. S. 25–29. – 2 Tab.
Drei Gruppen zu je 10 Sauglämmern wurden bis zum 2. Mon. wie folgt aufgezogen: In Gr. I saugten die Lämmer voll und bekamen zusätzlich Kraftfuttergemisch sowie vitaminreiches Luzerneheu nach Belieben. In Gr. II saugten die Lämmer bis zum 30. Tag voll, vom 31.–45. Tag wurde ihnen die Mittagsmilch und vom 46.–60. Tag auch die Abendmilch entzogen; als Beifutter bekamen sie Kraftfuttergemisch und vitaminreiches Heu nach Belieben. In Gr. III saugten die Lämmer voll bei Zufütterung von Kraftfuttergemisch und gewöhnlichem Heu. Bis zum Alter von 2 Mon. hatten die Lämmer folgende Futtermengen verzehrt (in der Reihenfolge der Gruppen): an Heu 5,4; 6,8 und 4,6 kg, an Kraftfutter 7,5; 9,0 und 7,0 kg. Ihr Lgw. mit 2 Mon. betrug 17,9; 18,5 und 17,8 kg. Von den Müttern der Lämmer aus Gr. II wurden bis zum 60. Tag je 9,750 l Milch ermolken. N. Platikanow. 4198.

Petrov, A. I., Metlickij, A. V. und Ibraev, N. I. (Petrow, A. I., Metlizki, A. W. und Ibrajew, N. I.); Kasach. Inst. für Tierzucht; Dshambul, Kasach.SSR, Verwalt. für Produkt. und Beschaff. Landwirtsch. Produkte. Racional'noe kormlenie sujagnych matok – krupnyj rezerv uskorennogo vosproizvodstva stada i uveličenija proizvodstva šersti i baraniny. **(Rationelle Fütterung trächtiger Muttern, eine große Reserve zur beschleunigten Ergänzung der Herde und Vergrößerung der Produktion an Wolle und Fleisch.)** Ovcevodstvo, Moskva **8** (1962) Nr. 5. S. 29–31. – 4 Tab.
Zur Klärung der Frage des Einflusses verschiedener Fütterungsintensitäten bei trächtigen Mutterschafen auf die für die Produktion und Züchtung wichtigen Eigenschaften wurden 3 Versuchsgruppen feinwolliger 3jähriger Muttertiere der Klasse I, ausgeglichen in Alter und Gewicht (55–58 kg), herangezogen. Während der Winterperiode wurden diese Versuchsgruppen mengenmäßig mit unterschiedlichen Futterrationen versorgt. Zur Kontrolle wurde eine Gruppe aus Elite-Tieren zusammengestellt. Alle Mutterschafe wurden unter Verwendung von Samen eines Bockes künstlich besamt. Die größte Fruchtbarkeit (Geburtenzahl) und das größte Lgw. wies die 1. Gruppe mit früher Besamung und optimaler Fütterung auf. Geringe Geburtenzahlen und kleine Lämmer waren in Gr. 3 und 4 festzustellen. Die Weiterentwicklung der Lämmer bis zum Absetzen wurde gleichsinnig beeinflußt. Vff. führen in verschiedenen Tab. die Zahlenwerte für die unterschiedliche Entwicklung an und beweisen den Nutzen einer gesicherten Futtergrundlage auch für die Schafhaltung. M. Achmedowa. 4202.

Maslova, K. I. (Maslowa, K. I.); Komi-Zweigstelle der Akad. der Wiss. der UdSSR. Vlijanie različnogo kormlenija matok na gustotu šersti polugrubošerstnych pomesnych jagnjat. **(Einfluß verschiedenartiger Fütterung der Muttern auf die Wolldichte halbgrobwolliger Kreuzungslämmer.)** Trudy Instituta morfologii životnych im. A. N. Severcova. Akademija nauk SSSR, Moskva **31** (1960) S. 134–139. – 4 Abb., 3 Tab., 5 Lit.
Die Versorgung der Mutterschafe mit nährstoffreicheren Futtermitteln wirkt sich sogar dann noch auf die Haardichte aus, wenn sie nur in den letzten 3 Mon. vor der Geburt der Lämmer durchgeführt wurde. Wechselt man bei diesen Mutterschafen 0,5 kg Heu gegen 1 kg Silage aus, so sind keine

Unterschiede in der Haarentwicklung festzustellen. Wird die Grundration bei säugenden Muttertieren durch 1 kg Silage ergänzt, läßt sich eine höhere tägl. Gewichtszunahme der Lämmer und eine Beschleunigung des Wollwachstums bei den Muttertieren erzielen. Die histol. Methode zur Bestimmung der Haardichte ermöglicht es, bereits im frühen Alter die Leistungsanlagen des zur Zucht in der Herde belassenen Lammes zu beurteilen.
M. Achmedowa. 4222.

Dobrev, D. (Dobrew, D.); Stara Sagora, Bulgarien, Forsch.-Inst. für Teierzucht. Vlijanie na strižbata na tŭnkorunni agneta vŭrchu telesnoto im razvitie i vŭlnodobiva. **(Einfluß der Schur auf die Körperentwicklung und Wolleistung feinwolliger Lämmer.)** Izvestija na Centralnija naučnoizsledovatelski institut po životnovŭdstvo „Georgi Dimitrov" — Kostinbrod, Sofija **13** (1962) S. 109–120. — 3 Abb., 7 Tab., 8 Lit. Zus. in Russ., Dtsch.
In einem Versuch mit 2 Gruppen zu je zwanzig 159 Tage alten Feinwollämmern von 31,920 kg (Versuchsgruppe) bzw. 31,970 kg (Kontrollgruppe) mittlerem Lgw., die in vollkommen gleicher Weise gefüttert und gepflegt wurden, war nur die Versuchsgruppe geschoren worden. Mit 16–17 Mon., d. h. 11 Mon. später, wurden beide Gruppen gleichzeitig geschoren. Ergebnisse: mittleres Lgw. unmittelbar nach der Schur in der Versuchsgruppe 54,2 kg, in der Kontrollgruppe 52,8 kg; mittlerer Gesamtwollertrag 2,941 bzw. 2,950 kg reine Wolle (7,100 bzw. 7,500 kg Schmutzwolle); mittlere Wollhaarlänge (bei der Versuchsgruppe aus beiden Schuren) 13,02 bzw. 11,40 cm. In einer 3. Gruppe von zehn 5,5 Mon. alten Lämmern wurde nur die eine Körperhälfte der Tiere geschoren. Der Wollertrag von den beiden Körperhälften der mit 16–17 Mon. geschorenen Lämmer war gleich (1,411 und 1,396 kg reine Wolle). Die von beiden Schuren bis zum 16.–17. Lebensmonat in der Versuchsgruppe erhaltene Wolle war kurz sowie billiger als die in der Kontrollgruppe erhaltene. N. Platikanow. 4222.

Muchin, G. F.; Landwirtsch. Inst. der Sewero-Osset. ASSR. Razvitie muskulatury i charakter žirootloženija u čistoporodnych i pomesnych ovec v uslovijach otgonno-pastbiščnogo soderžanija. **(Entwicklung der Muskulatur und des Charakters der Fettablagerung bei reinrassigen und Kreuzungsschafen unter Wanderweidebedingungen.)** Trudy Instituta morfologii životnych im. A. N. Severcova. Akademija nauk SSSR, Moskva **31** (1960) S. 140–146. — 21 Lit.
Muskelentwicklung und Fettansatz bei den verschiedenen Schafrassen und Rassengruppen verändern sich in Abhängigkeit von der Konstitution. Einfluß haben die Art der Haltung und die Fütterung. Mit dem Alter vergrößert sich das anteilige Gewicht der Muskulatur. Bes. in den ersten 3 Mon. ist das Wachstum der Muskulatur intensiv, während es dann im Alter von 9–12 Mon. auf Grund der geringen Fütterung in den Winter- und ersten Frühjahrsmonaten nachläßt. Bei Kreuzungen zwischen dem Ossetischen Grobwoll- und Precos-Schaf wurden höhere Muskelanteile als beim Ausgangsmaterial festgestellt. Im Alter von 18 Mon. betrug der Muskelanteil bei den Kreuzungen 96–96,5% gegenüber 94,11% bzw. 93,98% bei den reinen Rassen. Die Fähigkeit, Fett anzusetzen, nimmt bei den Schafen mit dem Alter zu und ist bei den Ossetischen Schafen größer als bei den Precos bzw. bei Kreuzungen aus diesen Rassen. Hauptsächlich erfolgt die Fettablage unmittelbar unter der Haut. Der Abbau der Fettdepots erfolgt verhältnismäßig gleichmäßig. Vorherrschend werden Fettvorräte unter der Haut verbraucht und anschließend die aus der Muskulatur. Diejenigen Fettanteile, die zuletzt angesetzt wurden, werden zuerst verbraucht. Aus den Ergebnissen seiner Untersuchungen kommt Vf. zu der Schlußfolgerung, daß für eine kräftige Entwicklung der Lämmer der Austrieb im Alter von 2–3 Mon. auf gute Weiden am zweckmäßigsten ist. M. Achmedowa. 4224.

Gaál, M. A juhtej szárazanyagtartalmának vizsgálata a szelekció nézőpontjából. **(Untersuchung des Trockensubstanzgehaltes der Schafmilch im Hinblick auf die Zuchtwahl.)** Állattenyésztés [Tierzucht] **11** (1962) Nr. 1. S. 65–70. – Aus: Ung. Agrar-Rdsch. **1962** Nr. 4.
Vf. ermittelte den Tr.-Subst.-Gehalt der Milch nach dem gravimetrischen Verfahren aus 2wöchentl. gewonnenen Melkproben und stellte fest, daß eine einzige zwischen dem 100. und 140. Tage nach dem Ablammen durchgeführte Probemelkung und der dabei ermittelte Tr.-Subst.-Gehalt der Milch typisch für die ganze individuelle Laktationsleistung des Schafes ist. Aus den in 3 Jahren gesammelten Daten errechnete er, hauptsächlich auf jene Tiere bezogen, die in allen 3 Jahren geprüft wurden, die Wiederholbarkeit des für die Laktation typischen prozentischen Tr.-Subst.-Gehaltes der Milch zu 0,50; 0,45 und 0,36. Der Wert der Wiederholbarkeit des abs. Tr.-Subst.-Gehaltes der Milch betrug in den 3 Jahren 0,56; 0,53 und 0,42, der der Milchmenge 0,51; 0,52 und 0,38. Bez. des Schurgewichtes fand Vf. bei denselben Tieren Wiederholbarkeiten von 0,71; 0,69 und 0,86. Auf Grund des Wiederholbarkeitswertes der gesamten Tr.-Subst. der in der Laktation erzeugten Milch ist eine jährl. wiederholte Ermittlung überflüssig; die Durchführung einer einzigen im Leben des Schafes genügt. Dennoch sind zur Feststellung der Milchmenge (kg bzw. l) die im Herdbuchwesen vorgeschriebenen Probemelkungen während der Laktation auch weiterhin notwendig. Die Einführung einer auf den Tr.-Subst.-Gehalt der Milch begründeten Selektion ist z. Z. in Stammzuchten und Schäfereien, die sich mit der Erzeugung von Zuchtböcken befassen, anzuraten. 4226.

Doney, J. M. und Smith, W. F.; Edinburgh, Multiple medullae in wool fibres. **(Vielfache Markstränge in Wollhaaren.)** Nature, [London] **195** (1962) Nr. 4842. S. 723. – 3 Lit.
Im Vlies von Blackface-Schafen wurden einzelne Haare mit vielfachem Markstrang gefunden. So konnten unter Wollproben von 50 Schafen bei Proben von 5 Tieren diese Haare nachgewiesen werden. Schätzungsweise zeigten 1–5% der Haare diese Eigenschaft. Vielfache Markstränge wurden meist bei Sekundärhaaren gefunden, von denen bei dieser Rasse 70% markhaltig sind. Die Ausbildung des Markes variiert vom durchgehenden bis zum unterbrochenen Markstrang. Während vielfache Markstränge gewöhnlich in Feinwollhaaren von 36–48 μm Dmr. vorkommen, wurden diese auch unter den feinsten der groben Primärhaare von 60–74 μm Dmr. gefunden. Vorläufig wurden solche Haare als Entwicklungsabweichungen unbekannten Ursprungs angesehen, obwohl es schien, daß sie mehr oder weniger dauerhafte Merkmale ihrer Ursprungsfollikel sind. B. Kupatz. 4234.

Schäfer, H. **Beurteilung und Bewertung der Persianerfelle — am eintägigen Lamm und als Rohfell.** Pelzgewerbe [N. F.] **12** (1961) Nr. 6. S. 245–255. – 2 Abb., 3 Tab.
An einem Material von 102 Karakulfellen werden die vom Karakulzüchter am lebenden Lamm vergebenen Bonituren den Ergebnissen der Rohfellbeurteilung durch den Fellkäufer gegenübergestellt. Während bei den einzelnen Felleigenschaften (Muster, Haar- und Lockenqualität) nur bedingte Übereinstimmung besteht, stimmt die Gesamtbeurteilung der Felle (Klassifikation durch den Züchter bzw. Preisfestlegung durch den Käufer) sehr weitgehend überein. K. H. König. 4236.

SPEZIELLE KLEINTIERZUCHT

C. GEFLÜGEL

Röger, Walter. **Die Schlachtgeflügelwirtschaft der Schweiz.** Dtsch. Geflügelwirtsch. **14** (1962) Nr. 40. S. 517–518. – 6 Abb.

Betont wird die Aufwärtsentwicklung in der Erzeugung von Broilern. Maßgebend für die Wirtschaftlichkeit der modernen Geflügelmast ist die „vertikale Integration“, die Erzeugung von Mastgeflügel auf der Basis von Verträgen. Kükenerzeuger, Mäster, Futterindustrie und Schlachterei gehen vertragliche Bindungen ein, um die kontinuierliche Erbrütung, Mästung und Schlachtung zu garantieren. Der Migros-Genossenschaftsbund in Zürich, die Optigal SA in Lausanne und die Provimi SA in Cossonay-Gare werden als beispielhafte Interessengemeinschaften genannt.

W. Greiner-Petter. 4601.

Naujok, E. **Wie planen wir die Entwicklung der Geflügelwirtschaft.** Tierzucht **14** (1960) Nr. 12. S. 542–544.; **15** (1961) Nr. 7. S. 320–322. 4601.

Hühner

Scholtyssek, S. Stuttgart-Hohenheim. **Eindrücke über die Geflügelwirtschaft in Österreich.** Dtsch. Geflügelwirtsch. **14** (1962) Nr. 36. S. 463–466. – 4 Abb., 2 Tab.

Der Selbstversorgungsgrad aus der österr. Geflügelwirtschaft beträgt ca. 75–80% für Eier und ca. 90% für Geflügelfleisch. Eine vom Vf. durchgeführte Besichtigungsreise führte durch 1. drei typische Geflügelzuchtbetriebe, die als Beispiel für anerkannte Zuchtbetriebe gelten und über großes Tiermaterial verschiedener Rassen verfügen und 2. vier typische Mästereien bzw. Mästerringe. Die österr. Fachorganisation der Geflügelzüchter (ALGÖ) in Wien hat besten Kontakt mit dem Ministerium, ist mitbestimmend bei der amtlichen Leistungsprüfung und hat auch einen gewissen Einfluß auf die Futtermittelherstellung. Ein eigenes Hybridenzuchtprogramm kann nicht erstellt werden, gute Hybriden werden importiert und in der Leistungsprüfungsanstalt Wien-Schwechat kontrolliert. Für die Mast werden Elterntiere und Mastfertigprodukte als Bruteier importiert. Die Leistungsprüfung erstreckt sich auf anerkannte Herdbuch- und Vermehrungszuchten und ausländische Hybriden, neuerdings wird auch der Random-Sample-Test durchgeführt. Auf wiss. Gebiet nimmt die Lehrkanzel für Tierzucht in Wien die Lehre und Forschung in der Spezialrichtung Geflügelzucht wahr.

U. Hofmann. 4608.

Mehner, Alfred und Torges, Ute; Celle. **Die Hühnerhaltung in der Bundesrepublik Deutschland.** Dtsch. Geflügelwirtsch. **14** (1962) Nr. 34. S. 441–443. – 5 Tab.

Aus den Ergebnissen der Dezember-Viehzählungen 1960 und 1961 ist zu ersehen, daß Stadt und Land zusammen ihre Hennen- bzw. Hühnerbestände um 9,4 bzw. 9,7% erhöht haben. Der Anstieg des Junghennenanteils (1961 = 57,3%) beträgt im Bundesdurchschnitt 9,8%. Die höchste Zunahme an Junghennen war im Saarland mit 14% zu verzeichnen, wodurch der Junghennenanteil auf 46% gestiegen ist. In Niedersachsen betrug der Junghennenanteil 1961 jedoch schon 65% und in Nordrhein-Westfahlen 56%. Eine Aufstellung über die prozentuale Verteilung auf die 6 Größenklassen (30 bis 80%) der Junghennenanteile zeigt, daß der Anteil in der 30- und 40%-Klasse stark zurückging, in der 60- und 70%-Klasse trat eine Erhöhung ein, während die 50%-Klasse am häufigsten vertreten ist. U. Hofmann. 4608.

Coles, R.; London, Min. of Agric. Fisheries and Food. The poultry industry today. **(Der gegenwärtige Stand der Geflügelindustrie.)** J. Brit. Dairy Farmers' Assoc. **66** (1962) S. 24–37. – 4 Abb., 6 Tab.

In England und Wales wurden 1960 34 Mill. Tiere gehalten; der Zuwachs in den letzten 4 Jahren betrug 6 Mill. Die Technik, mit ihr die Züchtung und Organisation bilden die Grundlage dieser Entwicklung. Fensterlose Ställe sind die neueste Entwicklung, man hat alle Faktoren, vor allem Licht und Belüftung, iu der Hand. Komplette automatische Fütterung; Tränk- und

Reinigungsanlagen machten die Haltung von Tausenden Tieren möglich und gestalten die Ökonomik der Eier- und Fleischproduktion. Eine Durchschnittsleistung von 250 Eiern je Henne wird erreicht. Die Broilerproduktion stieg von 5 Mill. (1953/54) auf 140 Mill. (1960/61); Anlagen für 20000 Tiere entsprechen den Anforderungen. Die Putenerzeugung stieg in den letzten Jahren um 400%, auch hier hat sich die Linienkreuzung durchgesetzt. 98% des Eierverbrauches werden durch inländische Produktion gedeckt. Der Pro-Kopf-Verbrauch an Eiern liegt bei 230 Stück., bei Geflügelfleisch bei 12 lb. Die Inlandproduktion an Geflügelfleisch beträgt 215100 t, der Import 1650 t. E. Urban. 4608.

Bobby, F. C. Level of commercialegg production. **(Stand der Markteierproduktion.)** New Zealand J. Agric. **104** (1962) Nr. 1. S. 27–33. – 6 Tab. Die Untersuchung umfaßt eine repräsentative Gruppe (140 Farmen) der Markteier-Geflügelhaltungen in Neuseeland. Die Herdengröße beträgt durchschnittl. 750–3000 Legehennen. In den Mon. des höchsten Besatzes im Jahr werden in diesen Farmen 205000 Tiere gehalten. Auf der Nordinsel beträgt die durchschnittl. Jahresleistung pro Henne 193,3, auf der Südinsel 197,2 Eier. Die durchschnittl. Monatsleistung schwankt im Norden zwischen 13,3 und 17,4, im Süden zwischen 14,5 und 17,9 Eiern, das Minimum wird im Febr., das Maximum in den Mon. Mai-Aug. erreicht. Die Mortalität beläuft sich in der 366-Tage-Prüfung auf max. 8,1–12,3%. Die Selektion erfolgt in Auckland von Sept.-Dez. Hierbei werden noch teilweise gute Hennen in voller Legekondition mitverkauft. In Wellington fällt die Selektion in die Mon. Dez.-März, nachdem der Nachwuchs saisonüblich legereif geworden ist. Die geringsten Unterschiede in der Merzrate hat Canterbury aufzuweisen. Dort wird ein hoher Prozentsatz der Hennen in Käfigen gehalten, nicht wirtschaftliche Hennen werden fortlaufend ersetzt. Otago-Southland merzt ähnlich wie Wellington von Nov.-Febr.-März, am stärksten für den Weihnachtsbedarf. Die höchste Eierproduktion fällt in die Wintermonate (Juni–Aug.), früher waren es die Frühlingsmonate (Sept.-Okt.). Heute hält man vorwiegend Kreuzungshennen (Weiße Leghorn × Australorp bzw. Rote Rhodeländer) zur Eierproduktion. Z. Z. wird allg. von der Beleuchtung der Ställe in den Wintermonaten Gebrauch gemacht, hinzu kommen mehr Frühbruten. Die Legebestände bestehen heute fast nur aus Junghennen, die den Winter über legen, während vorher noch annähernd 40% Althennen gehalten wurden. In Auckland mit dem höchsten Herdenbestand erfolgt das Merzen unmittelbar nach der Periode der höchsten Eierpreise (Aug.-Sept.). Die niedrigste Eier-Anzahl fällt daher im Nov.-Dez. an, alljährlich kommt es so zu einem Mangel an Eiern in der Marktversorgung um die Weihnachtszeit. Die Marktverwaltung schlägt deshalb vor, den derzeitigen Junghennenbestand solange zu halten, bis der legereife Ersatz herangewachsen ist oder einen Teil des Nachwuchses im Herbst schlüpfen zu lassen. Zur kontinuierlichen Eierversorgung sollten in Zukunft 2 bzw. 3 Brutabschnitte im Jahr eingeführt, außerdem die Bodenhaltung möglichst auf Käfighaltung umgestellt werden. W. Greiner-Petter. 4608.

Berdiev, D. G. (Berdijew, D. G.); Sagorsk, Gebiet Moskau, Unions-Forsch.-Inst. für Geflügelzucht. Biologičeskie i chozjajstvennye kačestva mestnych kur Azerbajdžana. **(Biologische und wirtschaftliche Eigenschaften der Landhühner Aserbaidshans.)** Sbornik rabot molodych učenych. Doklady na naučnoj konferencii aspirantov. Vsesojuznyj naučno-issledovatel'skij institut pticevodstva, Moskva **1960** Nr. 3. S. 65–72. – 10 Tab.
Vf. vergleicht das Schwarze und das Bunte Landhuhn Aserbaidshans mit den allg. verbreiteten Rassen. Die leichten Landhühner sind dem scharfen Kontinentalklima angepaßt, die Abgänge durch Krankheit sind gering. Die Legetätigkeit beginnt bei Schwarzen Landhühnern mit 149 Tagen, bei

den Bunten nach 167 Tagen. Die Legeleistung betrug in 9 Mon. bei Australorps 138,8 Eier, bei Perwoje-Maja-Hühnern 82,8 Stck., die Landhühner erbrachten 97,3 bzw. 96,0 Stck. Zur Mast sind die Landhühner wenig geeignet. Hierfür müßten Kreuzungen mit anderen Rassen bzw. eine Selektion auf Masteigenschaften vorgenommen werden. Vf. bemängelt das niedrige Lgw. der Landhühner (1,4–1,47 kg), das niedrige Eigewicht (50,0–62 g) und die Neigung zur Brütigkeit. W. Sommerfeld. 4640.

Smirnov, B. V. (Smirnow, B. W.); Sagorsk, Gebiet Moskau, Unions-Forsch.-Inst. für Geflügelzucht. Nekotorye dannye o svjazi fiziologičeskoj skorospelosti zagorskich belych kur s ich produktivnost'ju. **(Einige Angaben über die Verbindung physiologischer Frühreife und Produktivität bei Weißen Sagorsker Hühnern.)** Sbornik rabot molodych učenych. Doklady na naučnoj konferencii aspirantov. Vsesojuznyj naučno-issledovatel'skich institut pticevodstva, Moskva **1960** Nr. 3. S. 49–56. — 2 Abb., 4 Tab., 16 Lit.
Vf. unterteilte 226 Sagorsker Hühner in Abhängigkeit vom Zeitpunkt des Legebeginns in Gruppen. Die Embryonen der von den verschiedenen Gruppen gewonnenen Eier zeigen keine bemerkenswerten Entwicklungsunterschiede. Die Nachkommen der frühreifen Hennen (Legebeginn 141.–150. Lebenstag) bleiben vom 30. Lebenstag an in der Gewichtsentwicklung hinter denen der mittelfrühen Hennen zurück. Nach 360 Tagen betrug der Unterschied 350 g. Eimenge und -gewicht der ersten 5 Lebensmonate waren bei den Hennen mit mittlerer Reife (Legebeginn 161.–170. Lebenstag) am günstigsten.
W. Sommerfeld. 4640.

Mende, Gunther; Leipzig, Karl-Marx-Univ., Inst. für Kleintierzucht. **Untersuchungen über die Ursachen der Deformation des Brustbeinkammes (crista sterni) bei Zucht- und Masthühnern.** Wiss., Z. Karl-Marx-Univ. Leipzig, math.-naturwiss. R. 11 (1962) Nr. 3. S. 421–437. — 8 Abb., 11 Tab. 50 Lit.
In 12 Zuchtbetrieben Sachsens, deren Hühner bes. stark an Brustbeinverkrümmungen leiden bzw. in solchen, die weniger oder fast gar nicht mit diesem Problem zu kämpfen haben, wurden Boden-, Trinkwasser und Pflanzenbestandsuntersuchungen vorgenommen. Die Ergebnisse zeigen, daß unausgeglichene Nährstoffverhältnisse im Boden, hoher Schwefel- und Chloranteil im Wasser, ein hoher Anteil von Sauergräsern im Auslauf und der Mangel an Mineralstoffen und Vit. im Futter sich negativ auf die Brustbeinentwicklung auswirken. Nachforschungen in den Stammkarten und Nachzuchtversuche zeigen, daß eine Vererbung der Disposition zur Brustbeinkammdeformation mit vorliegt. Dabei wird klar herausgestellt, daß eine Vererbung der Mineralstoffausnutzung im Körper die Unterschiede bez. Brustbeinentwicklung in den einzelnen Zuchten hervorbringt.
U. Hofmann. 4655.

Gleichauf, R.; Celle, Bundesforsch.-Anst. für Kleintierzucht. **Eiform und Zuchtwahl.** Arch. Geflügelkunde **26** (1962) Nr. 3. S. 225–242. — 11 Abb., 4 Lit.
Vf. bespricht Versuche von Abel, nach denen mit Hilfe biophysikalischer Messungen aus der Symmetrie der Eiform mit verschieden hoher Wahrscheinlichkeit der biol. Wert einer Henne bestimmt werden kann. Die Eignung des von Abel entwickelten Meßinstrumentes „Ovo Colombo“ wurde in der BFAK nachgeprüft, und zwar an insgesamt 4286 Eiern aus 22 New Hampshire- und 30 Weißen Leghornstämmen. Dabei wurde das Längen-Breitenverhältnis bestimmt, die Exzentrizität gemessen, Schalenstruktur und Eitypus erfaßt und die Schlupfprozente aus weiteren Einlagen des gleichen Hennenmaterials festgestellt. Die Ergebnisse zeigten, daß zwischen der Eiform und der Legeleistung einerseits sowie dem Geschlechtsverhältnis andererseits offensichtlich überhaupt keine Zusammenhänge bestehen. Bei der Schlupf-

fähigkeit war eine gewisse Tendenz im Sinne der Abelschen Leistungsstufen zu verzeichnen, wenngleich die eingeordneten Werte in ihrem Mittel nur schwach oder überhaupt nicht gesichert erschienen. Das Meßgerät „Ovo Colombo" kann für den praktischen Zuchtbetrieb bei der Selektion auf hohe Leistung nicht empfohlen werden. U. Hofmann. 4655.

Schaaf, A.; Dummerstorf, Abt. Eliteleistungsbuch des Inst. für Tierzuchtforsch. Berlin. **Die Ergebnisse der Staatlichen Hühnerleistungsprüfungen 1960/61 in der Deutschen Demokratischen Republik.** Arch. Geflügelzucht Kleintierkunde **11** (1962) Nr. 4. S. 235–274. — 10 Tab. Zus. in Russ., Engl.
In 5 Hühnerprüfungsanstalten wurden in 350 Tagen 134 Wirtschaftsgeflügel-, 9 Rassegeflügel- und eine Kreuzungsgruppe geprüft, wobei 32 Wirtschaftsgeflügel- und 3 Rassegeflügelgruppen die Mindestbedingungen für die Eintragung ins Eliteleistungsbuch erfüllten. Die Wirtschaftsgeflügelgruppen verteilten sich wie folgt auf die Rassen: 73 Weiße Leghorn-, 7 Hy-Line-, 6 Rebhuhnfarbige Italiener-, 13 New Hampshire-, 1 Rhodeländer-, 1 Sussex- und 7 Weiße Rock-Gruppen. Die Hy-Line-Gruppen erzielten die höchsten Gesamtleistungen und stellten die Spitzengruppe mit durchschnittl. 284,9 Eiern, 59,4 g Eigewicht, 16,9 kg Eimasse und 258 g Futteraufwand. Die beste Inlandgruppe (New Hampshire) legte 254,2 Eier mit 59,4 g Gewicht bei 318 g Futteraufwand zur Erzeugung von 100 g Eimasse. In der in 3 Anstalten durchgeführten Zuchtleistungsprüfung erfüllten 12 von 47 geprüften Gruppen die Bedingungen. In der Mastleistungsprüfung wurde von 7741 zur Aufzucht eingestellten Küken ein durchschnittl. 10-Wochen-Gewicht von 1077 g bei einem Futteraufwand von 2,96 kg/kg Lgw. erzielt. U. Hofmann. 4656.

Smetana, P. und Hunt, F. A. E. Fifth West Australian random sample egg laying test, 1961–1962. **(Fünfter Westaustralischer Stichprobentest der Legehennen 1961-1962.)** J. Agric. Western Australia [4] **3** (1962) Nr. 6. S. 473–474. — 1 Tab.
Dieser Bericht umfaßt die ersten 18 Wochen von den insgesamt 50 Wochen der Legeperiode. Das Tiermaterial besteht aus Leghorn, Australorps und deren Kreuzungsprodukte. Das Körpergewicht je Tier im Alter von 175 Tagen betrug ⌀ 4,61 lb. Die Legeleistung lag bei 68,5 Eiern mit einem Eigewicht von 1,78 oz. Der Futterverbrauch je Tier/Tag betrug 3,60 oz. Die Legerate lag bei 58,2%. Die Einnahmen abzüglich der Futterkosten betrugen 3,0 s./Tier. In dem Zeitraum der 18 Wochen traten 3,92% Verluste auf. E. Urban. 4656.

Missler, H. **Probleme der Junghennenaufzucht.** Dtsch. Geflügelwirtsch. **14** (1962) Nr. 19. S. 239–240.
Die intensive Junghennenaufzucht gibt dem Geflügelhalter die Möglichkeit, unabhängig von der Jahreszeit legereife Hennen einzustallen. Voraussetzung für eine intensive Aufzucht bis zur Legereife sind optimale Umweltbedingungen, wie eine Besatzstärke von 6 Tieren/m², Be- und Entlüftung, genügend Futter- und Tränkfläche, Isolation und arbeitssparende Einrichtung. Bei 2 maliger Aufstallung von Junghennen im Jahr ist das Aufzuchthaus 39 Wochen des Jahres belegt. Als problematisch für die Freilandaufzucht werden vom Vf. folgende Fragen besprochen: 1. Auslaufhygiene. Bei der Freilandaufzucht wird die Grasnarbe geschädigt, und die Hüttenplätze werden überkotet, wenn nicht eine große Auslauffläche zur Verfügung steht. 2. Durch Witterungseinflüsse können starke Schockwirkungen hervorgerufen werden, wenn die Junghennen im Alter von 7–9 Wochen vom Aufzuchthaus in Freilandhütten gesetzt werden. 3. Die Infektionsmöglichkeit durch Verschleppung (Vögel und Menschen) ist bei Auslaufhaltung leicht gegeben, die Isolierung von Beständen ist erschwert. 4. Die Haltung von Junghennen in Aufzuchthütten macht die Durchführung eines Lichtprogramms unmöglich. U. Hofmann. 4667.

Gadžiev, G. M. (Gadshijew, G. M.); Aserbaidshan, Landwirtsch. Inst. Rost i mjasnye kačestva cypljat raznych porod v Azerbajdžanskoj SSR. **(Wachstum und Schlachteigenschaften der Küken verschiedener Rassen in der Aserbaidshanischen SSR.)** Sbornik rabot molodych učenych. Doklady na naučnoj konferencii aspirantov. Vsesojuznyj naučno-issledovatel'skij institut pticevodstva, Moskva **1960** Nr. 3. S. 21–30. — 5 Tab., 15 Lit.
Die 90- bis 120tägige Aufzucht ohne Nachmast wird als geeignetste Form der Fleischerzeugung unter den gegebenen Bedingungen angesehen. Mit 90 Tagen wogen die Hähnchen bei Australorps 1283 g, Perwoje Maja 1174 g, Rhodeländer 1135 g und bei den Kreuzungsprodukten aus New Hampshire mit Landrassen 1129g. New Hampshire, Plymouth Rocks und Weiße Leghorn wogen weniger. Der Anteil der eßbaren Bestandteile des 90 Tage alten Hähnchens betrug bei Plymouth Rocks 61,1%, bei den Kreuzungstieren 60,8%, bei Perwoje Maja 60,7%; die anderen Rassen lagen unter 60%.
W. Sommerfeld. 4667.

Hattenhauer, H.; Merbitz, Inst. für Geflügelwirtsch. **Beiträge zur Kenntnis des wirksamen Prinzips der Pferdealtstreu für die Kükenaufzucht.** Arch. Geflügelzucht Kleintierkunde **11** (1962) Nr. 1/2. S. 3–97. — 35 Abb., 38 Tab., 115 Lit. Zus. in Russ., Engl.
Die günstigsten Ergebnisse hinsichtlich Wachstumssteigerung und Minderung der Aufzuchtverluste bei der Kükenaufzucht mit verschiedenen Altstreuverfahren führten zur wiss. Untersuchung dieses Problems. Es wurden 5 Kükenaufzuchtversuche durchgeführt und als wirksames Prinzip der Altstreustapel eine Kombination von nutritiven und coccidiostatischen Wirkungen ermittelt. Die futterkomplettierende Wirkung von Altstreustapeln bei Mangeldiäten an tierischem Eiweiß wird durch die Aufnahme von nutritiven Faktoren aus der Altstreu erklärt. Die Ursachen der coccidiostatischen Wirkungen von Altstreustapeln konnten nicht geklärt werden. Abgelagerte Pferdealtstreu oder kompostierte Hühneraltstreustapel besitzen gegenüber frischen Pferdealtstreustapeln keine gesteigerten nutritiven und coccidiostatischen Wirkungen. Die Altstreuverfahren stellen geeignete Kükenaufzuchtmethoden dar, sie sind dem bisher üblichen Wechselstreuverfahren in ernährungsphysiologischer, hygienischer und arbeitswirtschaftlicher Hinsicht überlegen.
U. Hofmann. 4667.

Pingel, H.; Berlin, Humboldt-Univ., Inst. für Geflügel- und Pelztierzucht. **Vergleichende Untersuchungen über die Käfigaufzucht bis zum Junghennenalter gegenüber der Bodenaufzucht und deren Auswirkung auf die spätere Leistungsfähigkeit in den landwirtschaftlichen Geflügelhaltungen.** Arch. Geflügelzucht Kleintierkunde **10** (1961) Nr. 5/6. S. 289–325. — 14 Abb., 20 Tab., 23 Lit. Zus. in Russ., Engl.
Mehr als 4000 Hennenküken der Rassen New Hampshire und Weiße Leghorn wurden in 2 bzw. 3 Generationen verschiedenen Aufzuchtmethoden (8wöchige Käfigaufzucht, 3- oder 4wöchige Käfigaufzucht, intensive Bodenaufzucht) unterworfen. Dabei wurden Sterblichkeit, Gewichtsentwicklung, Futterverbrauch und -verwertung festgestellt. Über 2000 Jung- bzw. Legehennen wurden in ihrer späteren Leistung geprüft. Die Käfigaufzucht hat gegenüber der Bodenaufzucht keine anhaltende Leistungsminderung hervorgerufen. Gewichtsentwicklung und Futterverwertung wurden günstig beeinflußt. Der Ausbreitung von Kükenkrankheiten wird bei der Käfighaltung entgegengewirkt. Legeleistung und Fruchtbarkeit werden durch Käfigaufzucht nicht verschlechtert. Nach Käfigaufzucht folgende schlechte Fütterungs- und Haltungsbedingungen wirken sich negativ auf Gesundheit und Gewichtsentwicklung aus. Geringerem Stallraumbedarf bei Käfigaufzucht steht die niedrigere Arbeitsproduktivität gegenüber, so daß Käfigaufzuchtanlagen nur für die rationelle Ausnutzung von Altbauten in Frage kommen sollten.
U. Hofmann. 4667.

Becker, R.; Halle/S.; Martin-Luther-Univ., Halle-Wittenberg, Inst. für Kleintierzucht. **Verkürzter Umtrieb – höhere Produktion.** Tierzucht **16** **16** (1962) Nr. 7. S. 306–310. – 4 Tab., 3 Lit.

Bei Unterteilung der Kosten in 5 Gruppen lagen den Berechnungen folgende Werte zugrunde:

Grundkosten:	Kosten/Hennenplatz/Jahr	1,56 DM
Bestands-erneuerungskosten:	Preis der Junghenne (zugekauft)	15,00 DM
	Preis der Junghenne (selbstgezogen)	10,00 DM
	Preis der Suppenhenne	7,00 DM
Futterkosten:	Preis/dt Futter	35,00 DM
	Futterbedarf/Henne/Jahr	40,00 kg
	Futterbedarf/Henne/7 Mon.	25,00 kg
Arbeitskosten:	Lohn/1000 Eier	13,30 DM
sonstige Kosten:	Kosten/Jahr bzw. Kosten für 7monatigen Umtrieb	1,00 DM
Verluste:	je Monat	1,00%
Erlös je Ei		0,28 DM

Die Berechnungen ergaben, daß durch eine Verkürzung der Umtriebszeiten die Produktion von Eiern und Geflügelfleisch gesteigert wird und gleichzeitig die Einnahmen sehr stark ansteigen. Mit der Einführung des verkürzten Umtriebes müssen folgende Voraussetzungen erfüllt sein: a) ganzjährige Aufzucht der Junghennen, b) genügend Futter für die Junghennenaufzucht, c) hohe Legeleistung der Hennen, bes. im 6.–12. Lebensmonat, gute Schlachtqualität, d) hochkonzentriertes Leistungsfutter für die Legehennen, e) im Verhältnis zum Suppenhennenpreis niedriger Junghennenpreis, f) klimatisierte Ställe. U. Hofmann. 4668.

Menzi, M.; Zürich, Eidg. TH., Inst. für Tierzucht. **Die Anwendung neuzeitlicher Züchtungsverfahren, dargestellt am Beispiel der Geflügelzucht.** Schr. schweiz. Verein. Tierzucht **1962** Nr. 29. S. 5–18. – 5 Abb., 8 Lit.

Vf. bespricht zunächst Möglichkeiten der Zuchtwertschätzung und geht dann auf züchtungstechnische und genetische Voraussetzungen in der Geflügelzucht ein. Bei der Erzeugung von Legetieren z. B. weisen die Leistungsmerkmale Vitalität und Eiproduktion eine geringe Erblichkeit auf, während sich eine starke Selektion auf Eigewicht nachteilig auf die Legeleistung und Reproduktionseigenschaften auswirkt. Bei der Entwicklung spez. Masttypen sind Wachstum und gute Futterverwertung eng korreliert mit schlechter Reproduktionsfähigkeit. Die große Reproduktionsfähigkeit des Huhnes erlaubt einerseits die Anwendung der besten Zuchtwertschätzungsmethoden und andererseits eine sehr strenge Auswahl der für die Bestandserhaltung nötigen Zuchttiere. Der in züchterischer Beziehung sehr günstigen Selektionsintensität steht die Inzucht gegenüber; für die meisten wirtschaftlich wichtigen Leistungsmerkmale des Huhnes sind sog. Inzuchtdepressionen bekannt. In der praktischen Züchtung werden in einem umfassenden Zuchtprogramm Reinzucht und Kreuzung miteinander kombiniert. Die besten Erfolge dürften dann erzielt werden, wenn auf der festen Basis direkter Selektionsarbeit günstige Kreuzungseffekte systematisch ausgenutzt werden. U. Hofmann. 4669.

Mehner, A.; Celle, Bundesforsch.-Anst. für Kleintierzucht. **Die Heterosiszüchtung, dargestellt am Beispiel der Hühnerzüchtung.** Schweinezucht u. Schweinemast **10** (1962) Nr. 5. S. 90–91.

An die Stelle der ausschließlichen Reinzucht in der Geflügelherdbuchzucht ist in den letzten Jahren mehr und mehr die Heterosiszüchtung getreten. Bei der sog. Inzuchthybridisation werden Tiere aus verschiedenen Inzuchtlinien miteinander gepaart. Dabei zeigen nur Passerlinien den gewünschten

Heterosiseffekt. Das systematische Aussuchen der Passerlinien ist der schwierigste Teil bei der Inzuchthybridisation und erfordert einen ungeheuren Aufwand an Tieren, Ställen, Zeit und Arbeit. Bei der Linienkreuzung wird ein genügend großer Tierbestand über mehrere Generationen in geschlossener Züchtung, d. h. ohne Zufuhr fremden Blutes, gehalten. Eine Bestandsgröße von 20 Zuchtstämmen mit 15–18 Hennen je Stamm und Hahn wird zur Schaffung von Linien empfohlen, damit enge Inzucht und Inzuchtschäden vermieden werden. Zwei oder mehrere solcher Linien werden nun gekreuzt, wobei der Heterosiseffekt dann eintritt, wenn Passerlinien mit den besten Kreuzungseffekten verpaart werden. Das Linienkreuzungsverfahren gilt als das billigere Verfahren und wurde auch in der BRD gewählt. Der Reinzüchter verkauft mit seinen Zuchttieren die Möglichkeit zur Weiterzüchtung, der Heterosiszüchter dagegen liefert Gebrauchstiere, weisen diese jedoch keine gleichmäßig gute Leistungsfähigkeit und Gesundheit auf, so hat der Kreuzungszüchter bei der starken Konkurrenz keine Aussichten am Markt.
U. Hofmann. 4669.

Azimov, S. G. (Asimow, S. G.); Sagorsk, Gebiet Moskau, Unions-Forsch.-Inst. für Geflügelzucht. Biologičeskie i chozjajstvennye osobennosti nekotorych pomesej kur, vyraščivaemych na mjaso. **(Biologische und wirtschaftliche Besonderheiten einiger Rassenkreuzungen für die Hühnerfleischproduktion.)** Sbornik rabot molodych učenych. Doklady na naučnoj konferencii aspirantov. Vsesojuznyj naučno-issledovatel'skij institut pticevodstva, Moskva **1960** Nr. 3. S. 91–102. — 2 Abb., 9 Tab., 18 Lit.
Vf. kreuzte Leningrader Hähne × Sagorsker Lachshühner (I) und Sagorsker Lachshähne × Leningrader Hühner (II). Als Kontrollgruppen dienten die reinen Ausgangsrassen. Das Schlupfergebnis in Prozent der befruchteten Eier betrug bei I-80,0, II-90,3, reinen Sagorskern (III) 84,7 und reinen Leningradern (IV) 81,3. Die Küken wogen nach 90 Tagen im Durchschnitt der Geschlechter I-1238 g, II-1337 g, III-1240 g, IV-1090 g. Das Aufzuchtergebnis betrug bei I-IV: 92,6%, 95,1%, 93,2%, 90,7%. Je kg Zumast wurden 5,26; 4,9; 5,26 und 5,66 kg FE benötigt. Der Fettgehalt des Fleisches war bei den Kreuzungen etwas höher als bei den Ausgangsrassen.
W. Sommerfeld. 4669.

Džajani, O. I. (Dshaiani, O. I.); Moskau, Veterinärmed. Akad. Vlijanie uslovij soderžanija i kormlenija pri vyraščivanii cypljat na mjaso. **(Der Einfluß der Haltungs- und Fütterungsbedingungen auf die Kükenmast.)** Sbornik rabot molodych učenych. Doklady na naučnoj konferencii aspirantov. Vsesojuznyj naučno-issledovatel'skij institut pticevodstva, Moskva **1960** Nr. 3. S. 103–110. — 6 Tab., 10 Lit.
Vf. führte in der Tomilinsker Geflügelfabrik Versuche mit Küken der Rassen New Hampshire und Russische Weiße durch. Die Veränderung der Käfigmaße von 72 × 72 cm auf 135 × 36 cm ergab eine Verlängerung der Freßbreite von 7 auf 13 cm je Tier im letzten Mastabschnitt und eine Verbesserung der Lichteinstrahlung. Die Mastergebnisse lagen um 11,5–11,9% über denen der Normalkäfige. Im Fütterungsversuch wurden vom 63.–87. Lebenstag zu einer Ration mit einem Nährstoffgehalt von 13,2 g verd. Rohprotein in 109,2 g FE/100 g Kraftfuttermischung zugegeben: I-je Tier tägl. 6 g tierisches Fett; II-14 g Futtermelasse; III-55 g Magermilch. Bei Normalfütterung erreichte man bei New Hampshire 1249 g Lgw. mit 5,92 kg FE/kg Zumast. Die Versuchsgruppen erzielten: I-1320 g bei 5,10 FE/kg Zumast; II-1307 bei 5,29 FE; III-1348 bei 5,14 FE. Vf. macht Angaben über Veränderungen der Blut- und Fleischzusammensetzung bei den verschiedenen Fütterungsmethoden. Die Wirtschaftlichkeitsberechnung weist bei den New Hampshire einen höheren Effekt der Futteraufbesserung nach als bei Russischen Weißen. Ökonomisch bes. wirkungsvoll war die Magermilchbeigabe. W. Sommerfeld. 4690.

Sincerova, O. D. (Sinzerowa, O. D.); Sagorsk, Gebiet Moskau, Unions-Forsch.-Inst. für Geflügelzucht. Sravitel'noe vyraščivanie batarejnych cypljat na mjaso pri suchom i kombinirovannom metodach kormlenija. **(Vergleichende Untersuchungen über die Batteriemast von Küken bei Trockenfütterung und kombinierter Fütterung.)** Sbornik rabot molodych učenych. Doklady na naučnoj konferencii aspirantov. Vsesojuznyj naučno-issledovatel'skij institut pticevodstva, Moskva **1960** Nr. 3. S. 121–128. — 2 Abb., 8 Lit., 6 Tab.
In der Tomilinsker Geflügelfabrik werden die Küken kombiniert mit Trocken- und Weichfutter gemästet. Zum Abschluß der Mast werden sie maschinell mit Futterbrei gestopft. Vf. untersuchte Möglichkeiten der Mast ohne maschinelle Nachmast. Die reine Trockenfütterung aus Automaten war erfolgreich, wenn vom 70. Lebenstag an 6% tierisches Fett zugegeben wurde. Bei Trockenfütterung mit Weichfuttergabe 2mal tägl. in den letzten 2 Mastwochen wurden fast die gleichen Resultate erzielt wie bei durchgehend kombinierter Fütterung. Ein Anteil von 6% Fischmehl bis zum Ende der Mast wirkte nach Ansicht des Vf. nicht ungünstig auf den Geschmack der Schlachtware. Die 85-Tage-Mast wird bei Anwendung der Automaten-Trockenfütterung als ökonomischer angesehen als die 90-Tage-Mast. Als Tiermaterial standen New-Hampshire beiderlei Geschlechts zur Verfügung.
W. Sommerfeld. 4690.

Hess, C. W., May, K. N. und Dembnicki, E. F.; Athens, Ga., Southern Regional Poultry Breeding Projekt. Abnormally small egg size observations. **(Beobachtungen über abnorm geringe Eiergrößen.)** Poultry Sci. **41** (1962) Nr. 3. S. 1011–1012. — 1 Tab., Lit.
Vff. untersuchten 4 Hennen einer durch Zufall entstandenen Rasse, Athens-Canadian genannt, die auffallend kleine Eier legten. Die Fruchtbarkeit der Eier wurde überprüft und die Gewichte der frischen Eier sowie die der Eibestandteile (Schale, Eigelb, Eiweiß) genau festgestellt und zum Gewicht eines normalen Hühnereis in Beziehung gesetzt. Dabei wurden bes. die Mengen der einzelnen Eibestandteile beachtet; auffallend war, daß die Gewichte des Eiweißes und des Eigelbes bei den kleinen Eiern fast gleich waren, während im normalen Hühnerei das Verhältnis von Eigelb zu Eiweiß fast 1 : 2 ist. Schließlich wurden eine Versuchshenne und eine normale Henne geschlachtet und die einzelnen Gewichte einander gegenübergestellt. Die Versuchstiere hatten ein bedeutend geringeres Gewicht des Eileiters und bes. des Uterus. Weitere Versuche sollten den Nachweis über Abnormität oder Erblichkeit dieser Eigenschaften erbringen. B. Rempel. 4700.

Noles, Richard K. und Roush, James R.; Urbana, Univ. of Illinois, Dep. of Agric. Econ. Consumer egg preferences and their relationship to U. S. standards. **(Der Vorgang der Konsumeierproduktion und das Verhältnis zum U.S.-Standard.)** Poultry Sci. **41** (1962) Nr. 1. S. 200–207. — 5 Tab., 20 Lit.
Ein Test mit den Hausfrauen ergab, daß die Schalenfestigkeit und die Farbe stark beachtet werden, daneben wirken Größe und Qualität bestimmend für den Eiereinkauf. Blut- und andere Flecken sowie Keimentwicklung sind unerwünscht. Die Einstufung von Seiten der Hausfrauen deckte sich im Großen mit der Klassifizierung nach dem U.S.-Standard, dies bedeutet, daß der letztere die Wünsche des Verbrauchers einschließt. 50% der Hausfrauen kaufen die Eier im Warenhaus, die andere Hälfte bezieht sie direkt aus den Farmen oder vom Kleinhandel. 41% der Käufer bevorzugen A-Ware bzw. noch bessere Ware. E. Urban. 4700.

Poppe, S.; Rostock, Univ., Inst. für Agrikulturchem. und Bodenkunde. **Einfluß von Grünmehlen und Körnermais auf die Dotterfarbe von Hühnereiern.** Arch. Geflügelzucht Kleintierkunde **11** (1962) Nr. 4. S. 275–280. — 10 Tab., 2 Lit. Zus. in Russ., Engl.

6 Gruppen zu je 25 Legehennen erhielten in einem 30 Tage währenden Hauptversuch zu einem Mischfutter einen 3%igen Grünmehlzusatz. Folgende Grünmehle standen zur Verfügung; Klee, Grünroggen, Landsberger Gemenge und Knaulgras. Während Futterroggen die schwächste Dotterfärbung hervorrief, konnte mit dem Knaulgras (60 kg N/ha) die intensivste Färbung erzielt werden. Alle Zusätze reichten für eine zureichende Dotterpigmentierung aus. In einem 2. Versuch mit 3 Gruppen Legehennen mit je ca. 470 Tieren wurden in den Versuchsgruppen I und II 20 bzw. 40% Mais im Mischfutter gereicht. Erst ein 40%iger Anteil von gelbem Mais scheint auszureichen, genügend intensiv gefärbte Dotter zu erzeugen.
U. Hofmann. 4700.

Heywang, B. W., Kemmerer, A. R. und Lowe, R. W.; Glendale, Ariz., Southwest Poultry Exp. Stat., Poultry Res. Branch. Yolk discolorations from cottonseed meal when eggs were oiled before storage. **(Dotterverfärbungen durch Baumwollsaat bei Eiern, die vor der Lagerung geölt wurden.)** Poultry Sci. **41** (1962) Nr. 1. S. 131–133. — 3 Tab., 3 Lit.
10 Gruppen von je 6 Leghorn-Hennen in Einzelkäfigen erhielten Futtermischungen mit 0; 0,01; 0,02; 0,004; 0,008% freiem Gossypol (mit 25% Baumwollsaatmehl und Sojabohnenextraktionsschrot 1:1). Je 6 Eier je Henne wurden mit leichtem Öl besprüht, ebenso viele nicht. Die Eier von Hennen aus den 5 Parallelgruppen wurden in gleicher Weise in schweres Öl getaucht (bzw. nicht). Nach 15 Tagen Lagerung bei 50–55 °F (I) oder 3–6 Mon. bei 35 °F (II) wurden die Eiverfärbungen festgestellt. Das Eintauchen in Öl verhinderte unter **II** die Dunkelfärbung der Dotter, wenn der Gossypolanteil unter 0,008% blieb; unter **I** traten nur bei 3% der Eier nach 0,002 und 0,004% Gossypol schwache Verfärbungen auf. Das Besprühen war nicht so wirkungsvoll, schwächte aber ebenfalls die Verfärbung unter **II** ab, solange das Gossypol 0,001 und 0,002% nicht überschritt. Unter den Bedingungen von **I** hatte es keine Wirkung. C. Engelmann. 4700.

Vŭlčev, P., Bal'ozov, D., Ivanov, K., Stoev, P. und Nenov, C. (Wâltschew, P., Baljosow, D., Iwanow, K., Stoew, P. und Nenow, Z.) Vlijanie na nesmenjaemata dŭlboka postelja vŭrchu rasteža i razvitieto na piletata. **(Einfluß der Dauerstreu auf das Wachstum und die Entwicklung der Küken.)** Naučni trudove. Visš selskostopanski institut „Georgi Dimitrov". Zootechničeski fakultet, Sofija **11** (1962) S. 69–82. — 4 Abb., 7 Tab., 16 Lit. Zus. in Russ., Franz.
Eine Gruppe von 374 Leghornküken wurde auf Dauerstreu aus zerkleinerten Maisspindeln und eine andere, ebenso starke Gruppe (Kontrolle) auf Wechselstreu gehalten. In der Kontrollgruppe erfolgte der Streuwechsel bei Verunreinigung. Die Küken beider Gruppen wurden in gleicher Weise und sachgemäß gefüttert. Ergebnisse (in Klammern Kontrollgruppe): mittleres Lgw. der Küken mit 70 Tagen 625,2 (628,7) g; Futteraufwand je kg Gewichtszuwachs 7,266 (7,193) FE; Sterblichkeit 6,15 (6,68)%. In einem zweiten, ähnlichen Versuch mit je 303 Rhodeländer-Küken wurden die Küken der Versuchsgruppe auf Dauerstreu aus zerkleinerter Holzwolle gehalten. Die Ergebnisse dieses Versuches sind (in Klammern Kontrollgruppe): mittleres Lgw. der Küken mit 70 Tagen 678,6 (679,4) g; Futteraufwand je kg Zuwachs 6,589 (6,484) FE; Sterblichkeit 11,22 (11,22)%. Die Arbeit enthält ausführliche Angaben über das Mikroklima in den beiden Räumen. Es wurde festgestellt, daß die Luft in dem Raum mit Dauerstreu in höheren Mengen Schwefelwasserstoff, Ammoniak und Mikroorganismen als die im Raum mit Wechselstreu enthielt. N. Platikanow. 4707.

Rodina, E. N. (Rodina, Je. N.); Sagorsk, Gebiet Moskau, Unions-Forsch.-Inst. für Geflügelzucht. Soderžanie kur i vyraščivanie molodnjaka na glubokoj podstilke. **(Die Haltung der Hühner und die Aufzucht des Junggeflügels auf Tiefstreu.)** Sbornik rabot molodych učenych. Doklady na naučnoj konferencii aspirantov. Vsesojuznyj naučno-issledovatel'skij institut pticevodstva, Moskva **1960** Nr. 3. S. 9–20. – 5 Abb., 8 Tab., 13 Lit.

Von 1957–59 liefen im Sowchos und im o. g. Inst. Untersuchungen über den Einfluß von Tiefstreu und Altstreu auf Mikroklima und Nutzleistungen der Tiere. Die Tiefstreu erhöhte die Stalltemperaturen im Winter gegenüber Wechselstreu um 0,5–1,9 °C. Gleichzeitig stieg allerdings die rel. Luftfeuchtigkeit im Winter um 2–4%. NH_3- und CO_2-Gehalt wurden erhöht, blieben aber in vertretbaren Grenzen. Die Legeleistung von Sept.–Apr. betrug 119,1 Eier je Henne in der Tiefstreugruppe gegenüber 116,9 Eiern bei Wechselstreu. Die Bruteigenschaften der Eier von der Tiefstreugruppe waren besser, es wurden ca. 10% höhere Schlupfergebnisse erzielt. Der Vit.-B_{12}-Gehalt der Tiefstreu stieg mit der Nutzungsdauer. Tiefstreu mit Torfanteilen war bez. des Vit.-B_{12}-Gehalts der reinen Sägespänetiefstreu überlegen. Bei der Kükenmast wurde durch Altstreu der Futterverbrauch je kg Zumast von 4,46 kg FE auf 4,1 kg FE gesenkt. Altstreuhaltung der Mastküken gestattete, die Futtermittel tierischer Herkunft zur Hälfte durch Extraktionsschrote zu ersetzen, ohne die Mastergebnisse zu verschlechtern.

W. Sommerfeld. 4707.

Ermolaeva, A. L. (Jermolajewa, A. L.); Sagorsk, Gebiet Moskau, Unions-Forsch.-Inst. für Geflügelzucht. Nekotorye voprosy soderžanija kur obščepol'zovatel'nogo tipa v kletkach. **(Einige Fragen der Haltung von Zwiehühnern in Käfigen.)** Sbornik rabot molodych učenych. Doklady na naučnoj konferencii aspirantov. Vsesojuznyj naučno-issledovatel'skij institut pticevodstva, Moskva **1960** Nr. 3. S. 31–39. – 2 Abb., 6 Tab., 13 Lit.

Untersucht wurden Moskauer Schwarze (MS), Jubiläumshühner (JH), New Hampshire (NH) und Russische Weiße (RW) auf ihre Eignung für die Käfighaltung. Mit 5 Mon. kamen die Junghennen in Gruppenkäfige und verblieben dort 12 Mon. Der Abgang – einschließlich Notschlachtungen – betrug bei MS-10,5%, JH-20,8%, NH-11,6% und RW-9,5%. Die Körpergewichtszunahme in % zum 5-Monate-Gewicht war bei MS-52,9, JH-63,7, NH-51,4 bei Auslaufhaltung dieser Rassen nur 21,9–24,3. Je Henne des Durchschnittsbestandes betrug die Legeleistung bei MS-149,1 Stck, JH-165,9, NH-170,4, RW-170,2. Auslaufhaltung erbrachte von MS-143,4 Eier, JH-130,0, NH-150,6. Für die Produktion von 1 kg Eimasse wurden in den Gruppenkäfigen verbraucht: MS-5,83 kg FE, JH-5,73 kg FE, NH-5,38 kg FE, RW-4,84 kg FE; in der Auslaufhaltung waren es MS-5,05 kg FE, JH-6,2 kg FE, NH-5,41 kg FE.

W. Sommerfeld. 4707.

Šiškov, N. und Enčev, S. (Schischkow, N. und Entschew, S.) Proučvane na chroničnata respiratorna bolest po pticite u nas. **(Studien über die chronische Erkrankung der oberen Atmungswege beim Geflügel in Bulgarien.)** Izvestija na Centralnija veterinaren institut za zarazni i parazitni bolesti, Sofija **3** (1962) S. 103–119. – 8 Abb., 30 Lit. Zus. in Russ., Engl.

Die Krankheit ist mit Eintagsküken aus Israel und Österreich eingeschleppt worden. Sie tritt am häufigsten bei 3 Wochen bis 3 Monate altem Geflügel zu allen Jahreszeiten auf. Bes. schwer bricht sie im feuchten Frühjahr und Herbst aus, während sie im Sommer abklingt. Für die Anfälligkeit spielt dabei die Geflügelrasse keine Rolle. Kennzeichnend sind die Schleimhautveränderungen der Luftröhre, der Luftsäckchen und der Lunge. Von großem diagnostischem Wert ist die Feststellung der hyperplastischen Veränderungen in der Luftröhrenschleimhaut sowie die Lungengeschwülste. Perikardit und Perihepatit wurden nicht so oft festgestellt wie durch andere Vff. (Martinez, Köller und Mitarbeiter). Vff. haben 38 Stämme isoliert und mit 2 davon die Krankheit reproduziert. Bei Streptomycin-Kükenbehandlung wurden Abnahme und Schwinden der Symptome beobachtet, während diese Behandlung bei erwachsenen Hühnern von keiner befriedigenden Wirkung war. Bei ausgeheilten Küken ist die Möglichkeit eines Wiederauftretens der Symptome nicht ausgeschlossen. P. Pawlow. 4710.

Blaxland, J. D.; Weybridge, Centr. Veterin. Lab. Respiratory diseases of poultry. **(Erkrankungen der Atmungsorgane beim Geflügel.)** Agriculture [London] 68 (1961) Nr. 9. S. 461–464.
1959 wurden in England und Wales 35066000 Stck. Geflügel gegenüber 19596000 Stck. im Jahre 1948 gehalten. Gleichfalls stieg in den letzten 7 Jahren die Broilerindustrie stark an, und Broilerproduzenten mit Herden unter 7000–10000 Tieren sind selten. Trotz Steigerung von Tierzahl und Intensivierung der Haltung konnte die Häufigkeit der früher weit verbreiteten Erkrankungen der Atmungsorgane des Geflügels eingedämmt werden. Dieses ist z. T. auf Verbesserungen der Haltungs- und Fütterungsbedingungen und auf vorbeugende Maßnahmen zurückzuführen. Die durchschnittl. Mortalität in der Broilerindustrie wird mit 3–5% angegeben. Die für Geflügel bedeutungsvollen Krankheiten der oberen Luftwege sind: Newcastle-Krankheit, Geflügelpocken, infektiöse Laryngotracheitis, infektiöse Bronchitis, chronische Atmungskrankheit (PPLO), infektiöser Gepflügelschnupfen und Gänseinfluenza. Ein Ausbruch dieser Krankheiten in Intensivhaltungen würde schwere wirtschaftliche Schäden verursachen. Um dies zu verhindern, wird auf die Fernhaltung krankheitsbegünstigender Einflüsse von den Tieren hingewiesen und auf vorbeugende Maßnahmen eingegangen. Reinigung und Desinfektion von Broilerhäusern haben regelmäßig, bes. bei Neubelegungen zu erfolgen. Um die Übertragung bestimmter Krankheiten durchDauerausscheider zu unterbinden, wird neben der Merzung der erkrankten Tiere zu strengen Isoliermaßnahmen und zur Quarantäne bei Tierzukäufen geraten. J. Strecke. 4710.

Greuel, E.; Bonn, Univ., Tierphysiol. Inst. **Ansteckende Gehirn-Rückenmark-Entzündung des Geflügels.** Tierzüchter 14 (1962) Nr. 12. S. 453–454. — 2 Abb.
Das klinische Krankheitsbild der meistens im 1- bis 3-Wochen-Alter erkrankenden und später verendenden Küken zeigt struppiges Gefieder, Abgeschlagenheit, unsicheren Gang und Koordinationsstörungen. Einige Tiere weisen am Kopf und Hals, manchmal auch am ganzen Körper, ein hochfrequentes Zittern auf. Die Laboratoriumsdiagnose kann durch Injektion einer Gehirn-Rückenmark-Suspension kranker Küken ins Gehirn gesunder Eintagsküken, die nach 5–40 Tagen an den charakteristischen Symptomen erkranken oder durch Einimpfung der Suspension in den Dottersack 5–7 Tage bebrüteter Hühnerembryonen erfolgen. Werden Junghennen geimpft, so gelingt es, eine Immunität zu erzeugen, der Impfstoff ist jedoch noch nicht so gut, daß er allg. empfohlen werden kann. Brütereien wird geraten, vor Brutbeginn die Immunitätslage der Elterntiere zu kennen, weil Brütereien nach dem Verkauf infizierter Küken schadenersatzpflichtig sind. Bei dem Test entwickeln sich nach der Beimpfung mit dem Virusstamm die Embryonen unter dem Schutz der von den Hennen mitgegebenen Antikörper normal, während sie in den Eiern nicht immuner Herden absterben oder Verzwergungserscheinungen zeigen. U. Hofmann. 4710.

Hilbrich, P. **Bekämpfung der Geflügeltuberkulose?** Dtsch. Geflügelwirtsch. 14 (1962) Nr. 17. S. 214–215. — 2 Abb., 1 Tab.
Die Zahl der Tuberkulosefälle unter den Zerlegungsbefunden der Institute ist bei steigender Zunahme der Einsendungen aus bäuerlichen Betrieben zurückgegangen, 1961 = 0,6% von 7135 Zerlegungen. Der weitaus größte

Teil der deutschen Geflügelfleisch- und Eierproduktion stammt aus Haltungen, in denen die Geflügeltuberkulose praktisch nicht vorkommt, es kommt also darauf an, die Geflügeltuberkulose in den bäuerlichen Haltungen alten Stils zu bekämpfen. Dafür müssen die erkrankten Bestände gemerzt und gesunde Hühner aus Tbc-freien Betrieben in bisher nicht von Hühnern benutzte Ställe und Ausläufe gebracht werden, wobei der Übergang zur ganzjährigen Stallhaltung zu empfehlen ist. U. Hofmann. 4710.

Dorn, P. **Junghennenkrankheiten und ihre Bekämpfung. Teil 2.** Dtsch. Geflügelwirtsch. **14** (1962) Nr. 34. S. 439–441. – Teil 1 vgl. LZ. Abt. III **7** (1962) Nr. 12. S. 2541.

Vf. behandelt die parasitären Krankheiten. Spulwürmer, die sich ohne Zwischenwirt entwickeln, entziehen dem Huhn einen Teil lebensnotwendiger Nährstoffe; deshalb ist ihre Bekämpfung (nähere Beschreibung bei verschiedener Haltung) notwendig. Geeignete Bekämpfungsmittel sind die piperazinhaltigen Präparate, die mit dem Trinkwasser gegeben werden. Eine im wesentlichen auf die Auslaufhaltung (Zwischenwirte) beschränkte Erkrankung wird durch Haarwürmer verursacht. Durch Injektion des Präparates „Dekelmin" ist diese Erkrankung des Junggeflügels erfolgreich zu bekämpfen. Von den Bandwürmern sind i. allg. nur die weniggliedrigen gefährlich. Hier ist eine Behandlung mit Zinndilaurathaltigen Präparaten am erfolgreichsten; es erfordert aber Einzelverabreichung. Gleichlaufend muß die Bekämpfung der Zwischenwirte erfolgen. Federlinge sind allg. harmlos, beunruhigen die Tiere aber; Bekämpfung erfolgreich durch Einpudern der Kloakengegend. Rote Vogelmilben sind als Blutsauger gefährlich. Die Massenbehandlung erfolgt durch Übersprühen der Tiere mit Hexa-DDT- und E 605-haltigen Präparaten. Fußräudemilben lassen sich – auch prophylaktisch – mit den gleichen Mitteln erfolgreich bekämpfen.
F. Schenk. 4710.

Kirsch, R.; Hannover, Tierärtl. Hochschule, Inst. für Parasitol. und Veterinärmed. Zool. **Ein Beitrag zur coccidiostatischen Wirkung von Zoalene.** Arch. Geflügelkunde **26** (1962) Nr. 2. S. 119–126. – 4 Tab.

Das Coccidiostaticum Zoalene (0,0125%) entfaltete bei steigenden Infektionen mit versporten Oocysten von *E. tenella* bis zu insgesamt 500 000 Oocysten pro Tier eine ausgezeichnete Wirksamkeit. Alle Tiere überstanden die Infektionen reaktionslos. Drei Tiergruppen wurden reinfiziert. Die Immunitätsausbildung war in der angegebenen Zoalene-Konzentration nur schwach und ist abhängig von der Höhe der bei der Erstinfektion verabreichten Oocystendosis. G. Göbel. 4710.

Fabiunke, E.; Berlin, Humboldt-Univ., Inst. und Klin. für Geflügelkrankh.; Damsdorf, Forschungsstelle. **Die Vitamin-E-Mangelkrankheiten.** Tierzucht **16** (1962) Nr. 6. S. 271–272. – 2 Abb.

Durch Vit.-E-Mangel kann bei Küken die Encephalomalacie hervorgerufen werden, die vorwiegend im 2- bis 8-Wochen-Alter auftritt und eine herdförmige Gehirnerweichung darstellt, die infolge Absterbens einiger Gehirnteile zu Lähmungserscheinungen führt. Nach bisherigen Untersuchungsergebnissen wird sie bes. bei Vit.-E-Mangel und gleichzeitiger Verfütterung ungesättigter Fettsäuren ausgelöst. Eine Behandlung ist vom wiss. Standpunkt aus abzulehnen, Vit.-E-Gaben im Futter (Keimlinge, Luzerne- und Sojamehl) kommt große Bedeutung zu. Die enzootische Muskeldystrophie der Enten wird im 3- bis 5-Wochen-Alter durch Vit.-E-Mangel hervorgerufen und kann zu Massenverlusten führen. Eine Behandlung kann durch Gaben von natürlichen Vit.-E-Trägern bzw. durch synthetisch gewonnenes reines Vit. E erfolgen (100–150 IE Tocopherol/Tier/Tag). U. Hofmann. 4710.

Enten

Chaskin, V. V. (Chaskin, W. W.); Ukrain. Forsch.-Inst. für Geflügelzucht. Biofizičeskie osnovy režima inkubacii. **(Biophysikalische Grundlagen der Brut.)** Sbornik rabot molodych učenych. Doklady na naučnoj konferencii aspirantov. Vsesojuznyj naučno-issledovatel'skij institut pticevodstva, Moskva **1960** Nr. 3. S. 57–64. – 1 Abb., 2 Tab., 10 Lit.

An Eiern Ukrainischer Enten wurden Untersuchungen über den Wärmeaustausch während der Brut vorgenommen. Zur Wärmemessung wurden Sonden ins Eiinnere eingeführt bzw. an die Eischale geheftet. Die Messung erfolgte galvanometrisch. Mit einigen Eiern wurden Messungen im Respirationsapparat und kalorimetrische Messungen vorgenommen. Nach diesen Messungen liegt die Innentemperatur des befruchteten Enteneies in den ersten Tagen 0,1–0,15 °C unter der Lufttemperatur. Gegen Ende der Brut ist die Innentemperatur bis zu 3,1 °C höher als die Lufttemperatur. Verlangsamungen im Temperaturzuwachs des Eiinneren wurden am 9., 13., 18. und 25. Tag beobachtet, dagegen ist er am 12., 15., 19. und 20. Tag bes. stark. Die Wärmeabgabe des Eies erfolgt durch Verdampfung, Ausstrahlung und Konvektion. Ein Entenei verliert ca. 11,6 g Wasser und gibt damit 6685 cal ab. Ausstrahlung und Konvektion erlangen erst nach dem 10. Bruttag Bedeutung. In großen Schrankbrütern ist die Wärmeabstrahlung kleiner, sie wird auch durch wechselweises Einschieben frischer und bebrüteter Eihorden nur geringfügig erhöht. Die Luftgeschwindigkeit im Schrankbrüter hat Einfluß auf die Wärmeabgabe. Bei der Verwendung normaler Temperaturen ist trotz hoher Luftgeschwindigkeit ein periodisches Abkühlen der Eier unerläßlich. W. Sommerfeld. 4965.

Mende, Gunther und Falland, Horst; Meißen, Hochschule für Landwirtsch., Inst. für Tierzucht und Tierernähr. **Untersuchungen über die Freiwassermast von Enten in den Teichwirtschaften des Kreises Niesky.** Wiss. Z. Hochschule LPG Meißen **5** (1962) Nr. 3. S. 343–349. – 5 Abb., 8 Lit.

Es wird die Freiwassermast von Enten in der Binnenfischerei Kreba (1632 ha genutzte Wasserfläche) beschrieben. Je Ente wird mit 400–500 g Fischzuwachs gerechnet. Man setzt 250–300 Enten je ha, wobei nach 6 Wochen Mast in der Nutzung eine 3wöchige Pause eintritt. Die Freiwasserenten erreichten vergleichsweise bessere Klassifizierungsergebnisse. Eine Kontrollschlachtung ergab bei Freiwasserenten ein um 100–140 g höheres Gewicht, das aber im Laufe des Schlachtprozesses wieder verlorenging (!). Geschmack und Geruch des Fleisches erwiesen sich bei Freiwasserenten als günstiger. – Je Zuchtente werden zur Vermeidung von Salmonellosen 12–15 m² Wasserauslauf gefordert. W. Rudolph. 5000.

Truthühner

Ašurov, Z. M. (Aschurow, S. M.); Usbek. Forsch.-Inst. für Tierzucht. Rezul'taty skreščivanija mestnych indeek Uzbekistana s severokavkazskimi indjukami v uslovijach polupustynnoj zony. **(Resultate der Kreuzung Nordkaukasischer Puten mit usbekischen Landschlägen unter den Bedingungen der Halbwüstenzone.)** Sbornik rabot molodych učenych. Doklady na naučnoj konferencii aspirantov. Vsesojuznyj naučno-issledovatel'skij institut pticevodstva, Moskva **1960** Nr. 3. S. 40–48. – 6 Tab.

Vf. vergleicht die wirtschaftlichen Eigenschaften der Kreuzungstiere aus Nordkaukasischem Puter × Usbekische Landpute mit denen der Ausgangsrassen. Das Lgw. mit 6 Mon. betrug bei Hähnen bzw. Hennen der Nordkaukasier 6,071 bzw. 4,273 g, bei den Kreuzungstieren 5,941 bzw. 4,026 g und bei den Usbeken 4,262 bzw. 2,957 g. Das abs. Gewicht der eßbaren Teile war bei den Hähnen der Nordkaukasier um 59% und bei den Hähnen der

Kreuzungstiere um 46% höher als bei den Usboken-Hähnen. In Sowchosen des Samarkander Gebiets wurden Puten auf Karakulschaf-Weiden gehalten. Sie reinigten die Weiden von Heuschrecken und anderen Insekten und steigerten dadurch den Weideertrag. Die Fleischabfälle aus der Lammfellgewinnung (Lämmerkörper) wurden für die Putenfütterung ausgenutzt.

W. Sommerfeld. 5090.

Smith, L. T. und Nordskog, A. W.; Ames, State Univ. of Iowa. Relative influence of sire and dam on fertility in turkeys. **(Die relative Einflußnahme auf die Fruchtbarkeit von männlichen und weiblichen Puten.)** Poultry Sci. **41** (1962) Nr. 2. S. 669–671. – 4 Tab., 2 Lit.

384 Breitbrüstige Bronzeputen wurden in Gruppen zu je 4 Tieren von einem Hahn künstlich besamt. Die statistische Auswertung zeigte signifikante Unterschiede zwischen den Hennen, die von dem gleichen Hahn besamt wurden, in gleicher Weise zwischen den Hähnen der einzelnen Stämme. Die Variationsbreite bei den Hähnen lag bei 11%, die der Hennen bei 18%, zwischen den Gruppen lag die Schwankungsbreite bei 4%. Hähne wie Hennen beeinflussen wesentlich die Variationsbreite, darüber hinaus bestehen zwischen spez. Hähnen und Hennen gesonderte Wechselbeziehungen.

E. Urban. 5090.

Massey, J. H. und Fuller, H. L. Methods of feeding turkeys. **(Methoden der Putenfütterung.)** Poultry Sci. **41** (1962) Nr. 1. S. 145–150. – 7 Tab., 6 Lit.

3 Fütterungsmethoden bei Puten im Alter von 8–24 Wochen, eingesperrt gehalten (7½ sq.ft./Tier) und bei freiem Auslauf (400 sq.ft./Tier), standen zum Vergleich. Bez. Futteraufnahme wurden verglichen freie Wahl (**I**) beschränkte Wahl, hochwertiges Futtergemisch und Körner (**II**), Alleinfutter (**III**). Der Protein- und Energiegehalt betrug für die aufeinanderfolgenden 4-Wochen-Perioden in Gr. **I** 22/900; 20,5/913; 19/926 und 18/945. Das Kalorien-Protein-Verhältnis war viel enger als das für **III** und **II**. Es erwies sich mit Rücksicht auf die Eiweiß- und Gesamtfutterwirkung unbedeutend weniger leistungsfähig. Die Gewichtszunahmen der Puter waren bei freier Futterwahl gesichert höher als bei den anderen Fütterungsmethoden. Kleine Unterschiede in den Gewichtszunahmen der Hennen waren statistisch entspr. der Behandlung nicht zu sichern, obgleich die zahlenmäßigen Differenzen ausreichten, um die Wechselwirkung zwischen Aufenthaltsort × Geschlecht × Behandlung in der Fütterung unter Beweis zu stellen, die statistisch gesichert war. Dies deutete auf die Notwendigkeit getrennter Futterrationen für Hennen und Truthähne bes. während des späteren Teiles der Wachstumsperiode hin.

W. Greiner-Petter. 5096.

Fry, Jack L., Rao, O. S. und Rasplicka, Louis D.; Manhattan, Kansas State Univ. Factors affecting the yield of turkey parts. **(Faktoren, die die Ausbeute an Teilstücken bei Puten beeinflussen.)** Poultry Sci. **41** (1962) Nr. 4. S. 1299–1303. – 1 Abb., 6 Tab., 8 Lit.

Bei Breitbrüstigen Bronze- und Weißen Beltsville-Puten aus 6 Herkünften wurde der Einfluß von Rasse, Herkunft und Geschlecht auf die Ausbeute der bei der Zerlegung anfallenden verwertbaren Körperteile (Brust mit Haut von Brust und Hals [ohne Knochen], Hals, Schwingen, Vorderrücken, Rücken, Unterschenkel, Oberschenkel [ohne Knochen], Innereien) geprüft. In % des ausgenommenen Tieres ergaben sich hochsignifikante Unterschiede: Brustfleisch ♂32,5%, ♀30,8%; Oberschenkel ♂14,6%, ♀15,2%. Der Ertrag an Brustfleisch war seitens der Herkunft, nicht aber seitens der Rasse beeinflußt. Er war positiv korreliert mit der Brustbreite, bei Putern auch mit dem Gewicht des ausgenommenen Tieres und dem Körpergewicht. Bei Puten war der Brustfleischertrag negativ korreliert mit Körpertiefe, Kiellänge und dem Gewicht des ausgenommenen Tieres.

W. Rudolph. 5100.

E. PELZTIERE

Anonym. Fødselsdatoens indflydelse på minkhvalpenes tilvækst. **(Der Einfluß des Geburtsdatums auf das Wachstum von Nerzwelpen.)** Dansk Pelsdyravl **25** (1962) Nr. 12. S. 316.

Von je 300♂ und ♀ Welpen wurde das 7-Wochen-Gewicht erfaßt und die Tiere in 4wöchigen Abständen gewogen. Bei Einteilung in Tiere, die vor dem 2. Mai, am 2. oder 3. Mai und solche, die nach dem 3. Mai geboren wurden, ergibt sich bei den früh geborenen ♂ eine wesentlich schnellere Gewichtsentwicklung als bei den spät geborenen. Bei den ♀ sind nur geringe Unterschiede festzustellen. Eine Zuchtwahl in Richtung auf frühe Geburten wird für zweckmäßig gehalten. J. K. Hinrichsen. 5302.

Egorov, Ju. E. (Jegorow, Ju. Je.); Wolshsko-Kamskoje, Abt. des Unions-Forsch.-Inst. für Tier. Produkte. Effektivnost' metoda skreščivanija v plemennoj rabote s cvetnymi norkami. **(Zweckmäßigkeit der Kreuzung in der Zuchtarbeit mit farbigen Nerzen.)** Krolikovodstvo i zverovodstvo, Moskva **5** (1962) Nr. 4. S. 17–19. — 4 Tab.

Durch Kreuzung von Standard- mit farbigen Nerzen konnte eine größere Fruchtbarkeit erzielt und eine lebensfähigere Nachkommenschaft erhalten werden als bei Züchtung der Farbnerze untereinander. Außerdem fielen die Felle jener Tiere durch ihre gute Entwicklung, Dichte und Üppigkeit auf, doch traten in einigen Fällen Mängel in der Fellfarbe (Aufhellung) auf. Es wird jedoch vermutet, daß dies nicht eine Folge der Kreuzung an sich sei, sondern auf die ungenügende diesbezügliche Fellqualität der Standard-Muttertiere zurückgeführt werden müsse. L. Hohner. 5302.

Jørgensen, Gunnar. Forsøg med rødfisk (Sebastes marinus) i minkhvalpenes foder. **(Versuche mit Goldbarsch [Sebastes marinus] im Futter von Nerzwelpen.)** Dansk Pelsdyravl **25** (1962) Nr. 11. S. 271–274. – 1 Abb., 6 Tab.

Im Versuch wurde in 3 Gruppen mit insgesamt 81 Tieren eine Ration gefüttert, die überwiegend aus Fisch und Fischabfällen bestand. In den Versuchsgruppen wurden 35% bzw. 70% des Fisches in Form von Goldbarschfiletabfällen gegeben, wodurch sich der Eiweiß- und Fettgehalt der Ration gegenüber der Vergleichsgruppe erhöhte. Die Freßlust war daher in den Versuchsgruppen geringer. Auch die Zunahmen waren niedriger, wenn auch signifikante Unterschiede nur zur 35%-Gruppe festgestellt wurden. Mit steigendem Goldbarschanteil ergibt sich eine schlechtere Bewertung der Fellqualität, und zwar ebenso beim Deck- wie beim Unterhaar. Diese Unterschiede kommen auch in der Sortierung der Felle und in ihrem Verkaufspreis zum Ausdruck. J. K. Hinrichsen. 5302.

Jørgensen, Gunnar. Beretning om fodringsforsøg på pelsdyrgården „Trollesminde" i 1961. Forøg med hvalkødmel (hvalkødkoncentrat) som erstatning for forskellige maengder fiskeaffald i minkhvalpenes foder. **(Bericht über Fütterungsversuche auf der Pelztierfarm „Trollesminde" 1961. Versuche mit Walfleischmehl [Walfleischkonzentrat] an Stelle von verschiedenen Mengen Fischabfall im Futter von Nerzwelpen.)** Dansk Pelsdyravl **25** (1962) Nr. 12. S. 314–315. – 1 Abb., 3 Tab.

Bei der Herstellung des Konzentrates werden keine Temperaturen über 95 °C angewendet. 1 kg enthält 820 g verd. Rohprotein, 36 g verd. Rohfett, 4025 kcal bei einem Tr.-Subst.-Gehalt von 970 g und einem Aschegehalt von 13 g. Die Versuche wurden mit 3 Gruppen zu je 48♂ Welpen durchgeführt. In einer Gruppe wurden 5% Walfleischkonzentrat, in der zweiten 2,5% gefüttert, während die Vergleichsgruppe die übliche Fischabfallration erhielt. Bei Standard- und Pastellnerzen ergab sich in den Versuchsgruppen insgesamt eine bessere Gewichtsentwicklung als in der Vergleichsgruppe. Auch in der Fellbewertung schnitten die Versuchsgruppen gut ab. Die günstige Futterwirkung wird auf einen Ausgleich der Ration hinsichtlich des Gehaltes an Aminosäuren zurückgeführt.

J. H. Hinrichsen. 5302.

Iljina, E. D. **Fütterung der Pelztiere nach Normen.** Pelzgewerbe [N. F.] **13** (1962) Nr. 2. S. 53–58.

Die Fütterungsnormen werden an Hand der Verdaulichkeit aller Nährstoffe in den verschiedenen Futterarten aufgestellt. Alle Futtermittel werden in 5 Gruppen eingeteilt: Fisch und Fleisch, Milch, Körner, Gemüse, Zusatzfutter (Vit.- und Mineralstoffe). In den Fütterungsnormen wird auf das prozentuale Verhältnis (nach dem Kalorienwert) aller Futtergruppen hingewiesen. Die Fleischgruppe wird in der SU häufig ergänzt durch Wal- oder Robbenfleisch. Dem knochenlosen Walfleisch muß Ca zugegeben werden, dem Robbenfleisch eine erhöhte Dosis Vit. E, da oxydiertes Fett Vit. E zerstört. — Blut oder Milch betragen zeitweise bis zu 70% der Fleisch-Fischgruppe im Futter. 100 g Seidenraupenpuppen ersetzen 250 g Pferdefleisch. Bei hohen Kartoffelgaben muß die Vit.-B-Menge im Futter erhöht werden. Bei starkem Frost steigt der Nährstoffbedarf der Nerze und muß durch eine um 20–30% größere Futterration gedeckt werden. G. Bendrat. 5302.

Belous, I. S. Mechanizacija trudoemkich rabot v norkovodstve. **(Mechanisierung mühevoller Arbeiten in der Nerzzucht.)** Krolikovodstvo i zverovodstvo, Moskva **5** (1962) Nr. 2. S. 13–16. — 1 Abb., 1 Tab.

Von den Pelztierzuchtwirtschaften des Fernen Ostens wurde das Projekt eines kombinierten Zucht- und Pelzschuppens angenommen. Die Konstruktion aus Eisenbetonpfeilern erhöht die Nutzungszeit um das 4fache gegenüber den bisher üblichen Holzbauten. Der Schuppen, dessen Konstruktion genau beschrieben wird, faßt 400 Käfige, die in 2 Stockwerken links und rechts vom Mittelgang aufgestellt sind. Die Zuchttiere, 100 Fähen und 20 Rüden, sowie der Zuchtnachwuchs werden in die unteren, die zum Pelzen bestimmten Jungtiere in die oberen Käfige verteilt. Von Dez.–Juni befinden sich keine Jungtiere in den oberen Käfigen, weshalb diese in Sektionen zu je 6 hochgezogen und unter dem Dach befestigt werden. Die Tränken werden über eine Zuleitung beschickt. Sie füllen sich auf diese Weise in 2–3 Min. mit Wasser. Früher mußten für das Herbeitragen und Abfüllen des Wassers 2 Std. aufgewendet werden. Die Futterrationen wurden auf Fische und Fischabfälle umgestellt. Diese werden in einer Futterküche verarbeitet, die mit einem Futterzubereitungsaggregat, bestehend aus Waschtrommel, zwei Cuttern und zwei Mischern, die je 3 m³ Futtermasse fassen, sowie einer Futterpumpe, ausgerüstet ist. Von der Pumpe wird das Futter mittels Gummischlauch in die Transportmittel befördert. Die komplexe Mechanisierung der Futterzubereitung, der Übergang auf Fischfütterung und eine neue Methode der Ranzvorbereitung brachten den Nerzzuchten des Fernen Ostens im Jahre 1960 einen ökonomischen Nutzen von Rbl. 4,5 Mill. (alte Währung).

L. Hohner. 5302.

Aulerich, Richard, Ringer, Robert K. und Schaible, Philip J. Some observations on wet belly pelts. **(Beobachtungen an „Bauchnässerfellen".)** Amer. Fur Breeder **35** (1962) Nr. 5. S. 16–17. 36–37. — 1 Tab., 8 Lit.

Die histol. Untersuchung von gesunden und von „Bauchnässerfellen" ergab, daß sich die Haarfollikel beim gesunden Fell geschlossen an der Oberseite der Haut befinden, wogegen sie beim „Bauchnässerfell" in der gesamten Dermis verteilt sind. Trotzdem haben auch diese Fellteile nach dem Zurichten große Festigkeit, und die farblichen Mängel werden durch das Zurichten fast gänzlich aufgehoben. Es wird vermutet, daß die Bauchnässerkondition bei Nerzen erblich ist. G. Bendrat. 5302.

Aulerich, Richard, Ringer, Robert K. und Schaible, Philip J. Mink pelts affected with „wet belly". **(Fellschäden durch „Bauchnässen".)**

Michigan State Univ., agric. Exp. Stat., quart. Bull. **44** (1962) Nr. 3. S. 484 bis 491. – 5 Abb., 1 Tab. 8 Lit.
Den höchsten Anteil von allen Fellschäden nimmt das „Bauchnässen" ein. Es führt zur Verfärbung der Fellpartie um die Harnleiteröffnung. Diese Partie wirkt unreif, weil die pigmentierten Haarfollikel zu tief in der Lederhaut verbleiben. Der Zurichtungsprozeß mindert diesen Schaden erheblich. Deshalb ist Wertminderung bei Standardnerzfellen, die roh verkauft werden, größer als bei Mutationsnerzfellen. Diese werden zumeist fertig zugerichtet verkauft. G. Bendrat. 5302.

Chronopulo, N. P. O vybrakovke pervorodjaščich samok nutrij. **(Über das Merzen erstmalig werfender Metzen der Nutria.)** Krolikovodstvo i zverovodstvo, Moskva **5** (1962) Nr. 2. S. 19. – 2 Tab.
In einigen Wirtschaften werden erstgebärende Metzen, die kleine Würfe mit 1–4 Jungtieren bringen, unabhängig von der Qualität der Nachzucht gemerzt. Um aufzuklären, ob die geringe Größe des 1. Wurfes als Grund für eine Merzung angesehen werden kann, wurden von 53 bei der 1. Belegung 7–8 Mon. alten Metzen 2 Gruppen gebildet. Zur 1. wurden die Metzen gezählt, die 1–4 Junge warfen, zur 2. Metzen mit über 5 Jungtieren. Nach erneuter Belegung und 2. Werfen konnte festgestellt werden, daß die Fruchtbarkeit in der 1. Gruppe stark angestiegen war (Wurfdurchschnitt 4,6 gegenüber 2,9), in der 2. Gruppe aber etwas geringer wurde (4,0 : 5,7). Die geringe Fruchtbarkeit von Metzen der 1. Gruppe beim 1. Werfen wird mit ungenügender Ranzvorbereitung erklärt. Da diese Metzen nur eine geringe Anzahl Jungtiere aufgezogen hatten, war ihre Kondition bei der 2. Belegung normal. Für das Absinken der Fruchtbarkeit in der 2. Gruppe werden schlechte Fütterungsbedingungen während der Säugezeit verantwortlich gemacht. Das Merzen von erstgebärenden Metzen mit geringer Wurfgröße wird auf Grund der Untersuchungsergebnisse abgelehnt. L. Hohner. 5310.

Oláh, Stephan. **Das kombinierte Haltungssystem der Sumpfbiber.** Pelzgewerbe [N. F.] **13** (1962) Nr. 2. S. 58–68.
Nach vorangehenden wiss. Experimenten im Forschungsinstitut für Kleintierzucht von Gödöllö im Jahre 1953 bürgerte sich der Sumpfbiber in ganz Ungarn ein. Ungenügende Erfahrungen der günstigsten Zuchtanlagetypen sowie Organisationsformen und Haltungssysteme für Ungarn gestalteten den Anfang schwierig. Bewährt hat sich das „kombinierte System", mit halbnaturgemäßer Haltung, in dem Zucht und Massenhaltung gewährleistet sind bei durchfließendem Wasser. Vf. geht näher auf die Zuchtanlagen und die Verhaltensweise der Sumpfbiber ein. G. Bendrat. 5310.

Prell, H. **Die Chinchilla-Arten.** Chinchilla-Zucht **5** (1962) Nr. 6/7. S. 76–82.
Unter dem Namen Bergchinchilla oder Bolivianos kommen Felle in den Handel, die etwas größer sind als die der Küstenchinchillas. Die Verbreitung der Bergchinchillas mit einer mittleren Körpergröße von 30–32 cm erstreckt sich von Bolivien bis Nordwestargentinien, wo die Tiere in den höchsten Gebirgslagen vorkommen. Als Edelchinchillas oder Peruanos bezeichnet man Tiere mit einer Körperlänge von 36–38 cm, die im Bereich der Kordilleren Perus ihre Heimat haben. Das Fell dieser Tiere ist sehr weich, dicht und häufig ausgesprochen flatterig. Als Chinchillaersatz werden Felle anderer Tiere von farblich ähnlichem Aussehen in den Handel gebracht, die aber nicht die Qualität der Chinchilla-Felle erreichen. Hier sind zu nennen: Chinchilla-Kaninchen, Seidenmäuse (Abrocoma) und Kammratten (Ctenomys). H. Zimmermann. 5318.

Eckardt, Harry. **Richtiges Pelzen als Schlußpunkt für den Züchter.** Chinchilla-Zucht **5** (1962) Nr. 6/7. S. 70–73.
Nach Angaben über den techn. Vorgang der Pelzung von Chinchillas, der mit dem Abfleischen abzuschließen ist, wird für die Weiterbehandlung ein

Trockenbrett empfohlen. Dies ist mit einem Papierhandtuch zum Aufsaugen des überschüssigen Fettes zu bedecken. Empfehlenswert ist die Benutzung eines Fellmusters aus saugfähigem Papier. Diesem Muster paßt man die Felle an, wodurch sie eine einheitliche Form erhalten. Das glattgezogene, aber nicht gedehnte Fell wird dann mit Nägeln im Abstand von 1–1,5 cm dicht an der Fellkante festgenagelt. Nach einem Trocknungsprozeß von 1–4 Tagen werden die Felle vom Trocknungsbrett gelöst. Sie sind sorgfältig aufzubewahren und vor Ungeziefer zu schützen. Keinesfalls dürfen Angaben mit Kopierstift auf das Fell gemacht werden, da diese das Fell während des Gerbungsprozesses verderben können. H. Zimmermann. 5318.

Petersen, Aluin. Hermelinen. **(Hermelin.)** Dansk Pelsdyravl **25** (1962) Nr. 11. S. 285–288. – 5 Abb.
Das Hermelin gehört zur nächsten Verwandtschaft des Nerz. Als Pelz ist nur das reinweiße Winterfell mit der schwarzen Schwanzspitze von Interesse. Als Aufenthalt bevorzugt es offene Flächen, bes. gerne am Waldrand, aber auch bei menschlichen Behausungen. Seine Beute besteht hauptsächlich aus Mäusen, Ratten und Maulwürfen, aber auch aus Hasen, Federvieh und Eiern. Die Paarung erfolgt im Febr. und März. Die Tragezeit beträgt ca. 5 Wochen, die Zahl der Welpen 4–8. In Mäusejahren kann im Sommer ein zweiter Wurf fallen. Die Hermeline leben einen großen Teil des Jahres in Familien zusammen. J. K. Hinrichsen. 5325.

G. BIENEN

Roff, Charles; Wynnum Central, Queensland, Australia. Facts about beekeeping in Australia: IV. Queensland. **(Tatsachen über die Bienenhaltung in Australien. 4. Mitt. Queensland.)** Bee Wld. **43** (1962) Nr. 2. S. 44–49. – 29 Lit. 3. Mitt. vgl. LZ. Abt. III **7** (1962) Nr. 12. S. 2549.
Die Italienerbiene (*Apis mellifera ligustica*) besitzt heute die weiteste Verbreitung. Sie konnte im vorigen Jahrhundert dank ihrer Resistenz gegenüber Wachsmotten die dunkle Biene (*Apis m. mellifera*) weitgehend verdrängen. Neben den beiden genannten Rassen sind ferner *Apis m. caucasica* und *Apis m. carnica* eingeführt worden. Folgende Trachtpflanzen spielen eine bes. Rolle: *Eucalyptus*, *Tristania* und *Melaleuca*. In Queensland gibt es ca. 1600 Imker, die annähernd 65 000 Völker besitzen. Ein Imker vermag wenigstens 300 Völker zu bewirtschaften, die in Ständen zu 40 und mehr Völkern aufgestellt werden. Die meisten Imker besitzen eine niedrige Völkerzahl. Die imkerlichen Bedarfsartikel entsprechen amer. Mustern. Standard-Beute ist die 10-Waben-Langstroth-Beute. Die jährl. Honigproduktion liegt bei 2000 t, das Wachsaufkommen bei ca. 30 t. Die jährl. Erträge (Honig) guter Völker liegen durchschnittl. bei 120–300 lb. – Amer. Faulbrut tritt gelegentlich in Südost-Queensland auf. Milben- und Nosemaseuche spielen keine bes. Rolle. An Bienenschädlingen sind u. a. *Bufo marinus*, *Pheidole megacephala*, *Iridomyrmex*-Arten, ferner Ameisen und Termiten zu nennen. Bienenverluste sind auch durch Pflanzenschutzmittel (Arsen- und Phosphatpräparate) zu beklagen. – Ein gesonderter Abschnitt gibt einen Einblick in organisatorische Einrichtungen. R. Bährmann. 5406.

Drescher; Bonn. **Die Bienenzüchtung in den USA.** Dtsch. Bienenwirtsch. **13** (1962) Nr. 9. S. 273–279. – 10 Abb.
Vf. berichtet über die Hybridzucht in den USA auf dem Gelände und unter dem Protektorat der Fa. Dadant. Die Schaffung und Haltung von Inzuchtvölkern ist sehr zeit-, arbeits- und geldaufwendig und kann nur Erfolg versprechen, wenn sie über Jahrzehnte in einer Hand liegt und die großen finanziellen Mittel gesichert sind. Man findet in den USA ein Gemisch europäischer Bienenrassen, die eingeführt wurden und sich untereinander verbastardierten. Aus den nach Eigenschaften und Leistungen besten Völkern wurden mit

Hilfe der instrumentellen Besamung eine Reihe von Inzuchtlinien geschaffen (16), von denen je 3–5 Völker gehalten werden. Eine große Zahl der sich in astronomischen Zahlen bewegenden möglichen Kreuzungen ist unbrauchbar. Erstrebt wird die sog. Doppelhybride, weil Inzuchtlinien wegen ihrer schwierigen Haltung und geringen Erträge den Vermehrungszüchtern nicht in die Hand gegeben werden können, wohl aber die Bastarde, von denen die Königinnen in Lizenz für Dadant gezüchtet werden. Die guten Hybriden zeigen einen starken Heterosiseffekt. Die Königinnen bauen sehr starke Völker auf, vermögen sich aber nicht den Umweltbedingungen anzupassen. Sie sind nur für amer. Verhältnisse mit kurzer, reicher Tracht geeignet. Geographisch angepaßte Hybriden könnten gezüchtet werden, es bedarf aber dazu des finanzkräftigen Betriebes in dieser Gegend. Die Leistungen werden mit statistischen Methoden geprüft. G. Droege. 5406.

Srivastava, A. S. und Awasthi, G. P.; Kanpur, Uttar Pradesh, India, Plant Protection Serv. The effect of temperature on the activity of honey bee head cholinesterase. **(Die Wirkung der Temperatur auf die Aktivität der Cholinesterase aus dem Kopfe der Honigbine.)** Proc. nat. Acad. Sci., India Sect. B **32** (1962) Nr. 1. S. 23–24. – 1 Tab.

Die immer stärkere Anwendung einer großen Zahl von Insekticiden bedeutet eine Gefahr für die Bienen. Die Temperatur ist ein wichtiger Faktor, der die Wirkung der Insekticide auf die Enzyme der Biene bestimmt. Eingefrorene Bienenköpfe wurden in einer Pufferlösung zerrieben, filtriert und auf pH 8 eingestellt. Um die Wirkung der Cholinesterase festzustellen, wurde sodann eine Lösung von Acetylcholin-Bromid zugegeben, und der Abbau bei 20, 30, 35 und 40 °C in halbstündlichen Abständen durch Messen der Veränderungen des pH-Wertes geprüft. Das Maximum der Temperaturabhängigkeit der Cholinesterase-Aktivität zeigte sich bei 35 °C. M. Biedermann. 5425.

Ordynskij, L. L. (Ordynski, L. L.); Moskau, Univ., Lehrstuhl für Zool. der Wirbellosen. Primenenie novoj fotografičeskoj metodike pri izučenii krugovych tancev pčel. **(Anwendung einer neuen photographischen Methode beim Studium der Bienentänze.)** Zoologičeskij žurnal, Moskva **40** (1961) Nr. 11. S. 1651–1655. – 4 Abb., 6 Lit. Zus. in Engl.

Vf. veränderte die von Hofmann, Kohler und Wittekindt erarbeitete Methode. Statt einer Quecksilberlampe zur Sichtbarmachung des auf das vorletzte Segment aufgetragenen fluoreszierenden Stoffes bediente sich Vf. des UV-Lichtes der Sonnenstrahlen. Der Leuchtstoff wurde auf das zweite Segment aufgetragen. Im Verlaufe der Versuche wurden 42 Aufnahmen gemacht, davon 10 Aufnahmen nach der Rückkehr der Bienen von einer Futterstelle aus einer Entfernung von 5 m, 8 Aufnahmen bei Rückkehr aus 11 m, 12 Aufnahmen aus 15,4 m und 12 Aufnahmen aus 20 m. Die Beobachtungen zeigen, daß bei 5–7 m Entfernung asymmetrische Rundtänze vorherrschen, mit zunehmender Entfernung gehen diese in sichelförmige Rundtänze über, um endlich bei 15 m die Form eines Sicheltanzes anzunehmen. Nach einer vorläufigen Einschätzung kann eine Korrelation zwischen der Anzahl der Wedelbewegungen des Leibes in den einzelnen Abschnitten der Rund- und Sicheltänze und der Entfernung der Futterquelle erkannt werden. Die Anzahl der Wedelbewegungen erhöht sich von 4–5 bei 5 m Entfernung auf 16–17 bei 20 m Entfernung. H. Oschmann. 5425.

Christov, Kŭnčo. (Christow, Kântscho.) Da podsilvame li s pilo. **(Soll man das Bienenvolk durch Brut verstärken?)** Pčelarstvo, Sofija 8 (1962) Nr. 3. S. 16–17.

Auf Grund langjähriger Erfahrung gelangte Vf. zu dem Schluß, daß das Verstärken der Bienenvölker durch Brut unzweckmäßig, wenig wirksam, manchmal auch schädlich sei. Daher sollten andere Mittel zur Verstärkung der Völker angewendet werden. Das Verstärken durch Brut sei nur in 2 Fällen

angebracht: a) im zeitigen Frühjahr, um ein schwaches Volk zu stärken, damit es sich wieder selbständig entwickeln kann, und b) unmittelbar vor der Haupttracht, indem man dem Volk auf einmal sehr viel Brut gibt.
N. Platikanow. 5430.

Koev, Načo. (Koew, Natscho.) Prez zimata ostavjam semejstvata s otvoren vchod. **(Im Winter lasse ich die Bienenvölker bei offenem Flugloch.)** Pčelarstvo, Sofija 8 (1962) Nr. 2. S. 12.
Vf. beläßt dem Bienenvolk im Herbst soviel Waben, wie die Bienen besetzen können. Er erwärmt die Beute von einer oder, bei schwächeren Völkern, von 2 Seiten durch Strohpolster, die den Platz von 2 Brutwaben einnehmen, verkleinert das Flugloch aber nicht. Auf diese Weise wird die Feuchtigkeit in der Beute vermieden und die Sterblichkeit der Bienen vermindert. Die Anzahl der Bienen in diesen Beuten ist im Frühjahr höher als in den Beuten mit verkleinertem Flugloch. Auch die Anzahl der Jungbienen vor der Haupttracht sowie der Honig- und Wachsertrag dieser Völker ist höher.
N. Platikanow. 5485.

Laere, O. van; Gand, Stat. d' Entomol. de l' État. La gelée royale. II. Méthodes de production. **(Der Weiselfuttersaft. 2. Mitt. Produktionsmethoden.)** Rev. Agric. [Bruxelles] **14** (1961) Nr. 10. S. 1293–1305. – 4 Abb., 3 Tab., 7 Lit. 1. Mitt. vgl. LZ. Abt. III **5** (1960) Nr. 6. S. 974.
Vf. beschreibt eine Methode, mit deren Hilfe es möglich ist, große Mengen von Weiselfuttersaft zu erzeugen. Von einem starken Volk kann man während des Sommers 200–300 g Weiselfuttersaft entnehmen. Ein Aufzuchtrahmen wird mit künstlichen Weiselzellen versehen, und die jungen Larven werden mit Hilfe eines in der Medizin gebräuchlichen Otoskops in die künstlichen Zellen überführt. Es ist ein genauer Zeitplan aufgestellt, aus dem hervorgeht, welche Arbeitsgänge an den einzelnen Tagen zu verrichten sind.
L. Seifert. 5496.

Christensen, G. M.; Duluth, Minn., Univ. Identification of sugars in royal jelly. **(Identifizierung von Zuckern in Königinnenfuttersaft.)** Nature [London] **195** (1962) Nr. 4836. S. 74–75. – 1 Tab., 8 Lit.
100 g Königinnenfuttersaft wurden bei 5 °C in Wasser dialysiert (20 Tage, 5 l Wasser), das Dialysat bei 40 °C im Vakuum eingeengt und durch aceotrope Destillation mit wasserfreiem Äthanol im Vakuum trocken erhalten. Der plastische Feststoff wurde mit 5 l wasserfreiem Äthanol in 150 ml Portionen extrahiert, der Extrakt im Vakuum bei 40 °C eingeengt bis zu einem dünnen Sirup. Die Zucker im Extrakt wurden durch absteigende Papierchromatographie auf Whatman Nr. 3 MM (18,25 in. × 22,5 in., ca. 50 mm^3 Sirup) mit Pyridin-Essigsäureäthylester-Wasser (4:10:3) in 33 Std. getrennt. Nach Anfärben von Probestreifen wurden die Zucker aus 20 Chromatogrammen präparativ durch Elution mit Wasser gewonnen und nach Umkristallisation aus wäßrigem Methanol (50%, v:v) kristallin erhalten. Es wurden D-Glucose, D-Fructose und D-Saccharose gefunden und der Schmelzpunkt, die R_F-Werte und die Acetylierungsprodukte mit authentischen Proben verglichen.
F. Kreienbring. 5496.

Čenov, St. (Tschenow, St.) Vlijanie na plitkite podpočveni vodi vŭrchu pčelnite semejstva. **(Einfluß des hohen Grundwassers auf die Bienenvölker.)** Pčelarstvo, Sofija 8 (1962) Nr. 4. S. 10–11. – 1 Abb.
Damit keine Feuchtigkeit in die Bienenbeuten eindringt und die Waben nicht verschimmeln, hat Vf. bei Gelände mit hohem Grundwasserstand die Füße des Bienenstandes so weit verlängert, daß dessen Boden auf 60 cm über der Erde gehoben wird. Die zusätzlichen Füße werden an die Füße des Bienenstandes angeschraubt, damit sie während des Transports bei der Verlegung der Bienenvölker abmontiert werden können. N. Platikanow. 5520.

Popov, Iv. und Bižev, B. (Popow, Iw. und Bishew, B.) Proučvane na lavandulata kato medonosno rastenie. **(Untersuchung des Lavendels als honigtragende Pflanze.)** Naučni trudove. Visš selskostopanski institut „Georgi Dimitrov". Zootechničeski fakultet, Sofija **11** (1962) S. 263–269. – 3 Tab., 5 Lit. Zus. in Russ., Dtsch.

Eine mittlere Probe von 100 Lavendelblüten enthält ca. 30 mg direkt reduzierende Zucker (Monosaccharide) und nach der Hydrolyse etwa 40 mg Zukker. Dieselben Zuckerarten betragen in einer Probe *Hisopus officinalis* L. ca. 20 bzw. 35 mg, in einer Probe *Origanum vulgare* L. 7 bzw. 7 mg und in einer Probe *Sedum asiaticum* 16 bzw. 16 mg. Die Beobachtungen haben gezeigt, daß 1 m² Lavendelfläche um 9 Uhr durchschnittl. von 24, um 13 Uhr von 41 und um 17 Uhr von 19 Bienen, 1 m² Hisopusfläche um dieselben Zeiten von 17, 19 bzw. 6 Bienen, 1 m² Origanumfläche von 11, 6 bzw. 2 Bienen und 1 m² Sedumfläche von 7, 11 bzw. 0 Bienen aufgesucht wird.

N. Platikanow. 5530.

Petkov, Valentin. (Petkow, Walentin.); Sofia, Bienenzuchtversuchsstat. Ustanovjavane nektaroproduktivnostta i medoproduktivnostta na zimnata repica. **(Feststellung der Nektar- und Honigproduktivität des Winterrübsens.)** Pčelarstvo, Sofija 8 (1962) Nr. 4. S. 14–17. – 3 Tab.

In 3jährigen Untersuchungen (1959–61) zur Bestimmung der Nektarproduktion des Winterrübsens wurden jährl. 120 Blüten untersucht und folgende Ergebnisse erzielt: Nektarausscheidung von einer Blüte 0,09–1,23 mg, durchschnittl. 0,58 mg; Zuckergehalt des Nektars 16,5–51,5%, durchschnittl. 32,7%; Honigertrag 32,53–59,04 kg/ha, durchschnittl. 42,26 kg/ha; 1 m² Fläche wird tägl. von 18,2 (Höchstzahl 43) Bienen aufgesucht. Die Anzahl der in 1 Min. von den Bienen angeflogenen Blüten beträgt 8–17, durchschnittl. 12. Die Dauer des Arbeitstages der Bienen 7,40–9,32 Std., durchschnittl. 8,51 Std. Die Blütezeit des Rübsen beginnt im April und dauert 30–40 Tage. Bei günstigem Wetter können die Bienenvölker den Honigraum ihrer Beuten mit Honig füllen. N. Platikanow. 5530.

Fossel, A.; Aigen im Ennstal. **Die große Pflaumenblattlaus — Biologie, Beflug, Bekämpfung.** Dtsch. Bienenwirtsch. **13** (1962) Nr. 8. S. 232–235. – 2 Abb.

Die große Pflaumenblattlaus gehört zu den wenigen Schädlingen im Obstbau, die zugleich Honigtauerzeuger sind. Sie ist wirtswechselnd (im Sommer auf verschiedenen Korbblütlern). Die Larve schlüpft im März und saugt sich an dünnen Zwetschgenzweigen in der Nähe von Triebknospen fest. Der Rückenpanzer sieht wie eine Rindenschuppe aus. Durch die Saugtätigkeit entstehen stark gekräuselte Blattrollen, in denen sich der Honigtau sammelt. Ihre Bekämpfung hat nur im Nachwinter z. Z. der Besiedlung der Blätter durch die 2. und 3. Generation Zweck, weil sie später zu geschützt sitzen und Bienen geschädigt werden. Auf die Honigtauquelle kann verzichtet werden, weil ein gepflegter Steinobstbestand ertragreicher ist als der Honigtau verlauster Kümmerlinge. G. Droege. 5530.

Schels, J.; Deggendorf. **Wie beobachte ich Honigtauerzeuger im Laufe des Jahres. 7. Folge.** Dtsch. Bienenwirtsch. **13** (1962) Nr. 8. S. 224–226. – 10 Abb. 6. Folge. vgl. LZ. Abt. III 8 (1963) Nr. 1. S. 110.

Vf. macht auf Fichten- und Tannenschädlinge aufmerksam, die leicht mit Honigtauerzeugern verwechselt werden. So ähnelt die Fichtengalle der Fichtengallenläuse der großen Fichtenquirlschildlaus. Sie ziehen in den Gallen die Brut und übersiedeln bis zum Herbst auf die Lärche. Die Gallen wirken sich wuchshemmend auf die Fichtenzweige aus. Schädlicher noch sind die Tannentrieblaus und eine ähnliche Form auf der Lärche, der die Maitriebe der Bäume verkrüppeln läßt, was bei starkem Befall zum Absterben der Bäume führt. Eine große Gefahr für die Kartoffel ist die Pfirsichblattlaus, die Wirt und Zwischenwirt schädigt. Von den bekannten bienenwirtschaftlichen Honigtauerzeugern sind keine Schädigungen der Wirtsbäume bekannt. G. Droege. 5530.

Schels, J.; Deggendorf. **Wie beobachte ich Honigtauerzeuger im Laufe des Jahres. 8. Folge. Beobachtungen im September.** Dtsch. Bienenwirtsch. **13** (1962) Nr. 9. S. 279–283. – 14 Abb., 7. Folge vgl. vorst. Ref.
Im Sept. kann man an Fichten die Larven der Fichtenquirlschildläuse auf der Wanderung beobachten. – Ameisen vernichten Forstschädlinge, schützen dagegen die Honigtauerzeuger vor Feinden und teilweise vor Witterungsunbilden, indem sie ihnen an den Wurzeln des Baumes eine Höhlung freilegen, wo sie bei Schlechtwetterperioden Siebröhrensaft saugen und Honigtau abgeben können. – Honigtauerzeuger haben eine Reihe von Feinden. Schlupfwespen stechen die Läuse an, von deren Körperinhalt sich die Larve ernährt. Ebenso sind Schwebfliegenlarven und Florfliegen gefräßige Feinde. Spinnennetze können im Herbst den Läusebestand stark reduzieren. Das Ausmaß der Vernichtungstätigkeit von tierischen Feinden der Honigtauerzeuger ist noch nicht bekannt. G. Droege. 5530.

Anonym. **Bienenwandern in Dänemark.** Bienenwelt [Graz] 4 (1962) Nr. 9. S. 213–214.
Vf. berichtet, daß vor dem zweiten Weltkrieg das Wandern mit Bienen in Dänemark bis auf wenige Ausnahmen in die Heide in Jütland so gut wie unbekannt war. Die nach dem Kriege auf dem Gesetzeswege eingeführte chem. Unkrautbekämpfung brachte neue Schwierigkeiten für die Bienenzucht Dänemarks. Hilfe kam von den Samenzüchtern, die die große Bedeutung der Bienen für die Befruchtung ihrer Kulturen erkannten. Die Samenzüchter liehen sich Bienenvölker für die Bestäubung aus. Das Problem der Wanderbienen brachte anfangs manche Enttäuschung (Verluste durch Pflanzenschutzmittel und Abschwärmen). Heute sind die notwendigen Voraussetzungen für das Verleihen von Bienen durch Planen auf lange Sicht, Anschaffung geeigneter Wanderbeuten und praktischer Rahmenmaße und der richtigen Wahl der Bienenrasse weitestgehend gegeben. Man leiht von den Imkern, die Stände haben i. allg. eine Größe zwischen 20 und 50 Völkern, die zur Bestäubung notwendige Anzahl von Völkern aus. Die Bienenzüchter-Vereinigung Dänemarks hat drei Rahmenmaße als gültig anerkannt: 27,5 × 33, 33 × 28 und 36,6 × 22,2 cm. In Dänemark werden z. Z. drei Bienenrassen gehalten: die schon immer heimische braune dänische Biene, die kaukasische und die italienische Biene. Die Samenzüchter (Rotkleezüchter u. a.) fordern fast immer italienische Bienen an, da sie die in Dänemark verhältnismäßig junge kaukasische Rasse nicht genügend von der braunen heimischen Biene unterscheiden können. Verleih-Imker halten deshalb überwiegend die recht friedfertige und schwarmträge italienische Biene. K. Steiner. 5540.

Spasov, Dončo. (Spassow, Dontscho.) Slučaj na napadenie na pčeli ot zelenija kŭlvač. **(Überfall der Bienen durch den Grünspecht.)** Pčelarstvo, Sofija 8 (1962) Nr. 1. S. 22.
Es werden Fälle gemeldet, in denen der Grünspecht im Winter die Beutenwände durchbricht und mit seiner langen klebrigen Zunge die Bienen herausholte und verschlang. Die durch das Klopfgeräusch beunruhigten Bienen flogen aus und fielen, vor Kälte erstarrt, zu Boden. Vor der durchbrochenen Beute fanden 300–400 Bienen den Tod. N. Platikanow. 5570.

H. SEIDENRAUPEN

Christov, D. (Christow, D.) Osobenosti v biologijata na proučvanite u nas sŭvetski beli porodi na koprinenata buba. **(Besonderheiten in der Biologie der in Bulgarien untersuchten sowjetischen Weißspinnerrassen.)** Izvestija na

Centralnija naučnoizsledovatelski institut po životnovŭdstvo „Georgi Dimitrov“ – Kostinbrod, Sofija **13** (1962) S. 237–265. – 6 Abb., 11 Tab., 16 Lit. Zus. in Russ., Dtsch.

Von 1954–60 wurden in Bulgarien folgende sowjetische Weißspinnerrassen untersucht: Sowjetische Rasse 1, Tbil NIIŠ 1, US-1, SANIIŠ Ė 1, SANIIŠ Ė 2, SANIIŠ 8, SANIIŠ 9, Asad, Aserbaidshan, Imeruli und Kachuri. Als Kontrolle dienten Bagdader Weißspinner 037 und Ascoli 25. Als aussichtsreichste Rassen haben sich SANIIŠ 8, SANIIŠ 9, SANIIŠ Ė 1 und SANIIŠ Ė 2 erwiesen. Ihre Untersuchung ergab (in derselben Reihenfolge; in Klammern Bagdader Weißspinner 037): Schlupfergebnis 96,4; 97,4; 95,5; 95,8 (96,4)%; Lebensfähigkeit 8,81; 93,8; 88,8; 84,5 (85,7)%; Frischkokons von 1 Unze (30 g) Blut 99,5; 106,3; 94,9; 86,6 (95,0) kg; Kokonfrischgewicht 2,545; 2,590; 2,533; 2,258 (2,841) g; abspinnbare Seide der Frischkokons 19,7; 19,9; 18,2; 20,4 (16,17)%; abspinnbare Seide der Trockenkokons 51,15; 51,88; 49,73; 51,51 (45,06)%. N. Platikanow. 5654.

Donev, K., Lazarov, En. und Dimitrov, P. (Donew, K., Lasarow, En. und Dimitrow, P.) Proučvane vlijanieto na amonjaka vŭrchu žiznesposobnostta i produktivnostta na koprienenata buba (Bombyx mori L.). **(Untersuchung des Einflusses des Ammoniaks auf die Lebensfähigkeit und Produktivität der Seidenraupe [Bombyx mori L.].)** Naučni trudove. Visš selskostopanski institut „Georgi Dimitrov“. Zootechničeski fakultet, Sofija **11** (1962) S. 303–313. – 2 Abb., 6 Tab., 7 Lit. Zus. in Russ., Dtsch.

Während der Frühjahrsfütterung wurden 3 Gruppen zu je 15 Jungraupen des einheimischen Gelbspinners in Glaskammern mit Doppelwänden und Lüftungsöffnungen wie folgt aufgezogen: Gr. I bei Luft ohne NH_3, Gr. II bei Luft mit 0,0065–0,033 (durchschnittl. 0,017) mg/l NH_3, Gr. III bei Luft mit 0,0128–0,0652 (durchschnittl. 0,038) mg/l NH_3. Ergebnisse (in der Reihenfolge der Gruppen): Dauer der Raupenfütterung 35 Tage und 20 Std., 33 Tage und 18 Std., 34 Tage und 18 Std.; Lebensfähigkeit der Raupen 87,25, 89,90 und 91,00%. Während der Sommerfütterung wurden 2 Versuche mit je 3 Gruppen zu 214 in derselben Weise aufgezogenen Raupen durchgeführt, und zwar der erste mit Raupen des Koreanischen Weißspinners (Nr. 16) und der zweite mit Hybridraupen einheimischer Gelbspinner × Chinesiche zweibrütige Rasse. Ergebnisse (in der Reihenfolge der Gruppen; zweiter Versuch in Klammern): Dauer der Raupenfütterung 35 Tage und 6 Std., 34 Tage und 6 Std., 35 Tage und 7 Std. (35 Tage und 13 Std., 35 Tage und 5 Std., 35 Tage und 8 Std.) Lebensfähigkeit der Raupen 85,64, 88,78 und 88,67 (83,44, 85,46 und 84,23)%; Kokonertrag 56,25, 57,5 und 58,8 (51,2, 52,6 und 51,6) kg; Seidenumwicklung in % zum Kokongewicht 43,67, 47,27 und 43,99 (45,21, 46,83 und 45,17). NH_3 hat sich günstig auf die Entwicklung der Raupen ausgewirkt. N. Platikanow. 5665.

Donev, K. (Donew, K.); Sofia, Höheres Landwirtsch. Inst. „Georgi Dimitrow“. Vlijanie na njakoi vidove lŭči ot slŭnčevija spektŭr vŭrchu gŭseničnoto razvitie na koprinenata peperuda B. mori L. **(Der Einfluß einiger Strahlenarten des Sonnenspektrums auf die Raupenentwicklung beim Seidenspinner.)** Priroda, Sofija **10** (1961) Nr. 6. S. 63–64. – 2 Tab.

Nach dem zweiten Häutungsschlaf wurden Raupen des einheimischen Gelbspinners in Gruppen zu je 100 und des Koreanischen Weißspinners in Gruppen zu je 255 in Kammern aufgezogen, die mit verschiedenfarbigen Gläsern bedeckt waren. Ergebnisse (in Klammern Korea-Spinner): Dauer des Raupenstadiums bei gewöhnlichem weißem Licht 801 (815), bei rotem Licht 851 (825), bei gelbem Licht 853 (829) und bei blauem Licht 864 (835) Std.; Sterblichkeit bis zum Einspinnen (gleiche Reihenfolge) 8,0 (15,0), 7,0 (14,9), 6,0 (15,3) und 12,0 (18,1)%; Durchschnittslänge der Kokons 36,6 (35,6), 37,4 (34,9), 36,6 (35,4) und 35,4 (35,0)mm; Durchschnittsbreite der Kokons 18,9 (19,3), 18,9

(18,6), 19,1 (19,0) und 18,2 (18,6) mm. Seidenausbeute der Kokons vom Koreanischen Weißspinner 43,7, 44,6, 44,1 und 43,1%. N. Platikanow. 5665.

Donev, Krum, Stoev, P. und Ovesenska, L. (Donew, Krum, Stoew, P. und Owessenska, L.); Sofia, Höheres Landwirtsch. Inst. „Georgi Dimitrow". Vlijanie na silata na osvetlenieto vŭrchu rasteža, razvitieto i produktivnostta na koprinenata buba. **(Der Einfluß der Lichtstärke auf Wachstum, Entwicklung und Leistung der Seidenraupe.)** Selskostopanska nauka, Sofija **1(7)** (1962) Nr. 1. S. 84–88. – 5 Tab., 6 Lit.
Fünf Gruppen von Seidenraupen des Chinesischen Goldspinners wurden bei verschiedener Lichtstärke aufgezogen: Kontrollgruppe bei Streulicht (5–50 lx), Gr. IA im Dunkeln (0–5 lx), Gr. IIA bei vollem Tageslicht (50–1200 lx), jedoch ohne unmittelbare Sonneneinstrahlung, Gr. IB und IIB bis zum 2. Häutungsschlaf bei Streulicht (wie Kontrollgruppe), danach Gr. IB im Dunkeln und Gr. IIB bei vollem Tageslicht. Die Kontrollraupen entwickelten sich normal. In den Gr. IA und IB war die Entwicklung der Raupen um 2 Tage beschleunigt und ihre Lebensfähigkeit um 3,16% erhöht; sie lieferten um 10,8% höhere Kokonerträge und eine bessere Seidenqualität. In Gr. IIA und IIB dauerte dagegen die Raupenentwicklung 6–7 Std. länger, ihre Lebensfähigkeit war um 4% niedriger, und sie lieferten einen niedrigeren Kokonertrag.
N. Platikanow. 5665.

Sit'ko, P. O. (Sitko, P. O.) Dejaki pytannja syntetyčnoï selekciï novych porid šovkovyčnogo šovkoprjada. **(Einige Fragen der synthetischen Selektion neuer Rassen des Seidenspinners.)** Dopovidi Akademiï nauk Ukraïnśkoï RSR, Kyïv **1962** Nr. 6. S. 818–822. – 2 Abb., 3 Tab., 3 Lit. Orig.: ukrain., Ausz.: russ., engl.
Vf. unterscheidet zwischen einer analytischen und einer synthetischen Selektion. Die synthetische Selektion beruht auf einer Hybridisation, wobei gleichzeitig die Erbanlagen aufgelockert werden und Heterosis hervorgerufen wird. Bez. der Auslese unterscheidet Vf. 3 Formen, die natürliche, die künstliche und die kontrollierte Auslese. Beschrieben werden ferner die 3 neugezüchteten Rassen „Kiewer Sb", „Kiewer SE" und „Kiewer SZ", welche sich bei der Kreuzung zur Züchtung hochproduktiver Gebrauchshybriden als Komplementäre erwiesen. G. Häßler. 5670.

TIERERNÄHRUNG

A. ALLGEMEINES

Maynard, Leonard A.; Ithaca, Cornell Univ. Early days of nutrition research in the United States of America. **(Die Frühgeschichte der Ernährungsforschung in den USA.)** Nutrit. Abstr. Rev. **32** (1962) Nr. 2. S. 345–355.
Vf. würdigt insbesondere die Verdienste der Pioniere der Ernährungsforschung in den USA. 7010.

McCollum, Elmer V.; Baltimore, Johns Hopkins Univ. The history of nutrition. **(Die Geschichte der Ernährung.)** Wld. Rev. Nutrit. Dietetics **1959** S. 1–27. – 104 Lit.
Vf. gibt einen Überblick über die Geschichte der Ernährung und Entwicklung der Ernährungsforschung sowie die gezeitigten Ergebnisse. 7010.

B. CHEMISCHE BESTANDTEILE DES TIERKÖRPERS UND DER FUTTERMITTEL

Crook, E. M. und Johnston, I. R.; London, Univ. Coll., Dep. of Biochem. The qualitative analysis of the cell walls of selected species of fungi. **(Die qualitative Analyse der Zellwände ausgewählter Arten von Pilzen.)** Biochem. J. **83** (1962) Nr. 2. S. 325–331. – 2 Tab., 52 Lit.

Durch mechanische Zerstörung, Auswaschen, Zentrifugieren u. Gefriertrocknung wurde von 16 Pilzarten „Zellwandmaterial" erhalten, das etwa 1–2% des Frischgewichtes vom Ausgangsmaterial entsprach. Für die Untersuchung auf Kohlenhydrate wurden 12–13 mg Substanz mit 3 ml 90%iger (w:w) Ameisensäure 15 Std. auf 100° in geschlossenen Röhrchen erhitzt. Durch 1- und 2dimensionale Chromatographie und Elektrophorese wurden Glucose, Galactose, Mannose, Fucose, Xylose und Ribose und die Aminozucker Glucosamin und Galactosamin gefunden. 2 Pilzarten enthielten keine Hexosamine. Die gefundenen Aminosäuren (Hydrolyse von 30–33 mg Material mit 6 ml 6 n HCl in verschlossenen Röhrchen während 18 Std. bei 110°) entsprachen denen typischer Proteinhydrolysate, zusätzlich wurden in 2 Arten Hydroxyprolin und in 2 anderen γ-Aminobuttersäure gefunden. Die Untersuchung auf Aminosäuren erfolgte 2dimensional. Die Summe der Aminosäuren betrug etwa 2–5% des trockenen Zellwandmaterials. Aus dem Vorhandensein von neutralen Zuckern, Hexosaminen und Aminosäuren läßt sich auf eine Protein-Kohlenhydratnatur der Zellwände der untersuchten Pilzarten schließen. Das für die vorliegende Untersuchung benutzte „Zellwandmaterial" wird im Zusammenhang mit anderen Methoden, die zur Untersuchung pilzlicher Zellwände herangezogen worden sind, besprochen und ausführlich an Hand vorliegender Lit. diskutiert. F. Kreienbring. 7120.

Tarr, H. L. A. und Leroux, M.; Vancouver, Fisheries Res. Board of Canada, Technol. Stat. Acid-soluble phosphorus compounds and free sugars in fish muscle and their origin. **(Säurelösliche Phosphorverbindungen und freie Zucker im Fischmuskel und ihr Ursprung.)** Canad. J. Biochem. Physiol. **40** (1962) Nr. 5. S. 571–589. — 2 Abb., 3 Tab., 61 Lit.

Für die Trennung der hauptsächlichsten Zuckerphosphate und Nucleotide in Fischmuskeln wurde ein Ionenaustauscherverfahren entwickelt. Die Trennung erfolgte an Säulen (1.0 bis 1.4 cm × 100 cm) von Dowex 1×4 Cl^- bei 3–6°, Elutionsraten von 1.2 bzw. 2.5 l/Tag, mit einem leicht konkav ansteigenden Chloridgradienten (0–0.15 m). Zur Herstellung des Extraktes wurden 30–100 g der Fischmuskelprobe mit 2 Volumenteilen 0.6 m Perchlorsäure bei 0° vermischt, abgesaugt, mit 0.5 Vol. 0.6 m $HClO_4$ gewaschen und das Filtrat mit 10 n KOH sofort auf pH 7.5 neutralisiert. Nach 1 Std. bei 0° wurde von $KClO_4$ filtriert und das Filtrat direkt verwandt. Bei der Chromatographie wurden, nachdem die freien Zucker mit Wasser ausgewaschen waren, zuerst im wesentlichen die Zuckerphosphate und dann die Nucleotide eluiert. Die Säulenchromatographie wurde durch papierchromatographische Untersuchungen ergänzt. Mit Hilfe von einheitlich markierter Glucose-^{14}C, Glucose-6-Phosphat-$^{14}C_1$, Glucose-6-Phosphat-^{14}C, ATP-^{14}C und Fischmuskelglykogen-^{14}C wurden die Vorgänge inbezug auf Zuckerphosphate und Nucleotide im Fischmuskel sowohl lebend als auch nach dem Töten untersucht. Die erhaltenen Ergebnisse werden ausführlich dargelegt und besprochen. F. Kreienbring. 7120.

Holme, John; Cincinnati, O., Miami Valley Lab., Procter & Gamble Co. Characterization studies on the soluble proteins and pentosans of cake flour. **(Charakterisierungsstudien über die löslichen Proteine und Pentosane von Kuchenmehl.)** Cereal Chem. **39** (1962) Nr. 2. S. 132–144. — 7 Abb., 4 Tab., 18 Lit.

Die Extraktion von gebleichtem Kuchenmehl (14% H_2O, 1,32% N, 0,7% Rohfett) wird mit verschiedenen wäßrigen Lösungsmittelsystemen (Extraktionsschema wird angegeben) durchgeführt. Es wird der Einfluß verschiedener Faktoren wie Verhältnis von Lösungsmittel: Mehl, Extraktionszeit, pH, Ionenstärke und Alkoholkonzentration auf die Menge an löslichem Protein ermittelt. Der Albumingehalt beträgt etwa 10% des Gesamt-Mehlproteins. Die wäßrigen Extrakte enthalten außerdem lösliche Pentosane. Eine Isolierung der Einzelbestandteile der Extrakte erfolgte durch Salzfraktionierung, die Charakterisierung durch Grenzelektrophorese und Ultrazentrifugation. Während die Pentosanfraktion sich als elektrophoretisch homogen erwies, konnten in der Albuminfraktion 5 Komponenten elektrophoretisch nachgewiesen werden. I. Schröder. 7225.

Simon, Klaus; Ithaca, N. Y., Cornell Univ., New York State Coll. of Agric., Dep. of Biochem. and Nutrit. **Tryptophan im aktiven Zentrum von Trypsin und Chymotrypsin.** Z. Naturforsch. **17b** (1962) Nr. 6. S. 371–379. — 9 Abb., 36 Lit.
Phosphorsäurediester wie Diisopropyl-Fluorphosphat (DFP) reagieren mit den „aktiven Zentren" von Hydrolasen und führen zu einer Blockierung des Ferments. Durch die peptische Hydrolyse von Trypsin (gehemmt durch DFP) wurde ein Fragment erhalten, das sich durch seinen Rf-Wert von entsprechenden Fragmenten aus nativen Fermenten unterscheidet und Tryptophan und P enthält. Vf. charakterisiert das aktive Fragment mittels Absorptionsspektren, Differenzspektren und elektrochromatographischer Untersuchungen. I. Schröder. 7230.

Kalan, Edwin B., Gordon, William G., Basch, Jay J. und Townend, Robert; Philadelphia, Pa., Eastern Regional Res. Lab. The isolation and amino acid composition of two peptides from chymotryptic digests of β-lactoglobulins A and B. **(Die Isolierung und Aminosäurezusammensetzung zweier Peptide, die durch Chymotrypsinverdauung von den β-Lactoglobulinen A und B erhalten wurden.)** Arch. Biochem. Biophysics **96** (1962) Nr. 2. S. 376–381. — 5 Abb., 1 Tab., 22 Lit.
Die β-Lactoglobuline A und B sowie perameisensäureoxydierte und S-sulfonierte Derivate wurden kurzen Chymotrypsinverdauungen (bis zu 3 Std.) unterworfen. Mit Hilfe der Hochspannungselektrophorese wurden die Peptidmuster untersucht. Unterschiede wurden nur erhalten, wenn die Disulfidbindungen vorher gespalten wurden. 2 Peptide von S-sulfonierten β-Lactoglobulinen wurden nach Chymotrypsinverdauung bausteinmäßig untersucht (Zusammensetzung ist angegeben). Der einzige Unterschied liegt im Asparaginsäure-Glycin-Gehalt. I. Schröder. 7230.

Shone, G.; London, Trop. Products Inst. Composition of the unsaponifiable material in tung oil. **(Zusammensetzung des Unverseifbaren des Tungöls.)** J. Sci. Food Agric. **13** (1962) Nr. 6. S. 315–320. — 3 Tab., 20 Lit.
Durch Dünnschichtchromatographie wurde die quantitative Zusammensetzung des unverseifbaren Rückstandes des Tungöls bestimmt. Es wurden gefunden: 46% Δ^5-Stigmastin-3β-ol (β-Sitosterin), 9% α-Tocopherol, 3% Tocopherolartifakt und 0,16% Carotinoidpigmente. Die Anwesenheit von α-Glyceryläther bzw. Squalen — nach Angaben früherer Untersuchungen — konnte nicht bestätigt werden. Die Identifizierung der Einzelkomponenten wird eingehend beschrieben. H. Ackermann. 7270.

Murthy, S. K. und Ganguly, J.; Bangalore, Indian Inst. of Sci., Dep. of Biochem. Studies on cholesterol esterases of the small intestine and pancreas of rats. **(Studien über Cholesterinesterasen des Dünndarms und Pankreas der Ratten.)** Biochem. J. **83** (1962) Nr. 3. S. 460–469. — 4 Abb., 10 Tab., 28 Lit.
Die hydrolytischen und synthetischen Aktivitäten des Pankreas und des Darmes für Cholesteryloleat haben ihre Optima bei pH 8.6 bzw. 6,1. Der Einfluß verschiedener Puffer wurde untersucht. Die Aktivitäten des Pankreas und des Darmes unterscheiden sich in ihrer Empfindlichkeit gegenüber $HgCl_2$, Chinon-HCl, Na_3AsO_3, Atoxyl, $ZnCl_2$ und $CuSO_4$, dagegen nicht gegenüber $CaCl_2$ und NaF. Die Veresterung von β-Sitosterin durch Darm und Pankreas beträgt 35 bzw. 86% der Cholesterinveresterung; die Stigmasterinveresterung

ist sehr gering. Die Veresterung durch das Pankreas ist 5 bis 10fach höher als die durch den Darm. Der Einfluß auf die hydrolytische Aktivität von Pankreas und Darm nimmt von Cholinsäure (I) über Taurocholat (II), Glykocholat (III), Desoxycholinsäure (IV) zu Deydrocholinsäure (V) ab, der Einfluß auf die synthetische Aktivität von II über I, III, IV zu V ab. Der Einfluß verschiedener org. P-Verbindungen auf Veresterung und Hydrolyse wurde untersucht. Inaktivierung der Enzyme konnte durch Na-Taurocholat verhindert werden, durch Desoxycholat nur teilweise, während Dehydrocholat die Inaktivierung nicht verhindern konnte. Daraus wird geschlossen, daß die OH-Gruppe am C-7 des Phenanthrenringes essentiell ist.

W. Jentsch. 7300.

Pălămaru, E., Feredean, I., Calotoiu, A., Bejan, G., Gondoş, M. und Maior, M. Cunoaşterea conţinutului în calciu, fosfor şi potasiu la principalele nutreţuri folosite în hrana animalelor. **(Ermittlung des Ca-, P- und K-Gehaltes der für die Tierernährung wichtigsten Futtermittel.)** Lucrările ştiinţ. Inst. Cercetări zootehn. **19** (1961) S. 117–133. – 9 Tab., 5 Lit. Zus. in Russ., Engl., Franz., Dtsch.

Die Untersuchungen erfolgten an Grünfutter, Heu, Kraft- und Sauerfutter und Wurzelfrüchten. U. a. wurde ermittelt, daß der Ca-, P- und K-Gehalt des Grünfutters (Leguminosen und Gramineen) mit zunehmendem Alter abnimmt, daß Sauerfutter arm an Mineralsalzen und daß Kraftfutter arm an Ca und reich an P ist. Das Ca:P Verhältnis ist bei allen Futterarten größer als 1 außer beim Kraftfutter und den Knollenfrüchten.

R. Petrovszky. 7370.

Hanc, Oldrich. **Hormone, Einführung in ihre Chemie und Biologie.** Jena: VEB Gustav Fischer Verlag. 1959. (633 S. m. 9 Abb. u. 6 Tf.) 17 × 23 cm. Das vorliegende Werk wurde nach der 2. tschechischen Aufl. in die deutsche Sprache übertragen. In ihm werden die einzelnen Hormone unter dem Aspekt der Chemie betrachtet. Dabei werden auch ihre biol. Bedeutung, ihr Wechselspiel mit den anderen Wirkstoffen und ihre Verwendung – bes. in der Medizin – erörtert. Auch die Einteilung des Werkes mit den 3 Hauptkapiteln „Hormone mit tyrosinähnlicher Struktur“, „Steroidhormone“ und „Hormone mit Peptidstruktur“ berücksichtigt die chem. Gesichtspunkte. – Es werden hauptsächlich Erkenntnisse über Hormone der Wirbeltiere dargestellt, Hormone der Wirbellosen finden nur kurze Erwähnung, Pflanzenhormone gar nicht. Die insgesamt mehr als 3600 Literaturnachweise wurden den einzelnen Abschnitten angefügt, so daß die Hinweise innerhalb eines Sachkomplexes vereinigt sind. Im „Sachregister“ sind die Stichwörter, die Namen der Organismen, pharmazeutische Spezialitäten sowie die Eigennamen zusammengefaßt.

F. Lüpnitz.

C. UNTERSUCHUNGS- UND VERSUCHSMETHODIK

Lees, T. M. und DeMuria, P. J.; Groton, Conn., Chas. Pfizer and Co., Inc., Med. Res. Lab.; Chromatography Lab. A simple method for the preparation of thin layer chromatography plates. **(Eine einfache Methode zur Herstellung von Dünnschichtchromatographieplatten.)** J. Chromatogr. [Amsterdam] 8 (1962) Nr. 1. S. 108–109. – 1 Abb., 2 Lit.

Es wurde eine Technik zur Herstellung einer gleichmäßigen Silicagelschicht auf fast allen rechteckigen Glasplatten beliebiger Größe entwickelt. Auf den Glasplatten werden auf 2 gegenüberliegenden Seiten 2 schmale Streifen eines Bandes geklebt. Die Stärke des Bandes bestimmt die Stärke des Silicagelüberzuges. Silicagel (Merck) wird nach der herkömmlichen Methode vorbereitet (vgl. Analyt Chem. **33** [1961] S. 1138.; J. Amer. Oil Chemists' Soc. **38** [1961] S. 708.) und auf die Platte gegossen. Mit Hilfe eines dicken gleichmäßigen Glasstabes, der den beiden Bändern aufliegt, wird der Silicagelbrei gleichmäßig über die Platte verteilt. Der Glasstab soll dabei über die Oberfläche der Bänder gleiten und nicht rollen. Nach einer Lufttrocknung von 10 Min., werden die Bänder sorgfältig entfernt, die Platten im Ofen getrocknet und nach der üblichen Methode aktiviert (s. Lit. oben). Die beschriebene Technik ist leicht zu lernen, einfach, vielseitig anwendbar und ökonomisch.

I. Schröder. 7450.

Bailey, S. W. und Hackman, R. H.; Canberra, Australia, C.S.I.R.O., Div. of Entomol. A new electrophoresis apparatus. **(Eine neue elektrophoretische Apparatur.)** J. Chromatogr. [Amsterdam] 8 (1962) Nr. 1. S. 52–56. – 2 Abb., 5 Lit.
Es wird eine Apparatur für reproduzierbare papierelektrophoretische Analysen beschrieben, in der auf einfache Weise reproduzierbare und gleiche Druckbedingungen ermöglicht werden. Der Druck wird durch hydraulische oder pneumatische Vorrichtungen erzeugt und kann leicht und genau konstant gehalten werden. I. Schröder. 7450.

Duncan, G. R.; Basel, Univ., Org.-Chem. Inst. The transfer of chromatoplate resolutions to large scale separations on adsorption columns. A new apparatus for producing thin layers. **(Die Übertragung von Ergebnissen der Dünnschichtchromatographie auf Trennungen in größerem Maßstab auf Adsorptionssäulen. Ein neuer Apparat zur Erzeugung von Dünnschichten.)** J. Chromatogr. [Amsterdam] 8 (1962) Nr. 1. S. 37–43. – 4 Abb., 2 Tab., 7 Lit.
Ein einfacher Apparat zur Erzeugung von Dünnschichtplatten (die reproduzierbare Ergebnisse liefern) wird beschrieben, der unabhängig von der Stärke und Gleichmäßigkeit des Glases einzusetzen ist. Das Gerät besteht im wesentlichen aus 2 Führungsschienen von der Stärke der zu erzeugenden Schicht und einem Streich-Stab. Die Führungsschienen werden an der Längsseite der Platte aufgesetzt und der Streichstab über sie hinweggeführt. Ein Kennwert „r", der sich aus den Rf-Werten von 2 auf dem Dünnschichtchromatogramm getrennten Substanzen ergibt, wird vorgeschlagen. Dieser Wert, der am Beispiel verdeutlicht wird, kann für die zu erwartende Trennung in größerem Umfang auf einer Säule als ein Maß benutzt werden. Die Dielektrizitätskonstante als Anhaltspunkt für die Herstellung von Lösungsmittelsystemen der Dünnschichtchromatographie wird diskutiert. F. Kreienbring. 7450.

Hunter, R. F. und Grant, Sheila A.; Edinburgh, Hill Farming Res. Organization. The estimation of „green dry matter" in a herbage sample by methanol soluble pigments. **(Die Bestimmung der „Grüntrockenmasse" in einer Grasprobe durch methanollösliche Pigmente.)** J. Brit. Grassland Soc. **16** (1961) Nr. 1. S. 43–45. – 2 Tab., 1 Lit.
In verschiedenen Grasproben ist unter britischen Verhältnissen ein Teil des Grases völlig abgestorben. Vff. untersuchen die Möglichkeiten, den Trockenmassegehalt bzw. -ertrag zu bestimmen, der aus dem grünen (frischen) Grasanteil stammt. Der Tr.-Subst.-Gehalt des abgestorbenen Grases beträgt annähernd 90%, der des grünen Grases 30%. Der Anteil des grünen bzw. abgestorbenen Grases ist je nach Herkunft, Schnittzeit u. a. verschieden. Es wurden folgende Methoden verglichen: 1. die Trennung von abgestorbenem und grünem Gras (zeitraubend und oft ungenau) 2. durch Kalkulation aus den Daten des Rohproteingehaltes und 3. durch die Pigmentationsmethode. Für Laboruntersuchungen wird letztere empfohlen und genau beschrieben: Von Feldproben wird durch Trocknung im Trockenschrank der Tr.-Subst.-Gehalt bestimmt, dann werden sie gemahlen und davon jeweils 2 g-Portionen mit 20 ml Methanol 20 Min. geschüttelt. Das Gemisch wird gefiltert und im Extrakt mit dem EEL-Absorptionsmeter (Filter Nr. 606) das Lichtabsorptionsvermögen gemessen. Mittels einer Eichkurve wird auf den Tr.-Subst.-Anteil der grünen Pflanzenmasse (GDM %) geschlossen. Die Eichkurve wird aufgestellt aus Gemischen von grünem und abgestorbenem Material (Intervalle von 10%) und der Gegenüberstellung vom Anteil an grüner Pflanzenmasse in % und der nach dem angegebenen Verfahren ermittelten Lichtabsorption des entsprechenden Gemisches. Auf Fehlerquellen (Empfindlichkeit des Extraktes gegenüber Licht und Hitze, verschiedener Pigmentgehalt in verschiedenen Pflanzenarten etc.) und ihre Beseitigung wird hingewiesen.
M. Hoffmann. 7462.

Büchel, L. und Bergmann, W. **Vereinfachung der serienmäßigen Rohfettbestimmung.** Z. landwirtsch. Versuchs- u. Untersuchungswes. 8 (1962) Nr. 1/2. S. 149–155. — 2 Abb., 3 Tab., 4 Lit. Zus. in Russ., Engl.

Für serienmäßige Rohfettbestimmungen wird eine Methode beschrieben, die sich von der herkömmlichen Soxleth-Extraktion dadurch unterscheidet, daß die bekannte Soxleth-Apparatur wesentlich vergrößert wurde und die Bestimmung der Rohfettmenge über den Gewichtsverlust der zu extrahierenden Substanz erfolgt. Die abgebildete Apparatur, die von jeder glastechnischen Werkstatt angefertigt werden kann, erlaubt die gleichzeitige Extraktion von 30–50 Einzelproben. Die zu extrahierende Substanz wird vor und nach der Extraktion 3 Std. im Trockenschrank bei 95° getrocknet. Vergleiche zwischen der konventionellen und der beschriebenen Methode ergaben eine gute Übereinstimmung. I. Schröder. 7468.

Murthy, M. R. V. und Micks, Don W.; Galveston, Univ. of Texas, Lab. of Med. Entomol., Dep. of Preventive Med. and Public Health, Med. Branch. A simple microtechnique for the preparation of biological samples for paper chromatographic analysis. **(Eine einfache Mikrotechnik zur Herstellung von biologischen Proben für die papierchromatographische Analyse.)** J. Chromatogr. [Amsterdam] 8 (1962) Nr. 1. S. 129–132. — 2 Abb., 1 Lit.

Zur Herstellung von Extrakten aus pflanzlichem oder tierischem Gewebe wurde von Vff. eine Mikromethode entwickelt. Die einfache U-Rohr-Apparatur zur Extraktion sowie die Herstellung der Filtrierpapierscheiben für die Chromatographie werden beschrieben. Die Wirksamkeit der Methode wird am Beispiel der Extraktion von freien Aminosäuren aus Insekten mit 80% Alkohol gezeigt, (vgl. Awapara, Arch. Biochemistry **19** (1948] S. 172.). Aus dem Vergleich dieser U-Rohr-Filterscheiben-Technik mit der konventionellen Extraktionsmethode ist der Vorteil der ersteren Technik in Form einer höheren Ausbeute ersichtlich. I. Schröder. 7480.

Piras, Romano und Cabib, Enrico; Buenos Aires, Inst. de Investigaciones Bioquim. „Fundación Campomar"; Fac. de Cienc. Exactas y Nat. Paper electrophoresis of sugars with cetyltrimethylammonium borate. **(Papierelektrophorese von Zuckern mit Cetyltrimethylammoniumborat.)** J. Chromatogr. [Amsterdam] 8 (1962) Nr. 1. S. 63–69. — 2 Abb., 2 Tab., 14 Lit.

Für eine Anzahl Monosaccharide, Disaccharide, Zuckerderivate und Nucleotide werden die Ergebnisse von Papierelektrophoreseuntersuchungen unter Verwendung von 0,06 m Cetyltrimethylammoniumborat pH 9,6 im Vergleich zu den Ergebnissen mit 0,05 m Kaliumtetraborat pH 9,2 angegeben. Die mit Cetyltrimethylammoniumborat erhaltenen Beweglichkeiten zeigen eine Tendenz in Richtung einer Umkehrung in Bezug auf eine Reihe, die aus den Beweglichkeiten mit Kaliumtetraborat folgt. Die Anwendung des Cetyltrimethylammoniumborats macht Trennungen möglich, die mit Kaliumtetraborat nicht erhalten werden. Die Ursachen für die beobachteten Veränderungen der Beweglichkeiten werden diskutiert. F. Kreienbring. 7485.

Muić, N. und Meniga, A.; Zagreb, Yugoslavia, Univ. of Zagreb, Med. Fac. „A Štampar", School of Public Health, Dep. of Appl. Biochem. The biochemistry of protamine from the milt of *Mugil cephalus.* **(Die Biochemie des Protamins aus der Milch von mugil cephalus.)** Arch. Biochem. Biophysics **96** (1962) Nr. 2. S. 280–286. — 5 Abb., 29 Lit.

Mugilin, das Protamin aus dem Sperma des Fisches *Mugil cephalus,* wurde papier- und säulenchromatographisch sowie papierelektrophoretisch isoliert und fraktioniert. Das rohe Mugilin konnte papierchromatographisch (Äthylenglykolmonobutyläther-Wasser-Phosphatpuffer (45:85:10)- Phosphatpuffer pH = 6,2 (0,224 m KH_2PO_4, 0,036 m Na_2HPO_4, 0,44 m NaCl) in 4 oder 5 Komponenten aufgetrennt werden. Durch eine Extraktionstechnik mit kaltem Wasser konnten die niedermolekularen Verunreinigungen vom rohen Mugilin eliminiert werden. Die Fraktionierung des Mugilins durch Elutionschromatographie (basischer Amberlite IRA. 410 OH^-) zeigt, daß das Protamin 1 Haupt- und 2 unbedeutendere Komponenten enthält. Die papierchromatographische Untersuchung des gereinigten Mugilins (Whatman No. 1, 1- und 2dimensional mit n-Butanol-Essigsäure-Wasser (4:1:1) und Phenol-Wasser (4:1)) nach der HCl-Hydrolyse (10 mg Mugilin mit 2 ml 20%iger oder 33%iger HCl im geschlossenen Glasgefäß bei 105° für 30 Std.) ergab ein einfaches Aminosäurespektrum: Arginin, Alanin, Glycin, Serin, Prolin, Threonin, Valin, Isoleucin (oder Leucin oder beide) und Glutaminsäure. I. Schröder. 7500.

Evans, W. J., Carney, W. B., Dechary, J. M. und Altschul, A. M.; New Orleans, La., Seed Protein-Pioneering Res. Lab. Zone electrophoresis of conarachin, α-conarachin and bovine serum albumin on polyacrylamide gel. **(Zonenelektrophorese von Conarachin, α-Conarachin und Rinderserumalbumin an Polyacrylamidgel.)** Arch. Biochem. Biophysics **96** (1962) Nr. 2. S. 233–239. – 3 Abb., 17 Lit.
Die Zonenelektrophorese wurde in einer vertikalen Gelelektrophoreseapparatur (Spannungsgradient von 17,1 V/cm bei 15°) und als Papierelektrophorese in Phosphatpuffer bei pH 7,8 $\mu = 0{,}03$ für 15 Std. mit 6 V/cm durchgeführt. Die mit Conarachin (eine unreine Fraktion der Erdnußglobuline) an Polyacrylamidgel durchgeführten Untersuchungen zeigen die komplexe Zusammensetzung. α-Conarachin, die Hauptkomponente der Conarachinfraktion, erweist sich bei der Gradientenelutionschromatographie an DEAE-Cellulose als homogen, zeigt zonenelektrophoretisch jedoch mehrere eng verwandte Komponenten. Kristallines Rinderserumalbumin zeigt ebenfalls zonenelektrophoretisch mehrere Banden. Die Sedimentationsanalyse der Erdnußglobuline bestätigt, daß sie ein Teil des Assoziations-Dissoziations-Systems darstellen. I. Schröder. 7500.

Tsuyuki, H., Roberts, E. und Gadd, R. E. A.; Vancouver, Brit. Columbia, Fisheries Res. Board of Canada, Techn. Stat. Muscle proteins of Pacific salmon (Oncorhynchus). II. An investigation of muscle protein and other substances soluble in salt solutions of low ionic strenght by column chromatography. **(Muskelproteine von Pazifiklachs [Oncorhynchus]. 2. Mitt. Eine säulenchromatographische Untersuchung von Muskelprotein und anderen Substanzen, die in Salzlösungen geringer Ionenstärke löslich sind.)** Canad. J. Biochem. Physiol. **40** (1962) Nr. 7. S. 919–927. – 5 Abb., 34 Lit. 1. Mitt. vgl. LZ. Abt. III **7** (1962) Nr. 12. S. 2628.
Aus Fischmuskelproben von verschiedenen Lachsarten wurden durch Homogenisierung mit 7 Volumenteilen Phosphatpuffer (pH 7,5, Ionenstärke 0,05) bei 0° Muskelmyogen und andere Komponenten extrahiert. Die Extrakte wurden 24 Std. gegen Trispuffer (pH 8,5, 0,001 m) dialysiert. Zur Chromatographie wurden 300–575 mg Protein auf die DEAE-Cellulosesäulen (1,4 × 40, 60 oder 90 cm) aufgetragen und durch Gradientenelution mit konkav ansteigenden Konzentrationen von KCl und Trispuffer bei pH 8,5 getrennt. Die Myogenfraktion aus dem Fischmuskel wurde zum Zwecke des Vergleichs der einzelnen Proben bei der Chromatographie willkürlich in 7 Teilfraktionen zerlegt. Es fanden sich in den Extrakten außerdem 2 Nichtproteinfraktionen, die als Inosin und Inosinsäure nachgewiesen wurden, welche unter den Bedingungen der Herstellung des Extraktes nur sehr langsam dialysieren. Die grundsätzlichen Unterschiede in den Muskelmyogenkomponenten von Pazifiklachs und „Lingcod“ (Ophiodon elongatus) wurden verglichen.
H. Kreienbring. 7500.

Tsuyuki, H., Roberts, E. und Gadd, R. E. A.; Vancouver, Brit. Columbia, Fisheries Res. Board of Canada, Techn. Stat. Muscle proteins of Pacific salmon (Oncorhynchus). III. The separation of muscle proteins soluble in low ionic strenght salt solutions by starch gel electrophoresis. **(Muskelpro-**

teine von Pazifiklachs [Oncorhynchus]. 3. Mitt. Die Trennung von Muskelproteinen, die in Salzlösungen geringer Ionenstärke löslich sind, durch Stärkegelelektrophorese.) Canad. J. Biochem. Physiol. **40** (1962) Nr. 7. S. 929–936. – 6 Abb., 31 Lit. 2. Mitt. vgl. vorst. Ref.

Aus Fischmuskelproben verschiedener Arten wurden nach einer früher beschriebenen Methode Muskelmyogenextrakte hergestellt und durch Stärkegelelektrophorese (Boratpuffer pH 8,5, 0°, 18 Std., 6,25 V/cm), die sich als schnelle und empfindliche Methode zur Trennung von Fischmuskelmyogen erwies, getrennt. Die sich ergebenden charakteristischen Proteinmuster wurden benutzt, um die untersuchte Oncorhynchus-Gattung nach Rot-, Rosa- und Ketalachs einerseits und Königs- und Silberlachs anderseits zu gruppieren. Das Verhältnis zwischen säulenchromatographischen Untersuchungen an DEAE-Cellulose, bei denen das Eluat willkürlich in 11 Fraktionen geteilt wurde, und Stärkegelelektrophoresetrennungen dieser einzelnen Fraktionen wurden dargestellt. H. Kreienbring. 7500.

Bernheimer, Alan W.; New York, Biol. Lab. of the Long Island, Biol. Assoc.; Univ., School of Med., Dep. of Microbiol. Resolution of mixtures of proteins by means of zone electrophoresis in sucrose density gradients. **(Die Auftrennung von Proteinmischungen mit Hilfe der Zonenelektrophorese in Sucrose-Gradienten.)** Arch. Biochem. Biophysics **96** (1962) Nr. 2. S. 226–232. – 5 Abb., 15 Lit.

Mit Hilfe einer beschriebenen Zonenelktrophorese-Methode werden verschiedene Proteinmischungen gereinigt und aufgetrennt. Als Lineargradienten dienen Sucroselösungen in Puffer (von 50–0% Sucrose). Die Kühlung der Kolonne erfolgt mit Wasser (5°). Untersucht werden folgende Proteine: Unreine Mischungen von Staphylokokkenproteinen, Streptolysin S, Streptokinase, eine saure Desoxyribonuclease und Galaktoseoxydase. Vf. zeigt, daß die beschriebene Technik sowohl für analytische Zwecke als auch als präparative Methode zur Reinigung von Enzymen und anderen Proteinen geeignet ist. I. Schröder. 7500.

Peterson, P. J. und Butler, G. W.; Palmerston North, New Zealand, Plant Chem. Div. Paper chromatographic and electrophoretic systems for the identification of sulphur and selenium amino acids. **(Papierchromatographische und elektrophoretische Systeme zur Identifizierung von Schwefel- und Selen-Aminosäuren.)** J. Chromatogr. [Amsterdam] 8 (1962) Nr. 1. S. 70–74. – 2 Tab., 25 Lit.

Es wurden 19 S-Aminosäuren papierchromatographisch und elektrophoretisch auf die Wanderungsgeschwindigkeit untersucht. Es wurde papierchromatographisch mit Whatmann 3MM-Papier absteigend in folgenden Lösungsmittelsystemen entwickelt: n-Butanol-Pyridin-Wasser (1:1:1) (1), n-Butanol-Essigsäure-Wasser (25:6:25) (2), n-Butanol-Äthanol-Wasser (2:2:1) (3), tert. Butanol-Ameisensäure-Wasser (14:3:3( )4). Für die 2dimensionale Methode wurden die Lösungsmittelsysteme (1) und (2) kombiniert. Papierelektrophoretisch wurde auf demselben Papier bei 20 V/cm 4 Std. oder 8 Std. gearbeitet. Zunächst erfolgte die Auftrennung in neutrale, saure und basische Aminosäuren mit Pyridin-Essigsäure-Puffer bei pH 6,0 für 4 Std. Eine weitere Auftrennung erfolgte im Phosphat-Citrat-Puffer bei pH 2,7 für 4 oder 8 Std. S-Aminosäuren und Se-Aminosäuren verhalten sich chromatographisch in allen Systemen gleich. Der einzige Unterschied wurde bei den Verbindungen beobachtet, die sich durch eine hohe elektrophoretische Beweglichkeit bei pH 2,7 auszeichnen. I. Schröder. 7505.

Rollins, Charles, Jensen, Larry und Schwarz, Alice N.; Richmond, Calif., Bio-Rad. Lab. Desalting of amino acid solutions by an ion retardation resin. **(Entsalzung von Aminosäurelösungen durch Ionenretardationsharz.)** Analyt. Chem. **34** (1962) Nr. 6. S. 711–712. – 2 Abb., 5 Lit.

Während mit den herkömmlichen Ionenaustauschern zur Entsalzung mehrere Arbeitsgänge erforderlich sind (eine Dialyse ist für Polypeptide und Aminosäuren nicht geeignet), beschreiben Vff. eine Einstufenmethode mit dem Retardationsharz AG11A8. Diese neue Type enthält Kationen- und Anionenaustauscherseiten, die in äquivalenten Mengen gleichzeitig Anionen und Kationen absorbieren. Die absorbierten Ionen, mit Ausnahme von H^+, werden so schwach festgehalten, daß sie mit Wasser eluiert werden können, während das Harz zur neutralisierten Form regeneriert wird. AG11A8 absorbiert insbesondere Chloride und die entsprechenden Kationen (NH_4Cl, NaCl), während Aminosäuren, Polypeptide und Proteine nicht festgehalten werden. AG11A8 ist zur Entfernung von Citraten und Acetaten nicht geeignet. HCl wird irreversibel absorbiert und kann mit verdünnter NaOH und Wasser wieder entfernt werden (Entfernung von HCl aus Hydrolysaten). Die Durchführung wird ausführlich beschrieben und an Hand eines Gelatinehydrolysates und durch Verwendung verschiedener Salzkonzentrationen erläutert. I. Schröder. 7505.

Bidwell, R. G. S.; Toronto, Ontario, Univ., Bot. Dep. Direct paper chromatography of soluble compounds in small samples of tissue adhering to the paper. **(Direkte Papierchromatographie löslicher Verbindungen in kleinen Gewebeproben, die am Papier haften.)** Canad. J. Biochem. Physiol. **40** (1962) Nr. 6. S. 757–761. – 1 Abb., 2 Tab., 3 Lit.

Für die Chromatographie löslicher Verbindungen wird eine Methode beschrieben, bei der es nicht nötig ist, die betreffenden Substanzen vor der Trennung zu extrahieren. Zur Ausführung werden 1–10 mg des Gewebes in flüssiger Luft zu einem feinen Pulver zerrieben, danach mit einem kleinen Spatel zusammengedrückt und auf das Chromatogramm aufgepreßt. Die Entwicklung des Chromatogramms erfolgt in der üblichen Weise. Der Vorteil der direkten Chromatographie liegt darin, daß gewisse labile oder reaktionsfähige Verbindungen, die bei der Extraktion teilweise oder vollständig verändert würden, einem Abbau entgehen können. Der unverkennbare Nachteil ist, daß jedes Chromatogramm nur eine kleine Gewebeprobe repräsentiert, nicht aber einen Durchschnitt einer größeren, wie es bei der gebräuchlichen Methode der Fall ist. Wo eine große Genauigkeit erforderlich ist, kann die beschriebene Methode nicht angewendet werden. H. Kreienbring. 7505.

Olsen, Ellen M., Hill, D. C. und Branion, H. D.; Guelph, Ontario, Agric. Coll., Dep. of Nutrit. Determination of glutamine and glutamic acid in the blood plasma of chicks by a combined chromatographic and microbiological method. **(Bestimmung von Glutamin und Glutaminsäure im Blutplasma von Küken mittels einer kombinierten chromatographischen und mikrobiologischen Methode.)** Canad. J. Biochem. Physiol. **40** (1962) Nr. 3. S. 381–390. – 2 Abb., 7 Tab., 18 Lit.

Die beschriebene Methode beruht darauf, daß im enteiweißten Plasma zunächst säulenchromatographisch (10 cm-Säule mit Dowex 1×8, Elution mit Acetatpuffer pH 4,2) das Glutamin von der Glutaminsäure abgetrennt wird. Im 1., nur das Glutamin enthaltenden Eluat erfolgt die quantitative Bestimmung mikrobiol. mit *Lactobacillus plantarum*. Im 2. Eluat wird nach einer Fraktionierung und Anfärbung mit Ninhydrin die Glutaminsäure colorimetrisch bestimmt. Die mittleren Glutamin- und Glutaminsäuregehalte im Blutplasma normal ernährter Küken betrugen 12,8 bzw. 3,4 mg/100 ml. Beide Bestimmungsverfahren wiesen eine gute Reproduzierbarkeit auf. J. Wünsche. 7505.

Renshaw, A. und Biran, L. A.; Oxford, Dep. of Biochem. A method for the introduction of samples of long chain fatty acid methyl esters on to gas chromatography columns. **(Eine Methode zur Einführung von Langkettenfettsäuremethylesterproben in gaschromatographische Säulen.)** J. Chromatogr. [Amsterdam] 8 (1962) Nr. 3. S. 343–348. – 3 Abb., 1 Tab., 1 Lit.

Es wird zur Einführung von Untersuchungsproben in Chromatographiesäulen eine neue Methodik mit technischen Einzelheiten beschrieben, die sich besonders für die Methylester der Langkettenfettsäuren (C_{12}–C_{24}) bewährte und entscheidende Vorteile gegenüber der Einspritzung mittels Mikropipette besitzt. In einer kleinen Metallwanne werden 0,2 ml einer Lösung der Fettsäuremethylester in leicht flüchtigem Lösungsmittel eingemessen und dieses bei Raumtemperatur verdunstet. Das Gefäß läßt sich in den Chromatographen einführen und mit der heißen Packungsphase der Säule in Berührung bringen, ohne den Gasfluß durch die Säule unterbrechen zu müssen. Dadurch ist die Möglichkeit einer schnellen Verdampfung der Probe und ein Weitertransport durch den Gasstrom gegeben. H. Steger. 7520.

Kuemmel, D. F.; Cincinnati, O., Miami Valley Lab., Procter & Gamble Co. A mercury derivative-chromatographic method for the separation of unsaturated fatty acid esters. **(Eine chromatographische Quecksilberderivat-Methode für die Trennung ungesättigter Fettsäureester.)** Analyt. Chem. 34 (1962) Nr. 8. S. 1003–1007. – 1 Abb., 3 Tab., 18 Lit.
Es wird eine Methode beschrieben, nach der es gelingt, die gesättigten und ungesättigten Fettsäuren einschließlich der verschiedenen geometrischen Isomeren eines Öles zu bestimmen. Aus dem Fettsäuregemisch werden zunächst die Methylester, dann mit Hg-Acetat Addukte der ungesättigten Methylester hergestellt. An einer Al_2O_3-Säule (neutral, Aktivitätsgrad I) lassen sich die gesättigten Fettsäuren und auch die ungesättigten Hg-Derivate auftrennen. Durch Elution mit Petroläther, Äther-Äthanolgemischen (95:5; 99:1) und HCl-Methanol wurden 3 Fraktionen erhalten. Die wiedergewonnenen reinen Methylester der gesättigten und mono- und polyungesättigten Komponenten werden gaschromatographisch weiter analysiert und durch Infrarotspektrographie die Anteile der geometrischen Isomere der ungesättigten Fettsäuren bestimmt. H. Steger. 7520.

Ackman, R. G., Bannerman, M. A. und Vandenheuvel, F. A.; Halifax, Fisheries Res. Board of Canada, Techn. Stat. A simple apparatus for preparative scale gasliquid chromatography. **(Ein einfacher Apparat für präparative Skalen-Gas-flüssig-Chromatographie.)** J. Chromatogr. [Amsterdam] 8 (1962) Nr. 1. S. 44–51. – 6 Abb., 8 Lit.
Es wird eine einfache Apparatur zur präparativen Gas-flüssig-Chromatographie beschrieben, die sich bei bescheidenen Werkstattmöglichkeiten und mit niedrigem Herstellungspreis anfertigen läßt. Die Konstruktion ist für viele Operationen brauchbar und anpassungsfähig. Man ist in der Lage, mit Temperaturen bis zu 400° und mit Proben von 1 bis 5 ml zu arbeiten. Im einzelnen werden der Aufbau, die Säulen, das Detektorsystem, die Probensammlung und die Arbeitsweise der Apparatur abgehandelt.
H. Steger. 7520.

Kuksis, A. und McCarthy, M. J.; Kingston, Ontario, Omeen's Univ., Dep. of Biochem. Gas-liquid chromatographic fractionation of natural triglyceride mixtures by carbon number. **(Fraktionierung natürlicher Triglyceride nach Kohlenstoffanzahl durch Gas-flüssig-Chromatographie.)** Canad. J. Biochem. Physiol. 40 (1962) Nr. 5. S. 679–686. – 4 Abb., 1 Tab., 8 Lit.
Es wird eine Methode beschrieben, durch Gas-flüssig-Chromatographie natürliche Triglyceride nach Anzahl ihrer C-Atome aufzutrennen. Zur Chromatographie werden rostfreie Stahlsäulen (18 in. × $^1/_8$ in. ⌀) verwendet, die mit Chromosorb W (60–80 mesh) gefüllt werden, welches mit 2.25% SE-30 überzogen wurde. Bei einem Temperaturbereich von 200 bis 320° konnten Triglyceride von Trioctanoin bis Tristearin innerhalb von 40 Min. einwandfrei getrennt werden. Höhere Triglyceride ließen sich nicht quantitativ trennen. Es traten Verluste ein, weil diese unvollständig verdampften. Eine Spaltung

der Triglyceridmoleküle konnte bei sehr hohen Temperaturen im Augenblick der Verdampfung nicht festgestellt werden. H. Steger. 7520.

Collier, R.; Sheffield, Univ., Cancer Res. Unit. Separation of lecithin and phosphatidyl ethanolamine by chromatography on paper impregnated with zinc salts. **(Trennung von Lecithin und Phosphatidyläthanolamin durch Chromatographie auf mit Zinkchlorid imprägniertem Papier.)** Nature [London] **194** (1962) Nr. 4830. S. 771–772. – 1 Abb., 1 Tab., 6 Lit.

Bei der Untersuchung von Cd-, Al-, Mg-, Ba- und Zn-Salzen zur Imprägnierung von Papier für die Trennung von Lecithin und Phosphatidylcolamin ergab Zinkchlorid die beste Trennung. Die Imprägnierungslösung wird durch Sättigen einer 3,5%igen HCl mit Zinkoxyd bei 60°, Abkühlen und Filtrieren hergestellt. Die Phospholipoide (ca. 40 μg) werden auf das Papier aufgetragen (Whatman Nr. 1.). Danach wird das Papier 5 Min. in die Imprägnierungslösung eingetaucht. Nach dem Herausnehmen legt man das Papier 2–3 Sek. auf trockenes Filtrierpapier, um überschüssige Lösung zu entfernen, und trocknet im Heißluftstrom. Chromatographie erfolgt aufsteigend in Di-n-butyläther-Propionsäure (2:1, v:v) gesättigt mit Zinkchlorid. Das Papier wird zum Schluß mit Heißluft getrocknet und angefärbt. Da Lysolecithin und Lysophosphatidylcolamin mit dieser Technik ebenfalls getrennt werden, ergibt sich die Reihenfolge (Rf-Werte): Phosphatidylcolamin (0,32–0,40), Lecithin (0,20–0,25), Lysophosphatidylcolamin (0,13–0,18) und Lysolecithin (0,05–0,08). H. Kreienbring. 7525.

Portman, O. W. und Shah, S.; Boston, Mass., Harvard School, of Public Health, Dep. of Nutrit. The determination of concentrations of bile acids in peripheral, portal and hepatic blood of Cebus monkeys. **(Die Bestimmung der Konzentration von Gallensäuren im peripheren, portalen und hepatischen Blut von Cebus-Affen.)** Arch. Biochem. Biophysics **96** (1962) Nr. 3. S. 516–523. – 3 Abb., 4 Tab., 17 Lit.

Die Anwendung von Salzen markierter Gallensäuren (^{14}C-carboxylmarkierte Cholsäure, Desoxycholsäure und Chenodesoxycholsäure) nach i.p. Injektion macht die sehr schwierige chemische Bestimmung der Gallensäuren bei gleichzeitigen Proben aus der Gallenblase und dem Blut ausführbar. Hauptsächlich fand sich bei den Cebus-Affen Taurochol- und Taurochenodesoxycholsäure im Blut und in der Galle. Desoxycholsäure, die im Darm in signifikanten Mengen aus Cholsäure gebildet wurde, wurde anscheinend nicht rückresorbiert, da kein markiertes Taurodesoxycholat nach Verabreichung von markiertem Cholat in der Galle gefunden wurde. Die Leber der Cebus-Affen wandelte auch kein verabreichtes radioaktives Desoxycholat um. Die Konzentration der einzelnen Gallensäuresalze in den einzelnen Seren wies große Differenzen auf. F. Kreienbring. 7530.

Fraser, Murray, J. A sensitive method for measurement of amino acyl ribonucleic acid synthetase activities. **(Eine empfindliche Methode zur Messung der Aminoacyl-Ribonucleinsäure-Synthetase-Aktivität.)** Canad. J. Biochem. Physiol. **40** (1962) Nr. 5. S. 653–666. – 5 Abb., 2 Tab., 30 Lit.

Es wird eine empfindliche Methode zur Messung der Aminoacyl-Ribonucleinsäure-Synthetase-Aktivität (Aminosäuren aktivierende Enzyme) beschrieben. Die Methode basiert auf der Messung der Markierungsraten löslicher Ribonucleinsäure (RNS) mit ^{14}C-Aminosäuren. Bestimmungen von α-Glutamyl-RNS, Glutaminyl-RNS und Glycyl-RNS Synthetase Aktivitäten in der „pH-5-Enzym"-Fraktion von Rattenleber und Mäuse Ascites Tumorzellen werden durchgeführt. Glutaminsäure ist offenbar durch ihre α-Carboxylgruppe so aktiviert, daß sie in der „pH-5-Enzym"-Fraktion α^{s}-Glutamyl-lRNS(-lösliche RNS) bilden kann. H. Bergner. 7580

Voelker, I., Schümann, E. und Holt, C. v.; Hamburg, Univ., Physiol-Chem. Inst. **Biosynthese des Insulins. 1. Mitt. Darstellung von biosynthetisch markiertem ^{35}S-Insulin.** Biochem. Z. **335** (1962) Nr. 4. S. 382–391. – 5 Abb., 1 Tab., 13 Lit. Zus. in Engl.
Um Einblick in den Ablauf der Biosynthese des Insulins zu erhalten, wurde der Einbau von ^{35}S-L-Cystein (I) in das Hormon der Ratte verfolgt. Es wird eingehend die präparative Darstellung des **I** mit Hilfe der L-Serinsulfhydrase aus Hefe und seine Reinigung beschrieben. Das **I** wurde nüchternen Ratten i.p. injiziert. Nach verschiedenen Zeitpunkten (2–48 Std.) wurde das Pankreas entnommen, das enthaltene Insulin in reiner Form isoliert und die ^{35}S-Aktivität bestimmt. Es lassen sich Rückschlüsse auf die Inkretionsrate der Langerhans'schen Zellen ziehen. Letztere beträgt in erster Näherung 2–3 × 10^{-2} μg/Min./Rattenpankreas. H. Ackermann. 7595.

Fujii, Kyushiro, Mizota, Sumito, Takama, Takashi, Miyamoto, Sho und Ozaki, Takashi; Tokyo, Med. and Dent. Univ., Dep. of Obstetrics and Gynecology and Dep. of Biochem. High voltage paper electrophoresis of free and conjugated estrogens. **(Hochspannungspapierelektrophorese von freien und konjugierten Oestrogenen.)** J. Biochemistry [Tokyo] **51** (1962) Nr. 2. S. 167–168. – 1 Tab., 4 Lit. Orig.: engl.
Es werden 3 Oestrogene (Oestron, Oestradiol und Oestriol) hochpsannungspapierelektrophoretisch getrennt und die Rf sowie die ^{R}Glutaminsäure-Werte bestimmt. 2 Filterpapierstreifen (10 × 60 cm, Toyo Roshi, No. 51) werden in horizontaler Lage befestigt und mit m/20 Boratpuffer (pH 10,8) befeuchtet. Die zu untersuchende Probe wird auf dem einen Streifen, die Glutaminsäure auf dem anderen 12 cm vom Kathodenende aufgetragen. Die Elektrophorese erfolgt bei pH 10,8 mit m/20 Boratpuffer und 5 KV für 45 Min. bei 4° (in gekühltem n-Hexan). Nach der Lufttrocknung können die Banden mit UV-Licht (Fluoreszens) sichtbar gemacht werden.
I. Schröder. 7595.

Rosenoer, V. M. und Schild, H. O.; London, Univ. Coll., Dep. of Pharmacol. The assay of urogastrone. **(Untersuchungen an Urogastron.)** J. Physiol. [London] **162** (1962) Nr. 1. S. 155–162. – 5 Abb., 1 Tab., 22 Lit.
Wenn der Magen von mit Urethan betäubten Ratten mit einem Phosphat-Citrat-Puffer durchspült und der pH-Wert der Auslaufflüssigkeit laufend aufgezeichnet wird, so zeigt die i.v. Injektion von Carbachol (**I**) vorübergehende pH-Verminderung während der Säuresekretion an. Wenn Urogastron (**II**), ein wirksames Prinzip aus menschlichem Harn, i. v. 5 Min. vor dem **I** injiziert wird, so wird die pH-Verminderung reduziert und der Grad der Verminderung hängt von der Menge des verabreichten **II** ab. Nachdem jeder Ratte 4 verschiedene Dosen von **II** verabreicht wurden, konnten stat. Berechnungen durchgeführt werden. R. Neseni. 7595.

Lumb, M., Chamberlain, N., Cross, T., Macey, P. E., Spyvee, J., Uprichard, J. M. und Wright, R. D.; Nottingham, Boots Pure Drug Co., Ltd., Res. Dep. An antibiotic complex (A 4788) containing streptothricin and having activity against powdery mildews. **(Antibiotica-Komplex [A-4788] mit Streptothricin und einer Wirkung gegen Mehltau.)** J. Sci. Food Agric. **13** (1962) Nr. 6. S. 343–352. – 4 Abb., 5 Tab., 23 Lit.
Eine Anzahl Streptomyces-Stämme, die Streptothricin ähnliche Antibioticis erzeugen, wurden geprüft und deren Produkte mit bekannten Vertretern ihrer Gruppe verglichen. Die Ringpapierchromatographie zeigte, daß diese Antibioticis ein Gemisch aus 6 Komponenten mit hoher antibakterieller und antipilzlicher Wirkung darstellen. Durch Säulenchromatographie wurden diese Komponenten getrennt. Ihre Testung bei Pflanzen erbrachte eine radikal vernichtende und schützende Wirkung gegen Mehltau. Diese sehr hohe Anti-mehltau-Wirkung wurde hauptsächlich im Komponenten D und auch im

Komponenten F gefunden, die beide dem Streptothricin entsprechen. Eingehendere Untersuchungen bewiesen, daß einige dieser Komponenten weiter fraktioniert werden können. Einzelheiten über Kulturen und Methoden ihrer Herstellung sowie Extraktion werden beschrieben. E.-R. Franke. 7600.

White, B. J. und Wolfe, R. G.; Eugene, Univ. of Oregon, Chem. Dep. Paper chromatography of mercaptides. **(Papierchromatographie von Mercaptiden.)** J. Chromatogr. [Amsterdam] 7 (1962) Nr. 4. S. 516–519. -- 1 Tab., 11 Lit.
Es wird die papierchromatographische Trennung und Identifizierung von 11 Sulfhydrylverbindungen mit Jodacetamid, p-Mercuriphenylsulfonat und p-Mercuribenzoat beschrieben. Als Papier dient Whatman No. 1, als Laufmittel n-Butanol-Essigsäure-Wasser (42:10:42) absteigend bei 29°. Die Anfärbung erfolgt mit Ninhydrin (0,20–0,25%) in Aceton, bzw. mit Dithizon (0,002% Diphenylthiocarbazon) in Tetrachlorkohlenstoff bzw. mit Pinakryptol gelb (0,05%) in Wasser. Die Rf-Werte werden angegeben. Die Möglichkeit zur Anwendung dieser Technik für strukturelle Untersuchungen von Cystin enthaltenden Proteinen wird aufgezeigt. I. Schröder. 7610.

Minson, D. J. und Kemp, C. D.; Hurby, Grassland Res. Inst. Studies in the digestibility of herbage. IX. Herbage and faecal nitrogen as indicators of herbage matter digestibility. **(Studien über die Verdaulichkeit von Weidegras. 9. Mitt. Gras- und Kotstickstoff als Indikator für die Verdaulichkeit der organischen Substanz des Grases.)** J. Brit. Grassland Soc. **16** (1961) Nr. 1. S. 76–79. – 2 Abb., 3 Tab., 15 Lit. 8. Mitt. vgl. LZ. Abt. III **6** (1961) Nr. 7. S. 1280.
Vff. geben Regressionen an zwischen der Verdaulichkeit der org. Substanz des Grases (VK) und dem prozentualen N-Gehalt im Gras (NG) bzw. dem prozentualen N-Gehalt in der org. Substanz des Kotes (NK). Aus 291 Proben (Gras-Kleegemische und reines Gras), die in den Jahren 1950–1959 von April bis Dez. geerntet wurden, ergaben sich Werte für die Verdaulichkeit der org. Substanz (bei Schafen) zwischen 48 und 85%, für NG zwischen 0,9–5,0%, für NK zwischen 1,3–5,4%. Die Regressionsgleichungen lauten: VK = 59,7 + 5,20 NG (1) VK = 49,2 + 7,25 NK (2). Die Abweichung (errechneter Wert in Beziehung zum experimentell ermittelten) beträgt für (1) = 6,17 und für (2) = 3,99. Es ergab sich aber, daß in diesen Formeln Fehler enthalten sind, da die Werte stark durch die Schnittzeit bedingte Abweichungen zeigen. So schwankte die mittlere Abweichung bei (1) von +2,6 bis −6,9 und bei (2) von +1,8 bis −5,7 in Abhängigkeit von den einzelnen Monaten. Es wird deshalb für jeden Monat eine Gleichung aufgestellt. Die dritte Möglichkeit ist die Rechnung mit multiplen Regressionen. Hierfür werden folgende Gleichungen mitgeteilt: VK = 69,5 + 6,23 NG – 1,88 M (± 5,02) VK = 56,3 + 7,09 NK – 1,00 M (± 3,46) (M = Monat, April = 4, Dezember = 12
M. Hoffmann. 7765.

Hörnicke, H.; Hannover, Tierärztl. Hochschule, Physiol. Inst. **Methoden zur Bestimmung der Körperzusammensetzung lebender Tiere unter besonderer Berücksichtigung des Schweines. 3. Mitt. Die Berechnung der Körperzusammensetzung aus Körperwasser, extracellulärem Wasser und Körperdichte.** Z. Tierphysiol., Tierernähr. Futtermittelkunde **16** (1961) Nr. 6. S. 331–344. – 1 Abb., 2 Tab., 98 Lit. 2. Mitt. vgl. LZ. Abt. III **7** (1962) Nr. 8. S. 1900.
Vf. bespricht zunächst die Gesetzmäßigkeiten der Zusammensetzung der fettfreien Körpersubstanz (FKS) als Grundlage für die Berechnung des Körperbestandes an Fett, Eiweiß und Asche aus dem Körperwasser (GKW) oder der Körperdichte. Die Zusammensetzung der FKS ändert sich während des Wachstums und erreicht erst nach Abschluß der „chemischen Reife“ eine nahezu konstante Zusammensetzung. Auf der Konstanz der Zusammensetzung

der FKS basieren die angeführten Gleichungen zur Berechnung des Körperfettes aus 1. GKW, 2. GKW und ECW, 3. der inversen Relation zwischen Wasser und Fett, 4. Dichte. An wachsenden Organismen ist eine Berechnung der Körperzusammensetzung möglich, wenn 2 voneinander unabhängige Meßgrößen, wie z. B. GKW und ECW oder GKW und Dichte, zur Verfügung stehen. Die fettfreie Trockensubstanz ist bei Rind und Schwein unabhängig vom Alter der Tiere. L. Hoffmann. 7820.

Hörnicke, H.; Hannover, Tierärztl. Hochschule, Physiol. Inst. **Methoden zur Bestimmung der Körperzusammensetzung lebender Tiere unter besonderer Berücksichtigung des Schweines. 4. Mitt. Grundlagen für die Berechnung der Körperzusammensetzung beim Schwein.** Z. Tierphysiol., Tierernähr. Futtermittelkunde **16** (1961) Nr. 6. S. 344–366. — 8 Abb., 6 Tab., 70 Lit. 3. Mitt. vgl. vorst. Ref.

An Hand der in der Lit. mitgeteilten chemischen Ganzkörperanalysen von Schweinen wurde die Abhängigkeit der chemischen Zusammensetzung (H_2O, Eiweiß, Asche) der fettfreien Körpersubstanz (FKS) vom Gewicht der Tiere untersucht und durch Gleichungen dargestellt. Wasser- und Eiweißgehalt der FKS sind enger vom Gewicht als vom Lebensalter abhängig. Der mittlere Aschegehalt der FKS mit 4,05% wird vom Körpergewicht nicht beeinflußt. Die fettfreie Tr.-Subst. enthält 17% Asche und 83% Eiweiß. Für die Berechnung der Körperzusammensetzung aus dem Gesamtkörperwasser bei Schweinen von 0,6 bis 165 kg werden folgende Gleichungen empfohlen: $\%\,\mathrm{FKS} = \frac{\%\,\mathrm{GKW}}{81{,}9\,\mathrm{kg}^{-0{,}0186}}$ % Fett = 100 – % FKS, % Eiweiß = $14{,}26 \cdot \mathrm{kg}^{0{,}0805} \cdot \%\,\mathrm{FKS}$, % Asche = 0,0405 · FKS. Weiterhin werden Konstanten zur Berechnung des Körperfettes aus der Körperdichte oder aus Dichte und GKW bei lebenden und ausgeschlachteten Schweinen angeführt und ihre Gültigkeit geprüft.
L. Hoffmann. 7820.

Hörnicke, H.; Hannover, Tierärztl. Hochschule, Physiol. Inst. **Methoden zur Bestimmung der Körperzusammensetzung lebender Tiere unter besonderer Berücksichtigung des Schweines. 5. Mitt. Die Körperzusammensetzung normal ernährter Schweine im Verlauf des Wachstums.** Z. Tierphysiol., Tierernähr. Futtermittelkunde **17** (1962) Nr. 1. S. 28–60. — 9 Abb., 8 Tab., 135 Lit. 4. Mitt. vgl. vorst. Ref.

An 33 Schweinen im Gewicht von 13–120 kg wurden das Gesamt- (GKW) und das extracelluläre- (ECW) Körperwasser mit Antipyrin bzw. Thiosulfat bestimmt und mit Hilfe dieser Daten die chemische Zusammensetzung der Versuchstiere berechnet. Weiterhin wurde aus Dichtemessungen von Schlachtkörpern deren Fettgehalt ermittelt und mit den Ergebnissen der Fettbestimmungsmethoden aus dem GKW und dem GKW und ECW verglichen. GKW und ECW nehmen mit zunehmendem Körpergewicht ab. Das intracelluläre Wasser erreicht bei Tieren zwischen 40 und 60 kg mit 37–44% ein Maximum. Der Wassergehalt der Zellmasse beträgt 70,3%. Die aus GKW sowie GKW und ECW und auch aus der Dichte der Schlachtkörper berechneten Fettgehalte stimmen innerhalb 0,3 ± 0,8% des Körpergewichtes überein. Statistische Prüfungen ergaben, daß bei 100 kg schweren Schweinen sich aus GKW das Fett auf ±1,9%, Eiweiß ±1,0% und Asche 0,3% des Körpergewichtes berechnen lassen. Es werden Möglichkeiten diskutiert, die angegebenen Berechnungsmethoden weiter zu verbessern. L. Hoffmann. 7820.

Semple, S. J. G., Mattock, G. und Uncles, R.; Richmond, Surrey, England, Electronic Instruments Ltd., London, St. Thomas's Hospital, Med. School, Dep. of Med. A buffer standard for blood pH measurements. **(Ein Pufferstandard für Blut-pH-Messungen.)** J. biol. Chemistry **237** (1962) Nr. 3. S. 963–967. — 5 Tab., 9 Lit.

Vff. berichten über Methoden zur Standardisierung von Glaselektrodensystemen für Blut-ph-Messungen. Es werden die Meßtechnik, die Herstellung der Lösungen und die pH-Messung mit der Glaselektrode behandelt. Aus einer Reihe von Pufferlösungen wird eine sekundäre Pufferlösung, bestehend aus 0,04 m Dinatriumhydrogenphosphat und 0,01 m Kaliumdihydrogenphosphat mit einem pH von 7,416 $\pm$ 0,004 bei 37,5° als geeignet gefunden. (Vergleiche mit „National Bureau of Standards (U.S.) scale" und „Bates-Guggenheim activity coefficient vonvention"). Die pH-Werte des Phosphatpuffers sind bei 37,5° und 38° innerhalb von 0,002 pH-Einheiten konstant.

I. Schröder. 7820.

Šachidžanjan, L. G., Starik, A. S., Flejšman, D. G., Glazunov, V. V., Leont'ev, V. G. und Nesterov, V. P. (Schachidshanjan, L. G., Starik, A. S., Fleischman, D. G., Glasunow, W. W., Leontjew, W. G. und Nesterow, W. P.); Leningrad, Akad. der Wiss. der UdSSR, Setschenow-Inst. für Entwicklungsphysiol. Raspredelenie radioaktivnogo cezija i stroncija v organach čeloveka i životnych. **(Verteilung des radioaktiven Cäsiums und Strontiums in menschlichen und tierischen Organen.)** Izvestija Akademii nauk SSSR. Serija biologičeskaja, Moskva 27 (1962) Nr. 3. S. 442–448. — 7 Tab., 6 Lit. Zus. in Engl.

Vff. untersuchten in den Jahren 1955–1958 verschiedene landwirtschaftliche Kulturpflanzen auf ihre Gehalte an ^{40}K, ^{137}Cs und ^{90}Sr + ^{90}Y, ferner in den Jahren 1958 und 1959 verschiedene Organe (Gehirn, Herz, Leber, Lunge, Milz, Nieren, Hoden, sowie Muskeln, Blut und Schilddrüsen) von Menschen, Schweinen, Hammeln und Kühen auf ihre ^{40}K- und ^{137}Cs-Aktivität. Es wurde festgestellt, daß ^{137}Cs gegenwärtig in den verschiedenen Organen in meßbaren Mengen angereichert ist. Offenbar existieren aber in menschlichen und tierischen Organismen Mechanismen (Barrieren), die den Übergang von ^{137}Cs vom Blut in das Gehirn verhindern. Es wird weiter zu untersuchen sein, ob diese Barrieren für Cs allgemein oder nur für das radioaktive Isotop wirksam sind. Wenn Letzteres zuträfe, wäre der Organismus in der Lage, radioaktive Isotope von den stabilen Elementen zu unterscheiden. J. Wünsche. 7830.

Phillipps, G. R., Hildinger, M., Schall, H. und Turba, F.; Würzburg, Univ., Physiol.-Chem. Inst. **Einfluß der Strahlung von ^{60}Kobalt auf die Hämoglobinbildung in Hühnerembryonen.** Biochem. Z. **335** (1961) Nr. 3. S. 223 bis 230. — 1 Abb., 17 Lit.

Befruchtete Hühnereier wurden 96 Std. nach Beginn der Bebrütung mit ^{60}Co (100–800 r) bestrahlt, das Hämoglobin der Küken 1, 4, 7 und 18 Tage nach dem Schlüpfen isoliert und durch Stärkegel-Elektrophorese (als wirkungsvollste Methode) charakterisiert. Ergebnis: In der unbestrahlten Kontrolle wurden 5 Häm-haltige Komponenten nachgewiesen. Die Pherogramme der Hämoglobine verschiedener Hühnerrassen unterscheiden sich nicht, während eine Verschiebung der Intensität der Komponenten in Abhängigkeit vom Alter der Tiere zu erkennen ist. Bei Strahlendosen von 500–700 r wurde eine schnell wandernde neue Hämoglobinkomponente im Gegensatz zu den Kontrolltieren beobachtet. In einzelnen Fällen nahm die Konzentration der mittleren Komponenten zu. Das unregelmäßige Auftreten von Veränderungen an den Hämoglobinen wird durch eine Wechselwirkung zwischen Strahlung und dem spez. Biosynthesemechanismus der Proteine erklärt. Versuchsanordnung und Ergebnisse werden diskutiert. I. Schröder. 7830.

Lee, J. S.; Minneapolis, Minn., Univ., Dep. of Physiol. Determination of O^{18} concentration of sugars and glycogen. **(Bestimmung der ^{18}O-Konzentration von Zuckern und Glykogen.)** Analyt. Chem. **34** (1962) Nr. 7. S. 835–837. — 1 Abb., 4 Tab., 6 Lit.

Etwa 10–15 mg der zu untersuchenden Substanz werden mit der 4 bis 6fachen Menge Hg-II-cyanid in einem evakuierten und verschlossenen Glasrohr 1 Std.

auf 500–550° erhitzt. Nach der Oxydation wird das Glasrohr in einer Glashülse an den CO_2-Gewinnungsapparat angeschlossen, der auf weniger als $15 \cdot 10^{-3}$ Torr evakuiert wird. Die Hülse wird mit flüssigem N_2 gekühlt, und die nach dem Zerstören des Glasrohrs nicht kondensierenden Gase werden ausgepumpt. Zur Destillation des CO_2 in eine mit flüssigem N_2 gekühlte Vorlage wird die Hülse auf die Temperatur einer Trockeneis-Aceton-Mischung gebracht. Das HCN-Gas bleibt in der Hülse zurück. Die ^{18}O-Konzentration des CO_2 wird massenspektrographisch bestimmt. Das ^{18}O-angereicherte Glykogen wurde aus der Leber von Ratten gewonnen, deren Körperwasser mit ^{18}O angereichert war. Glucose, Galactose, Arabinose oder Xylose wurden in ^{18}O-angereichertem Wasser gelöst, 6–44 Std. in verschlossenen Röhren auf Siedetemperatur erhitzt und durch Lyophilisierung zurückgewonnen. Die theoretische ^{18}O-Konzentration läßt sich unter der Annahme, daß nur der Carboxylsauerstoff austauschbar ist, nach Gleichgewichtseinstellung aus der ^{18}O-Konzentration des Wassers ermitteln. Die Untersuchungen zeigen, daß für ^{18}O-Analysen $Hg(CN)_2$ allein benutzt werden kann, um Zucker zu CO_2 zu oxydieren. Die gefundenen Werte stimmen gut mit den theoretisch zu erwartenden überein. F. Kreienbring. 7830.

D. ERNÄHRUNGSPHYSIOLOGIE

Verdauung und Resorption

Nasset, E. S. und Ju, Jin Soon; Rochester, N.Y., Univ. of Rochester, School of Med. and Dentistry, Dep. of Physiol. Mixture of endogenous and exogenous protein in the alimentary tract. **(Mischung von endogenem und exogenem Protein im Verdauungstrakt.)** J. of Nutrit. **74** (1961) Nr. 4. S. 461 bis 465. — 3 Tab., 14 Lit.

2 Hunden wurden Jejunumfisteln mehr als 50 cm caudal vom Lig. Treitz angelegt. Nach 18stündigem Fasten erhielten sie je 10 g Fett, Maisstärke und ^{14}C-markiertes Casein (18 bzw. 29 μC/g Kohlenstoff). Außerdem erhielten 3 Gruppen von Ratten nach 2tägigem Fasten das Testfutter (25% Casein, ^{14}C-markiert; 46% Zucker; 17% Baumwollsaatöl; 4% Mineralstoffmischung; 6% Zellstoff; 2% Vitaminmischung im Zucker) per Magensonde verabfolgt. Bei den Versuchen mit Hunden ergab sich eine mehr als 4fache Verdünnung des exogenen N und bei den Ratten im Dünndarm eine 6–7fache. Die bestimmten freien AS im Darminhalt waren in ihrem Verhältnis zueinander wesentlich verschieden von der AS-Zusammensetzung des Caseins. Die AS wurden säulenchromatographisch bestimmt. G. Gebhardt. 7852.

Lewis, T. R. und Emery, R. S.; East Lansing, Michigan State Univ., Dep. of Dairy. Relative deamination rates of amino acids by rumen microorganisms. **(Relative Desaminierungsraten von Aminosäuren durch Pansenmikroorganismen.)** J. Dairy Sci. **45** (1962) Nr. 6. S. 765–768. — 5 Tab., 7 Lit.

Vff. untersuchten in vitro in durchgeseihter Pansenflüssigkeit und in gewaschenen Suspensionen von Pansenbakterien die Desaminierungsgeschwindigkeit von Aminosäuren (AS). Die einzelnen AS lassen sich in dieser Hinsicht in 3 Gruppen einteilen: Am vollständigsten wurden Serin, Cystein, Asparaginsäure, Threonin und Arginin abgebaut. Eine Mittelstellung nahmen Glutaminsäure, Phenylalanin, Lysin und Cystin ein. Sehr viel weniger angegriffen wurden Tryptophan, δ-Aminovaleriansäure, Methionin, Alanin, Valin, Isoleucin, Ornithin, Histidin, Glycin, Prolin und Hydroxyprolin. Im Pansensaft erfolgte die Dissimilation schneller und vollständiger als in den gewaschenen Zellsuspensionen. Die D- und L-Formen von Serin und Tryptophan wurden gleich schnell, die D-Formen von Asparaginsäure, Lysin, Threonin und Phenylalanin dagegen nicht abgebaut. J. Wünsche. 7862.

Dehority, B. A., Johnson, R. R. und Conrad, H. R.; Wooster, O., Agric. Exp. Stat., Dep. of Animal Sci. Digestibility of forage hemicellulose and pectin by rumen bacteria in vitro and the effect of lignification there on. **(Verdaulichkeit der Hemicellulose und des Pectins aus Futterstoffen durch Pansenbakterien in vitro und ihre Beeinflussung durch die Lignifizierung.)** J. Dairy Sci. **45** (1962) Nr. 4. S. 508–512. – 4 Abb., 1 Tab., 19 Lit.

An 4 Reifestadien von Timothegras, 3 von Luzerne und 2 von Knaulgras wurde unter Verwendung eines künstlichen Pansens der Einfluß des Vegetationsstadiums auf die Verdaulichkeit von Hemicellulose (**I**) und Pectin (**II**) durch Pansenmikroorganismen untersucht. In allen Fällen fiel mit zunehmendem Reifegrad die **I**-Verdaulichkeit. Dasselbe wurde auch bei **II** beobachtet. Eine mechanische Zerkleinerung des Materials in der Kugelmühle (72 Std.) ließ die Verdaulichkeit um so mehr steigen, je später das Vegetationsstadium lag. Offensichtlich bildet eine zunehmende Inkrustierung für die Pansenbakterien eine mechanische Barriere, die sie ohne weiteres nicht durchbrechen können. H. H. Budzier. 7862.

Pant, H. C., Rawat, J. S., Pandey, M. D., Bhatnagar, R. K. und Roy, A.; Mathura, Uttar Pradesh, Coll. of Veterin. Sci. Biochemical activities in the rumen of sheep and goat. **(Biochemische Aktivitäten im Pansen von Schaf und Ziege.)** Indian veterin. J. **39** (1962) Nr. 5. S. 279–287. – 1 Abb., 3 Tab., 31 Lit.

An einem gefistelten Schaf und einer gefistelten Ziege wurde der Einfluß unterschiedlicher, jahreszeitlich bedingter Weidequalität [Sommer: frisches Grünfutter (**I**), Winter: trockene, mehr verholzte Pflanzen (**II**)] auf die Pansenaktivität untersucht. Unter **I** lag beim Schaf die Netto-Produktion flüchtiger Fettsäuren (**III**) signifikant höher als unter **II**. Bei der Ziege ergaben sich nicht starke Differenzen, was darauf zurückgeführt wird, daß unter **I** größere Mengen **III** aufoxydiert wurden. Für beide Tierarten wurde signifikant festgestellt, daß sowohl unter **I** als auch **II** der Gehalt an **III** 2 Std. nach der Futteraufnahme anstieg. Die NH_3-Konzentration wurde jedoch nur bei **I** erhöht. H. H. Budzier. 7862.

Gray, F. V., Weller, R. A., Pilgrim, A. F. und Jones, G. B.; Adelaide, Univ., C. S. I. R. O., Div. of Biochem. and Gen. Nutrit. A stringent test for the artificial rumen. **(Eine scharfe Prüfung für den künstlichen Pansen.)** Austral. J. agric. Res. **13** (1962) Nr. 2. S. 343–349. – 1 Abb., 3 Tab., 4 Lit.

Die korrekte, den in vivo-Verhältnissen gleichende Funktion eines spez. Künstlichen-Pansen-Systems (KPS) wurde mit dem Pansenstoffwechsel eines gefistelten Schafes (Ration: 75% Weizen-, 25% Luzerneheu) überprüft. In 3 Versuchen wurden 2 Std. vor der Inokulation des KPS dem Schaf intraruminal kleine Mengen ^{14}C-markierter Essig-, Propion- und Buttersäure appliziert. So konnte sowohl in vivo als auch in vitro die weitere Vergärung desselben Ausgangsmaterials kontrolliert werden. Nach 2 bis 3 Std. Inkubationszeit wurden gleichzeitig Proben gezogen und untersucht. Es zeigte sich, daß die Fermentation unter beiden Bedingungen sehr ähnlich weiterverläuft, was an der praktisch gleichen Aktivität, dem Aktivitätsabfall und der relativen Zusammensetzung der flüchtigen Fettsäuren im Pansen, KPS sowie im Dialysat des letzteren zu erkennen ist. Es hat den Anschein, daß die Gärungsvorgänge in vitro ein wenig langsamer verlaufen. H. H. Budzier. 7862.

Hartmann, P. S., Johnson, R. H., Brown, L. R., Jacobson, N. L., Allen, R. S., Shellenberger, P. R. und Horn jun., H. H. van; Ames, Iowa State Univ. of Sci. and Technol., Dep. of Bacteriol.: Dep. of Animal Husbandry. Relationship of rumen facultative anaerobes to feedlot and pasture bloat. **(Beziehung von fakultativen Anaerobiern des Pansens zur fütterungs- und weidebedingten Blähsucht.)** Iowa State J. Sci. **36** (1962) Nr. 3. S. 217–231. – 9 Abb., 3 Tab., 19 Lit.

Die Zahl der Streptococcen im Pansen stand in keiner Beziehung zum Auftreten von Blähsuchtsymptomen. Auch die Anzahl an Lactobacillen blieb vor und während der Blähsuchterscheinungen relativ konstant, obwohl ein Wechsel in der Typenzusammensetzung zu bemerken war. Die Ionenverhältnisse im Pansen sind offenbar von besonderer Bedeutung für das Zustandekommen der Blähsucht und der physiologischen Bedingungen, welche es bewirken, daß jedes Tier in gewissem Umfang eine individuelle Pansenflora besitzt. Vergleichende Resistenzteste mit Antibioticis wurden anläßlich einer prophylaktischen Behandlung der Blähsucht bei Luzernebeweidung durchgeführt. Das Auftreten resistenter Formen demonstrierte die Wirkungsintensität der Antibiotica. Resistente Bakterien konnten bei den Kontrolltieren nur als sporadisch vorkommend nachgewiesen werden. Dieses mag auf eine mögliche Übertragung solcher Keime von behandelten auf unbehandelte Tiere zurückgeführt werden, wenn beide Gruppen nicht räumlich getrennt werden. H. H. Budzier. 7862.

Phillipson, A. T., Dobson, Marjorie J., Blackburn, T. H. und Brown, Mildred; Bucksburn, Aberdeen, Rowett Res. Inst. The assimilation of ammonia nitrogen by bacteria of the rumen of sheep. **(Die Assimilation von Ammonium-Stickstoff durch Bakterien des Schafpansens.)** Brit. J. Nutrit. **16** (1962) Nr. 2. S. 151–166. – 1 Abb., 9 Tab., 31 Lit.
Aus erwachsenen gefistelten Cheviot- und Schwarzkopfschafen, die 7 verschiedene Futterrationen erhielten, wurden Pansensaftproben entnommen, um im künstlichen Pansen unter Zusatz von NH_4Cl die Ammonium-N-Assimilation (**I**) durch Pansenbakterien zu untersuchen. Maisflocken ergaben eine starke, Futterrüben und Heu eine geringe **I**, bei Erdnußmehl stieg die NH_4-Konzentration analog dessen Anteil an der Gesamtration an. Weder Penicillin, Chlortetracyclin noch Sulfonamide verhinderten eine **I.** **I** war mit einer Erhöhung der durch Trichloressigsäure fällbaren Fraktion verbunden. ^{15}N markiertes NH_4Cl ließ eine hohe ^{15}N-Konzentration in der fällbaren Fraktion resultieren. Isolierte stärke- wie glucosevergärende Bakterien konnten NH_4-N assimilieren und produzierten dabei Essig- und Milchsäure. Die Bakterien waren bei Maisflocken zahlreicher vorhanden als bei Futterrüben + Heu bzw. bei Erdnußmehl. H. H. Budzier. 7862.

Bailey, R. W., Clarke, R. T. J. und Wright, D. E.; Palmerston North, New Zealand, D. S. I. R., Plant Chem. Div. Carbohydrases of the rumen ciliate Epidinium ecaudatum (Crawley). Action of plant hemicellulose. **(Carbohydrasen der Pansen-Ciliate Epidinium ecaudatum [Crawley]. Die Wirkung auf pflanzliche Hemicellulose.)** Biochem. J. **83** (1962) Nr. 3. S. 517–523. – 2 Abb., 2 Tab., 15 Lit.
Extrakte der Pansenprotozoe *Epidinium ecaudatum*, deren Herstellungsbedingungen allerdings keine Garantie für eine Vernichtung möglicherweise vergesellschafteter Bakterien gaben, hydrolysierten verschiedene pflanzliche Hemicellulosen und Stärke sowie Xylobiose, Cellobiose, Saccharose, Isomaltose, Melibiose, aber nicht Cellulose. Bei der Hydrolyse von Hemicellulose wurden in der Reihenfolge wie folgt freigesetzt: Arabinose, Xylobiose, Xylose, Glucose, Galactose und Uronsäure. Die Xylobiose vom Ende der Xylankette wird anscheinend eher angegriffen, als daß eine zufällige Kettenspaltung erfolgt. Die Hemicellulase und Xylobiase haben einen pH-Optimum von 5,8 bis 6,2, die Hemicellulaseaktivität war zwischen 37° und 51° C praktisch konstant. H. H. Budzier. 7862.

Kaplan, V. A. und Sviridenko, V. A. (Kaplan, W. A. und Swiridenko, W. A.) Uglevodno-žirovoj obmen u krupnogo rogatogo skota. **(Kohlenhydrat-Fettwechsel bei Rindern.)** Vestnik sel'skochozjajstvennoj nauki, Moskva **7** (1962) Nr. 5. S. 59–63. – 2 Tab., 13 Lit. Zus. in Engl., Franz., Dtsch.
Es wurde die Pansenverdauung bei verschiedenartiger Fütterung untersucht. Das Verhältnis von Roheiweiß zu N-freien Stoffen sollte 1 : 3,5 bis 1 : 5 betragen.

Um bei Milchkühen Störungen im Kohlenhydrat-Fettstoffwechsel zu vermeiden, sollte in Futterrationen mit hohem Kraftfutteranteil die Zuckerrübe einbezogen werden, da diese reich an leichtaufnehmbaren Kohlenhydraten ist. G. Leisner. 7862.

Kumanov, St. und Stojanov, Vl. (Kumanow, St. und Stojanow, Wl.) Proučvane vlijanieto na surovite vlaknini vŭrchu smilaemostta na dažbi pri kokoški, patici, pujki i gŭski. **(Untersuchungen des Einflusses der Rohfaser auf die Verdaulichkeit der Rationen bei Hühnern, Enten, Puten und Gänsen.)** Naučni trudove. Visš selskostopanski institut „Georgi Dimitrov". Zootechničeski fakultet, Sofija **11** (1962) S. 83–90. – 1 Abb., 3 Tab., 11 Lit. Zus. in Russ., Dtsch.

In 4 Versuchsserien mit je 4 Hühnern, Enten, Puten und Gänsen, die der Prüfung der Verdaulichkeit einer Grundration aus 90 g Mehlfuttergemisch, 30 g Körnermischung (Mais und Gerste), 30 g Möhren und 1,5 g Lebertran (für die Puten und Gänse war die Ration um 50% erhöht) sowie derselben Grundration mit Zusatz von 3 und 6% Weizenstrohmehl ins Mehlfuttergemisch dienten, wurden folgende VK für die Grundration und die beiden Rationen mit 3 bzw. 6% Weizenstrohmehl ermittelt (in derselben Reihenfolge): bei Hühnern – org. Subst. 77,4, 75,0 und 73,3 Rohprotein 83,4, 80,3 und 79,2, Rohfaser 3,3, 6,1 und 3,7; bei Enten – org. Subst. 83,9, 79,8 und 80,4, Rohprotein 85,8, 82,6 und 82,8, Rohfaser 15,0, 15,0 und 19,6; bei Puten – org. Subst. 83,6, 78,6, und 78,6 Rohprotein 86,9, 81,8 und 80,8, Rohfaser 18,0, 12,8 und 9,7, bei Gänsen – org. Subst. 81,5, 77,0 und 77,3, Rohprotein 84,9, 79,8 und 79,8, Rohfasern 7,2, 6,4 und 4,8. N. Platikanow. 7872.

Twombly, Jean und Meyer, J. H.; Davis, Univ. of California, Dep. of Animal Husbandry. Endogenous nitrogen secretions into the digestive tract. **(Endogene Stickstoffausscheidung in den Verdauungstrakt.)** J. of Nutrit. **74** (1961) Nr. 4. S. 453–460. – 3 Abb., 2 Tab., 19 Lit.

Vff. geben eine Berechnungsmethode an, die auf Grund des Stickstoff/Chromoxyd-Verhältnisses im Dünndarm sowie im Kot eine prozentuale Einschätzung der endogenen N-Ausscheidung im Kot erlaubt. Es wurde 563 ± 147 mg N endogenen Ursprungs in einer 4-Tage-Periode bei N-freier Nahrung errechnet. Der Verlauf der Ausscheidung und die Grenzen und Schwierigkeiten, bes. hervorgerufen durch das Zurückbleiben des Chromoyxds beim Transport durch den Magen-Darm-Kanal, wurden besprochen. G. Gebhardt. 7874.

Intermediärer Stoffwechsel

Otaka, E., Osawa, S., Oota, Y., Ishihama, A. und Mitsui, H.; Chikusa-Ku, Nagoya Univ., Fac. of Sci., Inst. for Molecular Biol.; Biol. Inst. Synthesis of ribonucleic acids in microbial cells. I. Ribosomal ribonucleic acid synthesis in growing bacterial cells. **(Synthese von Ribonucleinsäuren in Mikroorganismenzellen. 1. Mitt. Ribonucleinsäuresynthese durch Ribosome in wachsenden Bakterienzellen.)** Biochim. biophysica Acta [Amsterdam] **55** (1962) Nr. 3. S. 310–325. – 8 Abb., 2 Tab., 26 Lit.

Die Bakterienextrakte wurden mittels DEAE-Säulenchromatographie in die Fraktionen s-RNA, DNA, Ribosome und ihre möglichen Vorstufen aufgetrennt. Der Einbau markierter Vorstufen in Nucleinsäuren wachsender Zellen von *Escherichia coli* und *Bacillus cereus* läßt den Schluß zu, daß ribosomale RNA zuerst nach DNA gebildet und schließlich über Zwischenstufen zu Ribosomenpartikeln komplettiert wird. Die Zwischenstufen enthalten RNA-DNA-Komplexe und akkumulieren, wenn die Proteinsynthese durch 8-Azaguanin oder Chloramphenicol gehemmt wird. Der RNA-DNA-Komplex ist gegenüber Ribo- und Desoxyribonuclease empfindlich. Er enthällt rel. geringe Mengen an RNA. H. H. Budzier. 7910.

Nakamoto, Tikumasa und Weiss, Samuel B.; Cancer Res. Hospital; Chicago, Univ. Dep. of Biochem. The biosynthesis of RNA: priming by polyribonucleotides. **(Die Biosynthese von RNS: Eingeleitet durch Polyribonucleotide.)** Proc. nat. Acad. Sci. USA 48 (1962) Nr. 5. S. 880–887. – 1 Abb., 8 Tab., 23 Lit.

Vff. bereiten eine Enzympräparation aus *Micrococcus lysodeikticus*. Wenn sie diese in mit allen 4 Roibnucleosidtriphosphaten in Gegenwart von RNS (aus Rübenblatt-Mosaikvirus) inkubieren, wird der Einbau von ^{32}P-markierten Ribonucleotiden in die RNS katalysiert. Fortlassen eines Nucleosidtriphosphates vermindert den ^{32}P-Einbau stark, insbesondere beim Fehlen von Guanosintriphosphat (GTP). Wurden statt Virus-RNS als „primer" synthetische hochpolymere Robinucleotide zugesetzt, so wurde GT^{32}P im Gegensatz zu allen anderen Ribonucleosidtriphosphaten auch alleine in großer Menge eingebaut. Als synthetische „primer" wurden Polycytidylsäure (C), Polyuridylsäure (U), Polyadenylsäure (A) und Copolymere von CA, CU und CAU untersucht. Es zeigte sich, daß die Zusammensetzung des „primer" die Zusammensetzung der synthetisierten RNS genau bestimmte. C synthetisierte Polyguanylsäure (G), CA = GU, CU = GA und CAU = GUA. Cytidin scheint hiernach in der „primerr"-RNS eine zentrale Rolle zu spielen.

H. Bergner. 7910.

Perry, W. F. und Tjaden, R. J.; Univ. of Manitoba, Dep. of Physiol.; Winnipeg, Manitoba, Gen. Hospital, Dep. of Biochem. The effect of various saccharides on the release of non-esterified fatty acids from adipose tissue in vitro. **(Die Wirkung verschiedener Saccharide auf die Freisetzung unveresterter Fettsäuren aus Fettgewebe in vitro.)** Canad. J. Biochem. Physiol. **40** (1962) Nr. 4. S. 455–458. – 1 Tab., 11 Lit.

Epididymis-Fettgewebe von Ratten wurde in einem Phosphat-Albumin-Medium pH 7,4 2½ Std. bei 37° inkubiert, das die entsprechenden Zucker enthielt. Die Wirkung von Glucose, Fructose, Mannose u. 2-Desoxyglucose lief auf eine geringere Freisetzung von unveresterten Fettsäuren aus dem Gewebe in das Medium hinaus. Keine Unterschiede zu den Kontrollen ergaben Galactose, D-Ribose, D- u. L-Xylose, D- u. L-Arabinose, D-Lyxose, Glycerophosphat, Glycerin, Na-Pyruvat, Saccharose und Lactose. Die Ergebnisse stimmen mit der Theorie überein, daß die Wirkung der Glucose auf die Verminderung der Bildung freier Fettsäuren herrührt von der Bildung von α-Glycerophosphat in den Fettgewebezellen mit nachfolgender Veresterung der freien Fettsäuren zu Triglyceriden. Die fehlende Wirkung des untersuchten Glycerophosphates erklärt sich daraus, daß die Substanz offensichtlich nicht in die Zellen einzudringen vermag. F. Kreienbring. 7910.

Ôta, K., Yokoyama, A. und Shinde, Y.; Nagoya, Univ., Fac. of Agric. Effects of administration of oxytocin and prolactin on nucleic acids and phosphoprotein contents of mammary glands in lactating rats. **(Wirkungen der Oxytocin- und Prolactinverabreichungen auf den Nucleinsäure- und Phosphoproteingehalt der laktierenden Rattenmilchdrüse.)** Nature [London] **195** (1962) Nr. 4836. S. 77–78. – 1 Tab., 19 Lit.

Laktierenden Ratten wurden vom 11.–13. Laktationstag die Jungtiere fortgenommen. Die Muttertiere erhielten dann entweder 3 Tage lang 3mal tägl. je 1,0 bzw. 2,0 i.E. Oxytocin (I) i.p., oder andere Versuchstiere bekamen je 5; 25 oder 50 i.E. Prolactin (II) 2mal tägl. i.m. verabreicht. 30 bis 60 Min. nach der letzten Injektion wurden die Tiere getötet und in den Milchdrüsen Desoxyribonucleinsäure-P (DNS-P), Ribonucleinsäure-P (RNS-P) und Phosphoprotein-P (PP-P) ermittelt. Der DNS-P und RNS-P fielen in den I- u. II-Gruppen weniger stark als in den Kontrollen (RNS- u. DNS-P sanken infolge der Rückbildung der Milchdrüse). Der PP-P-Gehalt der I-Gruppen war niedriger und der der II-Tiere weit höher als bei den Kontrollen. Die Unterschiede der I- und II-Wirkung werden dahingehend diskutiert, daß I nur die strukturelle Unversehrtheit des Drüsengewebes bewirkt und II darüber hinaus auch die Stoffwechselaktivität erhält. H. Bergner. 7910.

Tsugita, A., Fraenkel-Conrat, H., Nirenberg, M. W. und Matthaei, J. H.; Berkeley, Univ., Virus Lab.; Bethesda, Inst. of Arthritis and Metabolic Diseases. Demonstration of the messenger role of viral RNA. **(Demonstration der Überträger-Funktion von Virus-RNS.)** Proc. nat. Acad. Sci. USA **48** (1962) Nr. 5. S. 846–853. — 2 Abb., 5 Tab., 13 Lit.
Ribonucleinsäure (RNS) aus Tabakmosaikvirus (TMV) wurde zu einem zellfreien aminosäureneinbauenden System, welches aus *E. coli* erhalten wurde, hinzugefügt. Hierdurch wurde eine vielfache Stimulation der Proteinsynthese, gemessen am ^{14}C-Aminosäureneinbau, hervorgerufen. Das synthetisierte Protein ergab eine spez. Präzipitation mit anti-TMV-Serum. Markiertes Eiweiß, das aus der Reaktionsmischung isoliert und zu Peptiden aufgespalten wurde, zeigte in der Aminosäurensequenz große Ähnlichkeit zum TMV-Protein. Es unterschied sich nur in der Natur der Endgruppen der Peptidketten. Es kann geschlußfolgert werden, daß die TMV-RNS die Eiweißsynthese in einem zellfreien *E. coli*-System ähnlich dirigiert wie die TMV-Proteinsynthese in der Tabakpflanze. Diese Daten zeigen, daß mindest ein Teil des genetischen Kode universell ist. H. Bergner. 7910.

Munro, H. N. und Mukerji, D.; Glasgow, Univ.; Dep., of Biochem. Further observations on ribonucleic acid metabolism in the liver after administration of individual amino acids. **(Weitere Beobachtungen über den Ribonucleinsäurestoffwechsel in der Leber nach Verabreichung einzelner Aminosäuren.)** Brit. J. Nutrit. **16** (1962) Nr. 2. S. 257–260. — 2 Tab., 9 Lit.
♂ Albinoratten von 180–200 g erhielten nach normaler Fütterung verschiedene Tage eine eiweißfreie Diät. 1 Std. vor der Injektion von 40 μC ^{32}P bekamen dieselben Tiere eine Ration aus Kohlenhydraten und Fett alleine, bzw. mit Zulage von 1 g Glycin oder 1 g L-Methionin oder 1 g L-Leucin. Nach 18 Std. wurden die Ratten getötet und hinsichtlich des ^{32}P-Einbaus in die Leber-RNS untersucht. Eiweißentzug von mehr als einem Tag bedingte stets einen höheren ^{32}P-Einbau, wurden Aminosäuren vor der Injektion gefüttert, so war dieser Einbau weiter erhöht. Erhielten normal ernährte Ratten vor der Injektion neben Kohlenhydraten und Fett zusätzlich 0,5; 1,0 oder 2,0 g Casein, so stieg der ^{32}P-Einbau (ab 1 g Casein). Wurden zum Casein noch 0,5 g Glycin zugelegt, so stieg der Einbau weiter, nicht jedoch im Falle der 2 g Caseingabe. Wurden statt des Glycins 0,5 g Methionin verwendet, so war der Einbau in allen Fällen nur unwesentlich erhöht. H. Bergner. 7910.

Talaer, J. Y., Festy, B., LePecq, J. B. und Paoletti, C.; Villejuif/Seine, Biochem. Inst. In vitro examination of the ribonucleic acid-deoxyribonucleic acid-deoxyribonuclease system in mammals. **(In vitro Untersuchungen des Ribonucleinsäure-Desoxyribonucleinsäure-Desoxyribonucleasesystems in Säugetieren.)** Nature [London] **194** (1962) Nr. 4834. S. 1176–1177. — 2 Abb., 10 Lit.
Vff. untersuchen den Einfluß von Kalbsleberribonucleinsäure (RNS) auf den Abbau von Kalbsthymus-Desoxyribonucleinsäure (DNS) durch kristallisierte Desoxyribonuclease (DNase, gewonnen aus der Bauchspeicheldrüse der gleichen Tierart). Im Gegensatz zu anderen Ergebnissen mit Bakterien-RNS finden Vff. eine geringe Steigerung des DNS-Abbaus durch DNase in Gegenwart von verschiedenen Mengen Kalbsleber-RNS. H. Bergner. 7910.

Kagawa, Yasuo; Tokyo, Univ., Fac. of Med., Dep. of Biochem. Enzymatic studies on ascorbic acid catabolism in animals. I. Catabolism of 2,3-diketo-L-gulonic acid. **(Enzymatische Untersuchungen über den Ascor-**

binsäureabbau in Tieren. 1. Mitt. Abbau von 2,3-Diketo-L-gulonsäure.) J. Biochemistry [Tokyo] **51** (1962) Nr. 2. S. 134–144. – 5 Abb., 4 Tab., 32 Lit. Orig.: engl.

Aus dem Überstand von Leberhomogenaten von Ratten wurde 2,3-Diketoaldonatdecarboxylase auf das 50-fache nach beschriebenem Reinigungsverfahren angereichert und die Eigenschaften dieses Ferments (u.a. pH-Optimum, Spezifität, Einfluß von Metallionen, Inhibitoren, Bedarf an Cofaktoren, Einfluß der Enzym- bzw. Substratkonzentration, Verteilung im Organismus) charakterisiert. Die Wirkung dieses Ferments auf den Umsatz von synthetisiertem 2,3-Diketo-L-gulonat (I) wurde in vitro und in vivo studiert, um Anhaltspunkte über den Abbau der L-Ascorbinsäure zu gewinnen. In vitro ergab sich ein Abbau von I in Gegenwart der Decarboxylase bei neutraler Reaktion zur L-Xylon- und L-Lyxonsäure, während unter alkalischen und aeroben Bedingungen Oxal- und L-Threonsäure gebildet wurden. Alle 3 Aldonsäuren wurden isoliert und als Benzimidazolderivate kristallisiert. Die gleichen Aldonsäuren konnten im Harn von Ratten, denen I intramuskulär injiziert worden war, identifiziert werden. R. Schiemann. 7910.

Kagawa, Yasuo und Takiguchi, Hisashi; Tokyo, Univ., Fac. of Med., Dep. of Biochem. Enzymatic studies on ascorbic acid catabolism in animals. II. Delactonization of dehydro-L-ascorbic acid. **(Enzymatische Untersuchungen über den Ascorbinsäureabbau in Tieren. 2. Mitt. Delactonisierung von Dehydro-L-ascorbinsäure.)** J. Biochemistry [Tokyo] **51** (1962) Nr. 3. S. 197–203. – 4 Abb., 3 Tab., 35 Lit. Orig.: engl. 1. Mitt. vgl. vorst. Ref.

Vff. untersuchten die irreversibel verlaufende enzymatische Umwandlung von Dehydro-L-ascorbinsäure in Diketo-L-gulonsäure. Die Reinigungsmethoden für das die Delactonisierung bewirkende Enzym, das aus Rinderleber isoliert wurde, sind im einzelnen beschrieben. Bei den gereinigten Enzympräparaten wurden pH-Optimum, Zeitverlauf der Reaktion, Einfluß der Enzymkonzentration, Stabilität, Aktivierung durch Metallionen, Inhibitoren, Substratspezifität und Anwesenheit anderer hydrolysierender Enzyme untersucht. Vff. vermuten, daß das Enzym mit der Lactonase I (Aldonolactonase) identisch ist. Die enzymatische Aktivität des Leberüberstandes lag bei Rind, Ratte, Meerschweinchen und Kaninchen zwischen 1,80 bis 0,40 Einheiten pro mg Protein, während diese bei Mensch und Affe nur 0,07 bzw. 0,02 Einheiten betrug. Von allen Organen zeigte die Leber die höchste Aktivität. In der Diskussion wird die Rolle des Enzyms beim irreversiblen Abbau der L-Ascorbinsäure besonders behandelt und auf die physiologische Bedeutung der unterschiedlichen Enzymaktivität zwischen den Primaten und den anderen Tierarten eingegangen. R. Schiemann. 7910.

Hübscher, G.; Birmingham, Med. School, Dep. of Med. Biochem. and Pharmacol. Metabolism of phospholipids. VI. The effect of metal ions on the incorporation of L-serine into phosphatidylserine. **(Stoffwechsel der Phospholipoide. 6. Mitt. Der Einfluß von Metallionen auf den Einbau von L-Serin in Phosphatidylserin.)** Biochim. biophysica Acta [Amsterdam] **57** (1962) Nr. 3. S. 555–561. – 2 Abb., 4 Tab., 13 Lit. 5. Mitt. vgl. LZ. Abt. III 8 (1963) Nr. 3. S. 553.

Vf. untersuchte den Einfluß verschiedener Co-faktoren auf den Einbau von gleichmäßig markiertem L-Serin in Phosphatidylserin durch verschiedene Zellfraktionen von Rattenleber. Vergleichsweise untersuchte er den Einbau von Myoinosit in Phosphatidylinosit. Die Einbaureaktion, die als völlig energieunabhängig gefunden wurde, ist am intensivsten in der mikrosomalen Zellfraktion. Der Einbau von Serin wird spez. durch Ca^{++} und der Einbau von Myoinosit durch Mn^{++} stark stimuliert. Es werden Reaktionen diskutiert, die den energieunabhängigen Einbau von Serin erklären können.

R. Schiemann. 7920.

Neptune jun., E. M., Sudduth, H. C., Colodzin, M. und Reish jun., J.J; Bethesda, Md., Nat. Naval Med. Center, Naval Med. Res. Inst. Incorporation of palmitate-1-C^{14} into neutral lipid of rat diphragm. **(Inkorporation von 1-^{14}C Palmitat in Neutralfett von Rattenzwerchfell.)** J. Lipid Res. **3** (1962) Nr. 2. S. 229–233. – 1 Abb., 3 Tab., 14 Lit.

In Versuchen mit herausgeschnittenem Zwerchfell, das in 1-^{14}C Palmitat inkubiert wurde, konnte gezeigt werden, daß die Diglyceride Vorläufer der Triglyceride und Glycerinphosphatide sind. So ergab sich, daß nach verschieden langen Inkubationszeiten, stets die spez. Aktivität der Diglyceride höher als die der Triglyceride lag. Erst nach langen Inkubationszeiten, näherte sich die spez. Aktivität der Triglyceride langsam derjenigen der Diglyceride. Bemerkenswert war weiterhin, daß die spez. Aktivität der Diglyceridfraktion in solchem Zwerchfell deutlich abnahm, welches aus einer Inkubationslösung, die markiertes Palmitat enthielt, in eine solche mit nicht markiertem Palmitat überführt wurde. Ein mit markiertem Dipalmitat und Palmitoyl-Co-A inkubiertes zellfreies Zwerchfellpräparat bildete sehr bald markiertes Triglycerid. Ähnliche Ergebnisse wurden auch zwischen der Bildung von Diglyceriden und Phosphatiden festgestellt. Auch hier wurde nach kurzen Inkubationszeiten mit markiertem Palmitat die Aktivität des Gesamtneutralfettes merklich höher als die der Gesamtphospholipoide festgestellt. In allen Fällen überschritt auch die Aktivität der Diglyceridfraktion die der Glycerolphosphatide.

H. Steger. 7920.

Hill, Fergus; Thornalde, Dublin, Agric. Inst., Meat Res. Dep. Xanthophyll pigmentation in sheep fat. **(Xantophylpigmentation im Schaffett.)** Nature [London] **194** (1962) Nr. 4831. S. 865–866. – 3 Abb., 5 Lit.

Im gelbgefärbten Fett irischer Schafe ließen sich 3 Farbstoffe nachweisen. Die Farbstoffe wurden aus dem Unverseifbaren durch Chromatographie über eine MgO-Säule und eine Säule mit inaktiviertem Al_2O_3 aufgetrennt und die Pigmente an Hand ihrer Absorptionskurven identifiziert. Es wurden folgende Farbstoffe gefunden: Lutein, Lutein-5:6-epoxyd, Flavoxanthin. Gelbfettschafe lassen sich vor dem Schlachten durch eine einfache Probe feststellen. Das Blut wird mit Äthylalkohol versetzt, um das Protein auszufällen. Durch Extraktion der überstehenden alkoholischen Flüssigkeit mit Äther, färbt sich dieser durch Xantophylle gelb. Man nimmt an, daß gewisse irische Schafe mit gelbem Fett die Unfähigkeit vererben, Xanthophylle zu oxydieren. Wahrscheinlich besaß das Ur-Schaf ebenfalls noch kein System zur Oxydation des Xanthophylls. Das Auftreten von gelbem Fett bei vereinzelten Schafen wird als ein Atavismus gedeutet. H. Steger. 7920.

Pritchard, E. T.; Edmonton, Univ. of Alberta, Dep. of Biochem. The formation of phospholipids from C^{14}-labelled precursors in slices from immature rat brain. **(Die Bildung von Phospholipiden aus ^{14}C-markierten Vorstufen in Gehirnschnitten junger Ratten.)** Canad. J. Biochem. Physiol. **40** (1962) Nr. 3. S. 353–361. – 2 Abb., 5 Tab., 31 Lit.

Von 1–19 Tage alten ♂ Ratten wurden Großhirnschnitte angefertigt und in vitro der Einbau verschiedener ^{14}C-markierter Verbindungen in das Phospholipid und das freie Cholesterin des Gehirns geprüft. Mit zunehmendem Alter des sich entwickelnden Gehirns nahm die Inkorporation von Acetat-1-^{14}C und Propanoat-1-^{14}C deutlich, die von Serin-3-^{14}C und Glycerin-1-^{14}C nur geringfügig ab. Der Einbau von Nichtfettsäure-Vorstufen, wie z.B. Äthanolanin-1,2-^{14}C und Cholin-Ml-^{14}C, blieb vom Alterungsprozeß praktisch unbeeinflußt. Vor allem Palmitin-, aber auch Stearin- und Myristinsäure wurden durch das Acetat bevorzugt markiert. Die Ergebnisse deuten an, daß die gesättigten Fettsäuren der Rattenhirn-Phospholipide besonders in den frühen Stadien des sich entwickelnden Gehirns sehr schnell gebildet werden. Der Glyzerin-Phosphat-Basen-Teil der Phospholipide wies dagegen in allen Altersstadien eine rel. hohe Aktivität auf. J. Wünsche. 7920.

Ketz, H.-A. und Proll, J. ((unter techn. Mitarb. von Witt, H. und Lange, B.); Potsdam-Rehbrücke, Inst. für Ernähr. der Dtsch. Akad. der Wiss. zu Berlin. **Die renale Steroidausscheidung bei experimentellem Vitamin A-Mangel.** Biochem. Z. **335** (1962) Nr. 4. S. 345–350. — 3 Abb., 24 Lit. Zus. in Engl.
Vit. A-Mangel führt bei Ratten von der 7. Versuchswoche an zu einer signifikant gesteigerten renalen Ausscheidung neutraler Steroide (I). Durch papierchromatographische Auftrennung dieser konnten Androsteron, Dehydroepiandrosteron und Testosteron indentifiziert werden. Vit.-A-Gaben (60.IE/Tag po..) in der 10. Versuchswoche bedingen einen signifikanten Abfall der Ausscheidung von I. Die gesamten phenolischen Steroide und 17-Ketosteroide werden durch Vit. A-Mangel nicht beeinflußt. Es wird angenommen, daß der Vit. A/Nebennierenrindenantagonismus über die Adenohypophyse zu einer vermehrten ACTH-Ausscheidung führt. H. Ackermann. 7930.

Tissières, A. und Watson, J. D.; Harvard Univ., Biol. Lab. Breakdown of messenger RNA during in vitro amino acid incorporation into proteins. **(Zusammenbruch von Messenger Ribonucleinsäure [mRNS] während des Aminosäureeinbaus in Proteine in vitro.)** Proc. nat. Acad. Sci. USA **48** (1962) Nr. 6. S. 1061–1069. -- 6 Abb., 15 Lit.
Wurde ein zellfreier Rohextrakt aus *E. coli B* bei 30 ° inkubiert, so brach die anwesende RNS zusammen. Die Intensität dieses Zusammenbruchs (Z) wurde wesentlich erhöht durch Zugabe von Adenosintriphosphat (ATP) und ATP erzeugende Systeme (I) . Weiterhin wurde das Verhältnis des mRNS-Z zum Aminosäureneinbau (gemessen am ^{14}C-Alanineinbau) im obengenannten Rohextrakt untersucht. Chloramphenicol und Puromycin hatten keinen Effekt auf den mRNS-Z, obwohl sie den Aminosäureneinbau zu 87 und 94% hemmten. In gewaschenen Ribosomen (II) war mRNS stabil. Die Hinzugabe von dialysierten überstehenden (III) allein ergab 24% Z, während ATP + I in 90 Min. 50% Z brachte. III + ATP + I zeigte eine Z-Rate von 80%. In vitro synthetisierte RNS, die nach 2 verschiedenen Methoden gewonnen wurde (Ammoniumsulfat- oder Phenol-Isolierung), war weitgehend stabil in Gegenwart von II und III, erst bei weiterer Zugabe von ATP und I gab es nach 60 Min. einen Z-Wert von 50%. Ribosomal und transfer-RNS waren in allen Fällen stabil. H. Bergner. 7930.

Chapeville, François, Lipmann, Fritz, Ehrenstein, Günther von, Weisblum, Bernard, Ray jun., William J. und Benzer, Seymour. On the role of soluble ribonucleic acid in coding for amino acids. **(Die Funktion der löslichen Ribonucleinsäure als Kode für die Aminosäuren.)** Proc. nat. Acad. Sci. USA **48** (1962) Nr. 6. S. 1086–1092. — 5 Abb., 4 Tab., 16 Lit.
Es wird die Hypothese untersucht ob lösliche Ribonucleinsäure (lRNS) als ein Adaptor für die in eine Schablone passenden Aminosäuren fungiert. Cystein, das an seiner normalen Akzeptor-l RNS befestigt ist, wird durch Reduktion mit Raney-Nickel in Alanin umgewandelt. Die Kode-Theorie wird nun an diesem resultierenden Hybrid untersucht. Vff. bereiten sich Polyuridyl- guanylsäure, welche den Cystein- aber nicht den Alanineinbau in Polypeptide ermöglicht. Alanin, das nun jedoch am Cystein-Akzeptor befestigt ist, wird jetzt ebenfalls eingebaut. Dieser Versuch zeigt, daß die Adaptor-Hypothese stimmt. Der Kode (Zusammenhang zwischen Nucleotidsequenz in der Schablonen-RNS und der Aminosäurensequenz im Protein) ist verkörpert durch eine präzise Struktur sowie Zwischenbeziehungen zum lRNS-Adaptor und den aktivierenden Enzymen. H. Bergner. 7930.

Truman, D. E. S. und Korner, A.; Cambridge, Univ., Dep. of Biochem. Mitochondrial ribonucleic acid and its role in the incorpoation of amino acids into mitochondrial protein. **(Mitochondrien- Ribonucleinsäure und ihre Rolle beim Aminosäureneinbau in das Mitochondrieneiweiß.)** Biochem. J. 84 (1962) Nr. 1. S. 40P. — 3 Lit.

Gut gewaschene Rattenlebermitochondrien enthielten 1,4 mg Ribonucleinsäure (RNS) je 100 mg Mitochondrieneiweiß. Diese RNS zeigte in der Ultrazentrifuge einen Sedimentationskoeffizienten von 8,39 s, der zwischen dem der löslichen RNS und dem der Ribosomen-RNS liegt. Die Gewinnung von 2 RNS-Unterfraktionen aus Mitochondrien wird beschrieben. Eine davon scheint mit der Mitochondrieneiweißfraktion assoziiert zu sein, sie ist nach der in vivo-Injektion radioaktiver Aminosäuren sehr schnell markiert. Die Ergebnisse unterstützen die Annahme, daß der Aminosäureneinbau in das Mitochondrieneiweiß dem in den Ribosomen insgesamt ähnelt. Die Anwesenheit eines neuen Typs von RNS in den Mitochondrien, welcher im Zellsaft und in den Ribosomen fehlt, zeigt aber, daß die präzise RNS-Funktion im Mitochondriensystem unterschiedlich ist vom Ribosomen-System.

H. Bergner. 7930.

Livingston, H. G., Payne, W. J. A. und Friend, M. T. Urea excretion in ruminants. **(Harnstoffausscheidung bei Wiederkäuern.)** Nature [London] **194** (1962) Nr. 4833. S. 1057–1058. — 17 Abb., 7 Lit.

An 2 Paaren Zwillingsbullen (Ayrshire bzw. Boran) wurden in aufeinanderfolgenden Versuchen Rationen mit etwa 12% verd. Rohprotein (I), 8% (II) und 4% verd. Rohprotein (III) verabreicht. Während in diesen Experimenten Wasser noch ad lib. zur Verfügung stand, wurde in den Perioden IV und V bei 4% verd. Rohprotein in der Ration auch die Wasseraufnahme stark eingeschränkt. Die Analysen von Gesamt-N, NH_3-N und Harnstoff-N aus dem Harn und der Gesamt-N-Aufnahme durch das Futter bzw. der Gesamt-N-Ausscheidung durch den Kot lassen erkennen, daß Variationen in der Harnstoff-N-Ausscheidung bei Rindern sowohl als Folge unterschiedlichen Rohproteingehaltes im Futter als auch des Wasserentzuges angesehen werden können. Unterschiede des Harnstoff-N-Anteiles am Gesamt-Harn-N seien jedoch mehr durch den Wasserentzug als durch eine Änderung des Rohproteingehaltes im Futter bewirkt worden. H. Wetterau. 7930.

Margolis, J. und Bishop, Elizabeth A.; Camperdown, Sydney, Roy. Alexandra Hospital for Children, Children's Med. Res. Foundation. Interrelations between different mechanisms of release of biologically active peptides from blood plasma. **(Wechselbeziehungen zwischen verschiedenen Mechanismen der Freisetzung von biologisch aktiven Peptiden aus Blutplasma.)** Nature [London] **194** (1962) Nr. 4830. S. 749–751. — 1 Abb., 1 Tab., 13 Lit.

Aus Blutplasma kann eine hochwirksame vasodilatorische Substanz, wahrscheinlich ein Nonapeptid, durch verschiedene Agenzien in Freiheit gesetzt werden, die verschiedene Bezeichnungen erhalten hat. Vff. verwenden die Bezeichnung Kinin (entsprechend Kallidin). Zur Freisetzung des Kinins ist der Hagemann-Faktor (HF) erforderlich, der die Komponenten A und B aktiviert, die dann das Kinin freimachen. Zur weiteren Klärung der Reaktionsmechanismen wurde menschliches Blutplasma verschieden vorbehandelt (Erwärmen auf 57° und 60°, Entfernung des HF bzw. der Komponenten A und B) und auf seine Plasmakininwirksamkeit (unter Verwendung von Rattenuteri) bzw. auf die Freisetzungskapazität des Kinins aus unbehandeltem Plasma nach Zusatz verschiedener Aktivatoren (Fremdoberflächen, Aceton, Chloroform, Versen, ε-Aminocapronsäure, Speichel) untersucht. Speichel bewirkte eine Kininfreisetzung unabhängig von der Plasmavorbehandlung, während die anderen Agenzien nur bei unbehandeltem und bei 57° wärmebehandeltem Plasma und ein Teil auch beim B-Mangelplasma wirksam waren. Die Ergebnisse sind auch bezüglich einer Vereinheitlichung der Terminologie diskutiert.

R. Schiemann. 7930.

Carneiro, J. und Cardoso, A. C. S. Q.; São Paulo, Univ., Med. School, Lab. of Cell Physiol.; Clin. Psiquiatrica. Influence of chlorpromazine on nuclear and cytoplasmic uptake of ^{35}S-methionine. **(Einfluß von Chlorpromazin auf die nucleare und cytoplasmatische Aufnahme von ^{35}S-Methionin.)** Experientia [Basel] **18** (1962) Nr. 5. S. 220–222. – 2 Tab., 15 Lit. Zus. in Franz.
Ausgewachsenen Ratten wurden mittels Magensonde 3–6 Tage lang unterschiedliche Dosen Chlorpromazin verabfolgt. Am letzten Tag wurde den Tieren 7 μC/g Körpergewicht ^{35}S-Methionin injiziert. 18 Std. danach wurden die Tiere getötet und in verschiedenen Organen (Dünndarm, Oesophagus, Zunge, Speicheldrüse, Pankreas, Leber, Niere, Lunge, Groß- und Kleinhirn, Nebenniere, Schilddrüse, Hypophyse, Muskel) autoradiographisch die ^{35}S-Aktivität im Vergleich zu der von Kontrolltieren bestimmt. Chlorpromazin bewirkt in allen Fällen – mehr oder weniger ausgeprägt – eine Verminderung der ^{35}S-Aktivität und damit eine Verminderung der Proteinsynthese. Diese verminderte Proteinsynthese bezieht sich sowohl auf die nucleare als auch auf die cytoplasmatische. Zwischen den verschiedenen Chlorpromazin-Dosierungen (20–80 mg/kg tägl.) ergaben sich keine gesicherten Unterschiede im Inhibierungseffekt. R. Schiemann. 7930.

Drury, A. N. und Tucker, Elizabeth M.; Cambridge, Univ., Dep. of Pathol.; Babraham, A. R. C. Inst. of Animal Physiol. The haemoglobin changes in the new-born lamb. **(Veränderungen des Hämoglobins bei neugeborenen Lämmern.)** J. Physiol. [London] **1962** Nr. 1. S. 16P–17P. – 2 Lit.
Mit Hilfe der Stärkegel-Elektrophorese (Phosphatpuffer pH6,5) wurde der Anteil an fötalem und reifem (A + B) Hämoglobin (Hb) bei 24 Lämmern in den ersten Lebenswochen bestimmt. Nach der Geburt konnten mit einer Ausnahme beide Hb-Arten nachgewiesen werden. Das fötale Hb ist 30 Tage nach der Geburt nicht mehr vorhanden. Das Volumen der roten Blutkörperchen ist eng mit der Lebendmasse der Tiere korreliert. Die nach der Geburt gebildeten Erythrocyten enthalten wenig oder kein fötales Hb.
A. Hennig. 7930.

French, Georgia P. und Wertz, Anne W.; Amherst, Univ. of Massachusetts, School of Home Econ., Nutrit. Res. Lab. Tryptophan metabolism in human subjects. **(Tryptophanstoffwechsel im Menschen.)** J. of Nutrit. **73** (1961) Nr. 1. S. 57–63. – 4 Tab., 19 Lit.
Vff. berichten über den Einfluß der Aufnahme verschiedener Tryptophanmengen auf die Konzentration dieser Aminosäure in Plasma und Blutzellen sowie auf die Exkretionsrate im Harn. Bei den mit 4 Männern und 4 Frauen durchgeführten Versuchen wurden unterschiedliche Mengen an kristallinem L-Tryptophan (1–3 g) aufgenommen und nach verschiedenen Zeiten die Proben entnommen. Nach beschriebener Aufbereitung wurde das Tryptophan mikrobiol. (*Leuconostoc mesenteroides*) bestimmt (Fehlergrenze $\pm 5\%$). Der Kreatiningehalt wurde in den Plasmafiltraten und den Urinproben von 3 Menschen ermittelt. Ergebnis: Die Tryptophankonzentration in Plasma und Blutzellen steigt nach der Aufnahme. Die max. Konzentration wird im Plasma nach 30–60 Min. erreicht (bei 1 g Aufnahme). Nach 90 Min. ist eine deutliche Abnahme feststellbar. Die Aufnahme von 3 g Tryptophan führt zu einer 12-fachen Menge im Plasma gegenüber dem normalen Gehalt. Die Versuche zeigen weiter die schnelle Resorption von Tryptophan im Magen-Darm-Traktus. Die Bestimmung in den Blutzellen ergab, daß im Max. der Tryptophangehalt nur etwa 2% der aufgenommenen Dosis beträgt. Die 24 Std. nach der Aufnahme im Harn wiedergefundene Menge beträgt 0,5% der Dosis oder weniger.
I. Schröder. 7930.

Gale, E. F. und Folkes, Joan P.; Cambridge, Univ., Med. Res. Council, Dep. of Biochem., Unit for Chem. Microbiol. The assimilation of amino acids by bacteria. 27. The relationship between glycerol and „incorporation factor“.

(Die Assimilation von Aminosäuren durch Bakterien. 27. Mitt. Die Beziehung zwischen Glycerin und dem „Einbaufaktor".) Biochem. J. **83** (1962) Nr. 3. S. 430–438. – 9 Abb., 1 Tab., 15 Lit.

Aus getrockneten Zellen von *B. megaterium* wurde eine Fraktion isoliert, die den Einbau von Aminosäuren in die mit Trichloressigsäure fällbare Fraktion von *Escherichia coli KI* sowie unter Bedingungen der Proteinsynthese bei Staphylokokkenzellen stimulierte. Diese als „Einbaufaktor" bezeichnete Fraktion enthielt nach früheren Untersuchungen in größeren Anteilen Glycerin. Je nach Reinheit variierte die Aktivität des Einbaufaktors im Verhältnis 1:4. Der Einbaufaktor stimulierte bei *E. coli KI* den Einbau von ^{14}C-Glycin nach 30 Min. Vorinkubation um das 10 bis 13fache, wobei der Anstieg bis zu 2 Std. linear verlief. Glycerin hatte unter vergleichbaren Bedingungen nur einen geringen oder keinen Effekt zu Beginn der Inkubation, zeigte jedoch in Konzentrationen über 0,1 mM nach 60 Min. eine stimulierende Wirkung auf den Glycineinbau. Durch höhere Konzentrationen wurde die Stimulierung nicht verstärkt. Glucose zeigte eine sofort einsetzende stimulierende Wirkung, die jedoch schnell wieder abfiel. Eine Reihe untersuchter Abbauprodukte des Glycerins oder auch Glyceride hatten keine stimulierende Wirkung auf den Glycineinbau mit Ausnahme eines Ameisensäureesters des Glycerins, der 3mal so aktiv war wie Glycerin. Ähnliche Befunde ergaben sich bei der Untersuchung des Einbaues von markierter Glutaminsäure in Proteine von Staphylokokken. Die Ergebnisse sind hinsichtlich der Natur des Einbaufaktors diskutiert. R. Schiemann. 7930.

Energiewechsel

Opit, L. J. und Charnock, J. S.; Woodville, South Australia, Queen Elizabeth Hospital, Dep. of Med.; Dep. of Surgery. Alkali metal requirements in oxidative phosphorylation. **(Alkalimetallbedarf bei der oxydativen Phosphorylierung.)** Nature [London] **194** (1962) Nr. 4831. S. 870–871. – 2 Tab., 10 Lit.

Die Untersuchung der oxydativen Phosphorylierung durch Rattenlebermitochondrien mit α-Ketoglutarat bzw. Succinat als Substraten in K^+- und Na^+-freien Medien (Konzentration niedriger als 10^{-5} M) ergab P/O-Quotienten von 1,9 bzw. 1,0. Zusatz von Na^+ oder K^+ hatte keinen bzw. in höheren Konzentrationen (75 mM) einen inhibierenden Einfluß auf die oxydative Phosphorylierung. Auch eine Vorbehandlung der Mitochondrien durch Na-Salizat zur weitgehenden Entfernung des gebundenen K ergab keine Inhibierung der oxydativen Phosphorylierung. Es besteht folglich kein direkter Bedarf an K^+ für die mitochondriale Atmung und Phosphorylierung. R. Schiemann. 8008.

Orii, Yutaka, Sekuzu, Ichiro und Okunuki, Kazuo; Osaka, Univ., Fac. of Sci., Dep. of Biol. Studies on cytochrome c_1. II. Oxydation mechanism of cytochrome c_1 in the presence of cytochromes a and c_1. **(Untersuchungen über Cytochrom c_1. 2. Mitt. Oxydationsmechanismus von Cytochrom c_1 in Gegenwart der Cytochrome a und c_1.)** J. Biochemistry [Tokyo] **51** (1962) Nr. 3. S. 204–215. – 12 Abb., 22 Lit. Orig.: engl. 1. Mitt. vgl. LZ. Abt. III **6** (1961) Nr. 9. S. 1599.

Vff. isolierten aus Rinderherzmuskel die Cytochrome a, c und c_1. Die Reduktion zu den Ferrocytochromen erfolgte mittels Bisulfit bzw. Natriumlactat plus Milchsäuredehydrogenase aus Hefe. Auf spektrophotometrischem Wege sowie polarographisch wurde die Cytochromoxydaseaktivität unter Verwendung bekannter Reduktionsmittel (Hydrochinon, Ascorbinsäure, p-Phenylendiamin) als Elektronendonatoren sowie die Stöchiometrie zwischen den Cytochromen a und c in einem rekonstruierten Cytochromoxydasesystem untersucht. Die pH-Optima für die Oxydation des Ferrocytochroms c waren 5,0 in Citrat-phosphatpuffer und 4,5 in Acetatpuffer. Das entsprechende pH-Optimum für Ferrocytochrom c_1 war 6,85 in Phosphatpuffer. Demnach existieren unabhängige Oxydationsmechanismen für beide Ferrocytochrome. Die Cytochrome a und c bilden in äquimolekularen Mengen einen Cytochromoxydasekomplex zur Oxydation von Cytochrome, der papierchromatographisch untersucht wurde. Die Kinetik der Oxydationsreaktion entspricht einer Reaktion erster Ordnung, wie im einzelnen abgeleitet wird. Es wird die Bildung eines ternären Komplexes zwischen dem Cytochromoxydasesystem (Cytochrome a + c) sowie Cytochrom c_1 vermutet. R. Schiemann. 8008.

Smith, Robert E. und Hoijer, Dorothy Jared; Los Angeles, Univ. of California, Med. Center, Dep. of Physiol. Metabolism and cellular function in cold acclimation. **(Stoffwechsel und Funktion der Zelle bei Kälteakklimatisation.)** Physiol. Rev. **42** (1962) Nr. 1. S. 60–142. — 5 Abb., 5 Tab., 667 Lit.
In einer Übersichtsarbeit wird die Beeinflussung des Stoffwechsels bei Kälteakklimatisation in verschiedenen Abschnitten dargestellt: Phylogenetische Betrachtungen werden einleitend angestellt und Thermogenese bei Homeothermen, historische Aspekte der Biothermogenese sowie Thermogenese ohne „Zittern" einleitend beschrieben; im Abschnitt — neurale und neurohumorale Regulation — wird auf einige spez. trophische Reaktionen auf Kälte, allgemein neurologische Beziehungen, Sympathicus-Adrenalin-Effekte, thyreotrope Regulationseffekte, Thyreoidea, adrenocorticotrope Effekte, NNR, Ascorbinsäurewirkungen und hormonale Wechselwirkungen sowie Autoregulation eingegangen. Bei den Proteinen werden ihre Bedeutung bei der Hormonsynthese und die Effekte der Kälte und Hormone auf die Proteinsynthese beschrieben, beim Kohlenhydratstoffwechsel der Glykogenspiegel in Tieren mit Kälte-Stress sowie die Enzymsysteme und der oxydative Stoffwechsel, bei den Fetten der Stoffwechsel der Fettgewebe, das braune Fettgewebe sowie Kälte- und Hormoneffekte auf den Fettstoffwechsel. Nach einigen energetischen Aspekten des intermediären Stoffwechsels werden Ausführungen über den therminalen Elektronentransport gemacht, mit Unterteilung in Enzymkonz. und Mitochondrienstruktur sowie Effekte extramitochondrialer Komponenten. W. Jentsch. 8012.

Alexander, G.; Prospect, New South Wales, Australia, Ian Clunies Ross Animal Res. Lab. Summit metabolism in young lambs. **(Maximale Stoffwechselintensität bei jungen Lämmern in der Kälte.)** J. Physiol. [London] **162** (1962) Nr. 1. S. 31P–32P. — 3 Lit.
Zur Messung der max. möglichen Stoffwechselreaktion gegenüber Kälte (summit metabolism) wurden etwa 100 junge 2 bis 5,5 kg schwere Lämmer bei 0° in einer Klimakammer gehalten. Bei einem Abfall der Rektaltemperatur um 3° je Std. wurde 20 Min. die O_2-Aufnahme und CO_2-Abgabe gemessen. Die Stoffwechselintensität nimmt proportional mit der Lebendmasse zu. Sie beträgt 17 kcal/h^{-1}/kg^{-1}. Die Rektaltemperatur hat keinen Einfluß auf die Stoffwechselintensität. A. Hennig. 8015.

Eiweißstoffwechsel

Aschkenasy, A.; Paris, France Hôpital de la Pitié, Centre Nat. de la Rech. Sci. Proteins and hematopoiesis. **(Proteine und Haemopoese.)** Wld. Rev. Nutrit. Dietetics 2 (1960) S. 2–23. — 5 Abb., 1 Tab., 148 Lit.
Für eine ungestörte Blutbildung ist eine ausreichende Eiweißversorgung erforderlich. Bei Eiweißmangel greift der Organismus zuerst auf gewisse Reserven in Leber, Skelettmuskulatur und Milz zurück, erst wenn diese erschöpft sind, kommt es zu einer hypochromen mikrocytären Anämie mit gleichzeitiger Leukopenie, Verschwinden der Eosinophilen und Atrophie der lymphatischen Organe. Als Ursache von Anämie und Leukopenie sind anzusehen: 1. Eine Blockierung der Zellreifung, 2. eine verstärkte Zerstörung der Zellen. Die Wirkung der Nahrungsproteine auf die Blutbildung hängt vom Gehalt an

essentiellen Aminosäuren ab. Proteinmangel verhindert die Bildung bestimmter Vitamine und Hormone und wirkt über diese negativ auf die Blutbildung ein. B. Busch. 8042.

Savroń, E. S., Čečetkin, A. V., Kiselev, G. I. und Kurdjukov, M.G. (Sawron, Je. S., Tschetschotkin, A. W., Kisseljow, G. I. und Kurdjukow, M. G.); Charkow, Zootechn. und Veterinärmed. Inst. Obmen belka i ėnergetika aktivnych fosfatov v tkanjach cypljat. **(Der Eiweiß- und Energiewechsel der aktiven Phosphate in den Geweben von Küken.)** Vestnik sel'skochozjajstvennoj nauki, Moskva **6** (1961) Nr. 12. S. 95–99. — 4 Tab. Zus. in Engl., Franz., Dtsch.

An 15, 30, 60 und 90 Tage alten New Hampshire-, Plymouth Rock- und Bastard-Küken dieser beiden Rassen wurden in Lebern und Brustmuskeln Protein-, Nichtproteinstickstoff, Kreatinphosphat, ATP, ADP, Phosphobrenztraubensäure und anorg. P bestimmt. Bei den Bastarden vollziehen sich Synthese und Umsatz von Eiweiß und makroenergetischen Verbindungen wesentlich intensiver als bei den reinrassigen Küken. Das Maximum der Stoffwechselintensität wird am 60. Lebenstag erreicht und sinkt dann rasch. Bei den reinrassigen Küken steigt die Stoffwechselintensität bis zum 90. Lebenstag und dauert bis zur Geschlechtsreife an. Diese Ergebnisse sind für die Broilermast wichtig. H.-D. Bock. 8042.

Stoffwechsel stickstofffreier Nährstoffe

Reid, R. L. und Mills, S. C.; Prospect, New South Wales, C.S.I.R.O., Ian Clunies Ross Animal Res. Lab., Div. of Animal Physiol. Studies on the carbohydrate metabolism of sheep. XIV. The adrenal response to psychological stress. **(Untersuchungen über den Kohlenhydratstoffwechsel beim Schaf. 14. Mitt. Die adrenale Reaktion auf einen psychologischen Stress.)** Austral. J. agric. Res. **13** (1962) Nr. 2. S. 282-295. — 5 Abb., 23 Lit. 13. Mitt. vgl. LZ. Abt. III **7** (1962) Nr. 12. S. 2584.

Der Einfluß des Milieuwechsels auf den Cortisolgehalt des Plasmas (**I**) und den Blutglucosespiegel (**II**) wurde anhand folgender Milieu-Umstellungen untersucht: Von Koppelweide (**III**) zu engstem Platz (**IV**), von **III** zu Stallhaltung (**V**) und außerdem kurzzeitige Transporte per Achse (**VI**). Während **III** zu **VI** einen erheblichen Anstieg von **I** und **II** zur Folge hatte, war dieser von **V** zu **VI** wesentlich geringer. Die individuellen Unterschiede von Tier zu Tier waren hierbei erheblich. Die Erhöhung von **II** unter **III** zu **IV** wurde regelmäßig beobachtet. Die Ergebnisse werden als weitere Stütze der Annahme gedeutet, daß erhöhter **I**, wie es beim „Stress-Syndrom" der Trächtigkeitstoxaemie zu beobachten ist, eher als primäre Reaktion auf einen physiologischen oder psychologischen Stress aufzufassen ist, als daß für **I** ursächlich ein alimentärer Stress durch Hungern oder schwere Unterernährung anzunehmen wäre. H. H. Budzier. 8062.

Reid, R. L.; Prospect, New South Wales, C.S.I.R.O., Ian Clunies Ross Animal Res. Lab., Div. of Animal Physiol. Studies on the carbohydrate metabolism of sheep. XV. The adrenal response to the climatic stresses of cold, wind, and rain. **(Untersuchungen über den Kohlenhydratstoffwechsel beim Schaf. 15. Mitt. Die adrenale Reaktion auf einen klimatischen Stress durch Kälte, Wind und Regen.)** Austral. J. agric. Res. **13** (1962) Nr. 2. S. 296–306. — 4 Abb., 13 Lit. 14. Mitt. vgl. vorst. Ref.

Der Cortisolgehalt des Plasmas (**I**) war regelmäßig erhöht, wenn unterernährte trächtige Mutterschafe, die ein 7 bis 10 Monate altes Vlies trugen, einem klimatischen Stress, der aus Kälte (2° bis 3 °C), wechselndem Wind sowie diskontinuierlichem oder gleichmäßigem starken Regen bestand, unterworfen wurden. Kälte allein zeigte kaum einen Einfluß. Nur beständiger Starkregen, wie er in der Praxis wohl kaum vorkommt, ließ **I** so stark ansteigen, wie es vergleichsweise beim emotionalen Stress beobachtet wurde. Der Anstieg des Blutglucosespiegels war bei tragenden Schafen beträchtlich geringer als bei nichttragenden, was mit der hohen Glucoseaufnahme des Foetus zu erklären ist. Der Stress hatte vermutlich wegen seines den Blutzuckerspiegel erhöhenden Einflusses antiketonkörperbildende Wirkung. Nur wenn I stark anstieg, nahm auch der Ketonkörpergehalt zu, wodurch die Nebennierenrindenfunktion für das Entstehen einer Ketosis als kausal anzusehen ist. H. H. Budzier. 8062.

Reid, R. L.; Prospect, New South Wales, C.S.I.R.O., Ian Clunies Ross Animal Res. Lab., Div. of Animal Physiol. Studies on the carbohydrate metabolism of sheep. XVI. Partition of ketone bodies in blood, tissues, and urine. **(Untersuchungen über den Kohlenhydratstoffwechsel beim Schaf. 16. Mitt. Verteilung der Ketonkörper in Blut, Geweben und Harn.)** Austral. J. agric. Res. **13** (1962) Nr. 2. S. 307–319. — 8 Abb., 3 Tab., 23 Lit. 15. Mitt. vgl. vorst. Ref.

Der Acetongehalt des Schafblutes hatte eine Konzentration von 0,6 bis 5,2 mg%. Die Acetonfraktion enthält aber 0 bis 40% Acetessigsäure (I), die bei längerer Lagerung des Blutes, selbst bei −20 °C, in erheblicher Menge zu Aceton überführt wird. Die I-Konzentration war in Erythrocyten und Plasma ähnlich. Im Gegensatz zu I wurde β-Hydroxybuttersäure im fetalen Blut und Gehirngewebe praktisch nicht gefunden. Die Ausscheidung von Aceton bei hyperketonaemischen, trächtigen Schafen betrug über die Nieren unabhängig vom Gehalt im Blut bis zu 20 mg%. Dagegen zeigte sich die renale β-Hydroxybuttersäure-Exkretion abhängig von der Konzentration im Blut und war bei Blutwerten von unter 15 mg% nur sehr gering.

H. H. Budzier. 8062.

Clausen, Hjalmar, Haagen Petersen, F., Højgaard-Olsen, N. J., Hansen, Villy, Madsen, Arne, Nielsen, Henning und Eggum, Bjørn O. Forsøg med slagterisvin. Maelksukker. **(Versuche mit Schlachtschweinen. Milchzucker.)** Beretn. landøkon. Forsøgslab. **1961** S. 80–83. — 2 Tab.

In 2 Versuchen mit Gerste als Grundfutter wurden bei entsprechender Kürzung der Gerstenmenge 75 bzw. 150 g Milchzucker tägl. gefüttert. In 3 weiteren Versuchen wurde außerdem mit Rohrzucker verglichen und ein Ausgleich hinsichtlich des Eiweißanteils der Ration vorgenommen. Die Unterschiede in Zunahmen und Futterverwertung waren gering. Der Fettansatz wurde durch Milchzucker nur in geringem Maße gesteigert. Im Vergleich zu Milchzucker beeinträchtigt Rohrzucker den Fleischansatz.

J. K. Hinrichsen. 8062.

Clausen, Hjalmar, Haagen Peteren, F., Højgaard-Olsen, N. J., Hansen, Villy, Madsen, Arne, Nielsen, Henning und Eggum, Bjørn O. Forsøg med slagterisvin. Citronsyre. **(Versuche mit Schlachtschweinen. (Citronensäure.)** Beretn. landøkon. Forsøgslab. **1961** S. 79–80. — 1 Tab.

Es wurden 9 Versuche durchgeführt, in denen steigende Mengen Citronensäure in einer Gerstenration mit Eiweiß und einer Eiweißmischung gefüttert wurden. Der Citronensäurezusatz in Gaben von 5, 10 oder 15 g je Tier und Tag hatte keinen Einfluß auf das Wachstum, die Futterverwertung und die Schlachtqualität. 3 kg Magermilch waren 225 g einer Eiweißmischung in der Wirkung auf den Fleischansatz überlegen. J. K. Hinrichsen. 8062.

Miller, E. C., Menge, H. und Denton, C. A.; Beltsville, Md., A.R.C., Animal Husbandry Res. Div., Poultry Res. Branch. Effect of dietary fat on tissue fat and plasma cholesterol level in broilers. **(Die Wirkung von Fettzufütterung auf das Gewebefett und den Cholesteringehalt des Plasmas bei Broilern.)** Poultry Sci. **41** (1962) Nr. 3. S. 970–974. — 2 Tab., Lit.

3 Wochen alte White-Rock-Hähnchen wurden in 3 Gruppen mit Zugaben von verschiedenen Fetten aufgezogen, während eine 4. Gruppe nur die Grundnahrung ohne Fett erhielt. Eine Zugabe von Getreideöl und Schweinefett erhöhte den Fettgehalt der Brust- und Schenkelmuskeln signifikant, während der Cholesteringehalt nicht wesentlich zunahm. Bei einer Zugabe von 12% Eigelb war ein höherer Cholesteringehalt in der Leber und im Plasma festzustellen. B. Rempel. 8066.

Miller, E. C. und Denton, C. A.; Beltsville, Md., A.R.S., Agric. Res. Center, Poultry Res. Branch. Serum and egg yolk cholesterol of hens fed dried egg yolk. **(Der Cholesteringehalt in Serum und Eidotter von Hennen nach Fütterung mit Trockeneidotter.)** Poultry Sci. **41** (1962) Nr. 1. S. 335–337. — 1 Tab., 7 Lit.

Die untersuchten jeweils 40 Weißen Leghorn- bzw. Gestreifte Plymouthhennen hatten von ihrem 4. Mon. an volle 4 Jahre hindurch eine vielseitige Mischung mit 16% Protein a) ohne und b) mit 5% Trockendotter erhalten. Der Cholesteringehalt betrug bei b) 1,6 g/kg Futter, die Cholesterinaufnahme mit dem Erhaltungsfutter etwa 113–139 mgA/Tag. Trotz der langjährigen Fütterung bestanden zwischen den Cholesterinwerten in Serum und Eidotter zwischen a und b keine gesicherten Unterschiede. Im Durchschnitt betrug der Cholesteringehalt im Serum bei a) 195 (Leghorn) und 143 (Plymouth), bei b) 157 und 230. Wegen der geringen Tierzahl und der stark abweichenden Werte bei einzelnen Tieren (unter jeweils 5) messen Vff. den Befunden keine Aussagekraft zu. Im Eidotter sind die Cholesterinmengen mit 15,6 und 16,4 (a) bzw. 16,8 und 16,4 mg/g (b) gleich. C. Engelmann. 8066.

Nelson, Sheila J., Clegg, R. E. und Sanford, Paul E.; Manhattan, Kansas State Univ. The effect of triparanol on calcium and cholesterol levels in the blood sera of laying hens. **(Die Wirkung von Triparanol auf den Calcium- und Cholesteringehalt der Blutseren legender Hennen.)** Poultry Sci. 41 (1962) Nr. 2. S. 664–668. — 4 Abb., 12 Lit.

Triparanol bewirkte bei 10tägiger Verabreichung keine signifikanten Änderungen des Ca-Gehaltes im Blutserum legender Hennen, jedoch der Serumcholesterinspiegel wurde auf 90% erhöht. Nach Absetzen des Mittels gingen die Werte innerhalb von 16 Tagen wieder zur Norm zurück. Ähnlich verhielt es sich mit Ei- und Dottergröße, die zurückgingen und dann in 16 Tagen wieder zur normalen Größe kamen. B. Busch. 8066.

Mineralstoffwechsel

Anonym. Lactation and mineral nutrition. Factors which limit the milk yield. **(Laktation und Mineralstoffernährung. Die Milchleistung begrenzende Faktoren.)** New Zealand Agriculturist **14** (1962) Nr. 4. S. 3. — 2 Lit.

Es werden Betrachtungen über die Tatsache angestellt, daß bei einem Futterentzug bei Kühen die Milchleistung absinkt, der Gehalt an Mineralstoffen in der Milch aber stark ansteigt. Es scheint ein Naturgesetz zu sein, auf jeden Fall die Mineralstoffversorgung des jungen Tieres sicherzustellen. Auf Grund dieser Tatsache erscheint es als wichtig, die Kühe ausreichend mit allen Mineralstoffen zu versorgen, um die Gesundheit der Tiere zu gewährleisten.
I. Lohse. 8105.

Renkema, J. A., Senshu, Tatsudo, Caillard, Blanche D. E. und Brouwer, E.; Wageningen, Netherlands, Agric. Univ., Lab. of Animal Physiol. The activity of the intestinal wall of the cow in sodium homeostasis. **(Die Aktivität der Darmwand der Kuh in Natrium-Homeostasis.)** Netherl. J. agric. Sci. **10** (1962) Nr. 1. S. 52–57. — 2 Tab., 14 Lit.

2 Färsen und 1 Milchkuh wurden ohne und mit besonderer Na-Zugabe gefüttert. Im Versuch I enthielt die Futterration 2,7 bis 3,0 g Na und 96,7 bis

99,1 g K, im Versuch II 5,3 bis 7,2 g Na und 169,8 bis 179,4 g K. Bei dem Experiment I wurden in den Faeces, im Urin und Faecespreßsaft deutlich niedrigen Na-Konzentrationen aber höhere K-Konzentrationen als im Experiment II festgestellt. Während der Zeit der Na-armen Fütterung sank der Na-Spiegel in der Milch stark ab. Im Tr.-Subst.-Gehalt des Kotes und beim osmotischen Druck des Preßsaftes des Kotes traten durch beide Fütterungsweisen keine nennenswerten Unterschiede auf. Die Gefrierpunktdepression des Kotpreßsaftes lag bei ca. 0,3 (⌀) und damit um ca. 50% tiefer als im Blut. Daraus läßt sich schließen, daß außer den Nieren auch dem Darm eine wichtige Rolle bei der Regulierung des Na-Stoffwechsels zukommt.
H. Steger. 8122.

Harper, J. A. und Arscott, G. H.; Corvallis, Oregon Agric. Exp. Stat. Salt as a stress factor in relation to pendulous crop and aortic rupture in turkeys. **(Salz als ein Stress-Faktor in bezug auf Hängekropf und Aortenriß bei Truthühnern.)** Poultry Sci. **41** (1962) Nr. 2. S. 497–499. — 2 Tab., 8 Lit.
Vff. prüften bei 2 verschiedenen Truthühner-Rassen (♂ und ♀, Alter: 8–16 Wochen) den Einfluß von 4%igen Salzzusätzen zu 2 unterschiedlichen Grundfutterrationen auf Gewichtszunahmen, Futterverwertung, Sterblichkeit und Auftreten des Hängekropfes. Bei der zuerst in Versuch genommenen Rasse waren die Gewichtszunahmen von der Art des Proteins der Rationen stark abhängig, bei der zweiten Rasse hemmte der Salzzusatz die Gewichtszunahmen und verschlechterte die Futterverwertung. Die Sterblichkeit infolge Aortenriß wurde durch die zusätzlichen Salzgaben praktisch nicht beeinflußt, die Ausbildung des Hängekropfes jedoch bei beiden Rassen ganz eindeutig gefördert.
J. Wünsche. 8122.

Kenny, Alexander D.; Morgantown, West Virginia Univ., Med. Center, Dep. of Pharmacol. Parathyroid glands and calcium metabolism. **(Die Nebenschilddrüsen und der Calciumstoffwechsel.)** Wld. Rev. Nutrit. Dietetics **2** (1960) S. 158–183. — 1 Abb., 3 Tab., 213 Lit.
Die Nebenschilddrüsen (N.) sind für die Auflösung der anorg. und der org. Knochensubstanz verantwortlich. Durch Gehalt des Serums an Ca-Ionen und anorg. P wird die Aktivität der N. geregelt. Die Wirkung der N. und die Ca-Ausscheidung in der Niere muß noch weiter untersucht werden. Die Ca-Resorption wird durch bestimmte Nahrungsbestandteile, so Lactose, L-Lysin und L-Arginin erhöht. Der Organismus kann sich an gewisse Mangel- und Überflußzustände von Ca angleichen. Der Körper gibt endogen Ca in den Urin und den Kot ab. Zur Erkennung von Nebenschilddrüsenstörungen dienen der Ca-Mangel-, der Ca-Infusions- und der P-Mangeltest sowie die tubuläre Resorption von P und der Cortisontest. Zu Hyperparathyreoidismus kommt es bei Neoplasmen der Drüse sowie bei chronischer Niereninsuffizienz, zu Hypothyreoidismus idiopathisch oder bei operativer Entfernung der Drüse.
B. Busch. 8123.

Clegg, Catherine, Hopkinson, Patricia und Pickles, V. R.; Sheffield, Univ., Dep. of Physiol. Some effects of Ca^{2+} and Mg^{2+} on guinea-pig uterine muscle. **(Einige Wirkungen von Ca^{2+} und Mg^{2+} auf die Gebärmuttermuskulatur beim Meerschweinchen.)** J. Physiol. [London] **162** (1962) Nr. 1. S. 14P–15P. — 1 Lit.
Es ist bekannt, daß eine Steigerung des externen Ca allgemein eine Erhöhung der Uterusmuskeltätigkeit bewirkt, während eine Vermehrung von Mg über den physiologischen Wert zu einer Verminderung der Aktivität tendiert. Eine Vermehrung des externen Ca steigert die Empfindlichkeit beider Stimulantien und die Höhe der Spontanaktivität für alle Mg-Konzentrationen. Eine Steigerung des Mg von 0–0,3 mM der gesamten Ca-Konzentration erhöht die allgemeine Aktivität des Uterus; eine weitere Vermehrung des Mg hat aber die gegenteilige Wirkung auf die Spontanaktivität und der Wirkung der

Komponente A. Die letzte Wirkung des Mg kann nach Vorbereitung mit einer Ca-freien Lösung für 30 Min. und mehr gesehen werden. Da eine Veränderung im externen Ca gewöhnlich meist diese Wirkung in wenigen Min. hervorbringt, läßt sich denken, daß das Mg in diesem Kreislauf entweder unabhängig vom Ca oder im Antagonismus zu einer besonders langsam austauschbaren Fraktion des Uterus-Ca tätig ist. R. Neseni. 8123.

Berg, Lawrence R., Bearse, Gordon E. und Merril, Louis H.; Puyallup, Washington State Univ., Western Washington Exp. Stat. Effect of calcium level of the developing and laying ration on hatchability of eggs and on viability and growth rate of progeny of young pullets. **(Der Einfluß von Calciumgaben auf die Entwicklung, Legeleistung, das Schlupfergebnis der Eier, die Vitalität und die Gewichtszunahme der erbrüteten Küken.)** Poultry Sci. **41** (1962) Nr. 4. S. 1328–1335. – 1 Abb., 5 Tab., 6 Lit.
8 Wochen alte Hühnchen wurden bis einem Alter von 21 Wochen mit einem 0,5%, 1,0% und 2,0% Ca enthaltenden Futter gefüttert. Mit Eintritt der Legeleistung wurden die einzelnen Gruppen unterteilt und erhielten Futter mit 1,75%, 2,25%, 2,75% und 3,25% Ca. Von den ersten 30% der Eier wurden die Küken erbrütet. Hohe Ca-Werte im Legemehl verminderten das Schlupfergebnis, außerdem zeigten die Tiere abnormale Federbildung am Flügel. Wahrscheinlich ist das eine Folge indirekten Zn-Mangels. Später gelegte Eier wurden ebenfalls erbrütet, zeigten aber nicht mehr die im ersten Versuch beobachteten Symptome. I. Lohse. 8123.

Arscott, G. H., Rachapaetayakom, P., Bernier, P. E. und Adams, F. W.; Corvallis, Oregon State Univ., Dep. of Poultry Sci.; Dep. of Agric. Chem. Influence of ascorbic acid, calcium and phosphorus on specific gravity of eggs. **(Einfluß von Ascorbinsäure, Calcium und Phosphor auf das spezifische Gewicht der Eier.)** Poultry Sci. **41** (1962) Nr. 2. S. 485–488. – 2 Tab., 14 Lit.
An normalen weißen Leghorn- und Zwergleghorn-Junghennen wurde geprüft, welchen Einfluß die Fütterung von Ascorbinsäure, Ca und P in den Rationen auf die Schalendicke der Eier (gemessen durch Bestimmung des spez. Gewichts) hat. Ascorbinsäure bewirkte keine Verbesserung der Eierschalendicke. 3% Ca in der Ration hatte eine deutliche Verbesserung der Schalendicke und eine Erhöhung des Ca- und P-Gehaltes im Blut zur Folge. Die Erhöhung des P-Gehaltes der Rationen auf 0,9% schien die Schalendicke zu verringern und den P-Spiegel des Blutes zu erhöhen. J. Wünsche. 8123.

Anonym. Magnesium in pastures. Research clarifies relationship with grass staggers. **(Magnesium im Weidefutter. Untersuchung über den Zusammenhang mit Weidetetanie.)** New Zealand Agriculturist **14** (1962) Nr. 4. S. 4–5. – 14 Lit.
Die Häufigkeit von Grastetanie in Neuseeland wird mit den Berichten aus anderen Ländern verglichen. Die Gehaltszahlen an Mg in den Pflanzen schwanken stark, was durch Boden und Klima bedingt wird. Wesentlich scheint für das Auftreten der Tetanie die Verfügbarkeit (Resorbierbarkeit) des Mg im Futter für das Tier zu sein. Es wird die Versorgung der Weiden mit Mg-haltigen Düngemitteln empfohlen. I. Lohse. 8123.

Walter, E. D. und Aitken, J. R.; Braudon, Manitoba, Canada Dep. of Agric., Braudon Res. Stat.; Animal Res. Inst. Phosphorus requirements of laying hens confined to cages. **(Phosphorbedarf von in Käfigen gehaltenen Legehennen.)** Poultry Sci. **41** (1962) Nr. 2. S. 386–390. – 6 Tab., 8 Lit.
In Einzelkäfigen gehaltene weiße Leghorn-Hennen wurden über einen Zeitraum von 308 Tagen mit Rationen gefüttert, die 0,4 (Grundration), 0,5, 0,6 und 0,7% Gesamt-P enthielten. Die Legeleistung war bei den mit der Grundration gefütterten Kontrolltieren signifikant niedriger als bei den Hennen,

die 0,6 bzw. 0,7% P in den Rationen erhielten. Der P-Gehalt der Grundration reichte nicht aus zur Erhaltung des Körpergewichts der Tiere. Zwischen den Gruppen, die die höheren P-Mengen erhielten, traten keine Unterschiede in den Endgewichten auf. In bezug auf das Gewicht und das spez. Gewicht der Eier sowie im Hinblick auf die Futterverwertung erwies sich die Grundration als ausreichend. J. Wünsche. 8124.

Gardiner, E. E.; Nappan, Nova Scotia, Canada Dep. of Agric. The relationship between dietary phosphorus level and the level of plasma inorganic phosphorus of chicks. **(Die Beziehung zwischen den Phosphorwerten im Futter und dem Gehalt an anorganischem Phosphor im Plasma von Küken.)** Poultry Sci. **41** (1962) Nr. 4. S. 1156–1163. – 5 Tab., 14 Lit.

Vom Vf. wurde der Einfluß der P-Versorgung auf den P-Gehalt des Plasmas, daneben aber außerdem auf die Wachstumsintensität, die Knochenasche und den Futterverbrauch untersucht. P-freies Futter hatte eindeutig eine negative Wirkung. Am günstigsten wirkte ein Gehalt von 0,30–0,40% P (Na-Phosphat). In einem weiteren Versuch wurde neben P $NaHCO_3$ verabreicht, dadurch wurden die Ergebnisse des 1. Versuches kaum verändert. Ein 3. Versuch sollte Auskunft über die Wirksamkeit verschiedener P-Formen (Na_2HPO_4, Weichphosphat und $CaHPO_4$) geben. Am besten ist Na_2HPO_4, am schlechtesten Weichphosphat geeignet, wobei $CaHPO_4$ dicht hinter Na_2HPO_4 folgt. Im 4. Versuch wurden 4 Wochen alte Tiere normal und mangelernährt. Nach 81 Tagen wurden die Rationen gewechselt, wobei alle 3 Tage Blutproben genommen und gewogen wurde. Die Gewichte waren nach 36 Tagen fast gleich, während der Gehalt an P im Serum innerhalb von 18 Tagen jeweils um fast 50% absinkt. Bei Umstellung von Mangelfütterung auf 0,45% P-Gehalt im Futter steigt der P-Gehalt im Serum in 3 Tagen von 3,01 auf 6,30% an. I. Lohse. 8124.

Harms, R. H., Waldroup, P. W., Shirley, R. L. und Ammerman, C.B.; Gainesville, Florida Agric. Exp. Stat. Availability of phytic acid phosphorus for chick. **(Die Verfügbarkeit von Phytinphosphorsäure für Küken.)** Poultry Sci. **41** (1962) Nr. 4. S. 1189–1191. – 2 Tab., 12 Lit.

Eintagsküken wurden 4 Wochen lang vergleichsweise mit 0,0–0,40% Phytinphosphorsäure und $CaHPO_4$-haltigem Futter ernährt. Dabei wurden noch Untergruppen mit einem Ca/P-Verhältnis von 1:1 und 2:1 gebildet. Als Kriterium wurde das 4-Wochengewicht und der Aschegehalt der Tibia gewählt. Bei einem Verhältnis 1:1 wirkte Phytinphosphorsäure, bei einem von 2:1 $CaHPO_4$ günstiger auf das 4-Wochengewicht. Der Aschegehalt der Tibia lag bei dem Ca/P-Verhältnis von 1:1 höher. I. Lohse. 8124.

Padučeva, A. L. (Padutschowa, A. L.); Dubrowizy, Gebiet Moskau, Unions-Inst. für Tierzuchtforsch. Ispol'zovanie ovcami organičeskich i neorganičeskich soedinenij sery. **(Verwertung organischer und anorganischer Schwefelverbindungen durch Schafe.)** Vestnik sel'skochozjajstvennoj nauki, Moskva **6** (1961) Nr. 12. S. 82–86. – 3 Tab., 11 Lit. Zus. in Engl., Franz., Dtsch.

Vf. berichtet über zahlreiche Fütterungsversuche mit feinwolligen und Fettschwanzschafen, in denen markierter Schwefel an die Tiere verabreicht wurde. Von trächtigen Mutterschafen werden org. und anorg. S-Verbindungen nach oraler Verabreichung in gleichem Umfang retiniert. Feinwollige Schafe retinieren mehr S als Fettschwanzschafe. Wegen des günstigen Einflusses auf die Wollproduktion und den allgemeinen Zustand der Tiere empfiehlt Vf., Na_2SO_4 bzw. $(NH_4)_2SO_4$ in Mineralstoffgemischen an Schafe zu verabfolgen.

H.-D. Bock. 8124.

Cigna, A. und Polvani, C.; Roma, Comitato Naz. per l'Energia Nucleare. Intake of iodine-131 from milk in Italy during the period October-December 1961. **(Die Aufnahme von Jod-131 aus Milch in Italien während der Periode Okt.-Dez. 1961.)** Nature [London] **194** (1962) Nr. 4834. S. 1123–1124.

Es wurde der ^{131}J-Gehalt der Milch aus 13 über Italien verteilten Städten untersucht. Die Proben wurden z. T. tägl., z. T. wöchentl. genommen. Vff. berichten über den Verlauf der ^{131}J-Konzentration der Milch während des Herbstes 1961 in Abhängigkeit von der Niederschlagsmenge, vom fall-out und vom Wechsel in der Nahrung der Rinder. Zum Abschluß wird eine Abschätzung der ^{131}J-Aufnahme während der Monate Okt.-Dez. 1961 gegeben. Bei einem tägl. Milchverbrauch von 1 l ergibt sich ein Wert von 8600 pc ^{131}J. Die Messungen wurden mit einem Gammaspektrometer mit NaJ-Kristall (5 cm Durchmesser, 5 cm Höhe) durchgeführt. Bei einer Meßzeit von 3–4 Std. konnte noch eine J-Konzentration von 10 $\pm$ 2 pc/l bestimmt werden.

P. Dahms. 8127.

Bentley, R. E., Parker, R. P., Taylor, D. M. und Taylor, Mary P.; London, Roy. Cancer Hospital, Inst. of Cancer Res., Physics Dep.; Sutton, Surrey, Radiol. Protection Serv. Iodine-131 and other fission products in drinking-waters. **(Jod-131 und andere Spaltprodukte im Trinkwasser.)** Nature [London] **194** (1962) Nr. 4830. S. 736–737.

Vff. untersuchten Trinkwasser auf seinen Gehalt an ^{131}J. Es wurden Proben in England und Wales genommen. Die Wasserproben wurden so gewählt, daß einmal die Zeit vom Regenwasser bis zum Verbraucher kurz und zum anderen lang war. Die Vff. verwendeten zuerst zur Messung 1 l Trinkwasser, dessen ^{131}J Aktivität mit einem 3 inch $\times$ 3 inch NaJ-Szintillationszähler bestimmt wurde. Zur Steigerung der Empfindlichkeit der Messanordnung wurde das Trinkwasser über eine Ionenaustauschersäule geleitet. Die ^{131}J-Aktivität wurde dann mit einem 5 inch $\times$ 6 inch Bohrlochkristall bestimmt. Vff. geben Einzelheiten der Ionenaustauschtechnik an. Neben ^{131}J wurden ^{103}Ru und ^{95}Zr plus ^{95}Nb durch die Austauschersäule adsorbiert. Die Radioaktivität dieser Elemente wurde ebenfalls γ-spektrometrisch gemessen.

P. Dahms. 8127.

Rogler, J. C., Parker, H. E., Andrews, F. N. und Carrick, C. W. The iodine requirements of the breeding hen. 1. Hens reared on a diet adequate in iodine. **(Der Jodbedarf bei brütenden Hennen. 1. Mitt. Hennenaufzucht bei einer Fütterung mit entsprechenden Jodmengen.)** Poultry Sci. **40** (1961) Nr. 6. S. 1546–1554. — 9 Tab., 9 Lit.

An weißen Leghornhennen wurden Bedarfsermittlungen über Fütterungsversuche vorgenommen, wobei nach vorangegangener J-armer Fütterung folgende Mengen in den einzelnen Versuchsgruppen verfüttert wurden: 10–19 ppb J als Grundmenge; dazu kamen: 50 ppb bzw. 100 ppb; 300 ppb; 1000 ppb. Die Tiere wurden einzeln gehalten und künstlich besamt. Die ^{131}J-Messungen in der embryonalen Schilddrüse wurden zur Aussage herangezogen. 100–300 ppb Jod wurden in der Fütterung benötigt, um eine normale Schilddrüsenentwicklung beim Embryo zu gewährleisten. Eierproduktion und Schlupffähigkeit wurden durch die Jodgaben über einen Zeitraum von 28 Wochen nicht beeinflußt. W. Richter/Kleinmachnow. 8127.

Rogler, J. C., Parker, H. E., Andrews, F. N. und Carrick, C. W. The iodine requirements of the breeding hen. 2. Hens reared on a diet deficient in iodine. **(Der Jodbedarf bei brütenden Hennen. 2. Mitt. Hennenaufzucht bei einer jodarmen Fütterung.)** Poultry Sci. **40** (1961) Nr. 6. S. 1554 bis 1562. — 7 Abb., 8 Tab., 4 Lit. 1. Mitt. vgl. vorst. Ref.

Es konnte festgestellt werden, daß die Eierproduktion durch die geringen J-Mengen nicht beeinflußt wurde. Die Schlupffähigkeit wurde jedoch durch die Versuche beeinträchtigt. Das Gewicht von 18 Tage alten Embryonen war bei der niedrigsten J-Menge (10–24 ppb) signifikant geringer gegenüber den Kontrolltieren. Ein umgekehrtes Relationsverhältnis wurde zwischen dem J-Gehalt in der Fütterung und der Schilddrüsengröße beim Embryo gefunden.

Ein direktes Verhältnis zwischen der von der Henne aufgenommenen J-Menge und dem J-Gehalt in der embryonalen Schilddrüse konnte festgestellt werden. W. Richter/Kleinmachnow. 8127.

Lucas, I. A. M., Livingstone, R. M. und Boyne, A. W.; Bucksburn, Aberdeen, Rowett Res. Inst. Copper sulphate as a growth stimulant for pigs: effect of composition of diet and level of protein. **(Die Wirkung von Kupfersulfat als Wachstumsstimulans für Schweine in Abhängigkeit von Futterzusammensetzung und Proteingehalt.)** Animal Product. **4** (1962) Nr. 2. S. 177–183. — 4 Tab., 7 Lit.
6 Gruppen zu je 6 Schweinen erhielten von der 9. Woche bis zum Schlachten (200 lb.) folgende Futtermischungen: Gr. I und II eine Gerste-Fischmehlmischung mit 17% Rohprotein vor und 15,4% nach einem Gewicht von 103 lb., Gr. III und IV eine Mais-Sojaschrotmischung mit 16,8 bzw. 15,4% Rohprotein, Gr. V und VI eine Mais-Sojaschrotmischung mit 13,4 bzw. 11,9% Rohprotein. Die Tiere der Gr. II und IV, VI erhielten außerdem 0,1% $CuSO_4$ je Tier und Tag. Die Futterverwertung der Gr. III und IV war wegen der höheren Energiezufuhr besser als die der Gr. I und II. Die Gr. V und VI hatten im Vergleich zu III und IV eine um 10–12% verringerte Futterverwertung und zeigten eine Verkleinerung der Kotelettfläche. Die Beigabe von $CuSO_4$ zeitigte bei den Gruppen II, IV und VI bis 103 lb. ein Ansteigen der Zunahmen um 7–8%. Zwischen 103 lb. und dem Schlachten zeigte die Cu-Beigabe bei den Gr. II und IV keinen fördernden Einfluß, während bei der proteinärmeren Gr. VI geringere Zunahmen und ein Rückgang der Futterverwertung um 5% beobachtet wurden. — Diese Feststellung stützt die Ansicht auch anderer Autoren, daß die Wirkung des $CuSO_4$ mit der Höhe des Eiweißgehalts im Futter gekoppelt ist. H. Jung. 8127.

Barber, R. S., Braude, R. und Mitchell, K. G.; Shinfield, Nat. Inst. for Res. in Dairying. Copper sulphate and molasses distillers dried solubles as dietary supplements for growing pigs. **(Kupfersulfat und „Molasses distillers dried solubles" [E. C. Feed] als Beigabe für wachsende Schweine.)** Animal Product. **4** (1962) Nr. 2. S. 233–238. — 2 Tab., 7 Lit.
Die Wirkung der Beigabe von $CuSO_4 \cdot 5\,H_2O$ und E. C. Feed (Rückstand der Melassevergärung) wurde mittels einer Futtermischung (**I**) mit Fischmehl und einer Mischung (**II**) mit nur pflanzlichem Eiweiß festgestellt. Die Beigabe von $CuSO_4$ (0,1%) hatte bei Mischung I ein Ansteigen der Zunahmen um 14,5%, bei der Mischung **II** um 5,1% zur Folge. Die Futterverwertung stieg um 5,2 bzw. um 2,1%. Die Beifütterung von E. C. Feed bewirkte ein nur schwaches Ansteigen der Zunahmen und keine Verbesserung der Futterverwertung. Die Zunahmen und die Futterverwertung der Mischungen I und II ohne Zusätze waren gleich. — Die Wirkung von $CuSO_4$ hängt also weitgehend von dem Gehalt an tierischem Eiweiß ab. H. Jung. 8127.

Slinger, S. J., Pepper, W. F. und Sibbald, I. R.; Guelph, Ontario, Canada, Dep. of Poultry Sci. and Nutrit. Copper sulphate and penicillin as supplements for chicks. **(Kupfersulfat und Penicillin als Supplemente für Küken.)** Poultry Sci. **41** (1962) Nr. 1. S. 341–342. — 2 Tab., 3 Lit.
3 gleichartig zusammengesetzte Grundfuttermischungen für Küken wurden einmal mit 5 g/t Penicillin-Procain-G, einmal mit 50 ppm Cu und schließlich mit beiden der genannten Zusätze ergänzt. Weder einer der beiden Futterzusätze noch beide gemeinsam beeinflußten das Vier- bzw. Achtwochengewicht der Küken. In allen Versuchsgruppen traten nur geringe Verluste auf, so daß keine Abhängigkeit zwischen Art des Futterzusatzes und Verlustquote vorlag. G. Göbel. 8127.

Clausen, Hjalmar, Haagen Petersen, F., Højgaard-Olsen, N. J., Hansen, Villy, Madsen, Arne, Nielsen, Henning und Eggum, Bjørn O.

Forsøg med søer og pattegrise. Jerntilskud til pattegrise. **(Versuche mit Sauen und Saugferkeln. Eisenzugaben bei Saugferkeln.)** Beretn. landøkon. Forsøgslab. **1961** S. 52–55. – 4 Tab.
1960 wurden bei 20 Würfen Versuche mit dänischen und schwedischen Fe-Präparaten durchgeführt, die in gekörnter Form schon von 3–4 Tagen alten Ferkeln aufgenommen werden konnten. Als Vergleich diente ein englisches Fe-dextranpräparat, das injiziert wurde. Mit beiden Präparaten wurden bei den Zunahmen und beim Hämoglobingehalt des Blutes Ergebnisse erzielt, die etwas unter denen des englischen Präparates lagen.
J. K. Hinrichsen. 8127.

Schoop, G., Groth, W. und Becker, W.; Frankfurt/M., Johann-Wolfgang-Goethe-Univ., Inst. für Zoonosenforsch.; Bonn, Univ., Inst. für Anatomie und Physiol. der Haustiere; Frankfurt-Höchst, Farbwerke Hoechst, Med.-Wiss. Abt. **Rassenbedingte Unterschiede im Wachstum und Eisenstoffwechsel beim Ferkel.** Dtsch. tierärztl. Wschr. **69** (1962) Nr. 10. S. 272–275. – 3 Tab., 5 Lit. Zus. in Engl.
In vorliegender Arbeit werden statistische Auswertungen von Behandlungsversuchen mit Myofer bei Mutterschweinen und Ferkeln der Rassen Deutsches Veredeltes Landschwein (DvL) und schwarzbunter Tiere (SB) vorgenommen und zwar in Hinblick auf Gewichtszunahmen und Hämoglobinwerte. Bei Tieren der SB im Alter von 3–8 Tagen konnten signifikant höhere Hämoglobinwerte ermittelt werden als bei gleichaltrigen Tieren des DvL. Myofer-Gaben wirkten sich bei graviden Sauen durch günstigere Gewichtsentwicklungen, bei Ferkeln durch höhere Hämoglobinwerte aus. Eine prophylaktische Behandlung der Ferkel des DvL beantworteten diese mit einer Wachstumsbeschleunigung. Die Ursachen der Differenzen beider Rassen mögen im unterschiedlichen Fe-Stoffwechsel und dem genetischen Verhalten zu suchen sein.
W. Richter. 8127.

Johnson jun., Dewey, Mehring jun., Arnon L., Savino, Francis X. und Titus, Harry W.; Newton, N. J., Limestone Product. Corporation, Lime Crest Res. Lab. The tolerance of growing chickens for dietary zinc. **(Die Verträglichkeit gegenüber Zink im Futter bei heranwachsenden Küken.)** Poultry Sci. **41** (1962) Nr. 1. S. 311–317. – 4 Tab., 10 Lit.
Küken vertragen, bei einem Zn-Bedarf von 55–70 ppm, recht hohe Zn-Anteile im Futter. 1000 ppm Zn, die zusätzlich einer üblichen Futtermischung aus Mais und Sojaextraktionsschrot zugesetzt wurden, riefen keine Schäden hervor. Zur Wachstumsverzögerung bei Kennküken-Kreuzungen kam es erst nach 2391 ppm Zn im Futter, und bei weißfiedrigen Kreuzungsküken nach 2000 ppm eben merklich, nach 3000, 4000 u. 5000 ppm ganz deutlich. Die Küken, die bis zur 10. Woche durch die Zn-Gabe geschädigt waren, erreichten nach Unterlassen der Zn-Fütterung das gleiche 16. Wochengewicht wie die Kontrollen. Das Zn wurde in der Leber gespeichert und von dort entfernt, sobald die Zn-Fütterung unterblieb. In der Gruppe mit den hohen Zn-Gaben (4000 u. 5000) war der Mo-Gehalt in der Milz im 16-Wochenalter weit größer als bei denen ohne oder mit geringen Zn-Gaben.
C. Engelmann. 8127.

Leach jun., R. M., Turk, D. E., Zeigler, T. R. und Norris, L. C.; Ithaca, N. Y., Cornell Univ., Dep. of Poultry Husbandry. Studies on the role of molybdenum in chick nutrition. **(Untersuchungen über die Rolle des Molybdäns in der Geflügelfütterung.)** Poultry Sci. **41** (1962) Nr. 1. S. 300–304. – 5 Tab., 10 Lit.
Bei einer gereinigten Futtermischung aus 60% Glucose und 26% entweder isoliertem Sojaprotein (**I** = 1,05–1,99 mg Mo/kg) oder vitaminfreiem Casein (**II** = 0,17–0,20 mg Mo/kg) sowie Mineralstoff-, Vitamin- und Aminosäurenzusätzen wirkte sich der Zusatz von 0,5 mg Mo je kg Futter verschieden aus,

je nachdem, wie hoch der Zn-Gehalt der Mischung war. Bei niedrigem Zn-Gehalt (4,8 mg/kg) rief das Mo bei Mischung I eine geringe Verbesserung des Wachstums hervor (um 6,1%), nicht aber bei II. Die Zunahme war bei Küken, die an Mo verarmt waren, signifikant größer (Mütter mit entsalzenem Wasser und einem Futter mit nur 1,45 mg/kg versorgt). Die Mo-Wirkung blieb bei Mischung I und II aus, wenn der Zn-Gehalt hoch war (64,8 mg/kg). Der Mo-Bedarf der Küken in der 1.–4. Woche, die von Mo-verarmten Müttern stammten (s. o.), lag bei 0,11 mg Mo/kg Futter für Mischung II. In Mischung I war anscheinend nur ein kleiner Teil des Mo-Anteils im Sojaprotein für die Küken verwertbar. Auf die Xantho-Dehydrogenase in der Leber übte der Mo-Zusatz keinen Einfluß aus. Tungsten, als Antagonist dieses Enzyms, unterdrückte dessen Bildung (1,000 mg/kg Futter) und hemmte das Wachstum. Durch Mo-Zusatz konnte der Einfluß des Tungsten auf das Enzym ausgeschaltet werden, die Wachstumshemmung ließ sich aber nur teilweise aufheben. Dabei entsprachen in der Wirksamkeit 50 mg Mo und 2,0 mg/kg Tungsten etwa einander. Gegenüber Cu-, Se- und S-Ionen wirkte das Mo nicht entgiftend.
C. Engelmann. 8127.

Nelson, T. S., Gillis, M. B. und Peeler, H. T.; Skokie, Ill., Int. Minerals and Chem. Corporation. Studies of the effect of vanadium on chick growth. **(Untersuchungen über die Wirkung des Vanadiums auf das Kükenwachstum.)** Poultry Sci. **41** (1962) Nr. 2. S. 519–522. — 1 Abb., 3 Tab., 8 Lit.

Aus insges. 3 Fütterungsversuchen geht hervor, daß die Küken 20–35 ppm Vanadium in der Nahrung vertragen. Darüber hinausgehende Mengen hemmen das Wachstum signifikant. Zwischen der Wachstumsdepression und dem Gehalt an V in der Nahrung bestand oberhalb von 35 ppm eine lineare Abhängigkeit. Unterhalb der maximalen Toleranzgrenze liegende V-Mengen stimulierten das Kükenwachstum nicht. J. Wünsche. 8127.

Gligor, V. (unter Mitarb. von Pălămaru, E., Geamăn, N., Feredean, I., Roşca, N., Radu, A., Tacu, A., Florescu, Şt., Nedelniuc, V., Bica, M., Raicu, E., Vermeşanu, N., Popescu, Fr., Harşian, E., Saghin, F., Maior, I., Covaliu, C. und Ionescu, D.) Influenţa microelementelor in creşterea porcilor. **(Der Einfluß von Spurenelementen auf die Schweinezucht.)** Lucrările ştiinţ. Inst. Cercetări zootehn. **19** (1961) S. 5–87. — 29 Abb., 39 Tab., 33 Lit. Zus. in Russ., Engl., Franz., Dtsch.

Vff. teilen die vorläufigen Ergebnisse der einjährigen Versuche über den Einfluß von Fe, Cu, Mn, Co, Zn und J auf die Schweinemast und -zucht mit. Es wurde der Spurenelementengehalt der betreffenden Futtermittel sowie der Einfluß der Spurenelemente auf Gewichtszuwachs und Futterverwertung der Versuchstiere untersucht. Außerdem sind die physiol. und biochemischen Indexziffern für Blut- und Stoffwechsel sowie die histol. und biochemischen Veränderungen von Fleisch und Fett ermittelt und Schlachtausbeute, Schlachthälftenstruktur und das Gewicht der inneren Organe bei den periodischen und Endschlachtungen bestimmt worden. R. Petrovszky. 8127.

Popescu, Fr., Nedelniuc, V., Tacu, A., Florescu, Şt., Georgescu, D., Ionescu, D. und Harşian, A. Cercetări privind acţiunea cobaltului asupra productivităţii oilor ţigăi. **(Untersuchungen über die Wirkung von Kobalt auf die Leistungsfähigkeit der Zigajaschafe.)** Lucrările ştiinţ. Inst. Cercetări zootehn. **19** (1961) S. 255–270. — 2 Abb., 8 Tab., 16 Lit. Zus. in Russ., Engl., Franz., Dtsch.

Rot- und schwarzköpfigen Zigajaschafen ist Kobaltchlorid (20 mg Erwachsenen, 14 mg Jungschafen und 10 mg Lämmern) je Tier und Woche verabreicht worden. Leistungsfähigkeit und Widerstandskraft der Schafe wurden vorteilhaft beeinflußt. R. Petrovszky. 8127.

Ermenkov, K. (Ermenkow, K.); Sofia, Höheres Landwirtsch. Inst. „Georgi Dimitrow", Zootechn. Fak., Lehrstuhl für Physiol. Landwirtsch. Nutztiere. Proučvane na njakoi fiziologični i biochimični pokazateli pri teletata vův vrůzka s izchranvaneto na mikroelementite kobalt, med, mangan i jod. **(Untersuchung einiger physiologischer und biologischer Kennwerte bei Kälbern im Zusammenhang mit der Verfütterung der Spurenelemente Cobalt, Kupfer, Mangan und Jod.)** Naučni trudove. Visš selskostopanski institut „Georgi Dimitrov". Zootechničeski fakultet, Sofija **11** (1962) S. 371–382. – 6 Abb., 2 Tab., 26 Lit. Zus. in Russ., Dtsch.

3 Gruppen zu je 6 (3♂ und 3♀) Sofioter Braunviehkälbern wurden bis zum 6. Lebensmonat nach einem Schema gefüttert, das 220 kg Vollmilch, 698 kg Magermilch, 185 kg Kraftfutter, 280 kg Luzerneheu, 269 kg Wurzelfrüchte und 192 kg Gärfutter vorsah. Jeden fünften Tag bekamen die Kälber der Gruppe II je 0,20 mg $CoCl_2$ und die der Gruppe III je 0,20 mg $CoCl_2$, 0,25 mg $CuSO_4$, 0,40 mg $MnSO_4$ und 0,10 mg KJ je kg Lgw. zusätzlich ins Futter. Ergebnisse der Blutuntersuchungen (im Vergleich zur Kontrollgruppe): Erythrozytenzahl in Gruppe II um 8 bis 11,4%, in Gruppe III um 9 bis 16,6% höher; Hämoglobingehalt in Gruppe II um 8 bis 9%, in Gruppe III um 16 bis 18% höher; Gesamtglutathiongehalt in Gruppe II niedriger; Zuckergehalt im Alter von 4 Monaten um 10 bis 18 mg% niedriger; Albumingehalt niedriger; Globulingehalt höher. Ca-Spiegel ohne besondere Abweichungen. Bei Beendigung des Versuchs wurden im Panseninhalt festgestellt (in der Reihenfolge der Gruppen): Infusorienzahl 330000, 488000 und 450000; pH 7,25, 7,21 und 7,26; Gesamtfettsäuren (flüchtige) 7,8, 8,7 und 8,3 mMol.

N. Platikanow. 8127.

Stegmann, H. **Polarographische Untersuchungen über den Zinkgehalt im Blutserum von in der Geburt befindlichen Sauen mit einer Literaturübersicht der Parakeratose des Schweines.** Diss., Tierärztliche Hochschule Hannover. 1961.

Potassium in the animal organism. Bern: Internat. Potash Inst. 1961. (828 Seiten.) = Potassium symposium 6. – Proceedings of the 6. Congress of the International Potash Institute.

Stoffwechsel der Vitamine und anderer Wirkstoffe

Ronning, Magnar, Berousek, E. R., Griffith, Jack L. und Gallup, Willis D.; Univ. of Oklahoma, Dep. of Dairying and Biochem. Carotene requirements of dairy cattle. **(Der Carotinbedarf von Milchkühen.)** Oklahoma State Univ., Extens. Serv., techn. Bull. Nr. **T-76** (1959) S. 1–30. – 11 Tab., 17 Lit.

Es wird über 20jährige Untersuchungen an 93 Tieren der Jersey-, Guernsey- und Holsteinrasse mit insgesamt 197 Trächtigkeitsperioden und 153 Laktationsperioden zum Carotinbedarf der Milchkühe berichtet. Die Carotineinnahme wurde in weiten Grenzen durch verschiedene Heugaben variiert, welches die Hauptquelle für Carotin in der Ration darstellte. Im Hinblick auf das verd. Rohprotein, der übrigen verd. Nährstoffe und des Rohfasergehaltes wurden die Rationen mit anderen Futterstoffen ausgeglichen. Für ein normales Fruchtbarkeitsgeschehen wird für Jersey-, Guernsey- und Holsteinkühe ein Bedarf von 75–85 μg Carotin pro lb. Lgw. je Tag ausgegeben. Der Bedarf für eine normale Laktation liegt unter dem für die Reproduktion angegebenen Werten. Die Bestimmung des Gehaltes an Vit. A und Carotin im Blut läßt keine Rückschlüsse auf den Carotinbedarf bei der Laktation und Reproduktion zu. Das Wachstum der Färsen im Alter zwischen 6 und 15 Mon. wurde nicht durch höhere Carotineinnahmen als sie in der Literatur empfohlen wurden (Minimum: 30 μg Carotin/lb. Lgw./Tag) verbessert.

M. Hoffmann. 8152.

Perry, T. W., Beeson, W. M., Mohler, M. T. und Smith, W. H.; Lafayette, Ind., Purdue Univ., Agric. Exp. Stat. Levels of supplemental vitamin A with and without sun-cured alfalfa meal for fattening steer calves. **(Höhe**

des Vitamin-A-Zusatzes mit und ohne sonnengetrockneten Alfalfamehls für die Stierkälbermast.) J. Animal Sci. **21** (1962) Nr. 2. S. 333–339. — 6 Tab., 16 Lit.

Durch Zusatz von 2000 bis 32000 IE Vit. A tägl. (Versuch A) werden die tägl. Gewichtszunahme, die Futteraufnahme, sowie der Vit.-A-Gehalt in Leber und Serum erhöht, der Carotingehalt des Serums erniedrigt. Durch weitere Zugabe von tägl. 80 mg Chlortetracyclin während der letzten 6 Versuchswochen wird die Gewichtszunahme der Vit.-A-Tiere weiter erhöht, bei Vit.-A-Mangel erniedrigt. Im Versuch B erhielten die Tiere 10000 bis 50000 IE Vit. A tägl. und 0 bzw. 10% Alfalfamehlzusatz. Bis 20000 IE tritt eine signifikante Steigerung der tägl. Gewichtszunahme ein, höhere Vit.-A-Gaben hatten keinen weiteren wachstumssteigernden Effekt. Wird zum Grundfutter zusätzlich 10% Alfalfamehl gegeben, wird das Zuwachsoptimum bereits bei 10000 IE Vit. A erreicht; gleichzeitig wird das Futterverzehr/Zuwachsverhältnis erniedrigt. Durch Diaethylstilboestrol wird bei allen Vit.-A-Tieren die tägl. Zuwachsrate erhöht. H. Ackermann. 8152.

Okamota, M., Bitman, J., Cecil, H. C., Connolly, M. R., Miller, R. W. und Wrenn, T. R.; Beltsville, Md., U.S. Dep. of Agric., Dairy Cattle Res. Branch. Replacement and absorption of cerebrospinal fluid in normal and vitamin A deficient calves. **(Ersatz und Resorption der cerebrospinalen Flüssigkeit bei normalen und Vitamin-A-Mangel-Kälbern.)** J. Dairy Sci. **45** (1962) Nr. 7. S. 882–885. — 2 Abb., 1 Tab., 10 Lit.

Bei Vit.-A-Mangel wird der cerebrospinale Flüssigkeitsdruck (**I**) erhöht. An 5 Normal- u. 8 Vit.-A-Mangelkälbern wurden einmal die Veränderungen des **I** bei Entnahme eines Standardvolumens (3 ml) und die Zeit bestimmt, die erforderlich ist, den Ausgangsdruck wieder herzustellen; zum anderen wurde die Zeit bestimmt, die erforderlich ist, nach Zugabe der entnommenen 3 ml durch Resorption den ursprünglichen Druck wieder herzustellen. Bei Normaltieren beträgt **I** 125, bei Mangeltieren 287 mm, die Zeit bis zum Druckausgleich bei Normaltieren 35,2 $\pm$ 14,0, bei Mangeltieren 15,5 $\pm$ 7,6 Min., für die Resorption werden bei 17,1 $\pm$ 12,4 bzw. $>$ 38,7 $\pm$ 11,8 Min. benötigt, bei letzteren geht in 11 von 12 Fällen der **I** nicht ganz auf den Ausgangsdruck zurück.

H. Ackermann. 8152.

Bitman, J., Cecil, H. C., Connolly, M. R., Miller, R. W., Okamoto, M. und Wrenn, T. R.; Beltsville, Md., U.S. Dep. of Agric., Dairy Cattle Res. Branch. Effect of vitamin A deficiency on efflux of sodium thiocyanate from cerebrospinal fluid. **(Einfluß eines Vitamin-A-Mangels auf die Verdrängung von Natriumthiocyanat aus der cerebrospinalen Flüssigkeit.)** J. Dairy Sci. **45** (1962) Nr. 7. S. 879–881. — 1 Abb., 1 Tab., 7 Lit.

Nach Injektion von 50 mg NaSCN/100 lb. Lgw. in 3 ml Wasser in die Cisterna magna mit Hilfe einer Touhy Spinalnadel wurde nach 30, 60, 120, 180, 240 u. 300 Min. durch Entnahme von 3 ml cerebrospinaler Flüssigkeit (**I**) die SCN-Konz. bestimmt. Bis 90 Min. ist der Abfall der SCN-Konz. bei Kontroll- und Vit.-A-Mangeltieren gleich, danach nimmt sie bei den Kontrolltieren signifikant stärker ab. Es wird angenommen, daß durch den erhöhten **I**-Druck bei Vit.-A-Mangel die Rückresorption der **I** verzögert wird.

H. Ackermann. 8152.

Bitman, J., Cecil, H. C., Connolly, M. R., Miller, R. W., Okamoto, M., Thomas, J. W. und Wrenn, T. R.; Beltsville, Md., U.S. Dep. of Agric., Dairy Cattle Res. Branch. Influx of sodium thiocyanate into cerebrospinal fluid in normal and vitamin A deficient calves. **(Zufluß von Natriumthiocyanat in die cerebrospinale Flüssigkeit bei Normal- und Vitamin-A-Mangelkälbern.)** J. Dairy Sci. **45** (1962) Nr. 7. S. 872–878. — 1 Abb., 4 Tab., 19 Lit.

Um einen Einblick in die Bildung der cerebrospinalen Flüssigkeit (**I**) und den Druckanstieg der **I** bei Vit.-A-Mangel (**II**) zu gewinnen, wurde der Zufluß von Thiocyanat-Ionen (SCN) nach intravenöser Injektion in die **I** untersucht. Bei Normaltieren lag der **I**-Druck bei 97 mm, bei **II** im Mittel bei 173 mm. Alle Tiere erhielten je 100 lb. Lgw. 10 g NaSCN/300 ml in die Vena jugularis injiziert; nach 1 bis 9 Std. (stündl.), sowie 24, 48, 72 u. 96 Std. wurde der SCN-Gehalt in **I** und Serum bestimmt. Bei Vit.-A-Mangel war die SCN-Konz. gegenüber den Normaltieren in **I** u. im Serum etwas erhöht. Wird der prozentuale Anteil im Serum berechnet, erhält man zwischen Normal- und Mangeltieren keine wesentlichen Abweichungen. Die Berechnung des SCN-Zuflusses aus dem Blut in **I** ergibt pro Zeiteinheit ebenfalls annähernd gleiche Werte.

H. Ackermann. 8152.

Bohdal, M. und Hrubá, F.; Prag, Inst. für Ernährungsforsch. **Vitamin-A-Ausscheidung im Gallensaft.** Acta biol. med. german. [Berlin] 8 (1962) Nr. 1. S. 60–65. — 1 Abb., 2 Tab., 11 Lit. Zus. in Russ., Engl.

An 82 ♂ Ratten wurde 12 Std. nach der letzten Fütterung unter Pentolnarkose die Laparotomie durchgeführt und durch einen Einschnitt in den Choledochus eine Polyäthylenkanüle eingeführt. Im aufgefangenen Gallensaft wurde nach Stabilisierung des Vit. A mit Hydrochinon der Vit.-A-Gehalt nach Carr und Price bestimmt. Außerdem erfolgte die Vit.-A-Bestimmung in der Leber und im Blut. Unter physiologischen Bedingungen betrug der Gehalt an Vit. A im Gallensaft 18,36 ($\pm$6,55)μg%. Die Konzentration im Blut ist meist niedriger als im Gallensaft (Index Galle/Plasma = 1,92 ($\pm$1,04). Im Hungerzustand sinkt der Vit.-A-Gehalt im Gallensaft ab (Index Galle/Plasma wird niedriger als 1). Nach starker Vit.-A-Dosis steigt der Vit.-A-Gehalt im Gallensaft stark an, um sich nach 24 Std. wieder zu normalisieren. Auf mögliche Verluste von Vit. A durch den Gallensaft bei Störungen der Rückresorption unter pathologischen Bedingungen wird hingewiesen.

M. Hoffmann. 8152.

Klimeš, B. und Gažo, M.; Ivanka a.d. Donau, Inst. für Geflügelzücht. in Brno; Veterin. Fak., Inst. für Geflügelkrankh. **Wechselbeziehung zwischen dem Vitamin A und der Geflügelaskaridiose.** Arch. Geflügelkunde **26** (1962) Nr. 3. S. 165–175.

Die Bekämpfung der Geflügelaskaridiose macht in der Praxis (Intensivhaltung auf Tiefstreu) trotz guter Anthelminthica große Schwierigkeiten. In den Versuchen wurden weiße Leghornküken im Alter von 4 Wochen mit 460 reifen Larven von *Ascaridia galli* oral infiziert und ihrem Futter 7000 IE Vit. A je kg a) in Öl, b) in Gelatine stabilisiert zugesetzt. Bis zur 4. Woche hatten die Küken 780 IE in 1 kg Grundfutter zu sich genommen. 35 Tage später wurden alle Küken getötet. Ascaridien fanden sich nur in den infizierten Gruppen, in der Kontrolle 384, in Gruppe a) 92 und in b) 89; die längsten Parasiten fanden sich in Gruppe a), die kleinsten in b). Der Vit.-A-Gehalt (Ester wie Alkohol) in Leber und Serum betrug bei den nicht infizierten und infizierten Kontrollen 137 und 172, bei a) 1513 und 2060 sowie bei b) 2392 und 3386. Die geringere Vitaminablagerung bei den infizierten Gruppen dürfte auf die mechanische und toxische Einwirkung des Parasiten zurückzuführen sein und nicht auf dessen höheren Vitaminverbrauch. Ausreichende Vit.-A-Zufuhr ist der beste Schutz vor Erkrankung. Der Vit.-A-Bedarf der erkrankten Küken ist weit höher. Bei 8000 IE Vit. A je kg/Futter war der Befall um $^2/_3$ geringer als bei Darbietung eines Grundfutters mit 1300 IE. C. Engelmann. 8152.

Koyanagi, Tatsuo und Odagiri, Satoshi; Iwate, Univ., Dep. of Agric. Chem. Effect of vitamin A and estradiol on the cystine and hydroxyproline content in skin of rats. **(Der Einfluß von Vitamin A und Oestradiol auf den Cystin- und Hydroxyprolingehalt der Haut von Ratten.)** Agric. biol. Chem. [Tokyo] **25** (1961) Nr. 1. S. 33–36. — 2 Tab., 12 Lit. Orig.: engl.

Vff. untersuchen den Einfluß von Vit. A und Oestradiol auf den Cystin- und Hydroxyprolingehalt der Haut von Ratten. 14 Tage nach Verabreichung Vit.-A-freier Rationen wurden je Gruppe an 5 ♀ Ratten neben der Vit.-A-freien Diät folgende Dosen pro Ratte verabreicht: I: 0,1 ml Öl injiziert, II: 0,1 ml Öl injiziert, 100 γ Vit.-A-Palmitat, III: 0,5 mg Oestradiol in 0,1 ml Öl injiziert, IV: 0,5 mg Oestradiol in 0,1 ml Öl injiziert, 100 μg Vit.-A-Palmitat. Der Gehalt an Cystin (C.) und Hydroxyprolin (H.) war in der Tr.-Subst. der Haut bei I: 1,23 (C.) und 7,35 (H.), bei II: 1,33 (C.) und 7,90 (H.), bei III: 1,34 (C.) und 8,97 (H.), bei IV: 2,26 (C.) und 10,20 (H.). Eine eindeutige Erhöhung des Gehaltes dieser Aminosäuren in der Haut trat ein bei Oestradiolinjektion in Verbindung mit einer Vit.-A-Supplementation. Bei anderen Aminosäuren waren keine wesentlichen Differenzen, nur bei Serin wurde eine geringe Erhöhung nach Oestradiolinjektion festgestellt.
M. Hoffmann. 8152.

Futterman, Sidney; Boston, Lab. of Ophthalmol. Enzymatic oxidation of vitamin A aldehyde to vitamin A acid. **(Enzymatische Oxydation von Vitamin-A-Aldehyd zu Vitamin-A-Säure.)** J. biol. Chemistry **237** (1962) Nr. 3. S. 677 bis 680. — 4 Tab., 27 Lit.

Vit.-A-Aldehyd wird zu Vit.-A-Säure oxydiert durch: Leber-Aldehyddehydrogenase, Leber-Aldehydoxydase und Milch-Xanthinoxydase. Ein Beweis für die Reversibilität dieser Reaktionen konnte nicht erbracht werden.
M. Hoffmann. 8152.

Kar, N. C., Chatterjee, I. B., Ghosh, N. C. und Guha, B. C.; Calcutta, India, Univ. Coll. of Sci. and Technol., Dep. of Appl. Chem. Further observations on the intracellular location and mechanism of action of liver enzymes catalysing the synthesis of L-ascorbic acid. **(Weitere Beobachtungen über intrazelluläre Lokalisierung und Mechanismen zur L-Ascorbinsäuresynthese durch Leberenzyme.)** Biochem. J. **84** (1962) Nr. 1. S. 16–25. — 2 Abb., 7 Tab., 27 Lit.

Die L-Ascorbinsäuresynthese (**I**) aus D-Glucuronolacton (**II**) und L-Gulonolacton (**III**) in Leberhomogenaten der Ratte und Ziege ist an die schwere Fraktion der Microsomen gebunden, wobei ein Teil der Enzymaktivität offenbar von der Mitochondrienfraktion der Microsomenpartikel ausgeht. Die **I** aus den Methyl- und Äthylestern der D-Glucuronsäure und L-Gulonsäure erfolgt nach Umwandlung in **II** u. **III**; die **I** aus D-Glucuronamid bzw. L-Gulonamid ist durch die Microsomen nicht möglich. Durch reduziertes Glutathion, Natriumpyrophosphat, NaCl, Vit. K_1, Ribose-5-phosphat u. 2,4-Dinitrophenol wird die Total-**I** stimuliert. Die Umwandlung geht auch bei Cyanidzusatz vonstatten. Die Identifizierung der Zwischenprodukte **II** und **III** erfolgte papierchromatographisch. Durch Microsomen der Menschen-, Affen-, Meerschweinchen-, Indischen Fruchtfledermaus- und Nachtigallenleber wird **II** nicht in **III** umgewandelt.
H. Ackermann. 8160.

Yamada, Kazuo, Suzuki, Kantaro, Mano, Yoshitake und Shimazono, Norio; Tokyo, Univ., Fac. of Med., Dep. of Biochem. Studies on the ascorbic acid synthesis in animal tissues with the reconstructed enzyme systems. **(Untersuchungen über die Ascorbinsäuresynthese in tierischen Geweben mit rekonstruktiven Enzymsystemen)** J. Biochemistry [Tokyo] **51** (1962) Nr. 5. S. 317–321. — 1 Abb., 4 Tab., 25 Lit. Orig.: engl.

Durch Modelluntersuchungen mit Enzympräparaten in entsprechenden Aktivitäten, wie sie in Leberhomogenaten vorliegen, ist es gelungen, L-Ascorbinsäure (**I**) aus L-Gulonsäure in Gegenwart von Lactonase-I (**II**) und L-Gulonolacton-dehydrogenase (**III**) und aus D-Glucuronsäure (**V**) in Gegenwart von **II** und **III**, sowie TPN-L-Hexonat-dehydrogenase (**IV**) aufzubauen. In Abwesenheit von **II** findet nur eine **I**-Synthese aus D-Glucuronolacton bzw. L-Gulonolacton statt. Durch Zugabe von Barbital wird **IV** und damit die **I**-

Synthese aus **V** gehemmt. Wird ein Enzymsystem aus **IV** und DPN-L-Gulonat-dehydrogenase aufgebaut, wird aus **V** L-Xylolose gebildet. Durch Zugabe von **II** und **III** zu Homogenaten aus menschlicher Leber wird diese zur **I**-Synthese befähigt. Die Zusammenstellungen der Enzymsysteme und ihre quantitativen Fähigkeiten zur **I**-Synthese sind angeführt.

H. Ackermann. 8160.

Griminger, Paul; New Brunswick, N.J., Rutgers State Univ., Dep. of Poultry Sci. Arsanilic acid and blood coagulation. **(Arsanilsäure und die Blutkoagulation.)** Poultry Sci. **41** (1962) Nr. 3. S. 982–985. – 2 Tab., 10 Lit.

In Versuchen an ♀ Küken wurden verlängerte Koagulations- und Prothrombinzeiten festgestellt, wenn eine Vit.-K-Mangeldiät gereicht wurde. Bei knapper bis ausreichender Versorgung mit diesem Vit. wurden keine Veränderungen beobachtet. Es wird angenommen, daß Arsanilsäure die Bildung des Vit. K im Darm negativ beeinflußt. B. Busch. 8162.

Haines, Phyllis C. und Lyman, R. L.; Berkeley, Univ. of California, Dep. of Nutrit. Sci. Relationship of pancreatic enzyme secretion to growth inhibition in rats fed soybean trypsin inhibitor. **(Beziehung zwischen Pankreasenzymsekretion und Wachstumshemmung bei Ratten, denen Sojabohnentrypsininhibitor gefüttert wurde.)** J. of Nutrit. **74** (1961) Nr. 4. S. 445–452. – 2 Abb., 3 Tab., 21 Lit.

Wachsende ♀ Ratten wurden in 10 Gruppen mit jeweils 8 bzw. teilweise nur 4 Tieren eingeteilt. Zu vergleichen war Sojabohnenmehl, hitzebehandelt und nichtbehandelt, unter Zusatz von Trypsininhibitor und Methionin. Eine Fettextraktion der Soja wurde nicht vorgenommen. Die Hitzebehandlung erfolgte im Autoklaven 15 Min. bei 5,6 atü. Die Futtermischungen enthielten 12% Rohprotein. Die Fütterung erfolgte teilweise ad libitum, zum Teil unter Bezugnahme auf die jeweilige Versuchsgruppe. Nach 1, 2, bzw. 3 Wochen wurden Tiere getötet und Darminhalt sowie Pankreas auf die Aktivität der proteolytischen Enzyme sowie auf den N-Gehalt untersucht. Mit der Chromoxydmethode wurde die N-Verdaulichkeit bestimmt. In dem Wachstumstest zeigte sich, daß Methioninzugaben einen günstigen Einfluß ausüben, der bei hitzebehandelter Soja unter Zusatz von Trypsininhibitor größer war als bei roher Soja mit gleichem Trypsininhibitorgehalt. Die Enzymaktivität in den Pankreas ist unter Methioninzugaben besonders bei Fütterung der hitzebehandelten Soja am größten. Die Enzymaktivität im Darm ist, ob mit oder ohne Methionin, am größten bei den Diäten mit Trypsininhibitor. Der N-Gehalt im Darm zeigt unter denselben Bedingungen die gleichen Veränderungen. Die Bestimmung von Koeffizienten der N-Resorption ergaben im Darm wesentlich niedrigere Werte bei den Gruppen mit roher Soja bzw. Inhibitorzusatz als bei hitzebehandelter Soja. Im Kot gleichen sich die Unterschiede etwas aus, obgleich zweifelhaft erscheint, ob der nachträglich resorbierte N noch zu Wachstumszwecke benutzbar ist. – Die Wachstumsminderung bei rohen Sojabohnen resultiert aus geringerer Futteraufnahme und dem Effekt des Trypsininhibitors, der jedoch nicht die Proteinhydrolyse hemmt, sondern das Pankreas anregt, große Enzymmengen zu sekretieren, die dem Körper verloren gehen. G. Gebhardt. 8170.

Ahmad, Fazal und Rose, A. H.; Edinburgh, Heriot-Watt Coll., Dep. of Appl. Biochem., Microbiol. Lab. The role of biotin in the regulation of enzyme synthesis in yeast. **(Die Rolle des Biotins bei der Regulierung der Enzym-Synthese bei der Hefe.)** Arch. Biochem. Biophysics **97** (1962) Nr. 2. S. 302–308. – 2 Abb., 1 Tab., 26 Lit.

In Abhängigkeit vom D-Biotin-Gehalt des Nährmediums wurde bei *Saccharomyces cerevisiae* die Aktivität an saurer Pyrophosphatase (**I**), Carbomoylphosphat-Ornithin-Carbamoyl(CPOC)-Transferase (**II**), Invertase (**III**) und

„malic“-Dehydrogenase (IV) untersucht. Die I-, III, und IV-Aktivitäten waren in der unter den Bedingungen des Biotinmangels gewachsenen Hefe häufig höher als bei optimaler Biotin-Konzentration. Die Synthese dieser Enzyme ist daher offenbar nicht biotinabhängig. Die II-Aktivität dagegen scheint spez. biotinabhängig zu sein. Da die Festigkeit der Hefezellen bei Biotinmangel mit oder ohne Ölsäurezusatz geringer ist als bei optimalem Biotin-Angebot oder bei Biotinmangel + Aspariginsäure-Ergänzung wird über Veränderungen des Zellwandstoffwechsels der Hefe in Verbindung mit Biotinmangel diskutiert. J. Wünsche. 8170.

Cahn, R. D., Kaplan, N. O., Levine, L. und Zwilling, E.; Waltham, Mass., Brandeis Univ., Dep. of Biol. and Biochem. Nature and development of lactic dehydrogenases. **(Natur und Entwicklung der Lactodehydrogenasen.)** Science [Washington] **136** (1962) Nr. 3520. S. 962–969. – 11 Abb., 7 Tab., 21 Lit.

Vff. führten in der Hauptsache an Küken Untersuchungen mit dem Ziel durch, die verschiedenen Formen der Lactodehydrogenase (LDH) näher zu bestimmen, ihre molekulare Struktur aufzuklären und ihre Entwicklung zu verfolgen. 2 reine LDH kommen bei Küken vor, die sich in der Aminosäurenzusammensetzung, der elektrophoretischen Mobilität, dem Stoffwechsel (aerob oder anaerob) und durch enzymatische und immunochemische Kennzeichen deutlich unterscheiden. Die eine (CM) findet sich im Brustmuskel, die andere (CH) im Herzen erwachsener Hühner. Während der embryonalen Entwicklung durchlaufen die LDH verschiedene Zwischen- und Mischformen, (in denen Vff. Bastardformen sehen, die aus CM- und CH-Bestandteilen bestehen) und erscheinen beim erwachsenen Huhn als CM. Die Reaktion der Enzyme auf Antigene und Antikörper wird ausführlich beschrieben und zur Deutung ihrer qualitativen Veränderung im Laufe der Entwicklung herangezogen. Derartige Zwischenformen oder „Hybride“ finden sich auch im Gewebe erwachsener Hühner und anderer Tiere. Die Ausssagen gründen sich auf Untersuchungsergebnisse, die nach verschiedenen Methoden gewonnen sind. C. Engelmann. 8170.

Rosenoer, V. M.; London, Univ. Coll., Dep. of Pharmacol. The relation of peptide bonds, disulphide bonds and sulphydryl groups to urogastrone activity. **(Die Relation von Peptid- und Disulfid-Bindungen und von Sulfhydryl-Gruppen zur Urogastron-Aktivität.)** J. Physiol. [London] **162** (1962) Nr. 1. S. 173–182. – 5 Abb., 1 Tab., 19 Lit.

Die Magensalzsäure wird durch Urogastron (I) inhibiert. Dieses wird aber durch Pepsin und Chymotrypsin zerstört. Trypsin inaktiviert I nach Zerstörung eines hitzelabilen Trypsininhibitors, der das Präparat verunreinigt. Die Aktivität wird durch Verbindungen, die Disulfidbindungen reduzieren, vermindert, aber nicht durch Reagenzien mit einer SH-Bindung. Es wird angenommen, daß I ein Polypeptid mit Disulfidbindungen ist, wobei letztere von Bedeutung für deren Aktivität sind. Freie SH-Gruppen scheinen nicht in Verbindung mit der I-Aktität zu stehen. R. Neseni. 8170.

Nordsiek, Frederic W.; New York, Columbia Univ., Inst. of Nutrit. Sci. A goitrogenic rat diet producing normal body weight gain. **(Eine kropferzeugende Rattendiät, die normale Körpergewichtszunahmen verursacht.)** Proc. Soc. exp. Biol. Med. **108** (1961) Nr. 3. S. 692–694. – 1 Tab.

Ein 40% getrocknete Bierhefe (0,06 μg Jod/g) und zusätzlich 0,5% DL-Methionin als Eiweißquelle enthaltendes jodarmes Rattenfutter wirkt bei 3 Wochen alten *Sprague-Dawley*-Ratten (50 g) in 7 Wochen kropferzeugend (0,0043% Jod in der trockenen Schilddrüse), ohne sich wie die übliche Remington-Kost (vgl. R. E. Remington, J. of Nutrit. **13** [1937] S. 223.) nachteilig auf die Gewichtszunahmen auszuwirken (213 g gegenüber 117 g). B. Gaßmann. 8175.

Himeno, Kentaro und Turner, C. W.; Columbia, Univ. of Missouri, Dep' of Dairy Husbandry. Influence of goitrogen (tapazole) in feed on thyroxine secretion rate of cockerels. **(Einfluß eines Kropfbildners [Tapazol] im Futter auf die Thyroxinsekretionsrate bei Hähnchen.)** Proc. Soc. exp. Biol. Med. **108** (1961) Nr. 3. S. 627–628. – 5 Lit.

Um die Wiederaufnahme von ^{131}J aus dem Schilddrüsenstoffwechsel in die Schilddrüse bei der Bestimmung der Thyroxinsekretionsrate (TSR) mit ^{131}J zu verhüten, werden dem Futter Thyreostatica wie Thiouracil oder Tapazol zugesetzt. Zur Prüfung der blockierenden Wirkung von Tapazol wird bei 100 Hähnchen (Weiße Leghorn × New Hamsphire) im Alter von 7 Wochen zunächst die TSR ohne Tapazol bestimmt (0,5–1,5 μg/100 g Lgw.). Im Alter von 9 Wochen werden die Hähnchen in 4 Gruppen aufgeteilt und erhalten mit dem Futter 0; 0,025; 0,0375 und 0,05% Tapazol. Jetzt ergibt die TSR-Bestimmung 0,74; 1,11; 1,18; und 1,27 μg/100 g Lgw. Die 63,5%ige Steigerung der TSR-Werte wird nicht als ein Anstieg der TSR selbst sondern vielmehr als Korrektur des ohne Tapazolverfütterung fälschlich zu tief gefundenen Wertes gedeutet. B. Gaßmann. 8175.

Desai, I. D. und Patel, B. M. Some physiological effect of feeding L-thyroxine triturate to dairy cows. **(Ein gewisser physiologischer Effekt nach Verfütterung von L-Thyroxintriturat an Milchkühe.)** Indian J. Dairy Sci. **15** (1962) Nr. 1. S. 15–20. – 3 Tab., 11 Lit.

Die Verfütterung von 8 g 1%igem L-Thyroxintriturat führte bei Kankrej-Kühen zu einer signifikanten Abnahme der Körpermasse (60 bis 90 lb.) während der Versuchsperiode. Es wurde eine Zunahme der Körpertemperatur und eine Erhöhung der Respirationsrate (von 31 auf 35 Atemzüge/Min.) beobachtet. H. Wetterau. 8175.

Greenway, C. V. und Verney, E. B.; Cambridge, Univ., Pharmacol. Lab. The effect of adrenocorticotrophic hormone in the secretion of corticosteroids by the isolated perfused adrenal gland of the dog. **(Die Wirkung von ACTH auf die Sekretion von Corticosteroiden bei isolierter und perfundierter Nebenniere [NN] des Hundes.)** J. Physiol. [London] **162** (1962) Nr. 1. S. 183–192. – 3 Abb., 14 Lit.

Bei intaktem Tier wurde einem Hunde mit Hilfe einer Lungen-Kreislauf-Pumpe die isolierte NN mit Blut durch die Art. femoralis perfundiert und das Tier während der Perfusion noch hypophysektomiert. Das durchlfießende Adrenalblut wurde gemessen und die durchgeflossene Flüssigkeit auf Cortisol und Aldosteron untersucht. Dem durchfließenden Blute wurde dann ACTH zugefügt. Alle dabei beobachteten Veränderungen in der Sekretionsrate von Cortisol hingen von den Veränderungen in der ACTH-Menge im Perfusionsblute ab. Das Hormon hatte weiter, im ganzen gesehen, nur eine geringe Wirkung auf die Sekretion von Aldosteron unter den Bedingungen des Versuches. R. Neseni. 8175.

Aschkenasy-Lelu, P. und Aschkenasy, A.; Paris, C.N.R.S. Effects of androgens and oestrogens on the metabolism of proteins and the growth of tissues. **(Die Wirkungen von Androgenen und Oestrogenen auf den Proteinstoffwechsel und das Wachstum der Gewebe.)** Wld. Rev. Nutrit. Dietetics **1959** S. 29–60. – 3 Abb., 1 Tab., 377 Lit.

Ausführliche Literaturübersicht unter besonderer Berücksichtigung des Einflusses der genannten Hormone auf den Stoffwechsel 8175.

Peck, W. A., Woods, W. D., Raines, Michael, Dutton, A. M. und Orbison, J. L.; Rochester, Univ., School. of Med and Dentistry, Dep. of Pathol., Surgery and Radiation Biol. Effect of estrogen and estrogen-like compounds on atherosclerosis in cholesterol fed cockerels. **(Einfluß von oestrogen und oestrogenähnlichen Komponenten auf die Atherosklerose cholesteringefütterter Hähnchen.)** Proc. Soc. exp. Biol. Med. **108** (1961) Nr. 3. S. 786–788. – 2 Tab.

Vff. zeigen, daß die Beeinflussung der Atherosklerose der Coronararterien und der Aorta von Hähnchen (Weiße Leghorn) mit einem Standardfertigfutter, das 1% Cholesterin und 20% Baumwollsaatöl enthält, von der Molekülkonfiguration s.c. applizierter oestrogener Hormone abhängt. Während Oestradiolbenzoat (1 mg jeden 2. Tag) vor Coronaratherosklerose schützt und die Ausbildung einer Aortenatherosklerose fördert, bieten 2-Jod-Oestronacetat und 2-Jod-Oestradiol (0,5 mg) allein einen gewissen Schutz vor der Coronaratherosklerose. 2-Jod-Oestron (0,5 mg) hingegen bewirkt nur eine Steigerung der Aortenatherosklerose. B. Gaßmann. 8175.

Galloway, J. H., Pulvirenti, G. und Silberman, G.; Queensland, Univ., Veterin. School, Dep. of Animal Husbandry. Effect of hormone implants on the growth rate and wool growth of lambs on pasture. **(Die Wirkung einer Hormonimplantation auf die Wachstumsrate und das Wollwachstum bei Lämmern.)** Veterin. Rec. **74** (1962) Nr. 20. S. 574–577.
Der Versuch wurde mit 3 vergleichbaren Gruppen von Lämmern beim Weidegang und beliebiger Wasseraufnahme durchgeführt. Außer der Naturweide stand den Lämmern während der gesamten Versuchsdauer kein anderes Futter zur Verfügung. Die Tiere der Gruppe II erhielten 15 mg Hexoestrol, die der Gruppe III Synovex (25 mg Progesteron und 2,5 mg Oestradiolbenzoat) s.c. implantiert. Gruppe I blieb als Vergleichsgruppe unbehandelt. Im Gesamtfließgewicht, der Stapellänge oder dem Faserdurchmesser bestanden keine durch die Behandlung hervorgerufenen Differenzen. Die Gewichtszunahmen der behandelten Lämmer waren beiWeidegang höher als die der Kontrolltiere. Die Wachstumsunterschiede zwischen beiden Gruppen waren hoch gesichert. H. Busse. 8175.

Clausen, Hjalmar, Haagen Petersen, F., Højgaard-Olsen, N. J., Hansen, Villy, Madsen, Arne, Nielsen, Henning und Eggum, Bjørn O. Forsøg med slagterisvin. Hygromycin. **(Versuche mit Schlachtschweinen. Hygromycin B.)** Beretn. landøkon. Forsøgslab. **1961** S. 59–62. — 2 Tab.
Hygromycin B wird aus *Streptomyces hygroscopicus* hergestellt. Es hat eine spez. Wirkung gegen verschiedene Rundwurmarten. Zu Gerste als Grundfutter und Magermilch bzw. einer Eiweißmischung wurden 12 mg Hygromycin je FE und zum Vergleich 10 mg Penicillin gegeben. Um einen gleichmäßigen Wurmbefall herbeizuführen, wurden alle Versuchstiere **14** Tage lang vor Versuchsbeginn zusammen gehalten. Zunahmen und Futterverwertung wurden durch Hygromycin nicht verbessert, ebensowenig auch durch eine Kombination mit Penicillin. Auch die Schlachtqualität wurde nicht wesentlich beeinflußt. Nach kombinierter Verwendung von Hygromycin und Penicillin neigten die Tiere zu stärkerem Fettansatz. Die Untersuchung des Kotes auf Wurmeier und des Darmes auf Würmer zeigte, daß Hygromycin gegen Spulwürmer und Knotenwürmer von guter Wirkung ist. J. K. Hinrichsen. 8185.

Clausen, Hjalmar, Haagen Petersen, F., Højgaard-Olsen, N. F., Hansen, Villy, Madsen, Arne, Nielsen, Henning und Eggum, Bjørn O. Forsøg med slagterisvin. Oleandomycin. **(Versuche mit Schlachtschweinen. Oleandomycin.)** Beretn. landøkon. Forsøgslab. **1961** S. 56–57. — 1 Tab.
In 2 Versuchen wurde Oleandomycin mit Terramycin verglichen. Die Eiweißgabe wurde einem Teil der Tiere in Form von Magermilch, einem anderen in einer Eiweißmischung gegeben. Bei Magermilchfütterung verursachten die Antibiotica einen um 3% verringerten Futterverbrauch je kg Zuwachs, bei Verfütterung einer Eiweißmischung einen um etwa 5% geringeren. 5 mg Oleandomycin je FE hatten eine etwas bessere Wirkung als 10 mg Terramycin. Zu Magermilch hatte der kombinierte Einsatz beider Antibiotica eine Herabsetzung des Futterverbrauches bezogen auf die Gewichtszunahme zur Folge, nicht aber zur Eiweißmischung. Auf die Schlachtqualität hatten die

Antibiotica keinen Einfluß. Magermilch erwies sich der Eiweißmischung gegenüber als überlegen, da sie die Fleischfülle verbesserte.
J. K. Hinrichsen. 8185.

Clausen, Hjalmar, Haagen Petersen, F., Højgaard-Olsen, N. F., Hansen, Villy, Madsen, Arne, Nielsen, Henning und Eggum, Bjørn O. Forsøg med slagterisvin. Bacitracin. **(Versuche mit Schlachtschweinen. Bacitracin.)** Beretn. landøkon. Forsøgslab. **1961** S. 57–59. – 2 Tab.

Es wurden mit Zinkbacitracin 2 Versuche durchgeführt, in denen das Eiweiß entweder in Form von Magermilch oder in Form von $^1/_3$ Fleischknochenmehl und $^2/_3$ Sonnenblumenschrot zu einer Gerstenration gegeben wurde. Im 2. Versuch wurde in einer Vergleichsgruppe kein Antibioticum, in einer weiteren Penicillin in gleicher Dosierung – 10 mg je FE – gegeben, und außerdem wurden beide Antibiotica kombiniert eingesetzt. Bacitracin verbesserte die Futterverwertung im 1. Versuch bei Magermilch um 5%, bei der Eiweißmischung um 7%, im 2. Versuch bei Magermilch um 2%. Penicillin hatte die gleiche Wirkung. Die kombinierte Anwendung hatte keinen Erfolg. Die Schlachtqualität wurde durch die Antibiotica nicht merklich beeinflußt. Die Versuche bestätigen, daß Antibiotica bei Verfütterung von Gerste und Magermilch nur von schwacher Wirkung sind. J. K. Hinrichsen. 8185.

Sackmann, W., Reusser, P., Neipp, L., Kradolfer, F. und Gross, F.; Basel, CIBA, Forsch.-Abt. Ferrimycin A, a new iron-containing antibiotic. **(Ferrimycin A, ein neues eisenhaltiges Antibioticum.)** Antibiotics and Chemotherapy **12** (1962) Nr. 1. S. 34–45. – 4 Abb., 5 Tab., 20 Lit.

Ferrimycin A wurde aus *Streptomyces griseoflavus* (Krainsky) isoliert. Auf Grund seines Fe-Gehaltes, des antibakteriellen Aktivitätsspektrums, der Kreuzresistenz zu Grisein und des kompetitiven Antagonismus zu Sideraminen (Ferrioxamin B) wird es zu den Sideromycinen gerechnet. Es besitzt in vitro eine hohe Aktivität vor allem gegen grampositive Bakterien (Mikrokokken,Streptokokken,Corynebakterien und Bazillen). Geringer ist die Wirkung gegen *B. megatherium, Str. faecalis* und grampositive Mikroorganismen mit Ausnahme von *Pasteurella pestis*. Keine Wirkung zeigte es gegen einige Stämme von Salmonellen, Pseudomonas, anaerobe Sporenbildner (*Clostridium*) und eine Hefe (*Candida albicans*). Gegenüber *Staph. aureus* ist es in geringerer Konzentration wirksam als Penicillin, Chlortetracyclin und Erythromycin. Aus dem Verlauf der Atmungskurve von *St. aureus* in Gegenwart von Ferrimycin A (Sauerstoffverbrauch im Warburg) wird geschlossen, daß Ferrimycin A mehr bakteriostatisch als bakterizid wirkt. An Mäusen, die mit Staphylokokken, Streptokokken und Pneumokokken infiziert wurden, war Ferrimycin A s.c. 10–50mal wirksamer als Penicillin G und 50–100 mal als Erythromycin. Oral verabreicht sind Ferrimycin A und Penicillin G in etwa gleicher Dosis wirksam, Erythromycin erst in größerer Menge. W. Goldbach. 8185.

E. VERWERTUHG DER NÄHRSTOFFE UND FUTTERMITTEL

Gonzalez-Jimenez, E. und Blaxter, K. L.; Kirkhill, Ayr, Hannah Dairy Res. Inst. The metabolism and thermal regulation of calves in the first month of life. **(Der Stoffwechsel und die thermische Regulation von Kälbern im ersten Lebensmonat.)** Brit. J. Nutrit. **16** (1962) Nr. 2. S. 199–212. – 3 Abb., 5 Tab., 18 Lit.

Durch kalorimetrische Untersuchungen an 4 Ayrshire Bullenkälbern vom 2. Tag bis 4 Wochen nach der Geburt wurde der Einfluß der Umgebungstemperatur (3,13 und 23 °C) auf den Stoffwechsel geprüft. Die Wärmeproduktion je Oberflächeneinheit nahm bei Umgebungstemp. von 23° und 3 °C mit dem Alter ab. Die mittlere Abnahme betrug 1% je Tag. Die Wärmeverluste durch Wasserverdunstung betrugen 344 kcal/m^3 Tag bei niedriger Umgebungstemp., sie waren unabhängig von der zugeführten Milchmenge. Die krit. Temp.

der Kälber bei 4 l Milch tägl. nahm von 12,8 °C am 3. Tag auf 8,2 °C am 20. Lebenstag ab; bei einer Milchgabe von 6 l lag sie zwischen 7–8 °C. Die umsetzb. Energie der Milch betrug 95% der Bruttoenergie; die umsetzb. Energie wurde zu 80 % für den Körperansatz verwertet. Vff. schließen aus ihren Ergebnissen, daß die Temp. im Kälberstall 13 °C nicht unterschreiten sollte.

L. Hoffmann. 8215.

Meyknecht, E. A. M.; Den Haag, Holland, Produktschap voor Zuivel. A mathematical treatment of the problem of the response to energy feed intake in milk yield, checked by some experimental results. **(Eine mathematische Behandlung des Problems der Beziehung zwischen Energieeinnahme und Milchertrag, dargestellt an einigen experimentellen Ergebnissen.)** VII. int. Tierzucht-kongr. Hamburg **1961** Schlußber. S. 250–253. – 3 Tab., 7 Lit.

Unter der Annahme, daß die Beziehung zwischen zugeführter Energie (x) und Milchertrag (y) durch folgende Gleichung: $x = -\frac{1}{c}\log(M - y) + \frac{1}{c}\log M$ festgelegt wird, bespricht Vf. die Möglichkeit der experimentellen Bestimmung der max. Produktion (M). Für 1 kg Standardmilch (3,3% Fett) werden für Milchleistungen von 10–25 kg die Stärkeäquivalente berechnet, die sich aus den Bedingungen $M = 1{,}1\, y_n$, $M = 1{,}15\, y_n$ und $M = 1{,}2\, y_n$, wobei y_n = Milchertrag bei Standardfütterung, ergeben.

L. Hoffmann. 8230.

Munro, H. N., Chisholm, J. und Naismith, D. J.; Glasgow, Univ., Dep. of Biochem. The influence of the calorie content of the diet on the uptake of labelled amino acids by tissue proteins. **(Der Einfluß des Kaloriengehaltes der Nahrung auf die Aufnahme von markierten Aminosäuren durch Gewebsproteine.)** Brit. J. Nutrit. **16** (1962) Nr. 2. S. 245–255. – 1 Abb., 4 Tab., 17 Lit.

An Schnitten von Leber und Zwerchfell von Ratten, die vor der Tötung mit Rationen mit unterschiedlichem Kaloriengehalt gefüttert wurden, wurde die Aufnahme von Methionin und Glycin aus entsprechenden Lösungen mit markierten Aminosäuren gemessen. Die Methioninaufnahme war beträchtlich erhöht, wenn die verabreichte Nahrung einen hohen Energiewert hatte. Die Aufnahme von Glycin zeigte den gleichen Effekt, wenn eine N-freie Ration gefüttert wurde. Weiterhin wurde die Überführung von ^{14}C-Glycin in Leberprotein durch Injektion von ^{14}C-Glycin und durch Messung der Glycinaktivitäten im freien Aminosäurepool und in den Proteingeweben der Leber bestimmt. Rationen mit angemessenem Proteingehalt und hohem Energiewert erhöhten die Aufnahme von Glycin durch das Leberprotein; bei proteinfreien Rationen hatte der Energiewert keinen Einfluß auf die Inkorporation. Aus den angeführten und Ergebnissen der Literatur schließen Vff., daß der größte Effekt des Energiewertes der Nahrung auf den Proteinstoffwechsel durch Einflußnahme auf die Verwertung der zirkulierenden Aminosäuren zwischen den Mahlzeiten ausgeübt wird.

L. Hoffmann. 8265.

Jones, A. S., Hepburn, W. R., Cadenhead, A. und Boyne, A. W.; Bucksburn, Aberdeen, Rowett Res. Inst. The effect of variation of protein quality and protein level in diets on the performance of young pigs. **(Der unterschiedliche Einfluß von Proteinqualität und Proteingehalt in den Rationen auf die Entwicklung junger Schweine.)** Animal Product. 4 (1962) Nr. 2. S. 185 bis 193. – 4 Tab., 14 Lit.

In einem Fütterungsversuch erhielten 64 einzeln gefütterte Ferkel Rationen mit unterschiedlichem Proteingehalt, denen Weißfischmehl oder Erdnußmehl allein bzw. mit L-Lysin-HCl- und/oder DL-Methionin-Zusätzen als Proteinergänzung hinzugefügt wurden. Tägl. Gewichtszunahmen und Futterverwertung bis zu 64 kg Lgw. waren bei den Tieren am besten, die 15,7% Fischmehl in einer Ration mit 18% Rohprotein erhielten. Zusätze von 0,45%

L-Lysin-HCl zu einer Ration mit 21% Erdnußmehl und einem Rohproteingehalt von 18% bewirkten hochsignifikante Verbesserungen der tägl. Zunahmen und Futterverwertung bis zum Niveau der Fischmehl-Ration. Die Schlachtqualität der mit Fischmehl gefütterten Tiere war am besten. Zusätze von 0,15% DL-Methionin zu Rationen mit 21% Erdnußmehl hatten keinen signifikanten Einfluß auf Zunahmen, Futterverwertung und Schlachtqualität. H.-D. Bock. 8265.

Oslage, Hans Joachim. **Untersuchungen über das Wachstum von Schweinen im Abschnitt der Mast.** Landbau-Forsch. Völkenrode **11** (1961) Nr. 3. S. 57–60. — 3 Abb., 3 Tab., 7 Lit.
An Hand von Analysen ganzer Schweine sowie von N-Bilanz-Versuchen ermittelte Vf. im Gewichtsabschnitt von 25–90 kg Lgw. einen tägl. Eiweißansatz von 86–91 g. Im letzten Versuchsabschnitt (90–110 kg Lgw.) wurde im Gegensatz zu anderen Versuchsanstellern ein Anstieg des Eiweißansatzes auf 109 g gefunden. Verschiedene Ansichten über die Strukturmassenvermehrung werden besprochen. B. Piatkowski. 8265.

Clausen, Hjalmar, Haagen Petersen, F., Højgaard-Olsen, N. J., Hansen, Villy, Madsen, Arne, Nielsen, Henning und Eggum, Bjørn O. Forsøg med slagterisvin. Aminosyrer. **(Versuche mit Schlachtschweinen. Aminosäuren.)** Beretn. landøkon. Forsøgslab. **1961** S. 83–99. — 2 Abb., 12 Tab.
Den Versuchen lag die Fragestellung zu Grunde, wie weit durch Zusatz von Methionin, Lysin oder von beiden Aminosäuren (AS) der biol. Wert von Rationen verbessert werden kann, die keine volle Fleischbildung ermöglichen. Wenn Mais und Milo mit 60% an der Ration beteiligt waren, hatte zusätzliches Methionin eine ungünstige Wirkung auf Zunahmen und Futterverwertung, während bei Lysin keine Beeinflussung festgestellt wurde. Beide AS zusammen hatten eine günstige Wirkung auch auf die Fleischbildung, und zwar ebenso, wenn das Eiweiß in Form von Magermilch als auch als Sojaschrot und Fleischknochenmehl gegeben wurde. Bei einer Ration mit Sojaschrot als einzigem Eiweißträger brachte ein Methioninzusatz von 0,5 g je Tier und Tag kein positives Ergebnis. Wenn zu $^{2}/_{3}$ Sojaschrot $^{1}/_{3}$ Fleischknochenmehl gefüttert wurde, hatte Lysin allein und zusammen mit Methionin eine gute Wirkung bei ♀, nicht aber bei ♂ Tieren. Versuche mit steigenden Mengen Methionin und Lysin brachten das günstigste Ergebnis hinsichtlich Zunahmen, Futterverwertung, zusätzlichem Rückenspeck, Speckfläche, Fleischfläche und Fleisch-Fettverhältnis bei 1,0 g Methionin und 1,4 Lysin je Tier und Tag. Der Rückenspeck war am dünnsten bei 1,5 g Methionin und 2,1 g Lysin. Bei ♀ Tieren war der Ausschlag größer als bei ♂. Wenn in der Eiweißmischung das Sojaschrot durch 140 g Erdnußschrot ersetzt wurde, konnte die unzureichende Futterwirkung hinsichtlich Wachstum und Futterverwertung durch Zusatz von 2,7 g Lysin je Tier und Tag ausgeglichen werden, während Methionin allein oder zusammen mit Lysin ohne Wirkung blieb. Der durch Erdnußschrot verursachte stärkere Fettansatz konnte auch durch Lysin nicht aufgehoben werden. Zusätzliches Riboflavin blieb ohne Wirkung. Zu Sonnenblumenschrot in Mengen von 180 g hatte Lysin eine ähnliche Wirkung, wobei von 2,5 auf 3,5 erhöhte Gaben nur hinsichtlich des Fleisch-Fett-Verhältnisses günstigere Ergebnisse brachten. Zu Magermilch in 7 Mengen von 3 kg je Tier und Tag hatte ein Zusatz von Methionin und Lysin auf Wachstum und Futterverwertung die beste Wirkung, wenn diese in Mengen von 0,9 bzw. 0,4% des Rohproteins der Ration gegeben wurden. Bei den Eigenschaften der Schlachtqualität wurde die beste Wirkung in den meisten Fällen mit 0,3% Methionin und 0,8% Lysin erzielt. J. K. Hinrichsen. 8265.

Fitzsimmons, R. C. und Waibel, P. E. Determination of the limiting amino acids in corn-soybean oil meal diets for young turkeys. **(Die Bestim-**

mung der begrenzenden Aminosäuren in Rationen mit Mais und Sojaextraktionsschrot für Putenküken.) Poultry Sci. **41** (1962) Nr. 1. S. 260–268. — 6 Tab., 12 Lit.

Es galt zu prüfen, ob bei Verwendung eiweißarmer Futtermischungen (20 u. 24 statt 28% Protein) der Bedarf an den beiden begrenzenden Aminosäuren Methionin und Lysin durch Zugabe beider in reiner Form bei schnell wachsenden schweren Puten gedeckt werden kann. Bei 24% Protein genügte allein der Zusatz von Methionin (0,15%), um die Entwicklung der der Kontrolle anzugleichen. Bei 20% Protein verbesserte bereits Methioninzusatz (0,20%) das Wachstum erheblich, Lysin (0,15) und Methionin (0,20) noch mehr, ohne allerdings die Kontrolle mit 28% Protein ganz zu erreichen. Bei dieser Proteinmenge dürfte außerdem Mangel an noch weiteren Aminosäuren bestehen. C. Engelmann. 8265.

Greene, D. E., Scott, H. M. und Johnson, B. Connor; Urbana, Illinois Dep. of Animal Sci. The role of proline and certain non-essential amino acids in chick nutrition. **(Die Aufgabe des Prolins und bestimmter nicht essentieller Aminosäuren bei der Ernährung von Küken.)** Poultry Sci. **41** (1962) Nr. 1. S. 116–120. — 6 Tab., 8 Lit.

Futtermischungen, die nur einige essentielle Aminosäuren enthielten, wurden zur Bestimmung des Ergänzungswertes von Serin, Alanin, Prolin u.a. Aminosäuren herangezogen. Serin und Alanin erwiesen sich nach diesen Untersuchungen als vollkommen entbehrlich, während offenbar Prolin für maximale Gewichtszunahmen, hohe Futterverwertung und N-Retention unentbehrlich ist. Der Bedarf an dieser Aminosäure beträgt nicht mehr als 0,5% in der Futtermischung. Prolinzusätze vermochten Futtermischungen, die Sojabohnenmehl und Trockeneipulver als alleinige Quellen tierischen Proteins enthielten; nicht aufzuwerten. G. Göbel. 8265.

Woodham, A. A. und McDonald, Ian; Bucksburn, Aberdeen, Rowett Res. Inst. Some criteria for the evaluation of protein supplements in chick growth trials. **(Einige Kriterien zur Bestimmung der Proteinergänzung in Kükenaufzuchtversuchen.)** Poultry Sci. **41** (1962) Nr. 2. S. 614–620. — 4 Tab., 7 Lit.

Weder Verbesserung noch Vereinfachung der Originalmethode zur Bestimmung des „gross protein value“ (GPV) führten zu einer Erhöhung in der Genauigkeit meßbarer Unterschiede zwischen den Nährwertdaten für Proteine verschiedener Futterproben. Für diese Untersuchungen wurden 29 Fleischmehl- und 17 Baumwollsaatproben herangezogen. Eine vergleichbare Maßzahl ohne Ermittlung des Futterverbrauches könnte unter gewissen Umständen die sogenannte „korrigierte Gewichtszunahme“ darstellen, die zu gleichguten Resultaten führte wie die Ermittlung des GPV. G. Göbel. 8265.

Krieg, R.; Celle, Bundesforsch.-Anst. für Kleintierzucht. **Fütterungsversuch mit dl-Methionin und seinem Hydroxyanalog (MHA) zur Einsparung des tierischen Eiweißes im Geflügelmastfutter.** Arch. Geflügelkunde **26** (1962) Nr. 2. S. 127–134. — 4 Tab.

Es wurde dl-Methionin mit seinem Analogon MHA zum Zwecke der Einsparung von tierischem Eiweiß in der Geflügelmast verglichen. Beide Substrate konnten bei Tieren, denen Futter mit niedrigem Methioningehalt verabreicht wurde, die Futterverwertung, jedoch nicht die Gewichtsentwicklung verbessern. G. Göbel. 8265.

Muramatsu, Keiichiro und Ashida, Kiyoshi; Aichi, Nagoya Univ., Dep. of Agric. Chem. Lab. of Food and Nutrit. Relationship between the nutritive value of dietary protein and liver xanthine oxidase activity in young rats. **(Die Beziehung zwischen dem Nährwert von Diätprotein und der Leberxanthinoxidaseaktivität in jungen Ratten.)** Agric. biol. Chem. [Tokyo] **26** (1962) Nr. 1. S. 25–29. — 3 Abb., 2 Tab., 17 Lit. Orig.: engl.

Es werden die Einflüsse von Proteinqualität und -quantität auf die Aktivität von Leberxanthinoxidase in wachsenden Ratten ermittelt, um festzustellen, ob die Proteinqualität aus der Aktivität des Fermentes bestimmt werden kann. An Diätprotein wurden Eialbumin, Casein, Fischmehl, Sojabohnenprotein und Weizengluten verwendet. Jedes Diätprotein wurde in gestaffelter Menge an 5 Tieren getestet. Nach einer Vorperiode von 4–5 Tagen (25% Casein) und einer Hauptperiode von 2 Wochen wurden die Tiere getötet, die Lebern homogenisiert und die Aktivität der Leberxanthinoxidase wurde bestimmt. (vgl. Agric. Biol. Chem. **25** [1961] S. 702.). Vff. zeigen, daß die gegen die Proteinhöhe aufgetragene Aktivität der Xanthinoxydase im wesentlichen eine Exponentialkurve ergibt, bei geringeren Proteingaben eine lineare Abhängigkeit besteht. Die Neigung des geradlinigen Teils der Kurve korreliert mit der Qualität des Diätproteins wie aus dem Vergleich mit der Wachstumsrate und dem Protein-Nutzleistungsverhältnis (g Zuwachs pro g Proteinaufnahme) zu ersehen ist. I. Schröder. 8265.

F. ERNÄHRUNGSSTÖRUNGEN UND MANGELKRANKHEITEN

Palludan, B.; Kopenhagen, Dänemark, Königl. Tierärztl. und Landwirsch· Hochschule, Abt. für Allg. Pathol. und Pathol. Anatomie. **Die teratogene Wirkung von Mangel an Vitamin A bei Schweinen.** VIII. int. Tierzuchtkongr. Hamburg **1961** Schlußber. S. 105–114. – 6 Abb., 1 Tab., 15 Lit.

Die Untersuchungen hatten zum Ziel die Ausnutzung peroral und parenteral verabreichten Vit. A, die Übertragung zum Embryo sowie die Bedeutung des Kolostrums für Spanferkel zu prüfen. Ferner wurde der Einfluß des Vit.-A-Mangels auf die Entwicklung der Embryonen untersucht. Bis zu 2 normale Trächtigkeitsperioden sind zu erwarten, wenn die Sauen bis zu Beginn der 1. Trächtigkeitsperiode ausreichend Vit. A erhalten. Werden die Jungtiere unter Vit.-A-Mangel aufgezogen, sind sie zu einer normalen Trächtigkeit nicht fähig; die Ferkel sind mißgestaltet und nicht lebensfähig. Es werden Anomalien an Haut, Ohren, Gaumen, Gliedmaßen, Herz, Lunge, Diaphrama, Leber, Magen-Darmkanal, Nieren, Geschlechtsorganen, Augen und des Zentralnervensystems beschrieben und mit früheren Untersuchungen an Schweinen sowie mit Untersuchungen an Ratten diskutiert. H. Ackermann. 8335.

Wensvoort, P. und Hoskam, E. G.; Rotterdam. Centr. Diergeneeskundig Inst.; Noord-Holland, Prov. Gezondheitsdienst voor Dieren. Kopervergiftiging bij schapen na het langdurig verstrekken van krachtvoer. **(Kupfervergiftung bei Schafen nach längerer Kraftfutterfütterung.)** Tijdschr. Diergeneeskunde **87** (1962) Nr. 10. S. 687–690.

In den Niederlanden war das Auftreten von Cu-Vergiftungen nach der Anwendung von Cu-haltigen Pflanzenschutzmitteln bekannt. Wenig Beachtung schenkte man der Möglichkeit der chronischen Cu-Vergiftung durch längere Verfütterung von $CuSO_4$-haltigen Mineralstoffgemischen und Kraftfuttermischungen. In den 3 letzten Jahren wurden bei Schafen, die unter den Erscheinungen des Ikterus und der Hämoglobinurie starben, pathologisch-anatomisch die Anzeichen einer Cu-Vergiftung gefunden. Der Krankheitsverlauf war in der Regel schnell (24 Std.). Der Cu-Gehalt der Leber schwankte zwischen 1672 und 3050 mg/kg Tr.-Subst. Diese in gutem Ernährungszustand befindlichen Tiere hatten über mehrer Monate tägl. bis zu 1 kg Kraftfutter erhalten. Die Untersuchung von 4 Kraftfuttergemischen ergab einen Cu-Gehalt, der zwischen 29 und 199 mg/kg schwankte. H. J. Rummler. 8350.

Warren, Kenneth S.; Bethesda, Nat. Inst. of Health; Nat. Inst. of Allergy and Internal Diseases, Lab. of Parasitic Diseases. Ammonia toxicity and pH. **(Ammoniak-Giftigkeit und pH.)** Nature [London] **195** (1962) Nr. 4836. S. 47–49. – 34 Lit.

Sammelreferat. Der Toxizitätsgrad das Ammoniaks (**I**) hängt sehr stark von der H^+-Ionenkonzentration und damit vom Dissoziationsgrad des **I** ab sowie variiert mit diesem, weil die Zellwände leicht für NH_3, aber nur gering für NH_4^+ permeabel sind. Nach Lewis zeigte eine intraruminale Harnstoff (**II**)-applikation auch zuerst **I**-Intoxikationssymptome im Vergleich zu NH_4-Acetat und NH_4Cl, da nur **II** den pH-Wert des Blutes ansteigen ließ, NH_4-Acetat ihn nicht veränderte und unter NH_4Cl derselbe sogar absank. Die Symptome traten auf, obwohl **II** den geringsten **I**-Blutspiegel aufwies. Hogan stellte fest, daß die **I**-Resorption im Pansen bei pH 6,5 wesentlich höher war und mit der Konzentration stieg, als wenn vergleichenderweise der ruminale pH-Wert auf 4,5 gehalten wurde. CO_2 übte keinen direkten Einfluß aus. Außerdem werden die Gebiete Chemie, Pflanzen, Parasiten, Fische, Bio- und Humanmedizin gestreift. H. H. Budzier. 8360.

Kane, E. A.; Beltsville, Md., Animal Husbandry Res. Div. Estimated net energy and total digestible nutrient relationships of classes of feeds. **(Verhältnisse zwischen bestimmter Nettoenergie und total verdaulichen Nährstoffen bei Gruppen von Futterstoffen.)** J. Dairy Sci. **45** (1962) Nr. 5. S. 629–632. – 2 Abb., 2 Tab., 6 Lit.

Vf. untersuchte an Hand von Tabellenangaben von Morrison durch Regressionsanalysen das Verhältnis von Nettoenergie zu TDN in 6 Gruppen von Futterstoffen (Kraftfutter, Wurzelfrüchte, Grün-, Rauhfutter, Silagen, Stroh) und bei Kombination aller Futterstoffe. Die Korrelationskoeffizienten der Beziehung Netto-E./TDN bewegen sich in Abhängigkeit von der Art der Futterstoffe zwischen 0,6 und 1,0. Die Regressionskoeffizienten für die einzelnen Futtermittelgruppen sind mit Ausnahme für Silagen nur wenig verschieden. Sie unterscheiden sich jedoch signifikant vom Regressionskoeffizienten für die Kombination aller Futterstoffe. L. Hoffmann. 8405.

H. FÜTTERUNG DER LANDWIRTSCHAFTLICHEN NUTZTIERE

Spriewald, H. **Zur Bilanzierung von Futterbedarf und Futtererzeugung nach Nährstoffen in landwirtschaftlichen Produktionsgenossenschaften.** Z. Agrarökon. **5** (1962) Nr. 9. S. 260–271. – 2 Tab.

Die Verwendung der Getreideeinheit als Maßeinheit läßt nicht den Anteil des verd. Rohproteins an den Nährstoffen erkennen; das direkte Verhältnis des verd. Rohproteins zum StW der Futtermittel ist aber für eine exakte Futterplanung unerläßlich. Zur Bilanzierung des Bedarfes an StW und verd. Rohprotein sowie den zur Verfügung stehenden Nährstoffmengen bedarf es direkter Normen für die Erzeugung der tierischen Endprodukte wie Milch, Fleisch, Eier, Wolle usw., wobei diese Normen (Beispiele werden genannt) mittleren Produktionsbedingungen entsprechen. Die zu erwartenden Ernteerträge aus der Feldwirtschaft der LPG werden in StW und verd. Rohprotein erfaßt. Aus den gewonnenen Richtwerten kann abgeleitet werden, in welcher Richtung die Planzahlen jeweils zu verändern sind. W. Fleischmann. 8451.

Yang, M. G., Bush, L. J. und Odell, G. V.; Stillwater, Okla., State Univ. Enzyme supplementation of rations for dairy calves. **(Enzymergänzungen der Rationen von Milchkälbern.)** J. agric. Food Chem. **10** (1962) Nr. 4. S. 322 bis 324. – 1 Abb., 4 Tab., 28 Lit.

32 Holstein-Kälber wurden in 4 Gruppen aufgeteilt und bis zum Alter von 28 Tagen mit Vollmilch und Kälbermischfutter ad lib. versorgt. Danach erhielten die Gruppen I und II ein Kälbermischfutter, dessen Getreideanteil (Mais und Hafer) bei 190 °F gedämpft war. Bei den Gruppen II und IV war er lediglich geschrotet. Die Gruppen I und III erhielten zusätzlich ein kommerzielles Enzympräparat (Agrozym) mit proteolytischer und amylolytischer Wirkung. Ein Einfluß auf Zuwachs und Futterverzehr konnte durch keinen der beiden geprüften Faktoren festgestellt werden. Der Blutzuckergehalt fiel

in allen Gruppen von ca <80 mg% auf 50–60 mg% binnen der ersten 4 Lebenswochen. Der Gehalt der Pansenflüssigkeit an Gesamtsäure (Mill. Äquival./100 ml) im Alter von 32 Tagen (I–IV): 9,60; 8,05; 7,07; 7,73, der an Propionsäure (Mol %) 38,3; 36,4; 35,8; 31,1. B. Piatkowski. 8454.

Ivanov, P. und Zachariev, Zach. Iv. (Iwanow, P. und Sachariew, Sach. Iw.) Opit za ustanovjavane schema za chranene na malačetata prez mlečnija period. **(Versuch zur Aufstellung eines Fütterungsschemas für Büffelkälber während der Milchperiode.)** Naučni trudove. Visš selskostopanski institut „Georgi Dimitrov". Zootechničeski fakultet, Sofija **11** (1962) S. 129–137. – 1 Abb., 5 Tab., 6 Lit. Zus. in Russ., Dtsch.
14 männliche und 13 weibliche Büffelkälber wurden von der Geburt bis zur Vollendung des 6. Lebensmonats nach einem Schema gefüttert, das folgende Futterstoffe vorsah: 175 l Vollmilch, 520 l Magermilch (MM) 127,4 kg Kraftfutter, 285 kg Saftfutter und 240 kg Heu. Das aufgenommene Futter betrug bei ♂ Kälbern (♀): VM 179,6 (158,9) l, MM 513,2 (512,9) l, Kraftfutter 96,0 (78,8) kg, Heu 130,9 (121,8) kg, Saftfutter 87,5 (58,7) kg, Grünfutter 1,0 (36,9) kg, oder insgesamt 340,8 (314,0) FE mit 43,9 (39,7) kg verd. Eiweiß. Das Geburtsgewicht der Büffelkälber betrug 37,8 (30,6) kg und ihr Lgw. mit 6 Mon. 145,1 (126,0) kg. Der tägl. Gewichtszuwachs belief sich auf 596 (530) g und der Futteraufwand je kg Zuwachs auf 3,17 (3,29) FE mit 409 (416) g verd. Eiweiß. Die Büffelkälber gewöhnten sich schwer an die Aufnahme pflanzlicher Futterstoffe, insbesondere Schrot. Daher ließ ihr tägl. Gewichtszuwachs um den 3. Lebensmonat erheblich nach. N. Platikanow. 8454.

Semak, I. L. Vykorystannja sečovyny ta inšych prostych amonijnych spoluk pri vidgodivli velykoï rogatoï chudoby. **(Die Verwendung von Harnstoff und anderen einfachen Ammoniumverbindungen bei der Rindermast.)** Naučnye trudy. Naučno-issledovatel'skij institut životnovodstva Lesostepi i Polesja USSR, Kiev – Charkov **31** (1961) Nr. 2. S. 35–44. – 9 Tab. Orig.: ukrain.
Die Rationen enthielten 65–75% Schnitzel und waren arm an Protein (60–70 g je FE). Das fehlende Protein wurde durch Harnstoff ersetzt. Bei der Jungrindermast mit Zuckerrübenschnitzeln ist die Harnstoffmenge von 80–90 g pro Tag je Tier am günstigsten. Tägl. Gewichtszunahmen von 1000–1109 g je Tier wurden erreicht. An Ammoniumsulfat bzw. -acetat beträgt die optimale Tagesgabe an 200–300 kg schwere Tiere 75–125 g. 175 g erwiesen sich als schädlich für Gewichtszunahme und Schlachtausbeute. Die Tiere müssen in 5–8 Tagen an die volle Norm von Harnstoff-Ammoniakgaben gewöhnt werden. K. Neumann. 8458.

Murdoch, J. C.; Shinfield, Reading, Nat. Inst. for Res. in Dairying. Silage for dairy cows. **(Silage für Milchkühe.)** J. Brit. Grassland Soc. **17** (1962) Nr. 2. S. 133–137. – 5 Tab., 16 Lit.
Vf. gibt eine kurze Literaturübersicht und teilt eigene Ergebnisse mit. Silage und Heu vom selben Ausgangsprodukt (bei früh- und auch bei spätgeschnittenem) zeitigen die gleiche Leistung. Eine bestimmte Grundfutteraufnahme ist für die Erzielung einer guten Milchleistung, auch bei Nährstoffausgleich durch Kraftfutter erforderlich. Der Tr.-Subst.-Verzehr der Milchkühe erhöht sich mit steigendem Tr.-Subst-Gehalt der Silage. Bei niedrigem Tr.-Subst.-Gehalt (20%) sind längere Freßzeiten notwendig. Eine Beifütterung von Getreideschrot (Gerste) bewirkt bei alleiniger Silagefütterung eine Leistungssteigerung, die sich wenig abzeichnet, wenn bei Rohprotein-armen Silagen das Kraftfutter zu 16–20% aus Erdnußschrot besteht.
B. Piatkowski. 8460.

Aumaitre, A. und Salmon-Legagneur, E. (unter techn. Mitarb. von Rettagliati, J. und Kmoisant, A.) Les préférences alimentaires du por-

celet. V. Comparaison de divers modes de distribution de l'aliment. **(Die bevorzugten Futterstoffe beim Ferkel. 5. Mitt. Vergleich verschiedener Arten der Verteilung des Futters.)** Ann. Zootechnie **10** (1961) Nr. 3. S. 197–203. — 5 Tab., 17 Lit.
In 2 Experimenten wurde der optimale Durchmesser pelletierten Ferkelfutters (2,5, 5 und 7 mm Durchmesser) gesucht, desgleichen sollte geklärt werden, ob trockenes oder breiiges Futter die Futteraufnahme stimuliert und damit höhere Zunahmen bewirkt. Die Ergebnisse zeigen, daß die Saugferkel Pellets von 2,5 mm Durchmesser bevorzugen und daß die Art derVerabreichung (trokken oder breiig) weniger bedeutsam ist. Für die Praxis erscheint die trockene Verfütterung aussichtsreicher. H. Wetterau. 8532.

Georgiev, Is., Sjarov, J., Beremski, St., Andreev, A. und Benkov, B. (Georgiew, Is., Sjarow, J., Beremski, St., Andreew, A. und Benkow, B.); Sofia, Höheres Landwirtsch. Inst. „Georgi Dimitrow", Zootechn. Fak., Lehrstuhl für Schweinezucht. Rezultati ot ugojavane na praseta sŭs suchi koncentrirani smeski pri različen način na chranene prez bozajnija period i sled otbivaneto. **(Ergebnisse der Ferkelmast mit trockenen Kraftfuttergemischen bei unterschiedlicher Fütterungsweise während der Säugeperiode und nach dem Absetzen.)** Naučni trudove. Visš selskostopanski institut „Georgi Dimitrov". Zootechničeski fakultet, Sofija **11** (1962) S. 17–31. — 11 Tab., 12 Lit. Zus. in Russ., Dtsch.
In einem Ferkelmastversuch wurden die in 3 Gruppen eingeteilten Tiere mit Rationen von gleicher Zusammensetzung auf 100 kg Lgw. aufgemästet. Gruppe I bekam das Futter in angefeuchtetem Zustand, Gruppe II nur bis zum Erreichen von 35 kg Lgw. in angefeuchtetem Zustand, danach trocken, Gruppe III während der ganzen Versuchsdauer in trockenem Zustand. Ergebnisse (in der Reihenfolge der Gruppen): tägl. Gewichtszuwachs 566, 567 und 578 g; Futteraufwand je kg Zuwachs 5,6, 4,9 und 4,6 FE. Ähnliche Ergebnisse wurden in 2 weiteren Versuchen festgestellt. Die Schlachtergebnisse zeigten keine wesentlichen Unterschiede. N. Platikanow. 8536.

Haiger, A. **Phänotypische Variation und Korrelationen zwischen Mast- und Schlachteigenschaften von Schweinen.** Tätigkeitsber. Schweine-Versuchs- u. -Prüfanst. niederösterr. Landes-Landwirtsch.-Kammer **6** (1961, hrsg. 1962) Beil. S. 1–13. — 1 Abb., 4 Tab., 4 Lit. Zus. in Engl., Franz.
Aus den Protokollen von 4611 Ausschlachtungen der Jahre 1957–1961 konnte an den Schlachtkörpern von 161 Schweinen nachgewiesen werden, daß die Fläche der Karreerose an der Spitze der letzten Rippe größer ist ($b_{yx} = +0{,}68$, $r = +0{,}61$) als zwischen zweit- und drittletzter Rippe. Die Kastraten nehmen besser zu, die Sauen liefern bessere Schlachtqualität. Es besteht eine hohe, negative Korrelation zwischen der tägl. Gewichtszunahme und der Futterumwandlungsquote. Alle Korrelationen zwischen Mast- und Schlachteigenschaften sind niedrig und haben in beiden Geschlechtern oft ein verschiedenes Vorzeichen. Das günstigste Fleisch-Fettverhältnis haben Schweine mit dünnem Rückenspeck, großer Karreerose, ausgeprägter Fleischigkeit des Bauches, einem großen Schinken und überdurchschnittlicher Körperlänge.
E. Höpler. 8536.

Scholtyssek, S. und Sieler, B. **Zur Eignung von Kükenwuchstesten für die Prüfung von Legehennenfutter.** Arch. Geflügelkunde **26** (1962) Nr. 1. S. 22–33. — 8 Tab. Zus. in Engl.
Mit Hilfe von 6 industriell hergestellten Futtermischungen (Legemehl und Alleinfutter) wurde geprüft, inwieweit Ergebnisse über die Futterverwertung bei Küken Schlußfolgerungen auf die Legeleistung und die Gesamtnährstoffverwertung bei Legehennen zulassen. Es zeigten sich Unterschiede in der Futterverwertung für die einzelnen Futtermischungen, wobei die Ergebnisse

der Küken mit denjenigen der Legehennen nicht übereinstimmen. Lediglich die VK ließen Rückschlüsse auf die Brauchbarkeit der Futtermischungen als Legehennenfutter zu. G. Göbel. 8544.

Quisenberry, John H. und Bradley, John W.; College Station, Texas Agric. Exp. Stat. Effects of dietary protein and changes in energy levels on the laying house performance of egg production stocks. **(Die Wirkungen verschiedener Futterprotein- und Energiegehalte auf die Leistungen von Legestämmen.)** Poultry Sci. **41** (1962) Nr. 3. S. 717–724. – 8 Tab., 11 Lit.
In einem Legehennenversuch über 331 Tage (12 Perioden) wurden an jeweils 3 Gruppen zu je 40 Hennen Rationen mit 13, 15 und 17% Rohprotein verfüttert. Eine Gruppe jeder Futterproteingabe erhielt über den gesamtenVersuchszeitraum 1% Pflanzenfett (Methylester des Baumwollsaatöls). Die Fettzulagen der 2. und 3. Gruppe wurden ab der 4. bzw. 6. Versuchsperiode von 1 auf 5% erhöht. – Die Legeleistung des Eigewichts und die Futterverwertung wurden mit steigenden Rohproteingehalten der Futtermischungen erhöht bzw. verbessert. Ein signifikanter Einfluß der gestaffelten Futterproteingaben auf den Zuwachs wurde nicht festgestellt. Die Abgänge waren in allen Gruppen gering und nicht fütterungsbedingt. – Die erhöhten Fettzulagen ab der 4. bzw. 6. Versuchsperiode zeigten keine übereinstimmenden Beziehungen zur Legeleistung, erhöhten aber leicht das Eigewicht und verminderten geringfügig den Futteraufwand und die Verluste. Der Zuwachs wurde durch die erhöhten Futterfettgaben signifikant verbessert. H. Jeroch. 8548.

Adkins, J. S., Harper, A. E. und Sunde, M. L.; Madison, Univ. of Wisconsin, Dep. of Poultry Husbandry; Dep. of Biochem. The L-arginine requirement of the laying pullet. **(Der L-Argininbedarf der Legehenne.)** Poultry Sci. **41** (1962) Nr. 2. S. 657–663. – 1 Abb., 6 Tab., 12 Lit.
Mit insges. 64 in Einzellegebatterien gehaltenen Legehennen wurde eine quantitative Bestimmung des Argininbedarfs durchgeführt. Die Rationen enthielten intakte Proteine (Lactalbumin, Casein, Zein] und hohe Anteile an kristallinenAminosäuren. Der Eiweißgehalt der 3 verwendeten Rationen differierte zwischen 10,8 und 20,9%. Unter Berücksichtigung von Legeleistung, Körpergewicht der Tiere, Eigewicht, Futterverwertung, Schlupfergebnis und Wachstumsgeschwindigkeit der Küken bis zum Alter von 4 Wochen ergab sich ein L-Argininbedarf der Legehenne von 0,6–0,7% der Ration. Der Argininbedarf erhöhte sich mit zunehmendem Proteingehalt der Rationen nicht. Die gefundenen Bedarfszahlen entsprechen etwa den von Fisher (Feeds Illustrated **12** (1961) S. 8–9.) angegebenen theoretischen Werten von 581–680 mg L-Arginin je Huhn und Tag. J. Wünsche. 8548.

Hennig, A., Gruhn, K., Anke, M. und Jeroch, H.; Jena, Friedrich-Schiller-Univ., Inst. für Tierernähr. **Untersuchungen über die Zusammensetzung und Futterwirkung eines mit verschiedenen Zusätzen versehenen Futters für Masthähnchen.** Arch. Geflügelzucht Kleintierkunde **10** (1961) Nr. 5/6. S. 326–348. – 7 Abb., 15 Tab., 63 Lit. Zus. in Russ., Engl.
6 Gruppen weiße Leghorn-, 1 Gruppe helle Sussex- und 1 Gruppe Kreuzungsküken erhielten ein Alleinfutter, das je kg mit 6500 IE Vit. A und 6750 IE Vit. D_2 ergänzt wurde. Als Futterzusätze dienten Vit. B_{12}, ein Fischpreßsaftpräparat, Penicillinmycel und Penicillin. Die im Versuch zunächst festgestellten in verschiedenem Maße erhöhten Zunahmen waren nach der 10. Lebenswoche nicht mehr vorhanden. Reine Sussex und eine Leghorn-Sussexkreuzung nahmen besser zu als die Leghornküken, in der Futterverwertung waren die Kreuzungstiere nicht besser als die Leghorns. Der Zusatz von Penicillin verbesserte die Futterverwertung im Mastabschnitt um 11%. Im Rohprotein des Mischfutters wurden 16 Aminosäuren bestimmt. Im Verbrauch an den einzelnen Aminosäuren bestanden zwischen den Gruppen deutliche Unter-

schiede, wobei die Penicillingruppe je Zunahmeeinheit den geringsten Aufwand hatte. Der Ca-Gehalt des Mischfutters war unzureichend. Penicillinmycel und Fischpreßsaft verbesserten die Ca-, Phosphor-, Na-, Mn- und Cu-Versorgung. U. Hofmann. 8552.

Wallmen, A. **Standortgerechte Futterplanung und Futtertabellen.** 2. Aufl. Berlin: VEB Deutscher Landwirtschaftsverlag. 1961. (144 S. m. 30 Abb.) 12 × 19 cm. DM 2,40. Die von der Fütterungsberatung der Bezirkstierzuchtinspektion Leipzig herausgebrachte Broschüre wendet sich an die landwirtsch. Praxis und soll dem tägl. Gebrauch dienen. Sie beinhaltet in 7 Abschnitten Ausführungen über die Verwertung der Futternährstoffe in der tierischen Produktion, die Anpassung der Futterplanung an die gegebenen Verhältnisse, den Einfluß der Rindviehhaltung auf die Futterplanung, die Elemente der Futterplanung, den Futterbedarf der einzelnen Tierarten, Altersklassen und Nutzungsgruppen, die Durchführung der Futterplanung in der LPG Nordhusen in Hundisburg und zum Abschluß Nährstoffbedarfs- und Futterwerttabellen nach Werner. Durch eine die wichtigsten Gesichtspunkte herausstellende Gestaltung des Textteiles, die Beigabe von Abbildungen und die Zusammenfassung der Zahlenangaben in übersichtlichen Tabellen wird der Stoff aufgeschlossen. H. D. Hennig.

Abrams, J. T. **Animal nutrition and veterinary dietics.** 4th ed. Edinburgh: Green. 1961. (826 S.)

Evans, R. E. **Rations for livestock.** 15th edit. London: Her Majesty's stationery office. 1960. (V, 134 S.) 8° = Bulletin ministry agriculture, No. 48.

Nutrient requirements of domestic animals. A report of the Committee on animal nutrition. 3rd pr. Washington: 1961. (28 S. m. Abb. u. Tab.) = Publ. Nat. acad. sciences-Nat. res. counc. nr. 579.

FUTTERMITTELKUNDE

A. FUTTERSTOFFE, IHRE BEEINFLUSSUNG, KONSERVIERUNG UND ZUBEREITUNG

Hemingway, R. G.; Glasgow, Univ., Agric. Chem. Dep. Magnesium, potassium, sodium and calcium contents of herbage as influenced by fertilizer treatments over a three-year period. **(Einfluß der Düngung auf Magnesium-, Kalium-, Natrium- und Calciumgehalt im Gras in 3jährigen Untersuchungen.)** J. Brit. Grassland Soc. **16** (1961) Nr. 2. S. 106–116. — 1 Abb., 6 Tab., 16 Lit.

Auf einem Boden mit genügendem K- und P-Gehalt und einem pH-Wert von 6,5 wurde zu einer Kleegrasmischung die Wirkung von $(NH_4)_2SO_4$, Superphosphat, KCl, NaCl und $MgSO_4$ auf Ertrag und Mineralzusammensetzung in dreijährigen Versuchen untersucht. Die Kombination von $(NH_4)_2SO_4$ und KCl war für hohe Erträge unentbehrlich. $(NH_4)_2SO_4$ erhöhte stark die Na-Aufnahme, senkte den K-Gehalt und erhöhte den Mg-Gehalt. KCl senkte die Na-Aufnahme, steigerte den K-Gehalt stark und reduzierte den Mg-Gehalt. NaCl war ohne Effekt auf den Ertrag und verhütete K-Mangelerscheinungen. Gemeinsam mit KCl senkte es den Ertrag. K-Mangelgras enthielt mehr Na als K. $MgSO_4$ hatte unterschiedliche Wirkung auf den Mg-Gehalt im Gras. Der Ca-Gehalt wurde durch die Düngung nicht beeinflußt.

M. Hoffmann. 8630.

Nehring, K.; Rostock, Oskar-Kellner-Inst. für Tierernähr. **Die Konservierung der Futterstoffe, ein Problem der Industrialisierung der Landwirtschaft.** Z. Agrarökon. **4** (1961) Nr. 4. S. 167–174. — 2 Abb., 19 Tab.

Der Vf. geht aus von der Gegenüberstellung des Futterbedarfs (in der Krippe) der Viehbestände in der DDR im Jahre 1975 unter Berücksichtigung der geforderten Leistungen (28000 Tt Tr.-Subst., 2700 Tt verd. Rohprotein und 16900 Tt-StW.) und dem Futterangebot auf dem Feld. Es werden eingehend die Verluste durch Schwund, Transport und bei den verschiedenen Werbungs- und Konservierungsverfahren besprochen. Es wird als neuer Faktor ein Abzug eingeführt, der als Unzulänglichkeitsverlust bezeichnet wird, der bei Trockenfutterstoffen 7,5%, bei Saftfutter und Heu 15% und bei Rübenblatt 20% beträgt. Der Unzulänglichkeitsverlust beinhaltet alle Verlustquellen, die sich beim Einsatz der Futterstoffe ergeben (falsches Nährstoffverhältnis, ungenaue Ration, Verstreuen von Futter u. a.). Hervorgehoben werden besonders die niedrigen Konservierungsverluste bei der technischen Trocknung, die bei den StW mit 10% und beim verd. Rohprotein mit 6–8% die geringsten Verluste von allen bekannten Konservierungsverfahren geben. Es wird deshalb für das zur Konservierung verbleibende Futter eine verstärkte Einführung der technischen Trocknung gefordert. Hierzu werden verschiedene Varianten untersucht und der Umfang der einzelnen Konservierungsverfahren (Einsäuerung, Heugewinnung und technische Trocknung) so festgelegt, daß es nährstoff- und kostenökonomisch vertretbar ist und den durch den Anfall der zu konservierenden Futterstoffe entstehenden Schwerpunkten (Frühjahr/Frühsommer und September/Oktober) entspricht. Es wird der Aufbau einer Trockenkapazität, die 8–9 Monate (4000 Betriebsstunden) im Jahr ausgelastet ist, empfohlen. M. Hoffmann. 8720.

Häggman, J. und Nikkilä, O. E. Chemical preservatives in foodstuffs. V. The effect of benzoic acid on the sporulation of Bacillus megaterium. **(Chemische Konservierung von Nahrungsmitteln. 5. Mitt. Die Wirkung von Benzoesäure auf die Sporenbildung von Bacillus megaterium.)** Maataloustieteellinen Aikakauskirja [J. sci. agric. Soc. Finland] **34** (1962) Nr. 2. S. 96–106. – 11 Abb., 11 Lit.
Als Testorganismus wurde ein aus Lebensmittelkonserven isolierter *Bacillus megaterium*-Stamm verwendet, als Anzuchtmedium diente Nährbouillon oder Nähragar (pH 7), die Inkubation betrug hierbei 34 °C und 18 Std. Die Bakterien wurden dann über der Zentrifuge gewaschen und in physiologischer NaCl-Lösung als Inokulat aufgenommen. Der Sporenanteil lag zwischen 0,6% und 10,5%. Im Testmedium erfolgte eine Kultivierung bis zu 4 Wochen, an Benzoesäurekonzentration wurden 0,3%, 0,5% und 1% geprüft. 1% wirkte toxisch, die vegetativen Zellen waren nur bis zu 2 bis 3 Tagen nach der Inokulation nachweisbar. 0,3% und 0,5% hemmten eine Sporenkeimung zwar nicht, verhinderten jedoch eine weitere Versporung. Aethylester der p-Hydroxybenzoesäure zeigten eine ähnliche Wirkung.
H. H. Budzier. 8730.

Langston, C. W., Conner, R. M. und Morre, L. A.; Beltsville, Md., A.R.C., A.R.S., Animal Husbandry Res. Div., Dairy Cattle Res. Branch. Effect of zinc bacitracin on silage microorganisms. **(Wirkung von Zink-Bacitracin auf Silage-Mikroorganismen.)** J. Dairy Sci. **45** (1962) Nr. 4. S. 544–547. – 2 Abb., 3 Lit.
Obwohl Zn-Bacitracin allgemein stärker gegen Gram-positive wirkt und somit sowohl Milchsäurebakterien als auch die Verderbnis verursachenden anaeroben Sporenbildner (**I**) in gleicher Weise treffen kann, wurde es in der Literatur als aussichtsreiches Konservierungssicherungsmittel genannt. Deshalb prüften Vff. Zn-Bacitracin gegenüber definierten Milchsäure- und **I**-Stämmen in Tomatensaft-Glucose-Nährmedium in Konzentrationen von 5, 20 und 50 ppm. *L. brevis* und *L. casei* wurden schon durch 20 ppm deutlich temporär gehemmt, 20 ppm zeigten keinen Einfluß auf *S. faecalis*, *Pediococcus sp.* und *L. plantarum*. *Leuconostoc* vertrug nicht einmal 5 ppm. **I** scheinen ziemlich resistent zu sein, zumal *Cl. sporogenes* und *Cl. pasteurianum* anstandslos 50 ppm vertrugen. Diese Resultate lassen starke Zweifel aufkommen, daß Zn-Bacitracin sich als brauchbares Sicherungsmittel in der Praxis bewähren könnte. H. H. Budzier. 8730.

Kolesnikov, N. V. (Kolesnikow, N. W.); Lugowaja, Gebiet Moskau, Williams-Unions-Inst. für Futtermittelforsch. Provjalivanie trav pered silosovaniem. **(Das Welken der Gräser vor dem Silieren.)** Vestnik sel'skochozjajstvennoj nauki, Moskva **7** (1962) Nr. 6. S. 121–127. – 7 Tab.
In mehreren Versuchen konnte Vf. die Vorteile des Anwelkens bei der Grassilierung feststellen. Im Vergleich zur Silierung frischer Gräser konnten durch

das Anwelkverfahren die Tr.-Subst.- und Nährstoffverluste wesentlich herabgemindert werden. Sie betrugen im Durchschnitt nur ca. 6–8% Tr.-Subst. Auch Arbeits- und Kostenaufwand waren bei diesem Verfahren geringer. H.-D. Bock. 8730.

B. DIE EINZELNEN FUTTERSTOFFE

Hughes, G. Pearson. The role of cocksfoot (Dactylis glomerata) in grassland husbandry in Britain. **(Die Bedeutung von Knaulgras (Dactylis glomerata) in der Grünlandbewirtschaftung in Britannien.)** J. Brit. Grassland Soc. **17** (1962) Nr. 3. S. 225–228. – 8 Lit.

Knaulgras wird zunehmend ungünstiger beurteilt, außer auf leichten Böden in trockenen Lagen. Ursache dafür ist die zunehmende Anwendung von Kunstdünger und die Züchtung von Futterpflanzen für besondere Bedingungen. Die Vorteile von Knaulgras hinsichtlich Futterwert und Bildung org. Masse im Boden sind nicht unbedingt. Für *Lolium perenne* wurde sowohl eine bessere Verdaulichkeit als auch mehr org. Wurzelmasse festgestellt. Auf leichten Böden in trockenem Klima dürfte die Wurzelmasse von Knaulgras aber überlegen sein. Es ist kein Wertmaßstab, daß die Samenflächen für Knaulgras fast so groß sind wie die für *Lolium perenne, Phleum pratense* und *Festuca pratense* zusammen. Der größte Teil kommt in allgemeine Saatmischungen, und es ist fraglich, ob er dort in der endgültigen Narbe eine nützliche Rolle spielt. Nur ein kleiner Teil des Samens gelangt in reine Knaulgras-Weißkleesaatmischungen, für die ein spez. Bedarf vorliegt. Bestens geeignet ist Knaulgras für Winterweiden. G. Weiland. 8910.

O'Bryan, M. S. Observations on the utilization by cattle of Axonopus affinis following foliar application of urea, molasses and monosodium phosphate. **(Beobachtungen über die Verwertung von Axonopus affinis durch Rinder nach Blattapplikation von Harnstoff, Melasse und Mononatriumphosphat.)** Queensland J. agric. Sci. **17** (1960) Nr. 3. S. 135–145. – 5 Tab., 6 Lit.

Auf reifes Gras (*Axonopus affinis*) wurde streifenweise in den Herbst- und Wintermonaten in wöchentlichen Abständen eine Mischung von Harnstoff, Melasse, Mononatriumphosphat und Cobaltchlorid gesprüht. Unmittelbar nach der Behandlung zeigten die Tiere eine deutliche Vorliebe für die besprühten Streifen, während eine Bevorzugung schon 24 Std. später nicht mehr festzustellen war. Infolge starker Selektion der im Rohprotein-Gehalt unterschiedlichen Weide durch die grasenden Rinder war kein eindeutiges Ergebnis zu Gunsten der Blattapplikation im Vergleich mit unbehandelten Weiden festzustellen, möglicherweise auch auf Grund niedriger Futteraufnahmen bei gleichzeitig hohem Energieverbrauch. H. Wetterau. 8910.

Jayal, M. M. und Kehar, N. D.; Izatnagar, Indian Veterin. Res. Inst., Animal Nutrit. Div. A study on the nutritive value of mulberry (Morus indica) tree leaves. **(Eine Untersuchung über den Nährwert von Maulbeerlaub [Morus indica].)** Indian J. Dairy Sci. **15** (1962) Nr. 1. S. 21–27. – 6 Tab., 8 Lit. Orig.: engl.

In Indien ist das Verfüttern der Blätter von Morus indica an Schafe und Ziegen ziemlich verbreitet. Da keine Unterlagen über den Nährwert dieser Blätter verfügbar sind, stellen Vff. Untersuchungen über deren Schmackhaftigkeit, Verdaulichkeit und Nährwert an. Maulbeerblätter sind reicher an Rohprotein als Gräser und sind der Leguminose gleichwertig. Auffallend ist der ungewöhnlich hohe Gehalt der Maulbeerblätter an Ätherextrakt (7,43% in der Tr.-Subst.) und der geringe Gehalt an Rohfaser (15,27%). Das Laub ist ziemlich reich an Ca (ähnlich Leguminose); der P-Gehalt ist dem der Gräser vergleichbar. Die mittleren VK werden für Rohprotein mit 71,20, für Ätherextrakt mit 3,59 (!), für Rohfaser mit 54,13, für N-fr. E mit 83,47 und für Gesamt-

kohlenhydrate mit 76,43 angegeben. Maulbeerblätter sind vorteilhaft als Ergänzung Protein-armer Rauhfutter, wie Stroh, u. a., zu verwenden.
H. Rost. 8910.

Pätzold, H. **Agrargeographische Gesichtspunkte bei der Gestaltung des Futterbaues.** Z. Landeskult. **3** (1962) Nr. 1. S. 69–81. — 27 Lit.
Da bei der Auswahl der Futterpflanzen bisher agrargeographische Gesichtspunkte nur wenig berücksichtigt wurden, unterbreitet Vf. Vorschläge und Folgerungen für eine planmäßige und systematische Anwendung solcher Gesichtspunkte unter Ausnutzung der ökologischen Variationsbreite vieler Futterpflanzen. Dabei weist er einleitend auf die noch viel zu wenig genutzten Möglichkeiten einer kontinuierlichen Versorgung des Nutzviehes mit hochwertigem Futter hin. W. Fleischmann. 8910.

Todd, J. R. Magnesium in forage plants. II. Magnesium distribution in grasses and clovers. **(Magnesium in Futterpflanzen. 2. Mitt. Magnesiumverteilung in Gräsern und Kleearten.)** J. agric. Sci. **57** (1961) Nr. 1. S. 35–38. — 1 Abb., 4 Tab., 9 Lit. 1. Mitt. vgl. LZ Abt. III **8** (1963) Nr. 1. S. 176.
Ausgehend von der Beobachtung anderer Autoren, daß Mg-Düngung von Weiden signifikant den Mg-Spiegel des Blutes der Weidetiere beeinflußt, ohne daß der Mg-Gehalt in der Trockenmasse der Weidepflanzen sich ändert, untersuchte Vf. die möglichen Ursachen. Er extrahierte frische Weidepflanzen mit trockenem Aceton und Wasser und bestimmte den Mg-Gehalt sowie die org. Subst. in den Fraktionen sowie im Rückstand. Dabei ergab sich bei steigendem Gesamt-Mg-Gehalt ($>$ 0,2% Mg/Tr.-Subst.) starkes Ansteigen des Mg im wasserlösl. Anteil, während im acetonlöslichen und unlöslichen nur geringe Änderungen auftreten (Regressionskoeff.: Wasserlösl. 0,853, acetonlösl. 0,028, unlösl. 0,118). Die Tatsache, daß bei Abnahme des Gesamt-Mg in der Tr.-Subst. vor allem der Anteil des Wasserlöslichen stark zurückgeht, wird mit der Ätiologie der Hypomagnesämie in Verbindung gebracht.
H. Peter. 8910.

Todd, J. R.; Stormont, Belfast, Min. of Agric., Veterin. Res. Div., Farm. Magnesium in forage plants. III. Magnesium distribution in pastures of low magnesium content. **(Magnesium in Futterpflanzen. 3.Mitt. Magnesiumverteilung auf Weiden mit niedrigem Magnesiumgehalt.)** J. agric. Sci. **58** (1962) Nr. 2. S. 277–279. — 1 Tab., 5 Lit. 2. Mitt. vgl. vorst. Ref.
Im Hinblick auf die Möglichkeit der Entstehung von Hypomagnesämien bei Wiederkäuern im Frühjahr, wenn der Mg-Gehalt der Weiden am niedrigsten ist (0,08–0,20% Mg/Tr.-Subst.), wurde zusätzlich die Mg-Verteilung auf acetonlösliche, wasserlösliche und unlösliche Fraktionen untersucht. Mehr als 50% des Mg der jungen Frühjahrsweidegräser ist wasserlöslich. Im Blütenstadium ist der Prozentsatz noch höher. Der unlösliche Mg-Anteil beträgt $^1/_3$ bis $^1/_5$, der acetonlösliche nur 12 bis 5% und weniger. Durch Düngung wird zwar der Gesamt-Mg-Gehalt, nicht aber die Verteilung in die verschiedenen Fraktionen beeinflußt. J. Wünsche. 8910.

Graupe, B., Anke, M. und Rother, A. **Die Verteilung der Mengen- und Spurenelemente in verschiedenen Ackerpflanzen.** Jb. Arbeitsgemeinsch. Fütterungsberat. **3** (1960/61) S. 357–362. — 7 Tab., 4 Lit.
Gesunde und Mo-mangelkranke Ackerpflanzen (vor allem Futterleguminosen) wurden als ganze Pflanzen und in Teilen (Blüten, Blätter, Stiele, Wurzeln und Wurzelknöllchen) auf ihren Gehalt an Rohnährstoffen, Mineralstoffen und Spurenelementen untersucht. Pflanzen mit Mo-Mangel sind reicher an Rohfett, N-fr. E., Asche, Ca, P, Fe, Mn und Zn, aber rohprotein- und Mo-ärmer als die normal aussehenden. Beim Vergleich Schweden- und Rotklee bringt ersterer weniger Grünmasse, ist aber eiweiß-, asche-, P-, Fe-, Mn-, Cu- und Moreicher als der Rotklee. Die Blätter sind rohprotein-, asche-, Na-, Fe-, Mn-

und Mo-reicher, jedoch K-ärmer als die Stiele. Die Blüten sind die P-reichsten oberirdischen Pflanzenteile. Die Mo-gedüngten Leguminosen besaßen im Gegensatz zu den Mangelpflanzen viele große, weiß bis rosa gefärbte Wurzelknöllchen, in denen der größte Teil des Mo gefunden wurde.
J. Wünsche. 8910.

Kanev, Stojan. (Kanew, Stojan.); Stara Sagora, Bulgarien, Inst. für Tierzuchtforsch. Izsledvane količestvenoto sŭdŭržanie na kalij v naši furaži i ustanovjavane dinamikata na natrupvane v njakoi ot tjach. **(Untersuchung des Kaligehalts und der Dynamik der Kalianlagerung in einigen bulgarischen Futtermitteln.)** Izvestija na Centralnija naučnoizsledovatelski institut po životnovŭdstvo „Georgi Dimitrov" — Kostinbrod, Sofija **12** (1961) S. 417 bis 424. — 3 Tab., 9 Lit. Zus. in Russ., Engl.
Es wurden 8 Grünfutterarten in verschiedenen Vegetationsstadien, 14 Heuarten von in verschiedener Weise gedüngten Wiesen und 9 Kornfutterarten auf K-Gehalt untersucht. Mit der fortschreitenden Vegetation nimmt der K-Gehalt in der Tr.-Subst. ab. Das Getreidekorn enthält weniger K als Körner von Leguminosen. Zwischen dem frischen Wiesengras und dem daraus bereiteten Heu besteht kein wesentlicher Unterschied im K-Gehalt der Tr.-Subst. Bei organisch-mineralischer Düngung ist eine steigende Tendenz des K-Gehalts bemerkbar. N. Platikanow. 8910.

Wood, G. M. und Smith, R. T. A comparison of dehydrated birdsfoot trefoil and alfalfa meals as constituents for a poultry mash. **(Ein Vergleich von Klee- und Luzernemehl als wesentlichen Bestandteil im Geflügelfutter.)** Agronomy J. **52** (1960) Nr. 9. S. 501–503. — 1 Abb., 4 Tab., 16 Lit.
Hähnchenküken aus einer Kreuzung White Rock-Hahn × New Hampshire-Henne wurden 4 Wochen mit einem Futter, das 3,1 bzw. 6,2% Klee- oder Luzernemehl enthielt, gefüttert. Beide Mehle wurden an einem Tag (19. 6. 1958) geerntet und sofort getrocknet. Bis zu 3% kann Klee- und Luzernemehl im Futter enthalten sein. Bei größerem Anteil in der Ration tritt Hemmung in der Geschlechtsentwicklung ein, die sich in einer geringeren Ausprägung des Kammes und einen um 10 Tage späteren Beginn des Krähens als in der Kontrollgruppe äußert. Das Wachstum wurde dabei nicht verzögert. Das Vorhandensein eines biologisch hemmenden Faktors wird in Erwägung gezogen, der in Luzernemehl stärker als in Kleemehl wirkt. Für die Anreicherung des Futters mit Carotin ist Kleemehl auf Grund des höheren Gehaltes besser geeignet als Luzernemehl. Außerdem ist der Gehalt an Spurenelementen bei Kleemehl günstiger. I. Lohse. 8910.

Culpin, S.; Warwicks, Drayton Exp. Husbandry Farm. The feeding value of silage and barn dried hay. **(Der Futterwert von Silage und scheunengetrocknetem Heu.)** J. Brit. Grassland Soc. **17** (1962) Nr. 2. S. 138–140. — 7 Tab.
Vf. berichtet über einen Vergleich von in der Scheune getrocknetem Heu und angewelkter Silage (25–70% Tr.-Subst.). Die Tr.-Subst.-Verluste betrugen bei Silierung 26%, bei Heu 13,3%. Der Verzehr (Bullenmast) war bei Heufütterung um 1 lb. Tr.-Subst. und um 1,1 lb. StW. täglich höher, der Zuwachs betrug bei Silage 1,26, bei Heu 1,56 lb. täglich. Pro acre wurden über Silage 260 lb. (64%), über Heu 404 lb. (100%) Zuwachs erzeugt. Dieses Ergebnis bezieht sich nur auf den Grasertrag eines bestimmten Schittzeitpunktes.
B. Piatkowski. 8920.

Weißbach, F. und Laube, W.; Rostock, Oskar-Kellner-Inst. für Tierernähr. **Über die Stickstoffverluste bei der Trocknung von Silagen.** Z. landwirtsch. Versuchs- u. Untersuchungswes. **8** (1962) Nr. 4. S. 307–310. — 3 Tab., 4 Lit.
Bei der Trocknung von für Analysen bestimmten Gärfutterproben können bes. bei Silagen mit Amidzusatz hohe N-Verluste auftreten. Daher sollte

die Rohproteinbestimmung unbedingt dann im frischen Material erfolgen, wenn die betreffende Silage unter Amidzusatz bereitet wurde. Vff. schlagen eine Methode zur Aufbereitung von Gärfutterproben für die Rohproteinbestimmung in frischem Material vor, die zu ausreichend genauen und reproduzierbaren Ergebnissen führt. Das Problem dabei ist die repräsentative Probenahme, die bei frischem Pflanzenmaterial schwierig ist. Durch möglichst weitgehende Zerkleinerung und Homogenisierung der Substanz und durch Vergrößerung der Einwaage pro Einzelbestimmung läßt sie sich jedoch erreichen. W. Fleischmann. 8920.

Pachučyj, V. M. (Pachutschy, W. M.) Biologičnyj sposib pidgotovky solomy do zgodovuvannja šljachom sylosuvannja ïï z dodavannjam zelenych i sokovytych kormiv. **(Biologische Methode der Zubereitung des Futterstrohs mittels Silierung gemeinsam mit Grün- und Saftfutter.)** Naučnye trudy. Naučno-issledovatel'ski institut životnovodstva Lesostepi i Polesja USSR, Kiev — Charkov **31** (1961) Nr. 2. S. 119–121. — 1 Tab. Orig.: ukrain.
Vf. berichtet von Untersuchungen über die rationellsten Methoden der Strohzubereitung für Futterzwecke, die 1956–57 nach 5 Silierungsvarianten durchgeführt wurden. 1. 20% Stroh zerkleinert Winterhalmstroh und 80% Grünmais (nach Gewicht); 2. 25% Stroh und 75% grüne Maisstengel im Stadium der Milchwachsreife; 3. 40% Stroh und 60% grüne Maisstengel im Stadium der Milchwachsreife; 4. 50% Stroh und 50% Grünmais im Stadium der Milchwachsreife; 5. 50% Stroh und 50% grüner Nacherntemais. Die Analysen ergaben eine hohe Qualität des Gärfutters, das von den Tieren gern gefressen wurde. Die nötige Feuchtigkeit der Masse von 65–70% wurde durch Zugabe reinen Wassers erzielt. 0,8–1,0% Kochsalzzugabe beschleunigte den Gärprozeß. Stroh und Spreu wurden mit anderen Komponenten siliert, z. B. mit frischen Zuckerrübenschnitzeln, Rübenblatt, Kartoffelkraut, Futterkürbissen und reinen Kulturen milchsaurer Bakterien sowie Sorghum und Gemüseabfällen. Alle Ansätze ergaben ein gutes Futter. Alle Komponenten müssen zerkleinert und gut gemischt werden. Der Ansatz seiner Milchsäurebakterienkulturen ist in 3facher Menge zu geben. Die Resultate der durchgeführten Versuche und die biochemischen Untersuchungen gaben die Grundlage für Empfehlungen für die Praxis. K. Neumann. 8920.

Kirov, N. (Kirow, N.) Proučvane vlijanieto na bakterialni zakvaski vŭrchu kačestvoto na silaži, polučeni ot lesno i trudno silažirašti se furaži. **(Untersuchung des Einflusses der bakteriellen Säurewecker auf die Qualität der aus leicht- und schwersilierbaren Futterstoffen hergestellten Gärfutter.)** Naučni trudove. Visš selskostopanski institut „Georgi Dimitrov". Zootechničeski fakultet, Sofija **11** (1962) S. 363–370. — 2 Tab., 14 Lit. Zus. in Russ., Dtsch.
Aus Grünmais, Grünmais mit Luzerne, Grünmais mit 0,5 und 0,6% Harnstoffzusatz, Grünroggen, Luzerne mit Melasse, Klee und Wicke wurden Gärfutter ohne und mit bakteriellen Säureweckern (Gemisch von *Lactobact. plantarum* und *Lactobact. delbrückii* im Verhältnis 1:1, Dosis 4–5 l/t Gärfuttermasse) bereitet. Ihre Untersuchung 5 Monate nach der Einsäuerung ergab, daß alle mit bakteriellen Säureweckern hergestellten Gärfutter von höherer Güte als die ohne Säurewecker bereiteten sind (manche waren sogar verdorben). Der günstige Einfluß der bakteriellen Säurewecker kommt in den aus schwersilierbaren Rohstoffen bereiteten Gärfuttern in bedeutend höherem Maße zur Geltung als in den aus leichtsilierbaren Rohstoffen hergestellten.
N. Platikanow. 8920.

Jahn, S. und Harnisch, W.; Halle, Martin-Luther-Univ. Halle-Wittenberg, Inst. für Tierernähr. **Nährstoffbilanzen bei der Herstellung von Mais- und Mischsilagen.** Arch. Tierernähr. **11** (1962) Nr. 6. S. 428–440. — 4 Tab., 14 Lit.

In Massivsilos (7,5 m^3) wurden nach der Gesamtbilanzmethode an Vollmais, Restmais, Maiskolben sowie Mischungen von Restmais und Luzerne, Klee und Zuckerrübenblatt und einer Mischung von Maiskolben und Kartoffeln Nährstoffbilanzen durchgeführt. Im Durchschnitt gingen 19,7% der Tr.-Subst., 23,2% der org. Subst., 18,6% des Rohproteins und 32,3% der N-fr. E. verloren. In einem Großsilo wurden mit Hilfe von Netzproben folgende Nährstoffverluste bei einer Vollmaissilage festgestellt: Tr.-Subst. = 5,9–34,0%, org. Subst. = 10,6–36,2%, Rohprot. = 1,0–23,0% und N-fr. E. = 17,0–49.9%. Die Ursachen für die zum Teil positiven Bilanzwerte von Rohfett, Rohfaser und Rohasche werden diskutiert. H. Bergner. 8920.

Güther, A. **Wirtschaftliche Betrachtungen zum Einsatz von Maiskolben-Kartoffel-Silage in der Schweinemast.** Jb. Arbeitsgemeinsch. Fütterungsberat. **3** (1960/61) S. 480–488. — 6 Tab., 12 Lit.
Die betriebswirtschaftliche Auswertung von 3 Fütterungsversuchen ergab, daß die Schweinemast mit Maiskolben-Kartoffel-Mischsilagen im Vergleich zur reinen Kartoffelmast z. Zt. mit höheren Kosten und mit einem um 10 bis 20% höheren Futterflächenaufwand je Gewichtseinheit Fleischzuwachs verbunden ist. Trotzdem ist auch die Schweinemast mit Maiskolben-Kartoffel-Mischsilage rentabel. F. Weißbach. 8920.

Zafren, S. Ja. (Safren, S. Ja.); Lugowaja, Gebiet Moskau, Williams-Unions-Inst. für Futtermittelforsch. Uveličenie proteinovoj cennosti kukuruznogo silosa. **(Steigerung des Proteinwertes im Maissilo.)** Vestnik sel'skochozjajstvennoj nauki, Moskva 7 (1962) Nr. 5. S. 55–58. — 1 Abb., 2 Lit. Zus. in Engl., Franz., Dtsch.
Die Behandlung der Maissilage mit Ammoniakwasser zeigte, daß die darin enthaltenen Ammoniumsalze von der Silage gebunden werden. Die Verfütterung einer derartig behandelten Silage ergab bei Jungrindern eine Erhöhung der tägl. Zunahme um 100 g, bei Milchkühen eine Steigerung der tägl. Milchleistung um 1–1,5 kg. G. Leisner. 8920.

Wetterau, H. und Holzschuh, W. **Die Erhöhung des Stickstoffgehaltes von Maisgärfutter durch Zusatz synthetischer Stickstoffverbindungen.** Jb. Arbeitsgemeinsch. Fütterungsberat. **3** (1960/61) S. 378–382. — 2 Tab., 22 Lit.
Es wird das Untersuchungsergebnis von 10 Maissilagen aus Großsilos der landwirtschaftlichen Praxis mitgeteilt. Bei 9 der geprüften Silagen war zur Einsäuerung Harnstoff oder Ammoniumbikarbonat zugesetzt worden. Mit einer Ausnahme waren alle Proben von guter oder sehr guter Qualität.
F. Weißbach. 8920.

Jahn, S. **Der Futterwert von Mais- und Mischsilagen nach Versuchen an Milchkühen.** Jb. Arbeitsgemeinsch. Fütterungsberat. **3** (1960/61) S. 474 bis 477. — 5 Tab.
Es wird über N-Bilanz- und Verdauungsversuche an Kühen mit Vollmaissilage (I), Restmaissilage (II) und einer Mischsilage aus Restmais und Rübenblatt (III) berichtet. Die Qualität der Silagen war sehr gut bzw. gut. Die Verdaulichkeit der org. Subst. betrug 70 (I) 64 (II) bzw. 69% (III), die des Rohproteins 52 (I), 47 (II) bzw. 63% (III). Die N-Bilanz war ohne Berücksichtigung des Milch-N bei der Mischsilage höher positiv als bei den reinen Maissilagen. An verd. Rohprotein enthielten die Silagen 0,7 (I und II) bzw. 1,2% (III) und an Stw 9,3 (I), 8,4 (II) bzw. 8,8% (III).
F. Weißbach. 8920.

FISCHEREI

A. ALLGEMEINES

Ivanov, D. I. (Iwanow, D. I.); Rostow/Don, Forsch.-Inst. für Fischwirtsch. des Asowschen Meeres. Azovskij Naučno-issledovatel'skij institut rybnogo chozjajstva (AzNIIRCh). **Das Wissenschaftliche Forschungsinstitut für Fischereiwirtschaft des Asowschen Meeres [AsNIIRCh].)** Rybnoe chozjajstvo, Moskva **36** (1960) Nr. 7. S. 40–43. — 3 Abb. 6010.

Menzel, H. U.; Berlin, Satzfischleitstelle. **Jahresbericht 1961 über die Produktion der Binnenfischerei der Deutschen Demokratischen Republik.** Dtsch. Fischerei-Ztg. **9** (1962) Nr. 4. S. 105–111. — 9 Tab. Vgl. LZ. Abt. III **7** (1962) Nr. 12. S. 2641.
Vf. stellt zunächst die Haupt- und Nebenproduktion der Binnenfischerei mengen- und wertmäßig sowie die Speisefischproduktion, unterteilt nach Fischarten und -sortierungen, mengenmäßig dar. Weiterhin werden Angaben über die Speisefischproduktion nach Betriebsformen und unterteilt nach Fein-, Konsum- und Kleinfisch gemacht. Die Speisefischproduktion wird für die Seen- und Flußfischerei und die Teichwirtschaft getrennt ausgewiesen. Die Satzfischproduktion wird mengen- und wertmäßig, nach Satzfischarten unterteilt, zusammengestellt. Obwohl gegenüber 1959 ein Rückgang in der Speisefischproduktion zu verzeichnen ist, konnte die Arbeitsproduktivität in der Binnenfischerei gesteigert werden. E. Kienast. 6020.

Anonym. Fisheries statistics for British Columbia 1961. **(Fischereistatistik für Britisch-Kolumbien 1961).** Western Fisheries **64** (1962) Nr. 2. S. 21–59. — 2 Abb., 35 Tab.
Das Jahr 1961 war das drittbeste Jahr in der Geschichte der Fischerei Britisch-Kolumbiens. Die Fangergebnisse lagen bei allen Fischarten höher als im vorhergehenden Jahr. Insgesamt wurde die gute Entwicklung des Jahres 1961 durch die rel. hohen Fischpreise bedingt. Der Erzeugerpreis lag bei insgesamt 38,8 Mill. kanad. Dollar, der Marktwert bei ca. 78 Mill. kanad. Dollar. Besonders gut war das Jahr 1961 für den Heilbuttfang, wo durch außergewöhnlich hohe Preise 1961 das Rekordjahr in der Fischerei Britisch-Kolumbiens überhaupt war. G. Predel. 6020.

B. BIOLOGIE DER FISCHEREILICHEN NUTZTIERE

Biologie der Fische

Batias, A. Le lavaret du lac du Bourget (Coregonus lavaretus L.) **(Die Große Maräne des Lac du Bourget [Coregonus lavaretus L.].)** Ann. Stat. centr. Hydrobiol. appl. **1958** Nr. 7. S. 97–186. — 16 Abb., 52 Tab., 37 Lit. 6080.

Thurow, Fritz; Kiel, Univ., Inst. für Meereskunde, Abt. Fischereibiol. **Über Fangerträge und Wachstum des Aales in der westlichen Ostsee.** Z. Fischerei Hilfswiss. [N. F.] 8 (1959) N. 7/8. S. 597–626. — 12 Abb., 21 Tab., 25 Lit. 6080.

Olsen, Steinar; St. John's, Nfld., Fisheries Res. Board of Canada, Biol. Stat. Contribution to the biology of herring (Clupea harengus L.) in Newfoundland waters. **(Beitrag zur Biologie des Herings [Clupea harengus] in Neufundländischen Gewässern.)** J. Fisheries Res. Board Canada **18** (1961) Nr. 1. S. 31–46. — 6 Abb., 2 Tab., 19 Lit.
1957 und 1958 untersuchte Vf. Wachstum, Alters- und Längenzusammensetzung, Reifezustand der Geschlechtsprodukte, Länge und Alter beim Eintritt der Geschlechtsreife von Heringen (*Clupea harengus*) aus Treibnetz- und Stellnetz-, Reusen-, Ringwaden- und Strandwadenfängen von der südlichen und westlichen Küste Neufundlands. Die Wachstumsrate hatte sich im Vergleich zu den Jahren 1942–1944 erhöht. Signifikante Wachstumsunterschiede zwischen Heringen aus der Bay of Islands und Port au Port

Bay waren nicht nachzuweisen. In der rel. Jahresklassenzusammensetzung des Bestandes zeichneten sich keine großen Fluktuationen ab.
K. Anwand. 6080.

Ketchen, K. S.; Nanaimo, B. C., Fisheries Res. Board of Canada, Biol. Stat. Observations on the ecology of the Pacific cod (Gadus macrocephalus) in Canadian waters. **(Beobachtungen über die Ökologie des Pazifischen Kabeljaus [Gadus macrocephalus] in kanadischen Gewässern.)** J. Fisheries Res. Board Canada 18 (1961) Nr. 4. S. 513–558. — 13 Abb., 15 Tab., 34 Lit.
Nach den von 1954–1955 und 1957–1958 an *G. macrocephalus* durchgeführten Untersuchungen in den kanadischen Küstengewässern des Pazifiks ließ sich eine Abhängigkeit seiner Tiefenverteilung von der Wassertemperatur feststellen. Die Fische konzentrierten sich in Tiefen mit Wassertemperaturen zwischen 6 und 9 °C (im nördlichen Gebiet bei 6–7 °C und im südlichen Gebiet bei 7–9 °C). Je nach den Temperaturverhältnissen erfolgten Wanderungen der Fische. Das Wachstum von *G. macrocephalus* konnte nach Altersbestimmungen anhand der Schuppen, Otolithen und anderer Hartteile sowie Messungen und durch Markierungen bestimmt werden. Die Sterblichkeitsrate berechnet man aus der Fischgröße im Fang und der Fangmenge.
K. Anwand. 6080.

Daiber, Franklin C.; Newark, Del., Univ. An observation on the deep-sea electric ray. **(Eine Beobachtung an Benthobatis marcida.)** Copeia [Philadelphia] **1959** Nr. 1. S. 74. — 5 Lit. 6080.

Daiber, Franklin C. und Booth, Richard A.; Newark, Del., Univ.; Storrs, Conn., Univ. Notes on the biology of the butterfly rays, Gymnura altavela and Gymnura micrura. **(Beiträge zur Biologie von Gymnura altavela und G. micrura.)** Copeia [Philadelphia] **1960** Nr. 2. S. 137–139. — 3 Tab., 5 Lit.
6080.

Syčevskaja, E. K. und Devjatkin, E. V. (Sytschewskaja, Je. K. und Dewjatkin, Je. W.); Paläontol. Inst. der Akad. der Wiss. der UdSSR; Geol. Inst. der Akad. der Wiss. der UdSSR. Pervye nachodki ryb iz neogenovych i nižnečetvertičnych otloženij Gornogo Altaja. **(Erste Funde von Fischen aus neogenen und diluvialen Ablagerungen des Altai-Gebirges.)** Doklady Akademii nauk SSSR, Moskva **142 (30)** (1962) Nr. 1. S. 173–176. — 1 Tab., 9 Lit.
Bisher waren noch keine Fische aus den neogenen und diluvialen Ablagerungen des südöstlichen Altai-Gebirges bekannt. Im Jahre 1960 konnten im Gebiet einige Fossilien der Ichthyofauna des Süßwassers fesgestellt werden. Bei den Funden handelt es sich um Schuppen, Knochen und teilweise auch um ganze Abdrücke von Fischen. Die Fossilien gehören Vertretern der Salmoniden, Cypriniden und Perciden an. Die einzelnen Fischgattungen werden angeführt. G. Predel. 6082.

Miaskowski, Manfred; Kiel, Univ., Inst. für Meereskunde, Abt. Fischereiwiss. **Variabilitätsstudien an der Wirbelsäule von Cypriniden.** Arch. Fischereiwiss. **10** (1959) Nr. 1/2. S. 31–52. — 37 Abb., 21 Tab., 34 Lit. 6085.

Anwand, K.; Saßnitz, Zweigstelle für Ostseefischerei des Inst. für Fischerei der Dtsch. Akad. der Landwirtsch.-Wiss. zu Berlin. **Über die Fleischgrätenzahlen bei einigen Meeresfischen.** Dtsch. Fischerei-Ztg. **9** (1962) Nr. 6. S. 191–195. — 4 Abb., 3 Tab.
Von Dorsch (*Gadus morhua*), Rotbarsch (*Sebastes mentella*), Makrele (*Scomber scombrus*), Sprotte (*Sprattus sprattus balticus*) und Hering (*Clupea harengus*) wurde die Anzahl der Fleischgräten festgestellt. Die ersten 3 Fischarten zeichnen sich dadurch aus, daß sie keine Fleischgräten besitzen. Beim Sprott konnten im Mittel 140 und beim Hering 152 bzw. 153 Gräten gefunden werden. K. Anwand. 6085.

Weisel, George F.; Missoula, Mont., Univ., Zool. Dep. The osteocranium of the catostomid fish, Catostomus macrocheilus. A study in adaptation and natural relationship. **(Das Kopfskelett von Catostomus macrocheilus. Eine Untersuchung über Adaptation und natürliche Verwandtschaft.)** J. Morphology **106** (1960) Nr. 1. S. 109–129. — 11 Abb., 27 Lit. 6085.

Vásárhelyi, István; Budapest. **Beiträge zur Bestimmung der Karpfenartigen mit Hilfe der Schlundknochen.** Arch. Fischereiwiss. **9** (1958) Nr. 3. S. 187–199. — 31 Abb., 14 Lit. 6085.

Norris, Kenneth S. und Prescott, John H.; Marineland, Calif., Biol. Lab. Jaw structure and tooth replacement in the opaleye, Girella nigricans (Ayres) with notes on other species. **(Kieferstruktur und Zahnerneuerung bei Girella nigricans, mit Bemerkungen über andere Arten.)** Copeia [Philadelphia] **1959** Nr. 4. S. 275–283. — 4 Abb., 1 Tab., 13 Lit. 6085.

Lanzing, W. J. R.; Utrecht, Univ., Zool. Lab. Structure and function of the suction apparatus of the lamprey. **(Struktur und Funktion des Saugapparates von Lampetra fluviatilis.)** Proc., Kon. nederl. Akad. Wetensch., Ser. C **61** (1958) Nr. 3. S. 300–307. — 3 Abb., 5 Lit. 6085.

Hoese, Hinton D. und Berglund jun., Carl O.; Rockport, Texas, Texas Game and Fish Commission, Marine Lab. Coloration in Texas hogchokers, Trinectes maculatus fasciatus. **(Färbung von Trinectes maculatus fasciatus.)** Copeia [Philadelphia] **1958** Nr. 1. S. 55–56. — 6 Lit. 6085.

Deubler jun., Earl E. und Fahy, William E.; Morehead City, N. C., Univ., Inst. of Fisheries Res. A reversed ambicolorate summer flounder, Paralichthys dentatus. **(Ein umgekehrtes, beiderseits gefärbtes Exemplar von Paralichthys dentatus.)** Copeia [Philadelphia] **1958** Nr. 1. S. 55. — 2 Lit. 6085.

Follett, W. I., McCormick, Ralph B. und Best, E. A.; San Francisco, California Acad. of Sci.; Eureka, Calif., Dep. of Fish and Game; Stanford, Calif., Dep. of Fish and Game. First records of sinistrality in Microstomus pacificus (Lockington) and Glyptocephalus zachirus Lockington, pleuronectid fishes of Western North America, with meristic data. **(Erste Berichte über Linksseitigkeit bei Microstomus pacificus und Glyptocephalus zachirus, Pleuronectiden des westlichen Nordamerika, mit meristischen Angaben.)** Copeia [Philadelphia] **1960** Nr. 2. S. 112–119. — 2 Abb., 4 Tab., 20 Lit. 6085.

Harrington jun., Robert W.; Vero Beach, Florida State Board of Health, Entomol. Res. Center. Morphometry and ecology of small tarpon, Megalops atlanticaValenciennes from transitional stage through onset of scale formation. **(Morphometrie und Ökologie junger Megalops atlantica vom Übergangsstadium bis zum Beginn der Schuppenbildung.)** Copeia [Philadelphia] **1958** Nr. 1. S. 1–10. — 13 Abb., 3 Tab., 11 Lit. 6085.

Šuljak, G. S. (Schuljak, G. S.); Hydrobiol. Inst. der Akad. der Wiss. der Ukrain.SSR. Osobennosti razvitija atipičnych kišečnikov karpa. **(Entwicklungsbesonderheiten nichttypischer Karpfendärme.)** Doklady Akademii nauk Ukrainskoj SSR, Kiev **1962** Nr. 1. S. 124–127. — 2 Abb., 7 Lit. Orig.: ukrain., Ausz.: russ., engl.

Der Wechsel in der Gestaltung der Darmschlingen während der frühen postembryonalen Periode geht einher mit verschiedenen Entwicklungsstufen des Gesamtorganismus. Ein Vergleich des äußeren Körperbaues und der Entwicklung des Darmes bei Karpfenlarven und -brut (*Cyprinus carpio*) verschiedenen Alters ermöglicht es, je nach der äußeren Gestalt 4 Larven- und 2 Brutstadien zu unterscheiden. Das Auftreten eines nichttypischen Darmes ist meist auf Entwicklungsstörungen während des 3. Larven- und 1. Brutstadiums zurückzuführen. Eine anhaltende Wachstumsverzögerung im Laufe der Larven-Zeit hat einen Darm mit 2 Schleifen zur Folge.
G. Merla. 6085.

Basu, Satyendra Prasanna; Toronto, Univ., Dep. of Zool. Active respiration of fish in relation to ambient concentrations of oxygen and carbon dioxide. **(Die aktive Atmung der Fische in Beziehung zur Konzentration des umgebenden Sauerstoffs und Kohlendioxyds.)** J. Fisheries Res. Board Canada **16** (1959) Nr. 2. S. 175–212. – 15 Abb., 6 Tab., 41 Lit.
Untersuchungen an *Salvelinus fontinalis, Catostomus commersoni, Ameiurus nebulosus, Cyprinus carpio* und *Carassius auratus.* 6085.

Alabaster, J. S. und Welcomme, R. L.; London, Min. of Agric., Fisheries and Food, Freshwater Fish Lab. Effect of concentration of dissolved oxygen on survival of trout and roach in lethal temperature. **(Der Einfluß des Sauerstoffgehaltes auf die Lebensfähigkeit von Forelle und Plötze bei letalen Temperaturen.)** Nature [London] **194** (1962) Nr. 4823. S. 107. – 1 Abb., 5 Lit.
Für Regenbogenforellen (*Salmo gairdeneri*) und Plötzen (*Rutilus rutilus*) wird die mittlere Überlebenszeit bei O_2-Gehalten von 7,4 und 3,8 mg/l und letal hohen Temperaturen kurvenmäßig dargestellt. Bei geringerem O_2-Gehalt sind die Fische temperaturempfindlicher und sterben eher.
D. Barthelmes. 6085.

Shelton, G.; Birmingham, Univ., Dep. of Zool. and Comparative Physiol. The respiratory centre in the tench [Tinca tinca L.) I. The effects of brain transection on respiration. **(Das Atmungszentrum der Schleie [Tinca tinca]. 1. Mitt. Die Wirkung von Gehirndurchtrennung auf die Atmung.)** J. exp. Biology **36** (1959) Nr. 1. S. 191–202. – 6 Abb., 14 Lit. 6085.

Ray, Carleton; New York, N. Y., Columbia Univ., Dep. of Zool. The application of Bergmann's and Allen's rules to the poikilotherms. **(Die Anwendung der Regeln von Bergmann und Allen bei Poikilothermen.)** J. Morphology **106** (1960) Nr. 1. S. 85–108. – 2 Abb., 6 Tab., 57 Lit.
Neben verschiedenen anderen Tierarten wurde auch *Xiphophorus maculatus* untersucht. 6085.

Morris, Robert W.; Eugene, Univ. of Oregon, Dep. of Biol. Body size and temperature sensitivity in the cichlid fish, Aequidens portalegrensis (Hensel). **(Körpergröße und Temperaturempfindlichkeit bei dem Cichliden Aequidens portalegrensis.)** Amer. Naturalist **96** (1962) Nr. 886. S. 35–50. – 5 Abb., 1 Tab., 10 Lit.
Vf. untersuchte die Beziehung zwischen Körpergröße und dem akuten Q_{10}-Wert bei 22,27 und 32 °C. Die Reaktion der Fische wird durch den O_2-Verbrauch angegeben. Frisch geschlüpfte Larven ließen keinen Akklimatisationseinfluß erkennen. Die fortschreitende Abnahme im O_2-Verbrauch wird mit steigender Fischgröße während der frühen Lebensperiode bei hohen Temperaturen deutlich, wodurch die Q_{10}-Werte sinken. Später kann der größere Fisch eine Anpassung an höhere Temperaturen unter gleichlaufendem Verlust der Einstellungsfähigkeit auf niedere Temperaturen erwerben. Die Korrelation zwischen Größe und Q_{10} ist dann positiv. Die Anpassungsfähigkeit an hohe Temperaturen wurde im vorliegenden Falle bei einem Stückgewicht von 6–7 g erlangt. G. Merla. 6085.

Spaas, J. T.; Elisabethville, Belgian Congo. Contribution to the comparative physiology and genetics of the European salmonidae. III. Temperature resistance at different ages. **(Beiträge zur vergleichenden Physiologie und Genetik der europäischen Salmoniden. 3. Mitt. Temperaturresistenz in verschiedenem Alter.)** Hydrobiologia [Den Haag] **15** (1960) Nr. 1/2. S. 78–88. – 3 Abb., 4 Tab., 22 Lit. 2. Mitt. vgl. LZ. Abt. III **4** (1959) Nr. 4. S. 780.
Die Untersuchungen wurden an Jungfischen von *Salmo salar, S. trutta trutta* und *S. trutta fario* durchgeführt. Es zeigte sich dabei, daß die Temperaturresistenz mit dem Alter wächst. Es besteht eine positive Korrelation zwischen

der individuellen Temperaturresistenz und der Länge sowie dem Gewicht. Der Lachs zeichnet sich durch eine höhere Temperaturresistenz aus als die beiden Forellen, zwischen denen keine signifikanten Unterschiede festzustellen waren. Bei 5–6 cm langen Exemplaren betrug die Letaltemperatur des Lachses 28,5 °C, der Meerforelle 26,4 °C und der Bachforelle 25,9 °C. Mit zunehmender Größe nehmen die Differenzen zwischen dem Lachs einerseits und den beiden Forellen andererseits ab. W. Steffens. 6085.

Freeman, John A.; Rock Hill., S. C., Winthrop Coll., Biol. Dep. Sex difference in accidental mortality of guppies exposed to elevated temperature. **(Geschlechtsbedingte Unterschiede bei einem plötzlichen Sterben von Lebistes reticulatus durch erhöhte Temperatur.)** Nature [London] **186** (1960) Nr. 4723. S. 491. – 1 Tab., 12 Lit.
Bei einer unbeabsichtigten Temperaturerhöhung auf 41 °C starben von 2000 zu Versuchszwecken gehaltenen Exemplaren von *Lebistes reticulatus* ca. 150 erwachsene Fische. Dabei stellten sich signifikante geschlechtsbedingte Unterschiede heraus. Während nur 32% der Männchen überlebten, waren noch 81% der Weibchen am Leben. Jüngere und kleinere Fische gingen in der Regel eher ein als adulte bzw. größere. W. Steffens. 6085.

Cocking, Anthony W.; London, King's Coll., Dep. of Zool. The effects of high temperatures on roach (Rutilus rutilus). I. The effects of constant high temperatures. **(Wirkungen hoher Temperaturen auf die Plötze [Rutilus rutilus]. 1. Mitt. Wirkungen konstanter hoher Temperaturen.)** J. exp. Biology **36** (1959) Nr. 1. S. 203–216. – 4 Abb., 4 Tab., 36 Lit. 6085.

Cocking, Anthony W.; London, King's Coll., Dep. of Zool. The effects of high temperatures on roach [Rutilus rutilus). II. The effects of temperature increasing at a known constant rate. **(Wirkungen hoher Temperaturen auf die Plötze [Rutilus rutilus] . 2. Mitt. Wirkungen von Temperatur, die in bekanntem, konstantem Maß ansteigt.)** J. exp. Biology **36** (1959) Nr. 1. S. 217–226. – 5 Abb., 1 Tab., 12 Lit. 1. Mitt., vgl. vorst. Ref. 6085.

Schadé, J. P. und Weiler, Ivan Jeanne; Pasadena, Calif., Inst. of Technol., Div. of Biol. Electroencephalographic patterns of the goldfish (Carassius auratus L.) **(Elektroencephalogramme vom Goldfisch [Carassius auratus.])** J. exp. Biology **36** (1959) Nr. 3. S. 435–452. – 8 Abb., 30 Lit. 6085.

Fährmann, W.; Schlitz, Hessen, Hydrobiol. Anstalt der Max-Planck-Ges., Fuldastat. **Durchschneidung des Reissnerschen Fadens im Rückenmark von Salmo irideus.** Naturwissenschaften **49** (1962) Nr. 5. S. 113–114.
Die Durchtrennung des Rückenmarks erfolgte in Höhe der Rückenflosse durch lateral geführte Stichinzision, die Fixierung der Tiere von 5 Std. bis zu 14 Tg. post operationem. 5–12 Std. nach der Operation war noch keine Veränderung am Reissnerschen Faden (RF) erkennbar. Nach ca. 2 Tg. wird der RF im distalen Rückenmark allmählich dünner, während er sich im proximalen Abschnitt nicht verändert. Der Zentralkanal erweitert sich jedoch kurz vor der Operationsstelle ampullaartig. Der vollständige Verlust des RF im distalen Rückenmark tritt – mit individuellen Schwankungen – zwischen dem 4. und 7. Tag post operationem ein. Die Massa caudalis bleibt etwas länger erhalten. G. Merla. 6085.

Nursall, J. R.; Edmonton, Alberta, Univ., Dep. of Zool. A method of analysis of the swimming of fish. **(Eine Methode zur Analyse des Schwimmens der Fische.)** Copeia [Philadelphia] **1958** Nr. 2. S. 136–141. – 6 Abb., 5 Lit. 6085.

Swift, D. R.; Far Sawrey, Ambleside, Freshwater Biol. Assoc. Seasonal variation in the activity of the thyroid gland of yearling brown trout Salmo trutta Linn. **(Jahreszeitliche Veränderung in der Aktivität der Schilddrüse**

einjähriger Bachforellen.) J. exp. Biology **36** (1959) Nr. 1. S. 120–125. – 6 Abb., 6 Lit. 6085.

Srivastava, P. N.; Halifax, Nova Scotia, Dalhousie Univ., Dep. of Zool. Thyroidal control of radiophosphorus metabolism in yearling salmon, Salmo salar L. **(Kontrolle des Radiophosphor-Stoffwechsels durch die Schilddrüse bei einjährigen Lachsen, Salmo salar.)** Canad. J. Zool. **38** (1960) Nr. 2. S. 249–256. – 4 Abb., 2 Tab., 23 Lit. 6085.

Srivastava, P. N.; Jodhpur, India, Univ. of Rajasthan, Dep. of Zool. Effect of thyroxine on radioiodine metabolism by the thyroid gland of goldfish, Carassius auratus L., in fresh and iodine-enriched water. **(Der Einfluß von Thyroxin auf den Radiojod-Stoffwechsel der Schilddrüse von C. auratus in Süßwasser und jodangereichertem Wasser.)** Experientia [Basel] **18** (1962) Nr. 3. S. 147–149. – 2 Abb., 12 Lit.
Allg. wird bei höherem J-Gehalt des Wassers weniger J im Fisch gespeichert, Fische aus Meer- und Süßwasser unterscheiden sich daher im J-Gehalt. Vf. untersuchte, ob Thyroxin-Injektion dieses Verhältnis ändert. Es zeigte sich, daß sowohl in J-reichem Wasser als auch in Süßwasser eine Thyroxin-Injektion die J-Abgabe der Schilddrüse hemmt, was auch bei Säugern in ähnlicher Weise eintritt. Die abs. Größen der Speicherung und Abgabe von ^{131}J hängen jedoch vom J-Gehalt des Wassers ab. Im Süßwasser wird mehr J im Fisch gespeichert. G. Merla. 6085.

Burger, J. Wendell und Hess, Walter N.; Salisbury Cove, Me., Mount Desert Island, Biol. Lab. Function of the rectal gland in the spiny dogfish. **(Funktion der Rectaldrüse bei Squalus acanthias.)** Science [Washington] **134** (1960) Nr. 3401. S. 670–671. – 1 Tab., 8 Lit. 6085.

Wittenberg, Jonathan B. und Wittenberg, Beatrice A. Active secretion of oxygen into the eye of fish. **(Aktive Sauerstoffsekretion im Fischauge.)** Nature [London] **194** (1962) Nr. 4823. S. 106–107. – 1 Tab., 16 Lit.
Bei einer Anzahl von Meeresfischen, u. a. auch beim Dorsch, stellten Vff. ungewöhnlich hohe O_2-Drucke im Auge fest. O_2 wird sehr wahrscheinlich von einem Wundernetz in der Chorioidea sezerniert, da der Ausbildungsgrad des Netzes und die Höhe der gefundenen O_2-Drucke etwa parallel laufen. D. Barthelmes. 6085.

Röskenbleck, H. und Niesel, W.; Kiel, Univ., Physiol. Inst. **Die „Sauerstoffsekretion" in die Schwimmblase von Tiefseefischen.** Naturwissenschaften **49** (1962) Nr. 5. S. 114–115.
Es wird als wahrscheinlich angenommen, daß die Füllung der Schwimmblase primär durch eine O_2-Sekretion zustande kommt, während CO_2 durch metabolische Prozesse in der Blase gebildet wird. Vff. konnten zeigen, daß eine O_2-Sekretion durch aktive Zellprozesse nicht nur innerhalb der Schwimmblase, sondern auch längs des Gegenstrom-Austausch-Systems des Rete mirabile sehr erschwert ist. Die O_2-Sekretion kann somit nur auf dem Wege über einen Löslichkeitsunterschied zwischen zu- und abfließendem Blut zustande kommen, wobei die Änderung der Löslichkeit nur über eine O_2-Affinitätsänderung erfolgen kann. Im strömenden Reteblut kann ein pH-Unterschied auftreten, der zu einer Änderung der O_2-Affinität führt. Der Vorgang der O_2-Sekretion setzt somit das Strömen des Blutes voraus, wodurch aus zeitlicher pH-Verschiebung eine örtliche pH-Differenz entsteht, die die O_2-Sekretion ermöglicht. G. Merla. 6085.

Krnjević, K.; Babraham, Cambridge, A. R. C., Inst. of Animal Physiol. Cholinergic transmission in fish muscle. **(Cholinerge Erregungsübertragung im Fischmuskel.)** Nature [London] **191** (1961) Nr. 4796. S. 1403–1404. – 2 Abb., 3 Lit. Es wurde an einem Goldfisch (*Carassius auratus*) der Beweis erbracht, daß die Aktivierung des Fischmuskels durch Acetylcholin an einigen reizbaren

Bereichen möglich ist. Die Membranspannung der Muskelfasern wurde am unteren Teil des lateralen Muskels mit Hilfe einer KCl enthaltenden Mikroglaspipette gemessen. Mittels einer ähnlichen Mikropipette wurde Acetylcholin an reizbaren Stellen an der Oberfläche der Muskelfaser zugeführt, worauf eine schnelle Depolarisierung und eine Kontraktion der Muskelfaser erfolgte. Die Wirkung wurde an den nach außen verlaufenden Schwingungen in der KCl enthaltenden Pipette beobachtet. Indirekt wurde die Freisetzung von Acetylcholin im Muskel durch Zufuhr von Eserin nachgewiesen. W. Kracht. 6085.

Ranke, Bruno; Hamburg, Univ., Physiol.-Chem. Inst.; Inst. für Küsten- und Binnenfischerei. **Über die nicht-eiweißgebundenen und eiweißgebundenen Aminosäurenbestände von Fischen, Mollusken und Krebsen.** Arch. Fischereiwiss. **10** (1959) Nr. 1/2. S. 117–159. — 10 Abb., 16 Tab., 33 Lit. 6085.

Yanni, Moread; Kairo, Ain-Shams Univ., Dep. of Zool. Effect of starvation on contents of water and lipides of tissues of *Clarius lazera.* **(Der Einfluß des Hungers auf den Wasser- und Lipoidgehalt der Gewebe von Clarius lazera.)** Z. vergleich. Physiol. **45** (1962) Nr. 4. S. 390–395. — 2 Tab., 19 Lit.
Am Blut und verschiedenen Organen, wie Leber, Skelettmuskulatur, Milz, Verdauungskanal, Haut, Gonaden, Nieren, Herz, Kiemen und Gehirn ist der Einfluß 2-, 4- und 7mon. Hungerperioden auf den Lipoid- und Wassergehalt untersucht worden. Nach 2 Mon. war in allen Organen, außer der Leber und dem Verdauungstrakt, Abnahme des Lipoidgehalts zu verzeichnen. Die weitere Abnahme war der Hungerzeit proportional. Herz, Kiemen und Gehirn halten jedoch eine gewisse Reserve aufrecht, so daß die Werte für 4- und 7mon. Perioden gleich sind. Nach 7 Mon. wurde maximale Abnahme in Blut, Muskulatur, Verdauungstrakt, Kiemen und Milz gefunden. Die geringste Abnahme war im Gehirn, im Herz, der Leber und der Niere festzustellen. Der Wasserverlust ist nach 7 Mon. in Leber, Milz, Verdauungstrakt und Niere am größten, am geringsten in der Haut, dem Gehirn, den Kiemen und dem Herzen. M. Hegemann. 6085.

Vartapetjan, B. B. (Wartapetjan, B. B.); Moskau, Pflanzenphysiol. Timirjasew-Inst. der Akad. der Wiss. der UdSSR. Skorost' vodoobmena u morskoj kostistoj ryby. **(Geschwindigkeit des Wasseraustauschs bei den Knochenfischen des Meeres.)** Doklady Akademii nauk SSSR, Moskva **143(30)** (1962) Nr. 3. S. 721–723. — 2 Abb., 1 Tab., 5 Lit.
An Meeresfischen (*Mugil saliens*) und Süßwasserfischen (*Leucaspius delineatus*) wurde mit Hilfe von markiertem Wasser ($H_2^{18}O$) die Intensität des Wasseraustausches untersucht. Dabei gelangte man zu der Feststellung, daß die Geschwindigkeit des Austausches des Körperwassers mit dem Wasser der Umgebung bei beiden Fischen etwa gleich ist. In jeder Min. werden ca. 10% des Körperwassers ausgetauscht, in einer Viertelstd. ca. die Hälfte und in 2 bis 3 Std. das Gesamtwasser. Vf. gelangt zu dem Schluß, daß das Vorhandensein von Oxyden des Trimethylamins bei Meeresfischen kaum als begrenzender Faktor für den Eintritt von Wasser in den Fischkörper gelten kann. G. Predel. 6085.

Collins, Gerald B., Gauley, Joseph R. und Elling, Carl H.; Seattle, Wash., U. S. Bureau of Commercial Fisheries. Ability of salmonids to ascend high fishways. **(Das Aufstiegsvermögen von Salmoniden in hohen Fischtreppen.)** Trans. Amer. Fisheries Soc. **91** (1962) Nr. 1. S. 1–7. — 5 Abb., 2 Tab., 8 Lit.
Aufstiegsgeschwindigkeit und -beharrlichkeit von *Oncorhynchus tshawytscha*, *O. nerka* und *Salmo gairdneri* wurden in einem Fischpaß getestet, aus dessen oberer Stufe die Fische über eine Schleuse wieder in die untere Stufe gelangten, so daß ein kontinuierliches Aufsteigen vorgetäuscht wurde. Bei Fischen, die

einen Aufstieg von 305 m bewältigt hatten, zeigte der Blutzuckerspiegel keine Merkmale einer Ermattung. Ein einzelner *O. nerka* stieg in 5 Tagen über 2000 m hoch, bevor der Versuch unterbrochen wurde. Die Versuche zeigten, daß die bisher im Columbia-River-System vorhandenen Fischpässe leicht überwunden werden können. Die dort teilweise beobachteten Ermüdungserscheinungen können nicht auf das Überwinden der hohen Dämme zurückgeführt werden. G. Seifert. 6085.

Wahl, Richard W.; Charleston, W. Va., Conserv. Commiss. Chromosome morphology in lake trout Salvelinus namaycush. **(Chromosomenmorphologie von Salvelinus namaycush.)** Copeia [Philadelphia] **1960** Nr. 1. S. 16–19. – 5 Abb., 8 Lit.

Die Chromosomenzahlen betragen 2 n = 84 für *Salvelinus namaycush*, 80 für *S. alpinus* und 84 für *S. fontinalis*. Die Chromosomen von *S. fontinalis* sind kleiner als die der beiden anderen Arten. Bei allen 3 Spezies kommen 8 V-förmige Chromosomenpaare vor, der Rest ist stabförmig. Wie Hybridisierungsversuche und das zytologische Bild zeigen, besteht zwischen den Saiblingen eine größere Chromosomenähnlichkeit als zwischen den Angehörigen der Gattung *Salmo*. W. Steffens. 6090.

Yamamoto, Toki-O; Nagoya, Japan, Univ., Fac. of Sci., Biol. Inst. A further study on induction of functional sex reversal in genotypic males of the medaka (Oryzias latipes) and progenies of sex reversals. **(Eine weitere Untersuchung über die Induktion der funktionellen Geschlechtsumkehr bei genotypischen Männchen von Oryzias latipes und die Nachkommen solcher Tiere.)** Genetics 44 (1959) Nr. 4. S. 739–757. – 6 Abb., 4 Tab., 29 Lit. 6090.

Gottfried, H., Hunt, S. V., Simpson, T. H. und Wright, R. S.,; Aberdeen, Dep. of Sci. and Ind. Res., Torry Res. Stat. Sex hormones in fish. The oestrogenes of cod (Gadus callarias). **(Sexualhormone beim Fisch. Die Oestrogene des Dorsches [Gadus callarias].)** J. Endocrinology **24** (1962) Nr. 4. S. 425–430. – 18 Lit.

Reife Eier des Dorsches haben einen Gehalt von 4,8 μg/kg bzw. 5,3 μg/Fisch Oestradiol-17 β. Oestron liegt in einer Menge von 1 μg/kg bzw. 1,1 μg/Fisch vor. Unreife Eier enthalten nur Spuren dieser Substanzen. Andere Phenylsteroide konnten nicht gefunden werden. Das Ovar enthält nur 0,4 μg Oestradiol pro Fisch. In den Hoden ist weder Oestron noch Oestradiol, dagegen eine nicht identifizierbare, dem Oestradiol-17β ähnliche Substanz in einer Konzentration von 0,1 μg/Fisch vorhanden. M. Hegemann. 6090.

Dean, F. Dorothy und Jones, I. Chester; Liverpool, Univ., Dep. of Zool.; Sheffield, Univ., Dep. of Zool. Sex steroids in the lungfish (Protopterus annectens Owen). **(Geschlechtssteroide bei Protopterus annectens.)** J. Endocrinology 18 (1959) Nr. 4. S. 366–371. – 1 Tab., 24 Lit. 6090.

Kelley, John W.; Augusta, Maine Dep. of Inland Fisheries and Game. Sexual maturity and fecundity of the largemouth bass, Micropterus salmoides (Lacépède), in Maine. **(Geschlechtsreife und Fruchtbarkeit von Micropterus salmoides in Maine.)** Trans. Amer. Fisheries Soc. **91** (1962) Nr. 1. S. 23–28. – 3 Abb., 4 Tab., 12 Lit.

Vf. bestimmte den Reifezustand der Ovarien von 46 weibl. *Micropterus salmoides* mit Hilfe der Größen-Häufigkeit der Eier. Außerdem wurde die Eiproduktion von 20 reifen Weibchen untersucht, sie betrug 5000 bis 82000 Eier und zeigte je nach Alter und Größe der Fische erhebliche Schwankungen. Ab Altersgruppe 7 scheint die Eiproduktion wieder abzunehmen. Durch Rückberechnungen konnten die Beziehungen zwischen Fruchtbarkeit und Alter, Gewicht und Länge ermittelt werden. Die Fruchtbarkeit ist in stärkerem Maße vom Alter als von Gewicht oder Länge abhängig.

G. Seifert. 6090.

Sundararaj, Bangalore I. und Suttkus, Royal, D.; New Orleans, La., Tulane Univ., Dep. of Zool. Fecundity of the spotted seatrout, Cynoscion nebulosus (Cuvier), from Lake Borgne area, Louisiana. **(Die Fruchtbarkeit von Cynoscion nebulosus im Gebiet des Borgne-Sees, Louisiana.)** Trans.Amer. Fisheries Soc. **91** (1962) Nr. 1. S. 84–88. – 4 Abb., 6 Tab., 10 Lit.

Die Fruchtbarkeit von *Cynoscion nebulosus* wurde mit Hilfe einer gravimetrischen Methode bestimmt; sie nimmt mit höherem Alter und größerer Länge zu. Bei Individuen mit vergleichbarer Größe und entsprechendem Alter sind die Ovarien schwerer als die Testes. Die Mittelwerte des Volumens, des Eidurchmessers und der Eizahl pro Gramm des Ovars sowie das Durchschnittsgewicht der Testes weisen auf eine maximale Laichaktivität im Juli hin. Fische der Altersgruppen II, III und IV sind mit 91,9% an der insgesamt abgelegten Eimenge beteiligt, die der Altersgruppe I nur in sehr geringem Maße G. Seifert. 6090.

Anochina, L. E. (Anochina, L. Je.); Moskau, Sewerzow-Inst. für Tiermorphol. der Akad. der Wiss. der UdSSR. Nekotorye voprosy plodovitosti sel'di Onežskogo zaliva. **(Einige Fragen der Heringsfruchtbarkeit in der Onega-Bucht.)** Doklady Akademii nauk SSSR, Moskva **142(30)** (1962) Nr. 6. S. 1412–1415. – 6 Tab., 7 Lit.

Untersucht wurde die abs. und rel. Fruchtbarkeit weiblicher Heringe (*Clupea harengus*) der Onega-Bucht in Abhängigkeit von verschiedenen Faktoren. Es zeigte sich, daß eine Verbesserung der Existenzbedingungen zu einer Erhöhung der Fruchtbarkeit führt. Bei Heringen mit höherem Fettgehalt kann auch eine qualitative Verbesserung der Eier beobachtet werden, was sich in einer erhöhten Lebensfähigkeit der geschlüpften Larven ausdrückt. Man kann deshalb annehmen, daß in Jahren, denen eine warme Nahrungssaison vorausging, der Kleinhering der Onega-Bucht einen fruchtbaren Jahrgang hervorbringt. G. Predel. 6090.

Williams, George C.; East Lansing, Mich., Univ., Dep. of Nat. Sci. Ovary weights of darters: A test of the alleged association of parental care with reduced fecundity in fishes. **(Ovariengewichte bei Etheostoma-Arten: Eine Prüfung des angeblichen Zusammenhanges zwischen Brutpflege und reduzierter Fruchtbarkeit bei Fischen.)** Copeia [Philadelphia] **1959** Nr. 1. S. 18–24. – 1 Abb., 1 Tab., 28 Lit.

Große Fische haben mehr Eier als kleine Fische und Fische mit kleinen Eiern mehr als solche mit großen Eiern. Literaturangaben sowie die Untersuchungen des Vf. an 4 *Etheostoma*-Arten geben keinen Anhalt dafür, daß das rel. Ovariengewicht bei brutpflegenden Arten geringer ist als bei Spezies, die die Eier nach der Ablage verlassen. 2 *Etheostoma*-Arten, die Brutpflege treiben, hatten größere rel. Ovariengewichte als 2 andere Arten der gleichen Gattung, die die Eier verlassen. W. Steffens. 6090.

Hubbs, Clark; Austin, Texas, Univ., Dep. of Zool. Geographic variations in egg complement of Percina caprodes and Etheostoma spectabile. **(Geographische Veränderungen in der Eizahl bei Percina caprodes und Etheostoma spectabile.)** Copeia [Philadelphia] **1958** Nr. 2. S. 102–105. – 2 Abb., 19 Lit. 6090.

Idler, D. R. und Bitners, I.; Vancouver, Brit. Columbia, Fisheries Res. Board of Canada, Technol. Stat. Biochemical studies on sockeye salmon during spawning migration. V. Cholesterol, fat, protein and water in the body of the standard fish. **(Biochemische Untersuchungen an Oncorhynchus nerka während der Laichwanderung. 5. Mitt. Cholesterol-, Fett-, Eiweiß- und Wassergehalt des Körpers.)** J. Fisheries Res. Board Canada **16** (1959) Nr. 2. S. 235–241. – 4 Tab., 5 Lit. 6090.

Creelman, Vera M. und Tomlinson, Neil; Vancouver, Brit. Columbia, Fisheries Res. Board of Canada, Technol. Stat. Biochemical studies on sockeye salmon during spawning migration. VI. Ribonucleic acid and deoxyribonucleic acid. **(Biochemische Untersuchungen an Oncorhynchus nerka während der Laichwanderung. 6. Mitt. Ribonukleinsäure und Desoxyribonukleinsäure.)** J. Fisheries Res. Board Canada **16** (1959) Nr. 4. S. 421–428. – 3 Tab., 20 Lit. 5. Mitt. vgl. vorst. Ref. 6090.

Idler, D. R. und Tsuyuki, H.; Vancouver, Brit. Columbia, Fisheries Res. Board of Canada, Technol. Stat. Biochemical studies on sockeye salmon during spawning migration. VIII. Androgen content of testes. **(Biochemische Untersuchungen an Oncorhynchus nerka während der Laichwanderung. 8. Mitt. Der Androgengehalt der männlichen Keimdrüsen.)** J. Fisheries Res. Board Canada **16** (1959) Nr. 4. S. 559–560. – 1 Tab., 4 Lit. 6. Mitt. vgl. vorst. Ref. 6090.

Idler, D. R. und Bitners, I.; Vancouver, Brit. Columbia, Fisheries Res. Board of Canada, Technol. Stat. Biochemical studies on sockeye salmon during spawning migration. IX. Fat, protein and water in the major internal organs and cholesterol in the liver and gonads of the standard fish. **(Biochemische Untersuchungen an Oncorhynchus nerka während der Laichwanderung. 9. Mitt. Fett-, Eiweiß- und Wassergehalt in den hauptsächlichen inneren Organen und Cholesterolgehalt von Leber und Gonaden.)** J. Fisheries Res. Board Canada **17** (1960) Nr. 1. S. 113–122. – 3 Tab., 5 Lit. 8. Mitt. vgl. vorst. Ref. 6090.

Jonas, R. E. E. und MacLeod, R. A.; Vancouver, Brit. Columbia, Fisheries Res. Board of Canada, Technol. Stat. Biochemical studies on sockeye salmon during spawning migration. X. Glucose, total protein, non-protein nitrogen and amino acid nitrogen in plasma. **(Biochemische Untersuchungen an Oncorhynchus nerka während der Laichwanderung. 10. Mitt. Glukose, Gesamteiweiß, nichteiweißgebundener Stickstoff und Aminosäurenstickstoff im Plasma.)** J. Fisheries Res. Board Canada **17** (1960) Nr. 1. S. 125–126. – 1 Tab., 5 Lit. 9. Mitt. vgl. vorst. Ref. 6090.

Wood, J. D., Duncan, D. W. und Jackson, M.; Vancouver, Brit. Columbia, Fisheries Res. Board of Canada, Technol. Stat. Biochemical studies on sockeye salmon during spawning migration. XI. The free histidine content of the tissues. **(Biochemische Untersuchungen an Oncorhynchus nerka während der Laichwanderung. 11. Mitt. Der Gehalt an freiem Histidin in den Geweben.)** J. Fisheries Res. Board Canada **17** (1960) Nr. 3. S. 347–351. – 2 Tab., 12 Lit. 10. Mitt. vgl. vorst. Ref. 6090.

Chang, V. M., Tsuyuki, H. und Idler, D. R.; Vancouver, Brit. Columbia, Fisheries Res. Board of Canada, Technol. Stat. Biochemical studies on sockeye salmon during spawning migration. XIII. The distribution of phosphorus compounds, creatine and inositol in the major tissues. **(Biochemische Untersuchungen an Oncorhynchus nerka während der Laichwanderung. 13. Mitt. Die Verteilung von Phosphorverbindungen, Kreatin und Inositol in den hauptsächlichen Geweben.)** J. Fisheries Res. Board Canada **17** (1960) Nr. 4. S. 565–582. – 10 Tab., 18 Lit. 11. Mitt. vgl. vorst. Ref. 6090.

MacLeod, A. Robert, Jonas, R. E. E. und Onofrey, E.; Vancouver, Brit. Columbia, Fisheries Res. Board of Canada, Technol. Stat. A biochemical study of coho salmon (Oncorhynchus kisutch) maturing sexually in an aquarium. **(Biochemische Untersuchungen an Coho-Lachsen [Oncorhynchus kisutch], die in einem Aquarium geschlechtsreif wurden.)** J. Fisheries Res. Board Canada **17** (1960) Nr. 3. S. 323–335. – 5 Tab., 29 Lit. 6090.

Zbarskij, I. B. und Ermolaeva, L. P. (Sbarski, I. B. und Jermolajewa, L. P.); Moskau, Sewerzow-Inst. für Tiermorphol. der Akad. der Wiss. der UdSSR. O sostave jader spermiev baltijkogo lososja. **(Über die Zusammensetzung der Spermienkerne des Ostseelachses.)** Doklady Akademii nauk SSSR, Moskva **140(29)** (1961) Nr. 1. S. 240–243. – 3 Tab., 17 Lit.

Reife Spermien von *Salmo salar* wurden auf ihren Gehalt an Ribonukleinsäure (RNS) und Eiweiß mit nichtprotaminem Charakter untersucht. Die Methodik wird beschrieben. Es zeigte sich, daß die Spermienkerne des Lachses RNS enthalten, wenn auch in geringen Mengen. Das Verhältnis Desoxyribonukleinsäure (DNS) zu Aminosäuren betrug $5 \cdot 10^{-3}$ und das Verhältnis RNS:DNS $4 \cdot 10^{-4}$. Diese Größen liegen bedeutend niedriger, als sie für die Spermienköpfe von Stören ermittelt wurden. Bestätigt wird damit die Gesetzmäßigkeit, daß das erwähnte Verhältnis um so niedriger ist, je weniger der Kernapparat entwickelt und je geringer die funktionelle Aktivität der Zellen ist. G. Predel. 6090.

Detlaf, T. A. und Zubova, S. Ė. (Detlaf, T. A. und Subowa, S. E.); Moskau, Sewerzow-Inst. für Tiermorphol. der Akad. der Wiss. der UdSSR. Sootnošenie prodolžitel'nosti periodov sozrevanija i zarodyševogo razvitija u osetra i sevrjugi. **(Verhältnis zwischen der Dauer der Reifeperiode und der Eientwicklung bei Stör und Sternhausen.)** Doklady Akademii nauk SSSR, Moskva **143(30)** (1962) Nr. 3. S. 746–748. – 2 Abb., 6 Lit.
Bei Weibchen von *Acipenser sturio* und *A. stellatus*, die einer Hypophyseninjektion unterzogen wurden, untersuchten Vff. das Verhältnis der Zeiten der Eientwicklung im weiblichen Organismus und der Eientwicklung bis zum Schlüpfen. Das Verhältnis war bei allen Weibchen praktisch gleich 0,19 ± 0,02. Beide Prozesse verändern sich mit Veränderung der Temperatur. Die höchsten Werte für das genannte Verhältnis wurden bei höheren Wassertemperaturen beobachtet. An Hand einer vereinfachten graphischen Darstellung lassen sich die Zeiten der Reifung der Laicher von Stör und Sternhausen in Abhängigkeit von der Temperatur ablesen. G. Predel. 6090.

Wood, E. M. Fixation du radioiode par les oeufs et alevins de quelques salmonidés (Salmo fario L., Salmo irideus GIB., Salmo salar L.) **(Die Anlagerung von radioaktivem Jod in Eiern und Brut einiger Salmoniden [Salmo fario, S. irideus. S. salar].)** Ann. Stat. centr. Hydrobiol. appl. **1958** Nr. 7. S. 285–299. – 3 Abb., 5 Tab., 10 Lit. 6090.

Marrable, A. W.; Bristol, Univ., Dep. of Veterin. Anatomy. Variations in early cleavage of the zebra fish. **(Veränderungen der frühen Teilungsvorgänge bei Brachydanio rerio.)** Nature [London], Suppl. **184** (1959) Nr. 15. S. 1160–1161. - 1 Tab., 5 Lit. 6090.

Balon, Eugeniusz K.; Bratislava, Lab. für Fischerei der Slow. Akad. der Wiss. **Die Entwicklung des akklimatisierten Lepomis gibbosus (Linné 1748) während der embryonalen Periode in den Donauseitengewässern.** Z. Fischerei Hilfswiss. [N. F.] 8 (1959) Nr. 1/3. S. 1–27. – 22 Abb., 56 Lit. 6090.

Schwartz, Frank J.; Solomons, Md., Dep. of Res. and Education, Chesapeake Biol. Lab. The breeding behavior of the Southern blacknose dace, Rhinichthys atratulus obtusus Agassiz. **(Das Laichverhalten von Rhinichthys atratulus abtusus.)** Copeia [Philadelphia] **1958** Nr. 2. S. 141–143. – 1 Tab., 2 Lit. 6090.

Kramer, Robert H. und Smith, Lloyd, L.; St. Paul, Univ. of Minnesota, Dep. of Entomol. and Econ. Zool. Formation of year classes in largemouth bass. **(Bildung der Jahresklassen beim Forellenbarsch.)** Trans. Amer. Fisheries Soc. **91** (1962) Nr. 1. S. 29–41. – 4 Abb., 12 Tab., 10 Lit.
Die Stärke eines Jahrganges von *Micropterus salmoides* wird bis zu den ersten 2 Wochen nach dem Schlüpfen der Brut bestimmt durch die Wassertemperatur, den Wind, die Wassertiefe, in der sich das Nest befindet, und den Bodentyp, auf dem das Nest angelegt wurde. Zur Ermittlung dieser Faktoren wurden im George-See, Minnesota, und 2 angrenzenden Gewässern umfangreiche Untersuchungen durchgeführt. Die Stärke der Jahrgänge ist abhängig von dem Anteil an Nestern mit gutem Brutaufkommen. Faktoren

wie Lichtverhältnisse, Sauerstoffgehalt, Alkalinität, pH-Wert, Kannibalismus und Dezimierung durch Räuber, Ernährungsweise, Wachstumsgeschwindigkeit und Kondition üben keinen Einfluß auf die Stärke der einzelnen Jahrgänge aus. G. Seifert. 6095.

Holzlöhner, S.; Rostock-Marienehe, Inst. für Hochseefischerei und Fischverarb., Abt. Fischereibiol. **Bemerkungen zum gegenwärtigen Zustand des atlanto-skandischen Heringsbestandes.** Fischereiforschung **5** (1962) Nr. 2. S. 6–11. – 11 Abb., 3 Tab., 6 Lit.
Vf. gibt zuerst einen Überblick über den jährlichen Lebenszyklus der atlanto-skandischen Heringspopulation (*Clupea harengus*) und seine Auswirkungen auf die Fischerei. Der erwachsene Bestand ist stark geschwächt, es herrscht momentan der extrem starke Jahrgang 1950 vor. Die überdurchschnittlichen Jahresklassen der Folgejahre sind durch die norwegische Kleinheringsfischerei stark dezimiert worden. Erst durch die rel. guten Jahrgänge 1959 und 1960 kann eine Ergänzung erfolgen. Für die Flotte der DDR (Schleppnetzfischerei) bestehen jetzt und auch in nächster Zukunft nur geringe Fangmöglichkeiten, lediglich Ende Febr. bis Anfang März kann auf dem norwegischen Küstenschelf im Raum Svinöy gefischt werden. Für die pelagische Fischerei bestehen kaum Einsatzmöglichkeiten.
F.-K. Löwe. 6095.

Konstantinov, K. G. (Konstantinow, K. G.); Murmansk, Forsch.-Inst. für Hochseefischerei und Ozeanogr. des Polargebietes. O mestnych stadach okunja-kljuvača Severnoj Atlantiki. **(Über lokale Bestände des Schnabelbarsches im Nord-Atlantik.)** Rybnoe chozjajstvo, Moskva **38** (1962) Nr. 2. S. 12–15. – 1 Abb., 6 Tab.
Durch Messung morphol. Kennzeichen und ihre Überarbeitung mit Hilfe der Variationsstatistik wurde festgestellt, daß zwischen den Rotbarschbeständen (*Sebastes mentella*) der Kopytow-Bank und der Bäreninselbank eine weitgehende Ähnlichkeit besteht. Die Annahme, daß die Rotbarsche zwischen beiden Gebieten wandern, wird damit sehr wahrscheinlich. Zwischen den Beständen der Barents-See und des Rosengarten besteht dagegen keine Ähnlichkeit. Die gesamten Untersuchungen bestärken die Vermutung, daß im nordatlantischen Raum lokale, sich nicht miteinander vermischende Rotbarschbestände vorhanden sind. Die Mittelwerte der morphol. Daten sind angeführt. G. Predel. 6095.

Knaack, Joachim. **Über die im Bezirk Potsdam (westliches Brandenburg) auftretenden Fischarten.** Dtsch. Fischerei-Ztg. **6** (1959) Nr. 6. S. 164–168. – 11 Lit. 6100.

Eddy, Samuel und Underhill, James C.; Minneapolis, Minn., Univ.; Vermillion, S. Dak., Univ. Recent changes and corrections for the Minnesota fish fauna. **(Gegenwärtige Veränderungen und Berichtigungen der Fischfauna von Minnesota.)** Copeia [Philadelphia] **1959** Nr. 4. S. 342–343. – 7 Lit. 6100.

Behnke, Robert J. und Weizel, Ralph M.; Berkeley, Calif., Univ., Dep. of Zool.; Storrs, Conn., Univ., Dep. of Zool. A preliminary list of the fishes found in the fresh waters of Connecticut. **(Eine vorläufige Liste der Süßwasserfische von Connecticut.)** Copeia [Philadelphia] **1960** Nr. 2. S. 141 bis 143. – 5 Lit. 6100.

McKenzie, R. A.; St. Andrews, New Brunswick, Fisheries Res. Board of Canada, Biol. Stat. Marine and freshwater fishes of the Miramichi River and estuary, New Brunswick. **(Meeres- und Süßwasserfische des Miramichi-Flusses und seines Mündungsgebietes, New Brunswick.)** J. Fisheries Res. Board Canada **16** (1959) Nr. 6. S. 807–833. – 1 Abb., 39 Lit. 6100.

Sawyer, Philip J.; Durham, N. H., Univ., Dep. of Zool. A new geographic record for the American brook lamprey Lampetra lamottei. **(Eine neue Verbreitungsangabe für das amerikanische Bachneunauge, Lampetra lamottei.)** Copeia [Philadelphia] **1960** Nr. 2. S. 136–137. – 7 Lit. 6100.

Bright, Donald B.; Los Angeles, Calif., Univ., Dep. of Biol. A record of the porbeagle, Lamna nasus, from Cook Inlet, Alaska. **(Bericht über das Vorkommen von Lamna nasus bei Cook Inlet, Alaska.)** Copeia [Philadelphia] **1960** Nr. 2. S. 145–146. – 2 Lit. 6100.

McAllister, D. E.; Ottawa, Canada, Nat. Museum. Northward range extension of the flathead chub and trout-perch to Aklavik, N. W. T. **(Nordwärtsgerichtete Ausdehnung von Platygobio gracilis und Percopsis omiscomaycus nach Aklavik, N. W. T.)** J. Fisheries Res. Board Canada **18** (1961) Nr. 1. S. 141.

Im Peel-Kanal des Mackenzie-Deltas (68° 13,5′ n. Br. und 135° OO′ w. L.) fing man mit einer Wade 1 Exemplar von *Platygobio gracilis* und *Percopsis omiscomaycus*. Bisher lag die nördl. Verbreitungsgrenze beider Fischarten mehr als 200 Meilen südlicher. Außerdem waren im gleichen Fang auch noch *Couesius plumbeus, Cottus ricei,* die nur einmal an dieser Stelle beobachtet wurden, und *Catostomus catostomus* sowie junge Coregoninae. Die Temperatur soll die weitere Verbreitung der Fischarten nicht begünstigt haben. K. Anwand. 6100.

Balon, Eugeniusz K.; Bratislava, Lab. Rybárstva Pobočky Československej Akad. Pol'nohospodárskych Vied. Príspevok k ekologickej charakteristike ichtyofauny Československého úseku Dunaja. **(Beitrag zur ökologischen Charakteristik der Ichthyofauna des tschechoslowakischen Donau-Abschnitts.)** Biológia [Bratislava] **17** (1962) Nr. 4. S. 283–296. – 1 Abb., 7 Tab., 16 Lit. Zus. in Russ., Dtsch.

Im tschechoslowakischen Abschnitt des Flußgebietes der Donau kommen 53 Fischarten und eine Art der Rundmäuler (Neunauge) vor. Vf. teilt das Flußgebiet der Donau in 3 Biotope ein: 1. eigentlicher Fluß, 2. Überschwemmungsflußarme und -seen, 3. Seen und Kanäle an der äußeren Seite des Hochwasserschutzdamms. Die taxionomische Zugehörigkeit, das Vorkommen in den einzelnen Biotopen und die wirtschaftlichen sowie ökologischen Kennziffern der einzelnen Fischarten sind tabellarisch zusammengestellt. Nach dem System von Kryžanovsky werden alle Fische in ökologische Gruppen gemäß ihrer Anpassung an die Entwicklungsbedingungen eingeteilt. Für die Erhaltung eines normalen Fischbestandes ist das Überschwemmungsgebiet unbedingt nötig. Es werden einige Beispiele des mengenmäßigen Vorkommens und der Biomasse verschiedener Fischarten angeführt. Zum Schutz der natürlichen Fischpopulationen im tschechoslowakischen Donauflußabschnitt ist ein normaler Rhythmus der Wasserspiegelschwankungen der Donau sicherzustellen, worauf bei allen Wasserbauprojekten und Meliorationen geachtet werden muß. F. Svoboda. 6100.

Hallam, J. C.; London, Ontario, Fisheries Res. Board of Canada, Biol. Stat. Habitat and associated fauna of four species of fish in Ontario streams. **(Wohnraum und zugehörige Fauna von 4 Fischarten aus Flüssen Ontarios.)** J. Fisheries Res. Board Canada **16** (1959) Nr. 2. S. 147–173. – 4 Abb., 15 Tab., 22 Lit. 6100.

Stegman, J. L. und Minckley, W. L.; Vicksburg, Miss., U. S. Fish and Wildlife Serv.; Louisville, Ky., Univ. Occurrence of three species of fishes in interstices of gravel in an area of subsurface flow. **(Vorkommen von 3 Fischarten im Gesteinszwischenraum im Bereich einer unterirdischen Strömung.)** Copeia [Philadelphia] **1959** Nr. 4. S. 341. – 2 Lit. 6100.

Vivier, Paul. Un exemple d'acclimatation ancienne: Les Corégones des lacs du Massif Central. **(Ein Beispiel alter Akklimatisierung: die Coregonen der Seen des Massif Central.)** Ann. Stat. centr. Hydrobiol. appl. **1958** Nr. 7. S. 239–250. – 2 Tab., 21 Lit. 6100.

Hubbs, Carl L.; La Jolla, Calif., Univ., Scripps Instn. of Oceanography. Position of anal fin and length of body cavity in catostomid and cyprinid fishes. **(Stellung der Afterflosse und Länge der Leibeshöhle bei Catostomiden und Cypriniden.)** Copeia [Philadelphia] **1958** Nr. 1. S. 56. – 2 Lit. 6100.

Morrow jun., James E.; New Haven, Conn., Yale Univ., Bingham Oceanographic Lab. Istiompax indicus (Cuvier) 1831, a prior name for the black marlin. **(Istiompax indicus, ein älterer Name des Black Marlin.)** Copeia [Philadelphia] **1959** Nr. 4. S. 347–349. – 1 Abb., 1 Tab., 18 Lit. 6100.

Hubbs, Carl L. und Miller, Robert Rush; La Jolla, Calif., Scripps Instn. of Oceanography; Ann Arbor, Mich., Univ., Museum of Zool. Potamarius, a new genus of ariid catfishes from the fresh waters of Middle America. **(Potamarius, eine neue Gattung der Ariidae aus den Binnengewässern Mittelamerikas.)** Copeia [Philadelphia] **1960** Nr. 2. S. 101–111. – 6 Abb., 2 Tab., 22 Lit. 6100.

Gibbs jun., Robert H. und Aron, William; Boston, Mass., Univ., Dep. of Biol.; Seattle, Wash., Univ., Dep. of Oceanography. Astronesthes nigroides, a new spezies of stomiatoid fish from the Eastern Pacific Ocean. **(Astronesthes nigroides, eine neue Stomiatiden-Art aus dem Ostpazifik.)** Copeia [Philadelphia] **1960** Nr. 2. S. 134–136. – 1 Abb., 1 Tab., 2 Lit. 6100.

Vladykov, Vadim D. und Follett, W.I.; Quebec, Canada, Dep. of Fisheries; San Francisco, California Acad. of Sci. Redescription of Lampetra ayresii (Günther) of Western North America, a species of lamprey (Petromyzontidae) distinct from Lampetra fluviatilis (Linnaeus) of Europe. **(Wiederbeschreibung von Lampetra ayresii aus dem westlichen Nordamerika, einer Petromyzontidenart, die sich von Lampetra fluviatilis aus Europa unterscheidet.)** J. Fisheries Res. Board Canada **15** (1958) Nr. 1. S. 47–77. – 22 Abb., 14 Tab., 70 Lit. 6100.

Hickling, C. F.; Malacca, Fish Cult. Res. Stat. The Malacca Tilapia hybrids. **(Die Tilapia-Hybriden von Malacca.)** J. Genetics **57** (1960) Nr. 1. S. 1–10. – 5 Tab., 10 Lit. 6100.

Segaar, J.; Amsterdam, Centr. Inst. for Brainres. Telencephalon and behaviour in Gasterosteus aculeatus. **(Telencephalon und Verhalten bei Gasterosteus aculeatus.)** Behaviour [Leiden] **18** (1961) Nr. 4. S. 256–287. – 16 Abb., 2 Tab., 27 Lit.

Vf. versucht, die Rolle des Telencephalon im Fortpflanzungsverhalten von Stichlingsmännchen zu erklären. Gemessen wurden aggressive, sexuelle und Brutpflege-Aktivitäten, deren Stärke während der Brutzyklen nach Entfernung kleiner Teile des Vorderhirns mit der nichtoperierter Tiere verglichen wurde. Die Entfernung der Nn. olfactorii und Bulbi olf. und auch die vollständige Abtragung einer Telencephalonhemisphäre hatten keine Wirkung. Entfernung der frontalen Teile des Telencephalon einschließlich der Bulbi olf. verursacht in den folgenden Brutzyklen schwache Aggressivität, Verkürzung der Sexualaktivität und intensivere Brutpflege. Nach transversalem Schnitt zwischen Bulbus olf. und Commissura anterior kehrt das Normalverhalten schon nach einem Mon. zurück. Die Regeneration nach lateralem Eingriff und die Regeneration von Nervenfasern wurde beobachtet. Das Vorderhirn der Stichlingsmännchen beeinflußt das Nestbauverhalten und wahrt das Gleichgewicht zwischen Aggressions-, Sexual- und Brutpflegeverhalten.
M. Hegemann. 6105.

Abel, E. F.; Wien, Univ., II. Zool. Inst. **Freiwasserbeobachtungen an Fischen im Golf von Neapel als Beitrag zur Kenntnis ihrer Ökologie und ihres Verhaltens.** Int. Rev. ges. Hydrobiol. **47** (1962) Nr. 2. S. 219–290. – 20 Abb., 2 Tab., 59 Lit.
Systematische Taucheruntersuchungen an Fischen in ihren natürlichen Biotopen wurden in einer kleinen Bucht (2500 m^2) des Golfes von Neapel vorgenommen. Es wurden 52 Fischarten festgestellt und biol. beschrieben. Außerdem werden Form und Bewegung, Färbung und Ernährung erläutert und verglichen. Die Beziehungen und Reaktionen zum Substrat sowie die Wirkung des Klimas (Wasserbewegung, Temperatur, Lichtfaktor) werden beschrieben. Die Verteilung der Fische im Tiefengefälle, die Biotope und ihre Leitformen und die Verteilung der Fische im Zeitablauf sind weitere Punkte der Abhandlung. F.-K. Löwe. 6105.

Wahlert, Gerd von und Wahlert, Heidi von; Stuttgart, Staatl. Museum für Naturkunde, Schloß Rosenstein. **Beobachtungen und Bemerkungen zum Putzverhalten von Mittelmeerfischen.** Veröff. Inst. Meeresforsch. Bremerhaven **8** (1962) Nr. 1. S. 71–77. – 16 Lit.
Vff. stellten bei eigenen Beobachtungen 2 verschiedene Putzfische im Mittelmeer fest: *Crenilabrus melanocercus* (Putzgast: *Cr. pavo*) und *Cr. ocellatus* (?) (Putzgast: *Mullus surmuletus*). Nach Abel und Eibl putzt auch *Coris julis* im Mittelmeer. Dabei ist auffällig, daß bei gleichzeitigem Vorkommen aller Arten Putzverhalten nur an einigen Stellen beobachtet wurde. Das bisher bekannte Material über Putzbeziehungen wird zusammengestellt und ausgewertet. F.-K. Löwe. 6105.

Maršin, V. G. (Marschin, W. G.); Leningrad, Lab. für Physiol. der Niederen Lebewesen der Akad. der Wiss. der UdSSR. Oboronitel'nye uslovnye refleksy u osetrovych ryb. **(Bedingte Reflexe bei Acipenseriden.)** Zoologičeskij žurnal, Moskva **41** (1962) Nr. 5. S. 721–723. – 1 Abb., 1 Tab., 6 Lit. Zus. in Engl.
Im Zusammenhang mit dem Bau von Stauseen und der Errichtung von Elektrosperren zum Schutze des Fischbestandes hat die Frage nach dem bedingt-reflektorischen Verhalten bei Stören ein praktisches Interesse. Untersucht wurden die innerartlichen Unterschiede im bedingt-reflektorischen Verhalten nahe verwandter Acipenseriden und ihrer reziproken Nachkommen (F_1-Generation) mit Hilfe der Elektroverteidigungsmethode unter Laboratoriumsbedingungen. Als Reizquellen dienten Licht und elektrischer Strom. Untersuchungsobjekte waren *Acipenser güldenstädti* und *A. nudiventris*. Die untersuchten Arten zeigten Unterschiede in der Tätigkeit des höheren Nervensystems, die in Beziehung zu bestimmten Eigenschaften der unbedingten Reflexe stehen. G. Predel. 6105.

Brawn, Vivien M.; Durham, Univ., King's Coll., Dove Marine Lab. Sound production by the cod (Gadus callarias L.) **(Lauterzeugung beim Dorsch [Gadus callarias].)** Behaviour [Leiden] **18** (1961) Nr. 4. S. 239–255. – 4 Abb., 9 Lit.
In Gefangenschaft gehaltene erwachsene Dorsche erzeugten – wahrscheinlich mit Hilfe der Schwimmblasenmuskulatur – einen tiefen Grunzlaut mit einer höchsten Frequenz von 50 Hz und 1/5 Sek. Dauer. Im Febr. und März zur Laichzeit und vom Sept.–Nov., der Zeit größter Kampfbereitschaft, gaben die Tiere am häufigsten Laute von sich. Während der Laichzeit war die Lautgebung nach Sonnenuntergang häufiger. Zu den anderen Jahreszeiten hörten die Laute in der Abenddämmerung auf. Die Grunzlaute drohender angriffslustiger Männchen und Weibchen erwiesen sich bis auf 15 cm Abstand einschüchternd. Zur Laichzeit grunzten nur die Männchen, wenn sie unreife Weibchen und schwächere Männchen vertrieben oder das Weibchen bei der Balz stimulierten. Leichter Schreck und Fluchtbewegungen waren ebenfalls mit Grunzlauten verbunden. Starker Schreck, elektrische

Reizung, Wassertemperatur unter 4 °C und ungewohnte Umgebung verhinderten die Lautgebung. Atemnot löste unwillkürliches Grunzen aus.
M. Hegemann. 6105.

Singh, Vijay Pratap; Delhi, Univ., Dep. of Bot. Algal food of some local fishes. **(Algennahrung einiger örtlicher Fische.)** Indian J. agric. Sci. **28** (1958) Nr. 3. S. 403–407. – 2 Tab., 15 Lit. 6110.

Ceeb, R. Ja. (Zejeb, R. Ja.); Murmansk, Meeresbiol. Inst. der Akad. der Wiss. der UdSSR. O sposobe pitanija pikši bentosom. **(Über die Benthosnahrung des Schellfischs.)** Zoologičeskij žurnal, Moskva **41** (1962) Nr. 1. S. 110–115. – 3 Abb., 10 Lit. Zus. in Engl.
Über 300 Arten (v. a. Crustacea: Cumacea und Gammaridea, Polychaeta und Mollusca und 18 Fischarten) sind als Nahrungstiere von *Melanogrammus aeglefinus* bekannt. Im Verdauungstrakt des Schellfisches ist immer ein gewisser Prozentsatz (2,4%) unverdaulichen Bodengrundes zu finden. Dieser rekrutiert sich aus Resten von Molluskenschalen, dem Darminhalt aufgenommener Bodentiere und den diesen anhängenden Bodenteilen. Der Mechanismus der Aufnahme dieser Bodentiere in den Verdauungstrakt wird an Hand von Aquarium-Beobachtungen geschildert. Durch Einwühlen des Maules in den Boden nimmt der Schellfisch größere Mengen Bodengrundes in die Mundhöhle auf. Durch „priemende" Bewegungen der Kiefer werden die verdaulichen von den unverdaulichen Bestandteilen getrennt. Die letzteren werden in mehreren Portionen mit einem Teil der lebenden Tiere ausgespien. Auf feinkörnigem Grund filtriert der Schellfisch mit Hilfe der Kiemen die Tiere und großen Teile von den kleinen Teilen. Der Geschmackssinn spielt hierbei die größte Rolle. Geruchssinn und Lichtsinn sind von geringerer Bedeutung. An der Oberfläche liegende Tiere werden oft nicht beachtet, sondern es wird in der beschriebenen Weise gefressen. Ein Vergleich der Morphologie des Maules und des Schultergürtels von Schellfisch und Dorsch zeigt, daß beide an die Art ihrer Ernährung gut angepaßt sind. Trotz dieser offensichtlichen Anpassung an die Bodennahrung frißt der Schellfisch zu bestimmten Zeiten und in gewissen Gewässern frei bewegliche Tiere, wie Euphausiacea und andere Krebschen. A. Kosler. 6110.

Minckley, W. L.; Louisville, Ky., Univ., Dep. of Biol. Spring foods of juvenile blue catfish from the Ohio River. **(Frühjahrsnahrung von juvenilen Ictalurus furcatus aus dem Ohio.)** Trans. Amer. Fisheries Soc. **91** (1962) Nr. 1. S. 95. – 1 Tab.
1960 wurden bei 38 juvenilen *Ictalurus furcatus* aus dem Ohio Magenuntersuchungen durchgeführt. Die Fische gehörten den Jahresklassen 1958 und 1959 an, und ihre Totallänge reichte von 11 bis 18 cm. Bei 21 Fischen wurden Nahrungsreste gefunden, identifizierbares Material aber nur bei 14 Exemplaren. Die Zusammensetzung der Nahrung zeigt folgende Tab.:

Nahrungsgegenstand	Häufigkeit	Gesamtvolumen (ml)
Odonata (*Gomphus* und *Agria*	14,3	1,20
Ephemeroptera (Heptageniidae)	19,0	0,20
Diptera (Chironomidae)	33,0	0,10
Isopoda (*Lygidium*)	4,8	0,05
Oligochaeta (*Tubifex*)	9,5	0,04
Osteichthyes (unidentifizierte Fische)	4,8	0,50
unidentifizierte org. Fragmente	67,o	3,00

G. Seifert. 6110.

Sokolov, L. I. (Sokolov, L. I.); Moskau, Univ., Lehrstuhl für Ichthyol. Pitanie kitajskogo okunja v srednem tečenii Amura. **(Nahrung des Chinesischen Barsches im mittleren Amur.)** Vestnik Moskovskogo universiteta. Serija VI. Biologija, počvovedenie **17** (1962) Nr. 1. S. 13–17. – 7 Tab., 4 Lit.
Der Chinesische Barsch (*Siniperca chua-tsi*) ist ein Raubfisch des Amurs, Ussuri und anderer fernöstlicher Gewässer. Nahrungsuntersuchungen im mittleren Lauf des Amurs ergaben, daß sich dieser Fisch vorwiegend von geringwertigen Fischen ernährt. Durch den Bau von Stauseen im Amurgebiet nimmt die Zahl weniger wertvoller Fische erheblich zu. Diese Fische können nicht durch die Fischerei genutzt werden. In diesem Zusammenhang ist es vorstellbar, daß der Chinesiche Barsch eine positive Rolle als biol. Meliorator spielen kann. G. Predel. 6110.

Kudrinskaja, O. I.; Hydrobiol. Inst der Akad. der Wiss. der Ukrain.SSR. Kanibalizm u ličinok i mal'kov sazana. **(Kannibalismus bei Larven und Brut des Karpfens.)** Doklady Akademii nauk Ukrainskoj SSR, Kiev **1962** Nr. 1. S. 111–113. – 1 Tab., 4 Lit. Orig.: ukrain., Ausz.: russ., engl.
Unter gleichen Umweltbedingungen schlüpft von der Brut desselben Elternpaares stets ein gewisser Prozentsatz von Jungfischen, der sich durch ein bes. gutes Wachstum auszeichnet. Zu bestimmter Zeit ist die Größendifferenz der Larven des Karpfens (*Cyprinus carpio*) beträchtlich. Die größeren Larven sollen dann damit beginnen, die kleineren aktiv zu jagen, selbst wenn Zooplankton reichlich vorhanden ist. Vf. untersuchte die Beziehungen zwischen den Größen der räuberischen Larven, der Brut und denen ihrer Beute.
G. Merla. 6110.

Lagler, Karl F. und Wright, Asa T.; Ann Arbor, Univ. of Michigan, Dep. of Fisheries. Predation of the dolly varden, Salvelinus malma, on young salmons, Oncorhynchus spp., in an estuary of Southeastern Alaska. **(Salvelinus malma als Räuber von Junglachsen, Oncorhynchus spp., in einem Ästuar des südöstlichen Alaskas.)** Trans. Amer. Fisheries Soc. **91** (1962) Nr. 1. S. 90–93. – 1 Abb., 2 Tab., 6 Lit.
Salvelinus malma findet sich teilweise in denselben Gewässern wie die Jungfische von *Oncorhynchus gorbuscha, O. keta* und *O. kisutch.* Um feststellen zu können, in welchem Maße die *Oncorhynchus*-Bestände durch *S. malma* dezimiert werden, führten Vff. im Little-Port-Walter-Ästuar auf der Baranof-Insel bei 183 Exemplaren von *S. malma* Magenuntersuchungen durch. Danach setzte sich die Nahrung dieses Fisches aus folgenden Bestandteilen zusammen (in Vol.-%): *Mallotus villosus* 78,8; *Ammodytes hexapterus* 7,1; *Clupea harengus pallasi* 4,0; Junglachse (*Oncorhynchus* spp.) 1,0: Fischreste 2,3; Crustaceae 2,0; Polychaeta 4,7. G. Seifert. 6110.

Kerr, Robert B.; St. Andrews, New Brunswick, Fisheries Res. Board of Canada, Biol. Stat. Scale to length ratio, age and growth of Atlantic salmon in Miramichi fisheries. **(Schuppen-Längen-Verhältnis, Alter und Wachstum des Atlantischen Lachses in der Miramichi-Fischerei.)** J. Fisheries Res. Board Canada **18** (1961) Nr. 1. S. 117–124. – 3 Abb., 4 Tab., 6 Lit.
Von 436 Lachsen (*Salmo salar*) aus dem Miramichi-Fluß wurden Länge und Gewicht festgestellt und Schuppenproben zur Alters- und Wachstumsuntersuchung entnommen. Das Verhältnis der Körperlänge L zu dem Schuppenradius S läßt sich in dem Verhältnis $L = 2{,}40 + 12{,}90 + 1{,}22\ S^2$ ausdrücken. Das Smoltalter beginnt mit 3 Jahren. Die Fische sind dann ca. 12 cm lang. Die in der Miramichi-Fischerei gefangenen Fische hatten zu 95% 3 Fluß- und 2 Meerjahre gelebt. K. Anwand. 6110.

Balon, Eugeniusz K; Bratislava, Lab. Rybárstva PČSAPV. Vek a rast neresového stáda lipňa (Thymallus thymallus [Linnaeus, 1758]) z údolnej

nádrže na rieke Hnilec. **(Alter und Wachstum der Laichäschen [Thymallus thymallus] aus der Talsperre am Fluß Hnilec.)** Zool. Listy **11**(25) (1962) Nr. 2. S. 145–154. – 10 Abb., 5 Tab., 33 Lit. Zus. in Engl.
Von den insgesamt 62 im Apr. 1959 mittels eines elektrischen Aggregates in der typischen Salmonidentalsperre am Flusse Hnilec gefangenen Äschen entfielen 11,86% auf Milchner, 84,75% auf Rogner und nur 3,39% auf juvenile Fische. Die Mehrzahl der gefangenen Äschen (52,5%) bildeten Fische der III. Altersgruppe. Bei den Milchnern war die I. Altersgruppe in der Überzahl. Weiter wurde festgestellt, daß einige Äschen jährlich laichen (bis viermal während ihres Lebens). Die Milchner werden 1 Jahr früher geschlechtsreif als die Rogner. Beim Vergleich des Wachstums der Äsche aus der Talsperre des Flusses Hnilec mit den Wachstumswerten anderer Äschen-Populationen ergab sich, daß das Wachstum der ersteren im 1. Jahr am intensivsten ist. Im 2. und 3. Lebensjahr wird die Äsche aus der erwähnten Talsperre nur von der aus dem Flusse Test übertroffen. F. Svoboda. 6110.

Cooper, Edwin L., Boccardy, Joseph A. und Andersen, John K.; University Park, State Univ.; Warren, Pa., Bureau of Sport Fisheries and Wildlife. Growth rate of brook trout at different population densities in a small infertile stream. **(Das Wachstum des Bachsaiblings in einem kleinen unfruchtbaren Bach bei unterschiedlicher Bestandsdichte.)** U. S. Dep. Interior, Fish Wildlife Serv., progr. Fish-Culturist **24** (1962) Nr. 2. S. 74–80. – 3 Tab., 9 Lit.
Der Bachsaibling (*Salvelinus fontinalis*) ist in den untersuchten Bächen einer der häufigsten Fische. Die meisten Exemplare werden jedoch in 3 oder mehr Jahren nicht länger als 15 cm. Oftmals ist darüber diskutiert worden, daß Nahrungskonkurrenz unter den Fischen und Raummangel in solchen Bächen die Hauptfaktoren seien, die das Wachstum begrenzen, und daß eine Reduzierung der Fische ein schnelleres Wachstum bewirken würde. Diese Ansichten bestehen auf Grund entsprechender Untersuchungsergebnisse in Seen und Teichen. In der vorliegenden Arbeit wird jedoch nachgewiesen, daß schlechtes Wachstum in Bächen nicht allein durch die genannten Faktoren verursacht sein kann. Eine sehr starke Reduktion der Anzahl der Saiblinge hatte nicht eine entsprechende Wachstumszunahme zur Folge. So sind unter diesen Umständen wahrscheinlich niedrige Wintertemperaturen und allg. Nahrungsmangel ebenfalls von einschneidender Bedeutung für das schlechte Wachstum der Saiblinge. Von den am 8. Aug. 1958 gefangenen Saiblingen waren nur 1,7% größer als es das Mindestmaß (15 cm) vorschreibt. 2 Jahre nach der Reduzierung der Populationsdichte waren es auch nicht mehr als 2,8%. M.-L. Albrecht. 6110.

Sumner, F. H.; Tillamook, Oregon State Game Commiss. Migration and growth of the coastal cutthroat trout in Tillamook County, Oregon. **(Wanderung und Wachstum von Salmo clarki clarki in Tillamook, Oregon.)** Trans. Amer. Fisheries Soc. **91** (1962) Nr. 1. S. 77–83. – 2 Abb., 8 Tab., 14 Lit.
Salmo clarki clarki führt im Sand-Creek, einem kleinen Küstenfluß von 5 Meilen Länge, im Herbst oder zeitigen Winter stromaufwärts und im Frühjahr stromabwärts gerichtete Wanderungen durch. Die Längen- und Alterszusammensetzung der Wanderzüge wurde untersucht und der Anteil an fangwürdigen Fischen festgestellt. Das sommerliche Mindestmaß von 25 cm besaßen 8,7% der Fische. Schuppenuntersuchungen meerwärts wandernder Forellen ergaben eine Alterszusammensetzung von 2–10 Jahren mit unterschiedlichen Kombinationen des Lebens im Fluß und im Meer. Nach einmaligem Aufenthalt im Meer werden die meisten Forellen geschlechtsreif. Nur 0–2,15% der ins Meer gewanderten Jungfische gelangen wieder ins Süßwasser. Anhand der Schuppenproben wurden Wachstumsrückberechnungen durchgeführt. G. Seifert. 6110.

Bigelow, Henry B. und Schroeder, William C.; Cambridge, Mass., Museum of Comparative Zool. A large white shark, Carcharodon carcharias, taken in Massachusetts Bay. **(Ein großes Exemplar von Carcharodon charcharias aus der Massachusetts-Bucht.)** Copeia [Philadelphia] **1958** Nr. 1. S. 54–55. – 3 Lit. 6110.

Mather, Frank J.; Woods Hole, Mass., Woods Hole Oceanographic Instn. Recaptures of tuna, marlin and sailfish tagged in the Western North Atlantic. **(Wiederfänge von Thunnus thynnus, Makaira albida und Istiophorus albicans, die im westlichen Nordatlantik markiert wurden.)** Copeia [Philadelphia] **1960** Nr. 2. S. 149–151. – 1 Tab., 11 Lit. 6115.

Neave, Ferris; Nanaimo, Fisheries Res. Board of Canada, Biol. Stat. Canadian salmon tagging in Gulf of Alaska. **(Kanadische Lachsmarkierung im Golf von Alaska.)** Western Fisheries **63** (1961) Nr. 3. S. 16. 18–20. – 5 Abb.
Im Sommer wurden im Golf von Alaska und in den Küstengewässern von Queen Charlottes an 6 pazifischen Lachsarten (*Oncorhynchus* spec.) Markierungen durchgeführt. Der Fang der Fisch erfolgte mit Langleinen und Ringwaden. Die markierten Lachse wurden im Gebiet 54–58° n. Br. und 148–154° w. L. sowie an der Küste Britisch-Kolumbiens zwischen 50–55° n. Br. ausgesetzt. Die Rückfänge, die je nach der Fischart 4–26% der markierten Fische ausmachten, gaben ein aufschlußreiches Bild von der Wanderung der Lachse an die nordamerikanische Küste. K. Anwand. 6115.

Müller, Wolfgang; Königswartha, Zweigstelle für Karpfenteichwirtsch. des Inst. für Fischerei der Dtsch. Akad. der Landwirtsch.-Wiss. zu Berlin. **Erste Erfahrungen mit der Höllensteinmarkierung bei Karpfen.** Dtsch. Fischerei-Ztg. **9** (1962) Nr. 6. S. 178–180. – 4 Abb., 2 Lit.
Mit Höllensteinstift ($AgNO_3$) wurde im Aug. einigen Karpfen (*Cyprinus carpio*) ihr Gewicht (128–167 g) auf schuppenfreie Partien der Körperseiten aufgeschrieben. Nach 3–4 Min. Wartezeit wurden die Fische ausgesetzt. Beim Wiederfang Ende Oktober, nach Zunahmen von 150–200 g, waren die Zahlen noch sehr gut zu lesen. Wolfgang Müller. 6115.

Biologie der Meeressäuger

Pike, Gordon C. und Maxwell, Brian E.; Nanaimo, Fisheries Res. Board of Canada, Biol. Stat. The abundance and distribution of the Northern sea lion (Eumetopias jubata) on the coast of British Columbia. **(Häufigkeit und Verbreitung von Eumetopias jubata an der Küste Britisch-Kolumbiens.)** J. Fisheries Res. Board Canada **15** (1958) Nr. 1. S. 5–17. – 2 Abb., 5 Tab., 7 Lit. 6120.

Jablokov, A. V. (Jablokow, A. W.); Moskau, Sewerzow-Inst. für Tiermorphol. der Akad. der Wiss. der UdSSR. Ključ k biologičeskoj zagadke. **(Schlüssel zu einem biologischen Rätsel, Wal in 2000 m Tiefe.)** Priroda, Moskva **51** (1962) Nr. 4. S. 95–98. – 2 Abb., 2 Lit.
Der amer. Geologe B. C. Heezen hat eine Zusammenstellung veröffentlicht, in der 19 Fälle beschrieben werden, in denen sich Wale in Tiefseekabel verwickelt haben. In der Mahrzahl der Fälle handelte es sich um den Pottwal (*Physeter catodon*). Die Tiefe, in der die verendeten Wale gefunden wurden, reicht bis zu 2200 m. Es wird angenommen, daß die Wale auf der Suche nach Nahrung in diese Tiefe gelangt sind und zuerst mit dem Unterkiefer die Kabel erfaßt und sich danach mit weiteren Körperteilen im Kabel verwickelt haben. Angaben über die Biologie der Wale im Zusammenhang mit dem Aufsuchen solch großer Tiefen werden gemacht. G. Predel. 6120.

Biologie der sonstigen fischereilichen Nutztiere

Gilbert, A. B.; Newcastle upon Tyne, Univ. of Durham, King's Coll., Dep. of Zool. The composition of the blood of the shore crab, Carcinus moenas

Pennant, in relation to sex and body size. I. Blood conductivity and freezing-point depressions. **(Die Zusammensetzung des Blutes von Carcinus moenas in Beziehung zu Geschlecht und Körpergröße. 1. Mitt. Leitfähigkeit und Gefrierpunktserniedrigung des Blutes.)** J. exp. Biology **36** (1959) Nr. 1. S. 113–119. — 5 Abb., 15 Lit. 6125.

Gilbert, A. B.; Newcastle upon Tyne, Univ. of Durham, King's Coll., Dep. of Zool. The composition of the blood of the shore crab, Carcinus moenas Pennant, in relation to sex and body size. II. Blood chloride and sulphate. **(Die Zusammensetzung des Blutes von Carcinus moenas in Beziehung zu Geschlecht und Körpergröße. 2. Mitt. Chlorid- und Sulfatgehalt des Blutes.)** J. exp. Biology **36** (1959) Nr. 2. S. 356–362. — 1 Mitt. vgl. vorst. Ref. 6125.

Gilbert, A. B.; Newcastle upon Tyne, Univ. of Durham, King's Coll., Dep. of Zool. The composition of the blood of the shore crab, Carcinus moenas Pennant, in relation to sex and body size. III. Blood non-protein nitrogen. **(Die Zusammensetzung des Blutes von Carcinus moenas in Beziehung zu Geschlecht und Körpergröße. 3. Mitt. Nichteiweißgebundener Stickstoff im Blut.)** J. exp. Biology **36** (1959) Nr. 3. S. 495–500. — 5 Abb., 7 Lit. 2. Mitt. vgl. vorst. Ref. 6125.

Wilder, D. G. und McLeese, D. W.; St. Andrews, New Brunswick, Fisheries Res. Board of Canada, Biol. Stat. A comparison of three methods of inactivating lobster claws. **(Ein Vergleich von drei Methoden zur Lahmlegung der Hummerscheren.)** J. Fisheries Res. Board Canada **18** (1961) Nr. 3. S. 367–375. — 4 Abb., 2 Tab., 6 Lit.
Mit Hummern, deren Scheren zusammengebunden, mit Pflöcken auseinandergespreizt oder deren Scherensehnen durchschnitten waren, wurden Hälterungen durchgeführt, um die Methode zu ermitteln, die die geringsten Hälterverluste gewährleistet. Vergleichsweise hielt man auch Hummer, die ungehindert blieben. Nach 4½ Mon. betrug die Sterblichkeit der Hummer, deren Scheren zusammengebunden waren, 56%, deren Scheren durch Pflöcke auseinandergehalten wurden, 54% und deren Sehnen durchschnitten waren, 78%. Bei den ungehinderten Krebsen kam es zu 98% Verlusten. Am geeignetsten sind also die ersten beiden Methoden. Bei der Hälterung mit zusammengebundenen Scheren war die Infektionsanfälligkeit der Hummer gegenüber *Gaffkya homari* allerdings geringer als bei der Spreizmethode mit Pflöcken. K. Anwand. 6125.

C. LEBENSRAUM DER FISCHE
(Hydrographie und Hydrobiologie)

Illies, J. und Schwabe, G. H.; Plön/Holstein, Max-Planck-Ges., Hydrobiol. Anst. **Limnologie und Ökologie.** Biol. Zbl. 78 (1959) Nr. 2. S. 391–396. 6130.

Elster, Hans-Joachim; Falkau, Univ. Freiburg/Breisgau, Limnol. Inst. (Walter-Schlienz-Inst.) **Seetypen, Fließgewässertypen und Saprobiensystem.** Int. Rev. ges. Hydrobiol. **47** (1962) Nr. 2. S. 211–218. — 26 Lit.
Bis heute fehlt in der Seenkunde noch ein wiss. begründetes System, das eine umfassende biol. Charakterisierung der Trophiestufen durch Leitformen und charakteristische Biozönosen gestattet. Der trophische Charakter der Besiedlung wird in 1. Linie vom Nahrungsangebot bestimmt. Während die Entfaltung des Phytoplanktons vom Angebot an org. Nährstoffen abhängt, ist das Besiedlungsbild des Benthals primär davon abhängig, wieviel org. Nahrung von oben den Boden erreicht. Der Sauerstoff spielt erst sekundär eine Rolle, wenn er unter bestimmten Bedingungen knapp wird. Auch die Fließgewässer lassen sich grundsätzlich nach dem Trophiesystem klassifizieren. Das Nahrungsangebot für die Fauna hängt sowohl von der auto-

trophen Urproduktion als auch von der natürlichen allotrophen Zufuhr ab. In welchem Verhältnis Trophie- und Saprobitäts-Einstufung zueinander stehen, ist bis heute noch nicht geklärt. Für die biol. Untersuchung und Beurteilung verunreinigter Gewässer kommt den Boden- und Aufwuchsorganismen und der von ihnen stammenden Drift die größte Bedeutung zu. Es sind noch umfangreiche Experimente über die Adaptionsmöglichkeiten der Leitorganismen erforderlich. Solange keine besseren ökol. Kenntnisse vorhanden sind, sind Berechnungen über den Rahmen der spez. Erfahrungen hinaus grundsätzlich anfechtbar. Die Beurteilung der ökol. Gesamtproduktion ist wichtiger als ein berechneter Punktwert. M.-L. Albrecht. 6130.

Huet, Marcel; Groenendaal, Belgien. **Anforderungen der Fischerei an die Qualität des Wassers.** Schweiz. Fischerei-Ztg. **70** (1962) Nr. 2. S. 51–52.; Nr. 3. S. 77–78.; Nr. 4. S. 107–109. — 30 Lit.
Vf. behandelt zunächst die hauptsächlichsten Eigenschaften der Fischgewässer. Im einzelnen werden die Sauerstoff- und Ernährungsbedingungen, die Anforderungen betreffs der Fortpflanzung sowie die Wohnbedingungen der Fische in einem Gewässer berücksichtigt. Anschließend wird eine Klassifizierung der Kontinentalgewässer vorgenommen. Die Wasserläufe werden eingeteilt in Forellen-, Äschen-, Barben-, Brassen- und Brackwasser-Schnepper-Zone; bei den stehenden Gewässern wird zwischen Seen, Teichen, Lachen und Sümpfen unterschieden; künstlich angelegte stehende Gewässer sind Stauseen sowie Salmoniden- und Cyprinidenteiche. Im letzten Abschnitt werden die wesentlichsten chem.-phys. Gegebenheiten der Fließgewässer behandelt. Hierbei werden folgende Faktoren untersucht, die das Wohlbefinden der Fische im starken Maße beeinträchtigen: Wassertemperatur, Sauerstoffverhältnisse, pH und Säurebindungsvermögen, Schwebstoffe, anorg. und org. Abwassergifte sowie geschmacklich wirksame Stoffe.
D. Nehring. 6130.

Strøm, K.; Oslo, Univ., Dep. of Limnol. Pseudomoraines formed by lake ice. **(Bildung von Pseudomoränen durch Seeneis.)** Schweiz. Z. Hydrol. **22** (1960) Nr. 1. S. 292–294. — 2 Abb., 8 Lit. 6135.

Kožov, M. M. und Tjumencev, N. V. (Koshow, M. M. und Tjumenzew, N. W.) O biologičeskich posledstvijach kolebanij urovnja Bajkala. **(Über biologische Folgen der Schwankungen des Baikalspiegels.)** Bjulleteń Moskovskogo obšvestva ispytatelej prirody [N. S.] **132** (1961) Otdel biologičeskij **66** Nr. 3. S. 32–39. — 3 Abb., 1 Tab., 10 Lit. Zus. in Engl.
Im Hinblick auf den Bau der Irkutsker Hydroelektrischen Station spielt der Baikalsee die Rolle eines großen Wasserreservoirs mit möglicherweise starken Schwankungen des Wasserspiegels. Der See verfügt über ein rel. schmales Litoral. danach fällt der Seeboden steil ab. Erhebliche Schwankungen des Wasserspiegels würden also unmittelbaren negativen Einfluß auf die Besiedlung des Seelitorals haben. Deshalb sollte darauf geachtet werden, daß die Amplituden der Wasserstandsschwankungen auch unter den neuen Bedingungen nicht wesentlich von den bisher normalen Amplituden abweichen. G. Predel. 6135.

Pera, F. und Ramane, H. Gidrochimičeskie issledovanija v svjazi s tipologiej ozer Latvijskoj SSR. **(Die hydrochemische Untersuchung im Zusammenhang mit der Typologie der Seen der Lettischen SSR.)** Izvestija Akademii nauk Latvijskoj SSR, Riga **143** (1959) Nr. 6. S. 131–142. — 1 Abb., 3 Tab., 11 Lit. Orig.: lett.,Ausz.: russ.
Die Seen Lettlands werden ihrer Höhenlage nach in 3 Gruppen eingeteilt. Zur Gruppe I gehören diejenigen Seen, die mindestens 120 m über dem Meeresspiegel gelegen sind. Sie zeichnen sich durch ihre geringe Sauerstoffzehrung aus. Zur Gruppe II zählen die zwischen 20 und 120 m hoch gelegenen Ge-

wässer. Bei dieser Gruppe ist die Sauerstoffzehrung etwas größer. Die Gruppe III umfaßt die bis zu 20 m hoch gelegenen Seen, die teilweise auch mit dem Rigaer Meerbusen in Verbindung stehen können. Die Verhältnisse werden dort durch höhere Sauerstoffzehrung und teilweise durch den Salzgehalt des Wassers bestimmt, der sich periodisch ändert. H.-W. Hattop. 6135.

Schelske, Claire L.; Univ. of Michigan, Dep. of Zool. Iron, organic matter, and other factors limiting primary productivity in a marl lake. **(Eisen, organische Substanz und andere Faktoren, die die Primärproduktion in einem Mergelsee begrenzen.)** Science [Washington] **136** (1962) Nr. 3510. S. 45–46. – 1 Tab., 9 Lit.
Die Sedimente von Mergelseen bestehen hauptsächlich aus $CaCO_3$, der Nährstoffgehalt des Wassers und die Primärproduktion sind gering, der pH-Wert ist 8,0 und höher. Durch Zugabe von Eisen und Nährstoffen (P, N) zum Seewasser konnte die Primärproduktion (nach der ^{14}C-Methode ermittelt) beträchtlich gesteigert werden, während die Zuführung von Nährstoffen allein nur eine geringe Wirkung hatte. Wichtig ist ferner, daß das Eisen in Form org. Komplexe (Chelate) vorliegt, da es sonst als Hydroxyd, Carbonat oder Phosphat ausgefällt wird. Die Wirkung des Fe auf die Primärproduktion wird bestimmt durch die Morphometrie, die phys.-chem. Gegebenheiten und die niedrige Produktivität eines Sees. D. Nehring. 6135.

Ničiporovič, A. A., Semenenko, V. E. und Vladimirova, M. G. (Nitschiporowitsch, A. A., Semenenko, W. Je. und Wladimirowa, M. G.); Moskau, Pflanzenphysiol. Timirjasew-Inst. der Akad. der Wiss. der UdSSR. Intensifikacija fotosintetičeskoj produktivnosti kul'tury odnokletočnych vodoroslej. **(Intensivierung der photosynthetischen Produktivität von Kulturen einzelliger Wasserpflanzen.)** Izvestija Akademii nauk SSR. Serija biologičeskaja, Moskva 27 (1962) Nr. 2. S. 163–172. – 17 Abb., 11 Lit. Zus. in Engl.
Für die Erhöhung der photosynthetischen Produktivität von Algenkulturen (*Chlorella*) gibt es u. a. 2 Möglichkeiten: 1. Verminderung der Schichtdicke der Kulturen bei gleichzeitiger Konzentrierung der Algenlösung, 2. Vergrößerung der Dichte der Kulturen bei Verstärkung der Beleuchtungsintensität. Beide Wege wurden untersucht. Es zeigte sich, daß in dichten Algenkulturen die Erhöhung der Beleuchtungsintensität der entscheidende Faktor für die Steigerung der photosynthetischen Produktivität ist. So kann die max. Produktion bis 900 Mill. *Chlorella*-Zellen pro ml Suspension erreichen, wenn der tägl. Beleuchtungskoeffizient von Q = 64,5 kcal pro 1 l Algensuspension auf Q = 258 kcal gesteigert wird. G. Predel. 6135.

Mil'ko, E. S. (Milko, Je. S.); Moskau, Univ., Lehrstuhl für Mikrobiol. Izučenie potrebnosti dvuch vidov vodoroslej Dunaliella v mineral'nych i organičeskich komponentach sredy. **(Untersuchung des Bedarfs zweier Algenarten [Dunaliella] an mineralischer und organischer Substanz.)** Vestnik Moskovskogo universiteta. Serija VI. Biologija, počvovedenie **17** (1962) Nr. 1. S. 18–24. – 1 Abb., 6 Tab., 14 Lit.
Die Algen *Dunaliella sallina* und *D. viridis* wurden unter verschiedenen Bedingungen in Kulturen aufgezogen. Optimale Entwicklung erfolgte bei folgenden Salzkonzentrationen in der Nährlösung: NaCl 60 g/l; Na NO_3 0,5–1 g/l; K_2HPO_4 0,02–0,25 g/l; $FeC_6H_5O_7 \times 3H_2O$ 10 mg/l. Durch das Einblasen von Luft mit 5% Kohlensäure vergrößerte sich die Fruchtbarkeit der Algen um das Zweifache. Im Laufe der Versuchsdauer von 10 Tagen erhöhte sich das Trockengewicht der Algen auf 1,2 g/l. Durch andere Zusätze zu den Kulturen bzw. Veränderungen des Milieus konnte keine Steigerung der Algenproduktion erreicht werden. G. Predel. 6135.

Barthelmes, D.; Berlin-Friedrichshagen, Humboldt-Univ., Inst. für Fischereiwes. **Ein Fall von natürlichem Gelegerückgang.** Z. Fischerei Hilfswiss. [N. F.] 8 (1959) Nr. 7/8. S. 551–556. – 5 Abb., 3 Lit. 6135.

Lefèvre, Marcel. De l'influence des matières organiques sur la nature et l'abondance du plancton. **(Der Einfluß organischer Substanzen auf die Art und Menge des Planktons.)** Ann. Stat. centr. Hydrobiol. appl. **1958** Nr. 7. S. 251–267. — 1 Abb., 2 Tab. 6135.

Manujlova, E. F. (Manuilowa, Je. F.) Vlijanie sine-zelenych vodoroslej na razvitie zooplanktona. **(Einfluß blaugrüner Algen auf die Entwicklung des Zooplanktons.)** Bjulleteń Moskovskogo obščestva ispytatelej prirody [N. S.] **133** (1962) Otdel biologičeskij **67** Nr. 1. S. 128–131. — 1 Abb., 11 Lit.
Bei Massenentwicklungen von blaugrünen Algen tritt stets eine Abnahme der Individuenzahl des in den gleichen Wasserschichten vorkommenden Zooplanktons auf. Nach den 1956 durchgeführten Untersuchungen beruht der entwicklungshemmende Einfluß der Algen auf das Zooplankton nicht, wie vielerseits behauptet wird, direkt auf ausgeschiedenen Toxinen, sondern auf der giftigen Wirkung dieser Toxine auf Bakterien, die von zahlreichen Zooplanktern in größeren Mengen als Nahrung aufgenommen werden. Die Entwicklung des Zooplanktons wird demnach z. Z. der sog. „Wasserblüten" indirekt durch den Entzug der Nahrungsgrundlage gehemmt.
A. Kozianowski. 6135.

Ėrman, L. A. (Erman, L. A.); Kaliningrad, Inst. für Fischind., Lehrstuhl für Hydrobiol. O količestvennoj storone pitanija i piščevoj izbiratel'nosti u planktonnoj kolovratki Brachionus calyciflorus Pall. **(Über Nahrungsmenge und Nahrungswahl bei Brachionus calyciflorus.)** Zoologičeskij žurnal, Moskva **41** (1962) Nr. 1. S. 34–48. — 1 Abb., 4 Tab., 42 Lit. Zus. in Engl.
Die von einem Rädertierchen der Art *Brachionus calyciflorus* tägl. aufgenommene Nahrungsmenge kann bei starker Phytoplanktonkonzentration von über 60 mg/l Wasser bis zu 190% seines eigenen Gewichtes betragen. Die dabei gewonnene Energiemenge überschreitet oftmals um ein Mehrfaches den Bedarf. Bei Fütterungsversuchen mit 13 Protococcen- und Diatomeenarten zeigte es sich, daß *Br. calyciflorus* vornehmlich *Scenedesmus acuminatus*, *Lagerheimia ciliata*, *Cyclotella meneghiniana* und *Nitzschia communis* und am wenigsten *Chlorella tericola* und *Chl, vulgaris* herausfiltrierte. Die Nahrungsauswahl ist nicht nur auf die Größe der einzelnen Komponenten zurückzuführen, sondern auch auf die physiol. Eigenschaften der Algenzellen.
A. Kozianowski. 6135.

Bogatova, I. B. (Bogatowa, I. B.); Pskow, Zweigst. des Staatl. Forsch.-Inst. für Binnenfischerei zu Leningrad. Letal'nye granicy soderžanija kisloroda, temperatury i pH dlja nekotorych predstavitelej semejstva Chydoridae. **(Die letalen Grenzen des Sauerstoffgehalts, der Temperatur und des pH-Wertes für einige Vertreter der Familie Chydoridae.)** Zoologičeskij žurnal, Moskva **41** (1962) Nr. 1. S. 58–62. — 5 Tab., 6 Lit. Zus. in Engl.
Um die Möglichkeiten einer umfangreichen Chydoridenzucht zu überprüfen, wurden 1958 vom Vf. Versuche über die Widerstandsfähigkeit dieser Krebstierchen gegenüber Sauerstoffmangel, hohen Wassertemperaturen und hohen pH-Werten durchgeführt. Es zeigte sich, daß die Chydoriden je nach Art erst bei einem Sauerstoffgehalt des Wassers von 0,3–1,40 mg/l und einer Wassertemperatur von 35,0–40,5 °C starben. Besonders widerstandsfähig zeigten sie sich gegenüber hohen pH-Werten. Die meisten Arten lebten noch bei Werten zwischen 10,6 und 11, *Eurycercus lamellatus* sogar bei einem pH-Wert von über 11. A. Kozianowski. 6135.

Ivanov, S. N. und Vorob'eva, N. B. (Iwanow, S. N. und Worobjowa, N. B.); Kara-Kalpak, Zweigstelle der Akad. der Wiss. der Usbek.SSR, zu Muinak; Lab. für Ichthyol.; Balchasch, Gebiet Karaganda, Abt. des Inst. für Ichthyol. und Fischwirtsch. der Akad. der Wiss. der Kasach. SSR O prisposobljaemosti mizid k uslovijam povyšennoj mineralizacii vody v

vostočnom Balchaše. **(Über die Anpassung der Mysiden an den erhöhten Mineralgehalt des Wassers im Ost-Balchasch.)** Zoologičeskij žurnal, Moskva **41** (1962) Nr. 1. S. 138–139. – 7 Lit. Zus. in Engl.
Die als wertvolle Fischnährtiere versuchsweise im Balchaschsee ausgesetzten Mysiden haben sich im westlichen Teil des Sees gut akklimatisiert und schnell vermehrt. Entgegen allen bisher gesammelten Erfahrungen konnte in den Jahren 1959 und 1960 festgestellt werden, daß einige Mysidenarten allmählich in den östlichen Teil des Sees mit höherem Salzgehalt (2,8‰) vorgedrungen sind. Die bisher für diese Krebstiere als letal geltende Salzkonzentration von 1,5‰ konnte durch die bes. Anpassungsfähigkeit der Mysiden im Laufe mehrerer Generationen überwunden werden.
A. Kozianowski. 6135.

Juget, J. Recherches sur la faune de fond du Léman et du lac d'Annecy. **(Untersuchungen über die Bodenfauna des Genfer Sees und des Lac d'Annecy.)** Ann. Stat. centr. Hydrobiol. appl. **1958** Nr. 7. S. 7–96. – 17 Abb., 16 Tab., 48 Lit. 6135.

Fryer, Geoffrey; Jinja, Uganda, East African Fisheries Res. Organization. Some aspects of evolution on Lake Nyasa. **(Einige Aspekte der Evolution im Nyassa-See.)** Evolution [Lancaster] **13** (1959) Nr. 4. S. 440–451. – 26 Lit. 6135.

Nachtigall, Werner; München, Univ., Zool. Inst. **Einige Beobachtungen über die Fortbewegung der Dytisciden außerhalb des Wassers.** Zool. Anz. **166** (1961) Nr. 3/4. S. 105–108. – 1 Abb., 2 Lit.
Beobachtungen und qualitative Ergebnisse von Filmanalysen über das Laufen, Springen, Umdrehen und Fliegen des Wasserkäfers *Acilius sulcatus* werden beschrieben. H. Müller/Berlin. 6135.

Nachtigall, Werner; München, Univ., Zool. Inst. **Zur Lokomotionsmechanik schwimmender Dipterenpuppen.)** Z. vergleich. Physiol. **45** (1962) Nr. 4. S. 463–474. – 9 Abb., 4 Lit.
Vf. untersuchte mit Zeitlupenaufnahmen die Schwimmbewegung der Puppen von *Corethra* und *Aedes*. Es lassen sich kinematisch 4 Bewegungstypen: Rückenzucken auf der Stelle, Ab- oder Auftauchen und eine rasche Seitwärtsbewegung unterscheiden, die hydromech. jedoch nur 2 Haupttypen: Ab- und Auftauchen – zuzuordnen sind. Jede Bewegung der Puppen beginnt mit dem Rückdrehen des Kopfes, an das sich ein passives Weiterdrehen des Tieres anschließt. Diese Drehung dauert so lange, bis der Kopf in die gewünschte Richtung zeigt, worauf ein Schwanzschlag das Tier fortbewegt. Die dabei auftretende Rollbewegung (gegensinnig zur ersten) wird wieder bis zur gewünschten Stellung „abgewartet", worauf ein erneuter Schwanzschlag das Tier fortbewegt. Die eigentlichen Lokomotionsbewegungen sind also unveränderlich, die Schwimmrichtung wird durch die Dauer der passiven Drehung bestimmt. W. v. Tümpling. 6135.

Lockwood, A. P. M.; Edinburgh, Univ., Dep. of Zool; Cambridge, Univ., Dep. of Zool. The osmotic and ionic regulation of Asellus aquaticus (L.) **(Die osmotische und Ionenregulation von Asellus aquaticus.)** J. exp. Biology **36** (1959) Nr. 3. S. 546–555. – 4 Abb., 3 Tab., 14 Lit. 6135.

Meijering, M. P. D. und Redfern, J. B.; Spiekeroog/Nordsee, Hermann-Lietz-Schule. Heart-beats as a measure of biotic time in the life of Daphniidae. **(Herzschläge als biotisches Zeitmaß im Leben von Daphnien.)** Amer. Naturalist **96** (1962) Nr. 886. S. 61–64. – 1 Abb., 16 Lit.
Dieses Zeitmaß wird im Sinne von „Leistungszeit" gebraucht. Es treten jedoch Schwierigkeiten auf, wenn die Lebensdauer nach Herzschlägen im Gegensatz zu phys. Zeiteinheiten berechnet wird. Vergleiche zwischen Überlebenskurven nach der Zahl der Herzschläge und nach denen, die auf phys.

Zeiteinheiten zurückgehen, zeigen, daß erstere aufschlußreicher sind. Die Herzschlag-Überlebenskurve, die eine konstante Sterblichkeitsrate angibt, läßt die Endlichkeit der biotischen Zeit klarer erkennen. G. Merla. 6135.

Martynov, V. F. und Salazkin, A. A. (Martynow, W. F. und Salaskin, A. A.); Chanty-Mansisk, RSFSR, Landwirtsch. Versuchsstat.; Ob-Tazow, Abt. des Staat. Forsch.-Inst. für Binnenfischerei zu Leningrad. O rasprostranenii molljuska Bithynia leachi v zapadnoj Sibiri. **(Über die Verbreitung von Bithynia leachi in Westsibirien.)** Zoologičeskij žurnal, Moskva **41** (1962) Nr. 1. S. 135–138. — 8 Lit. Zus. in Engl.
Um die Kenntnisse über die Biologie und die Verbreitung der Schnecke *Bithynia leachi* als erster Zwischenwirt von *Opisthorchis felineus* zu vertiefen, haben Vff. das bisher wenig erforschte Gebiet Westsibiriens auf das Vorkommen dieser Schneckenart untersucht. Es gelang ihnen durch Entnahme zahlreicher Proben nachzuweisen, daß *B. leachi* auch unter den strengen Verhältnissen Nordsibiriens im unteren Ob und Irtysch in Mengen bis zu 200 Exemplaren pro m² auftritt. Ihre nördlichste Verbreitungsgrenze ist der 66. Breitengrad. Die biol. und ökol. Eigenschaften dieser nördlichen Rasse unterscheiden sich nur wenig von denen der im Süden Westsibiriens vorkommenden Vertreter der gleichen Art. A. Kozianowski. 6135.

Brinkhurst, R. O.; Liverpool, Univ., Dep. of Zool. A re-description of Peloscolex variegatus Leidy (Oligochaeta, Tubificidae) with a consideration of the diagnosis of the genus Peloscolex. **(Eine Wiederbeschreibung von Peloscolex variegatus [Oligochaeta, Tubificidae] mit einer Betrachtung über die Diagnose der Gattung Peloscolex.)** Int. Rev. ges. Hydrobiol. **47** (1962) Nr. 2. S. 301–306. — 5 Abb., 13 Lit.
Vf. gibt nach Funden im Erie-, Huron- und Michigan-See eine ausführliche Beschreibung der Art. Die Geschichte der Gattung wie der Synonyma werden erläutert. Für die Gattung *Peloscolex* wird eine ausführliche Beschreibung des männl. Genitalapparates gegeben. Durch Form und Anlage der männl. Ausführgänge ist eine eindeutige Gattungsdiagnose möglich.
W. v. Tümpling. 6135.

Sokol'skaja, N. L. (Sokolskaja, N. L.); Moskau, Zool. Museum der Univ. Novye vidy Naididae (Oligochaeta) iz ozera Bajkal. **(Neue Arten der Naididae [Oligochaeta] aus dem Baikalsee.)** Zoologičeskij žurnal, Moskva **41** (1962) Nr. 5. S.660–665. — 3 Abb., 10 Lit. Zus. in Engl.
Bei im Sommer 1958 durchgeführten Untersuchungen der Naididen-Fauna des Baikalsees wurde bes. Aufmerksamkeit auf das Litoral gerichtet. Dabei konnten 2 neue Arten gefunden werden. Es handelt sich um *Uncinais minor* und *Nais bekmani*. Die letztgenannte Art tritt an die Stelle der von Michaelsen irrtümlich als *N. obtusa* beschriebenen Form. Die Merkmale der beiden neuen Arten werden ausführlich dargestellt. G. Predel. 6135.

Bachofen, R.; Zürich, Univ., Inst. für Allg. Bot. **Methodische und experimentelle Studie über Stoffwandlungen in Seesedimenten.** Schweiz. Z. Hydrol. 22 (1960) Nr. 1. S. 84–95. — 11 Abb., 7 Lit. 6135.

Krause, Heinrich Rudolf; Falkau/Schwarzwald, Hydrobiol. Stat. **Abbau organischer Phosphorkomponenten aus totem Süßwasser-Zooplankton.** Naturwissenschaften **47** (1960) Nr. 17. S. 401. — 9 Lit. 6135.

Crisp, D. T.; Durham, Univ., Zool. Dep. Observations on the biology of Corixa germari (Fieb.) (Hemiptera Heteroptera) in an upland reservoir. **(Beobachtungen über die Biologie von Corixa germari [Hemiptera Heteroptera] in einem Oberland-Staubecken.)** Arch. Hydrobiol. **58** (1962) Nr. 3. S. 261–280. — 6 Abb., 10 Tab., 16 Lit.
Vf. untersuchte von 1957–59 eine Population von *C. germari* in einem kleinen Stausee von 13 ha Fläche und 8 m max. Tiefe. Die Art wies jährlich nur eine

Generation mit 5 Larvenstadien auf. Quantitative Netz- und Fallenfänge an 4 verschiedenen Uferstreifen zeigten, daß die Art bes. häufig an einem Steilufer mit kleinen Steinen auftritt. Sie bevorzugt eine Tiefe von 1 m, doch läßt die Häufigkeit bis zu 2,3 m nur allmählich nach. Das Geschlechterverhältnis betrug stets ca. 1:1. Für den Beginn der Kopulation scheint eine Wassertemperatur von 8 °C notwendig zu sein. Die Eier werden bevorzugt an der Unterseite von Steinen abgelegt. Die Entwicklungsdauer zeigt im Bereich von 10 °C bis 30 °C fast lineare Abhängigkeit von der Temperatur. Unterhalb 8 °C schlüpften keine Larven. Die Art ernährt sich vorwiegend von kleinen Chironomiden, Tubificiden und selten auch Algen. Die gesamte Population war von einem Parasiten — vermutlich einer Gregarine — befallen, doch zeigte das weder Einfluß auf die Sterblichkeit noch auf die Fruchtbarkeit. Experimentelle Untersuchungen über die Atmung und das Schwimmen verschiedener *Corixa*-Arten lassen erkennen, daß *C. germari* in bes. Maße angepaßt ist an das Leben in größerer Tiefe. W. v. Tümpling. 6138.

Kasymov, A. G. und Chalilov, A. R. (Kassymow, A. G. und Chalilow, A. R.); Zool. Inst. der Akad. der Wiss. der Aserbaidshan.SSR. Izučenie metamorfoza Tanytarsus lauterborni Kieffer v Varvarinskom vodochranilišče. **(Erforschung der Metamorphose von Tanytarsus lauterborni im Staubecken von Warwarinka.)** Doklady Akademii nauk Azerbajdžanskoj SSR, Baku 18 (1962) Nr. 1. S. 89–91. — 1 Tab., 5 Lit. Orig.: russ., Ausz.: aserbaidshan.
Larven von *Tanytarsus lauterborni*, die in der 1. Dekade des Jan. 1961 aus dem Stausee von Warwarinka entnommen wurden, beobachteten Vff. bis zum Schlüpfen und der Eiablage. Das Imago-Stadium erreichten die Mücken ungefähr am 5. März des gleichen Jahres. Die Entwicklung ging am schnellsten bei Temperaturen von 22–30 °C vor sich. Unter Laboratoriumsbedingungen hatte *T. lauterborni* im Jahr 4 Generationen, im Mittel jeweils nach 35 Tagen. Die Flugzeit der Mücke beginnt am Tag, 8 bis 9 Std. nach dem Abflug tritt bei beiden Geschlechtern die Geschlechtsreife ein.
G. Predel. 6138.

Brinkhurst, R. O.; Liverpool, Univ., Dep. of Zool. A re-description of Tubifex newaensis (Michaelsen) (Oligochaeta, Tubificidae) with a consideration of its taxonomic position in the genus. **(Eine Wiederbeschreibung von Tubifex newaensis [Oligochaeta, Tubificidae] mit einer Betrachtung der taxionomischen Stellung innerhalb der Gattung.)** Int. Rev. ges. Hydrobiol. 47 (1962) Nr. 2. S. 307–312. — 3 Abb., 11 Lit.
Vf. stellt nach Funden aus dem Rybinsker Stausee die von Michaelsen 1903 als *Limnodrilus newaensis* beschriebene Art zur Gattung *Tubifex*. Die Art wird ausführlich behandelt. Es ergibt sich dabei, daß die von Dahl beschriebene nahe Verwandtschaft zwischen *T. newaensis* und *T. pseudogaster* nicht existiert. Somit beruhen Dahls Ansichten über die Evolution innerhalb der Gattung *Limnodrilus* auf falschen Voraussetzungen.
W. v. Tümpling. 6138.

Straškraba, M. und Brandl, Z. O produktivitě příbřežního pásu rybníků. **(Über die Produktivität der ufernahen Teichzone.)** Českoslov. Rybářství 1962 Nr. 3. S. 35.
Untersuchungen der Naturnahrung in einigen südtschechischen Teichen ergaben, daß die Menge des Zooplanktons in der ufernahen Teichzone von der Art des Pflanzenbestandes abhängt. In Riedgrasbeständen ist die Planktonproduktion sehr gering. Es wird daher empfohlen, insbesondere Teiche mit ausgedehnten Riedgrasbeständen zu meliorieren. Das betrifft auch Teiche mit sehr dichten anderen Pflanzenbeständen und von geringer Wassertiefe. Nach Durchführung geeigneter Meliorationsmaßnahmen stieg die Planktonproduktion auf das 40fache (von 3 mg/m² auf 120 mg/m²).
F. Svoboda. 6140.

Hantge, Eberhard; Heidelberg. **Untersuchungen an Chironomiden aus Karpfenteichen.** Arch. Hydrobiol. 58 (1962) Nr. 3. S. 309-338. – 5 Abb., 12 Tab., 46 Lit.
Die Randbezirke der Pflanzenbestände in den Teichen waren gegenüber zentralen Partien im Mittel zehnmal stärker mit Chironomiden-Larven besiedelt, was auf bevorzugtes Ablaichen der Imagines an diesen Stellen zurückgeführt wird. Zwischen Plankton-Produktion und Larvenzahlen ergaben sich keine eindeutigen Zusammenhänge. Superphosphat-Düngung vermehrt vor allem die Pflanzen-Chironomiden, qualitativ ändert sich die Chironomidenfauna nicht. Die Karpfen (*Cyprinus carpio*) fressen etwa die Hälfte der vorhandenen Bodenchironomiden. Bei Trockenlegung der Teiche ist mit einem Chironomiden-Stückverlust von 51–99%, vor allem durch Frosteinwirkung, zu rechnen. Ätzkalkbehandlung und Schlammaustrocknung haben dabei geringere Bedeutung. G. Merla. 6140.

Wise, Charles D.; Port Aransas, Tex., Univ., Inst. of Marine Sci. Variations in size of ostracods cultured from dried soil in the laboratory. **(Veränderungen der Größe von Ostracoden bei Laborkulturen, die aus trockenem Boden gewonnen wurden.)** Ecology 41 (1960) Nr. 2. S. 384. – 1 Abb., 4 Lit. 6140.

Gennerich, Johannes; Koblenz. **Internationale Arbeitsgemeinschaft zur limnologischen Erforschung der Donau.** Fischwirt 9 (1959) Nr. 11. S. 330–332. 6145.

Mucha, V. und Daubner, J.; Bratislava, Inst. für Exp. Med., Hyg. Abt. **Limnologische und hygienische Forschungen auf dem tschechoslowakischen Abschnitt der Donau.** Z. ges. Hyg. Grenzgebiete 8 (1962) Nr. 6. S. 401–407. – 3 Abb., 22 Lit.
Vff. untersuchten im Rahmen der Arbeitsgemeinschaft Donauforschung der IVL (SIL) die bakteriol. Verhältnisse des 172 km langen Donau-Abschnittes. Die höchsten Bakterienzahlen finden sich oberhalb von Bratislava, bedingt durch Wien und die Mündung der Morava. Durch mikroskopische Zählung der Bakterien auf Membranfiltern wird die Biomasse der Bakterien errechnet, sie beträgt oberhalb Bratislava 1,3 mg/l und nimmt bis zur ungarischen Staatsgrenze auf 0,14 mg/l ab. Die Bestimmung der Bakterien aus der Unterfamilie Escherichiae ergibt, daß mehr als 50% der *E. coli*-Gruppe angehören, woraus die frische fäkale Verunreinging der Donau klar zu ersehen ist. Methodische Probleme der Membranfilter-Technik und der Kieselsäure-Nährböden werden dargestellt. W. v. Tümpling. 6145.

Nisbet, Maud. Aperçu chimique sur quelques ruisseaux des Vosges: Le Rabodeau et ses affluents. **(Chemische Übersicht über einige Vogesenbäche: der Rabodeau und seine Zuflüsse.)** Ann. Stat. centr. Hydrobiol. appl. **1958** Nr. 7. S. 269–284. – 9 Abb., 6 Lit. 6145.

Owens, M. und Edwards, R. W.; Stevenage, Water Pollution Res. Lab. The effects of plants on river conditions. III. Crop studies and estimates of net productivity of macrophytes in four streams in Southern England. **(Der Einfluß von Pflanzen auf die Verhältnisse im Fließgewässer. 3. Mitt. Bestandsstudien und Schätzung der Nettoproduktivität von Makrophyten in vier Bächen Süd-Englands.)** J. Ecology **50** (1962) Nr. 1. S. 157–162. – 1 Abb., 4 Tab., 7 Lit. 2. Mitt. vgl. LZ. Abt. III 7 (1962) Nr. 7. S. 1527.
Der Sommer-Bestand an aquatischen Makrophyten wurde in 4 Bächen Süd-Englands mit unterschiedlichen Pflanzengesellschaften festgestellt. Nettoprimärproduktionen von 1,48, 1,80 und 2,30 g org. Kohlenstoff/m^2 und Tag konnten ermittelt werden. Die Ergebnisse ähnelten denen, die bereits vorher von den Autoren am Ivel-Fluß ermittelt worden waren und zwischen 0,04 und 1,85 g org. C/m^2 und Tag gelegen hatten (1960, 1961), sowie denen anderer Autoren. M.-L. Albrecht. 6145.

Kühl, Heinrich und Mann, Hans; Hamburg, Bundesforsch.-Anst. für Fischerei, Inst. für Küsten- und Binnenfischerei. **Über das Zooplankton der Unterelbe.** Veröff. Inst. Meeresforsch. Bremerhaven 8 (1962) Nr. 1. S. 53–69. — 4 Abb., 24 Lit.

Es wurde der Versuch unternommen, den Beziehungen zwischen Zooplankton, Phytoplankton und Hydrochemie in der Elbe zwischen Hamburg und Feuerschiff Elbe 1 (120 Fluß-km) nachzugehen. In früheren Untersuchungen konnte nachgewiesen werden, daß das Phytoplankton 2 Maxima hat, zwischen denen eine Zone starker Verarmung liegt. Das eine Maximum liegt im limnischen Bereich und erstreckt sich bis in die oligohaline Zone, das 2. in der polyhalinen Zone. Bei fast allen untersuchten Gruppen des Zooplanktons waren die Ergebnisse entsprechend. Nur sehr wenige euryplastische Arten wie *Eurytemora affinis* kamen im gesamten Flußabschnitt vor. Die Larven von Stint (*Osmerus eperlanus*) und Flunder (*Pleuronectes flesus*) sind bis zum oberen Teil der Untersuchungsstrecke anzutreffen, Heringslarven (*Clupea harengus*) kommen bis zur meiomesohalinen Zone vor. Die Larven der marinen Fischarten überschreiten die obere Grenze der polyhalinen Zone nicht.

M.-L. Albrecht. 6145.

Lubjanov, I. P. (Lubjanow, I. P.); Dnepropetrowsk, Univ., Forsch.-Inst. für Hydrobiol. Charakteristika donnoj fauny rek severnogo poberež'ja Azovskogo morja — Kal'miusa i Gruzskogo Elančika. **(Charakteristik der Bodenfauna der Flüsse der Asow-Nordküste, Kalmiuss und Gruski Jelantschik.)** Zoologičeskij žurnal, Moskva **41** (1962) Nr. 4. S. 498–502. — 1 Tab., 10 Lit. Zus. in Engl.

Vf. behandelt die Verbreitung der Bodenfauna in den kleineren Flüssen der Nordküste des Asowschen Meeres in enger Verbindung mit den jeweiligen ökol. Verhältnissen. Bes. Bedeutung wird hierbei der Bodanfauna im Unterlauf der Flüsse geschenkt, die allg. gesehen in 3 Gruppen eingeteilt werden kann: die Süßwassergruppe (Tubificidae, Tendipedidae), die Brackwassergruppe (Dreissenidae, Gammaridae, Corophiidae, Mysidae) und die Mittelmeergruppe (Nereidae, Cardiidae, Idotheidae, Mysidae). Nach Auffassung des Vf. können und sollen diese Nahrungsreserven in erhöhtem Maße fischereilich genutzt werden. Die Möglichkeiten einer besseren Nutzung werden beschrieben. A. Kozianowski. 6145.

Botosaneanu, L.; Bukarest, Inst. de Spéol. Analyse zoogéographique de la faune de trichoptères de Roumanie. **(Zoogeographische Studie der Trichopterenfauna Rumäniens.)** Arch. Hydrobiol. **58** (1962) Nr. 2. S. 136–161. — 8 Abb., 9 Lit.

Es wird der Versuch unternommen, 207 Trichopterenarten (= 80% der rumänischen Trichopterenfauna) nach zoogeographischen Gesichtspunkten einzuteilen. Die Ausdehnung des Areals einiger Arten und ihre ökol. Besonderheiten werden mitgeteilt. Mehrere Trichopterengruppen geben der Fauna Rumäniens ein eigentümliches Gepräge (*Rhyacophila-philopotamoides*-Gruppe, *Acrophylax, Chionophylax, Chaetopterygini, Drusus, Apatania carpatica* und *A. motasi*). Zahlreiche Arten haben hier ihre westl., nördl., östl. oder südl. Grenze, so daß dieses Gebiet den Charakter eines „zoogeographischen Scheideweges" hat. Das Gepräge der Köcherfliegenfauna ist zentraleuropäisch mit wesentlicher Beteiligung südl. und weniger starkem Einschlag östl. und nordischer Elemente. M.-L. Albrecht. 6145.

Agnew, J. D.; South African Council for Sci. and Ind. Res., Nat. Inst. for Water Res. New Leptophlebiidae (Ephem.) from the Transvaal. **(Neue Leptophlebiidae [Ephem.] aus Transvaal.)** Arch. Hydrobiol. **58** (1962) Nr. 3. S. 358–366. — 4 Abb., 12 Lit.

Die Imagines der 2 neuen Leptophlebiiden, *Adenophlebiodes* (*Hyalophlebia*) *patriciae* n. sp. und *Choroterpes ndebella* n. sp. wurden aus Nymphenstadien im

Lab. gezüchtet. Die Nymphen sind gut in Gefangenschaft zu halten, da sie kein fließendes Wasser benötigen. Sowohl die Nymphen als auch die Imagines werden beschrieben. Die Larven von *Adenophlebiodes* wurden in Flüssen Transvaals in 1000–1250 m Höhenlage gefangen. Sie leben dort an Steinen im ruhigeren Wasser und ernähren sich von Algen und org. Detritus. Der pH-Wert der Flüsse betrug 7 bis 8. Die Larven von *Choroterpes* bevorzugen ruhige Totwässer oder langsam fließendes Wasser, wo sie von den Unterseiten der Steine abgesammelt werden konnten. M.-L. Albrecht. 6145.

Lieder, Ulrich; Berlin-Friedrichshagen, Humboldt-Univ., Inst. für Fischereiwes. **Beschreibung einer neuen Bosminen-Art, Neobosmina brehmi n.sp., aus Äquatorialafrika und über die aus dem Orinoko beschriebene Neobosmina tubicen (Brehm), (Crustacea, Cladocera).** Int. Rev. ges. Hydrobiol. **47** (1962) Nr. 2. S. 313–320. – 8 Abb., 8 Lit.

Vf. gibt eine ausführliche Beschreibung der Art nach Funden aus dem oberen Niger. Für *N. tubicen* werden Form und Bedornung des Mucro sowie die Bewehrung der Abdominalkralle nachbeschrieben. Durch den Fund der Population von *Neobosmina* im Niger erweitert sich das Verbreitungsgebiet der Untergattung *N.* beträchtlich, sie scheint nunmehr auf der gesamten Südhalbkugel vorzukommen. Von bes. Interesse ist noch der (wahrscheinliche) Nachweis von Hybridindividuen zwischen *N. brehmi* und *B. longirostris* in der Niger-Population. W. v. Tümpling. 6145.

Fomenko, N. V. (Fomenko, N. W.); Inst. für Hydrobiol. der Akad. der Wiss. der Ukrain. SSR. Novy vidy maloščetinkovych červej (Oligochaeta) dlja r. Dnepra. **(Neue Oligochaetenarten im Dnepr.)** Doklady Akademii nauk Ukrainskoj SSR, Kiev **1962** Nr. 4. S. 542–546. – 14 Lit. Orig.: ukrain., Ausz.: russ., engl.

Vf. beschreibt 9 neue Oligochaetenarten aus der Bodenfauna des Dnepr, von denen 5 Arten erstmalig in der Ukrain.SSR und 1 Art (*Ilyodrilus vejdovskyi*) erstmalig in der UdSSR bestimmt wurden. A. Kozianowski. 6145.

Brinkhurst, R. O. und Kennedy, C. R.; Liverpool, Univ., Dep. of Zool. Some aquatic Oligochaeta from the Isle of Man with special reference to the Silver Burn estuary. **(Einige aquatische Oligochaeten von der Isle of Man mit besonderer Berücksichtigung des Silver-Burn-Ästuars.)** Arch. Hydrobiol. **58** (1962) Nr. 3. S. 367–376. – 3 Abb., 11 Lit.

Vff. untersuchten 13 Flüsse der südlichen Hälfte der Insel an 23 Stellen auf ihre Oligochaetenfauna. 10 Untersuchungsstationen wiesen keine Oligochaeten auf, da der Untergrund nur aus Geröll besteht. Die Oligochaetenfauna der übrigen Stellen enthielt insgesamt 14 Arten. Bes. eingehend untersucht und dargestellt wird die Besiedlung des Ästuars unter Berücksichtigung verschiedener ökologischer Faktoren. Marine Arten fehlen, doch sind 4 Arten auf die Brackwasserregion beschränkt, während die übrigen 5 Arten in ihrer Verbreitung hauptsächlich vom Substrat und der org. Verunreinigung abhängen. Meist leben mehrere Arten derselben Gattung im gleichen Habitat zusammen. W. v. Tümpling. 6145.

Nekrasova, V. A. und Stepanov, V. N. (Nekrassowa, W. A. und Stepanow, W. N.); Moskau, Inst. für Ozeanol. der Akad. der Wiss. der UdSSR. Tipy izmenenija temperatury vody po vertikali v Mirovom okeane. **(Typen der vertikalen Veränderung der Wassertemperatur im Weltmeer.)** Doklady Akademii nauk SSSR, Moskva **143(30)** (1962) Nr. 3. S. 713–716. – 2 Abb., 1 Tab.

Auf Grund einer Analyse der Veränderungen der Wassertemperatur in den Ozeanen wird das Vorhandensein folgender 5 Typen mit Untertypen festgestellt:

Mittlere Wassertemperaturen (°C) nach Typen ihrer vertikalen Veränderlichkeit in den Weltozeanen

Typ und Untertyp	Tiefe in m 0	100	200	500	1000	2000	5000
Polarer Typ	0,06	-0,64	0,39	1,36	0,85	0,30	–
Arktischer Untertyp	-1,60	-1,60	-0,60	0,73	-0,18	-0,66	–
Antarktischer Untertyp	-0,52	-0,73	0,51	1,12	0,99	0,46	0,00
Nordatlant. Untertyp	5,10	2,70	3,40	4,50	3,75	3,20	–
Nordpazif. Untertyp	9,40	2,20	2,25	3,40	3,00	1,75	
Subantarkt. Typ	9,70	8,40	7,40	5,25	3,50	2,30	0,70
Nördl. Untertyp	14,00	9,50	9,40	7,00	3,35	–	–
Südl. Untertyp	9,10	5,70	5,35	3,90	3,00	–	–
Subarkt. atlant. Typ	10,25	9,35	8,65	7,30	5,60	3,45	2,50
Subarkt. pazif. Typ	14,70	6,25	5,70	4,00	3,00	1,95	1,50
Nördl. Untertyp	14,25	5,00	5,00	3,60	2,80	–	–
Südöstl. Untertyp	15,60	8,75	7,10	4,80	3,30	–	–
Gemäßigt-trop. Typ	24,00	20,25	15,40	9,80	5,60	3,05	1,40

G. Predel. 6150.

Favorite, Felix; Seattle, Wash., Bureau of Commercial Fisheries, Biol. Lab. Surface temperature and salinity off the Washington and British Columbia coasts, August, 1958 and 1959. **(Oberflächentemperatur und Salzgehalt an den Küsten von Washington und Britisch-Kolumbien im August 1958 und 1959.)** J. Fisheries Res. Board Canada **18** (1961) Nr. 3. S. 311–319. — 4 Abb., 13 Lit.
Durch ein ausgedehntes Stationsnetz konnten die Temperatur- und Salzgehaltsverhältnisse des pazifischen Oberflächenwassers in dem Gebiet vor der kanadischen Pazifikküste bis 148° w. L. im Aug. 1958 und 1959 erfaßt werden. Der Einstrom von Süßwasser durch die kanadischen Flüsse in das Meer zeichnete sich in charakteristischen hydrographischen Situationen ab, die noch in größerer Entfernung von der Küste nachweisbar waren. Die zungenförmig in den Pazifik reichenden Mischungszonen des Wassers sollen für die Laichwanderungen der Lachse von Bedeutung sein. K. Anwand. 6150.

Bursa, Adam; Montreal, Quebec, Fisheries Res. Board of Canada, Arctic Unit. Phytoplankton of the Calanus expeditions in Hudson Bay, 1953 and 1954. „Calanus" Series, No. 18. **(Phytoplankton der Calanus-Expeditionen in der Hudson Bay 1953 und 1954. „Calanus"-Serie Nr. 18.)** J. Fisheries Res. Board Canada **18** (1961) Nr. 1. S. 51–83. — 7 Abb., 6 Tab., 57 Lit.
Von Juli bis Sept. 1953 und 1954 wurde während der Calanus-Expeditionen mittels der quantitativen Sedimentationsmethode die Phytoplanktonproduktion in der Hudson Bay und Hudson Strait untersucht. Die Planktonproben stammten von der Oberfläche und aus 10, 25, 50 und 100 m Tiefe. Ferner wurden Wasserproben zur Temperatur-, Salzgehalts- und Sauerstoffbestimmung entnommen, um die Produktionsvorgänge unter ökologischen Aspekten betrachten zu können. Die produktivste Schicht lag bei 10 m Tiefe, während die größten Phytoplanktonpopulationen in der mit Sauerstoff übersättigten Schicht bei 25 m Tiefe zu finden waren. Zur Untersuchungszeit überwogen die Diatomeen über die Flagellatengruppen. K. Anwand. 6150.

McAllister, C. D.; Nanaimo, Brit. Columbia, Fisheries Res. Board of Canada, Pacific Oceanographic Group. Zooplankton studies at Ocean weather station „P" in the Northeast Pacific Ocean. **(Zooplanktonstudien bei der Ozeanwetterstation „P" im nordöstlichen Pazifik.)** J. Fisheries Res. Board Canada **18** (1961) Nr. 1. S. 1–29. — 19 Abb., 5 Tab., 34 Lit.
Von 1956–1958 wurden von der Seewetterstation „P" aus, die sich auf der Position 50° n. Br. und 154° w. L. befindet, Zooplanktonuntersuchungen

durchgeführt. Die Entnahme der Proben erfolgte mit dem „NorPac"-Netz aus Nylon aus Tiefenstufen bis über 1000 m. Das Netz besitzt einen Durchmesser von 45 cm, eine Länge von 180 cm und eine Maschenweite von 0,33 mm. Anhand der Proben wurden die Planktonkonzentration (gemessen in g/1000 m^3), die täglichen Veränderungen der Planktondichte an der Wasseroberfläche, die Vertikalverbreitung, die jahreszeitlichen Unterschiede der Menge und die artenmäßige Zusammensetzung des Zooplanktons festgestellt. Es werden Vergleiche mit ermittelten Zooplanktonkonzentrationen anderer Meeresgebiete angestellt. K. Anwand. 6150.

Bursa, Adam S.; Montreal, Quebec, Fisheries Res. Board of Canada, Arctic Unit. The annual oceanographic cycle at Igloolik in the Canadian Arctic. II. The phytoplankton. **(Der ozeanographische Jahreszyklus bei Igloolik in der Kanadischen Arktis. 2. Mitt. Das Phytoplankton.)** J. Fisheries Res. Board Canada **18** (1961) Nr. 4. S. 563–615. – 21 Abb., 4 Tab., 86 Lit. 1. Mitt. vgl. J. Fisheries Res. Board Canada **16** (1959) Nr. 4. S. 433–501.
Bei der Insel Igloolik in der Kanadischen Arktis (69°20,5′ n. Br. und 81°43,5′ w. L.) wurden von Sept. 1955 bis Aug. 1956 die Beziehungen zwischen den hydrographischen Verhältnissen und der Planktonentwicklung beobachtet. Als begrenzende Faktoren für die Planktonproduktion sind die Temperatur, die im Mittel nur 3 °C beträgt, die lange Eisbedeckung von über 9 Mon. und die Lichtverhältnisse anzusehen. Das Frühjahrsplankton besteht überwiegend aus Pennatae und wird im Sommer, dem Höhepunkt der Planktonentwicklung, durch Centriceae abgelöst. Bei den Untersuchungen wurden 3 neue Arten gefunden: *Gyrodinium arcticum*, *Gymnodinium intercalaris* und *Pontosphaera ditrematolitha*. K. Anwand. 6150.

Ponomareva, L. A. und Naumov, A. G. (Ponomarjowa, L. A. und Naumow, A. G.); Inst. für Ozeanol. der Akad. der Wiss. der UdSSR. Raspredelenie biomassy zooplanktona v vodach Aravijskogo morja i Bengal'skogo zaliva v period smeny mussonov. **(Verteilung der Planktonbiomasse in den Gewässern des Arabischen Meeres und des Golfs von Bengalen zur Zeit des Monsunwechsels.)** Doklady Akademii nauk SSSR, Moskva **142(30)** (1962) Nr. 2. S. 449–452. – 3 Abb., 3 Lit.
Mit dem Forschungsschiff „Witjas" erfolgte 1960/61 eine Untersuchung der Planktonbiomasse im Golf von Aden und dem Andamanen-Meer. Das Plankton besteht hauptsächlich aus Zooplankton. Im Arabischen Meer und Golf von Aden wurden größere Gebiete mit mehr als 100 mg/m^3 Planktonbiomasse festgestellt. Dabei fand man gleichzeitig Massenentwicklung einiger Arten. Ursache hierfür dürften größere Zonen mit aufquellendem Tiefenwasser sein. Im Andamanen-Meer war die Planktonbiomasse geringer. Neben Copepoden spielen die neritischen Ostracoden eine bedeutende Rolle im Zooplankton beider Gebiete. Die wichtigsten Arten sind angeführt. G. Predel. 6150.

Vinogradov, M. E. und Voronina, N. M. (Winogradow, M. Je. und Woronina, N. M.); Inst. für Ozeanol. der Akad. der Wiss. der UdSSR. Raspredelenie nekotorych massovych vidov kopepod v Indijskom okeane. **(Verteilung einiger Copepoden mit massenhaftem Vorkommen im Indischen Ozean.)** Doklady Akademii nauk SSSR, Moskva **140(29)** (1961) Nr. 1. S. 219–222. – 1 Abb., 7 Lit.
Untersucht wurde die horizontale und vertikale Verteilung von 30 Copepodenarten mit massenhaftem Vorkommen im nördl. Teil des Indischen Ozeans. Die Untersuchungen fanden im Winter 1959/60 mit dem Forschungsschiff „Witjas" statt. Das Material stammt von 166 Stationen, auf denen insgesamt 770 Proben aus verschiedenen Horizonten bis zu 500 m Tiefe entnommen wurden. Die Ergebnisse werden angeführt. G. Predel. 6150.

Brodskij, K. A. (Brodski, K. A.); Zool. Inst. der Akad. der Wiss. der UdSSR. Arealy massovych vidov roda Calanus južnogo polušarija. **(Gebiete des massenhaften Vorkommens der Gattung Calanus auf der südlichen Halbkugel.)** Doklady Akademii nauk SSSR, Moskva **143(30)** (1962) Nr. 3. S. 709–712. – 2 Abb., 2 Tab., 13 Lit.
Auf den ersten drei Reisen des Diesel-Elektroschiffes „Ob“ in die antarktischen Gewässer wurde in großen Mengen Material über die Planktonverteilung in den Gewässern der Südhalbkugel gesammelt. Die Gattung *Calanus* ist in den antarktischen Gewässern mit 3 Arten vertreten, die massenhaftes Vorkommen haben. Es handelt sich um *C. propinquus* und *C. acutus*, die unmittelbar als antarktische Formen zu bezeichnen sind und die Gewässer bis zur Eisgrenze besiedeln. Die 3. Art ist *C. simillimus*. Sie lebt etwas nördlicher, vorwiegend im Gebiet südl. der antarktischen Divergenz. G. Predel. 6150.

Kaškin, N. I. (Kaschkin, N. I.); Murmansk, Meeresbiol. Inst. der Zweigstelle Kola der Akad. der Wiss. der UdSSR. O prisposobitel'nom značenii sezonnych migracij Calanus finmarchicus (Gunnerus, 1770). **(Die Bedeutung der jahreszeitlichen Wanderungen von Calanus finmarchicus für die Arterhaltung.)** Zoologičeskij žurnal, Moskva **41** (1962) Nr. 3. S. 342–357. – 4 Abb., 72 Lit. Zus. in Engl.
Die biol. Bedeutung der Saisonwanderungen von *Calanus finmarchicus* muß als eine Anpassung der gesamten Population betrachtet werden. Die Saisonwanderungen stehen in enger Beziehung zu den Meeresströmungen. Die Verteilungsgrenzen von *C. finmarchicus* hängen zusammen mit den Prozessen, bei denen die Art durch die Oberflächenströmungen in nördl. Richtung während des Frühjahrs und Sommers und in südlicher Richtung durch die Boden- und Zwischenströmungen im Herbst und Winter getragen wird. Hardys Hypothese trifft auch auf die Saisonwanderungen von *C. finmarchicus* zu. G. Predel. 6150.

Brodskij, K. A. (Brodski, K. A.); Zool. Inst. der Akad. der Wiss. der UdSSR. Opyt biometričeskogo analiza morfologičeskoj izmenčivosti Calanus pacificus Brodsky (Copepoda). **(Versuch einer biometrischen Analyse der morphologischen Veränderlichkeit von Calanus pacificus [Copepoda].)** Doklady Akademii nauk SSSR, Moskva **142(30)** (1962) Nr. 6. S. 1416–1419. – 3 Abb., 5 Lit.
Neuere Untersuchungen an *Calanus pacificus* ergaben, daß die an der asiatischen Küste lebenden Exemplare als neue Art bezeichnet werden müssen. Vf. nannte sie *C. sinicus*. Auch für die im Nordteil des Pazifiks lebenden Formen muß die neue Bezeichnung verwendet werden. *C. pacificus* setzt sich aus 3 Unterarten zusammen. Jede der beiden neuen Arten und der 3 Unterarten hat ein spez. Verbreitungsgebiet. Allerdings trifft man auch gelegentlich die verschiedenen Formen im gleichen Seegebiet nebeneinander. Die Untersuchungen zeigen, daß Unterschiede im Biotop große Bedeutung für pelagische Organismen als Selektionsfaktor haben und die Artbildungen entscheidend beeinflussen können. G. Predel. 6150.

Simonsen, Reimer; Kiel, Univ., Inst. für Meereskunde. **Untersuchungen zur Systematik und Ökologie der Bodendiatomeen der westlichen Ostsee.** Int. Rev. ges. Hydrobiol., Beih. **1962** Nr. 1. S. 1–144. – 15 Abb., 103 Lit.
Bei Untersuchungen der Bodendiatomeen der westlichen Ostsee wurden 503 Formen festgestellt, die 464 Arten und 77 Gattungen angehören, wobei sich einige systematische Umstellungen ergaben. Die Artenzahl nimmt nach der Tiefe zu ab, das Artenmaximum liegt bei etwa 15 m. Auch die Schlei und einige Küstenseen wurden in die Untersuchung einbezogen. Der Bewuchs auf Steinen, Pflanzen etc. ist gewöhnlich sehr eintönig, wobei sich aber auch vertikale Zonen unterscheiden lassen. F.-K. Löwe. 6150.

Siepmann, Rolf und Höhnk, Willy; Bonn, Univ., Chem. Inst.; Bremerhaven, Inst. für Meeresforsch. **Über Hefen und einige Pilze (Fungi imp., Hyphales) aus dem Nordatlantik.** Veröff. Inst. Meeresforsch. Bremerhaven 8 (1962) Nr. 1. S. 79–97. — 1 Abb., 29 Lit.
Vff. untersuchten 1958 und 1960 auf mehreren Stationen im Nordatlantik die Pilz- und Hefeflora. Nach der Beschreibung der Probenentnahme und der Methodik werden 14 Hefen und 3 Pilze beschrieben, die isoliert werden konnten. 3 Neubeschreibungen werden vorgenommen. Eine ökol. Betrachtung schließt die Arbeit ab. F.-K. Löwe. 6150.

Milejkovskij, S. A. (Mileikowski, S. A.); Moskau, Inst. für Ozeanol. der Akad. der Wiss. der UdSSR. O morfologii i sistematike polichet semejstva Chrysopetalidae E. Ehlers, 1864 (rody Paleanotus L. Schmarda, 1861, Heteropale H. P. Johnson, 1897 i drugie). **(Über Morphologie und Systematik der Polychaeten der Familie Chrysopetalidae E. Ehlers, 1864 [Gattungen Paleanotus L. Schmarda, 1861, Heteropale H. P. Johnson, 1897 und andere].)** Zoologičeskij žurnal, Moskva **41** (1962) Nr. 5. S. 648–659. — 3 Abb., 33 Lit. Zus. in Engl.
Über die Polychaetenfamilie Chrysopetalidae ist z. Z. nur wenig bekannt. Vf. untersuchte von 2 Arten die pelagischen Larvenformen (*Paleanotus heteroseta* aus dem NW-Atlantik im Gebiet des Golfstroms und *P. schmardai* aus dem NO-Atlantik). Weiterhin wird ein Bestimmungsschlüssel aller Chrysopetalidae angeführt, die zu den Gattungen *Paleanotus* und *Heteropale* gehören. Es werden Hinweise auf die geographische Verbreitung beider Gattungen gegeben. G. Predel. 6150.

Josephson, Robert K.; Friday Harbor, Wash., Friday Harbor Marine Lab., Los Angeles, Univ. of California, Dep. of Zool., Los Angeles Marine Lab. The response of a hydroid to weak waterborne disturbances. **(Die Reaktion eines Hydroidpolypen auf schwache durch das Wasser weitergeleitete Störungen.)** J. exp. Biology **38** (1961) Nr. 1. S. 17–27. — 3 Abb., 4 Tab., 12 Lit.
Während die meisten Coelenteraten nur auf unmittelbare Berührung ansprechen, konnte bei den Hydroidpolypen *Syncoryne mirabilis* eine Reaktion auf etwas entfernte mechanische Reize festgestellt werden.
M.-L. Albrecht. 6150.

Kudinova-Pasternak, R. K. (Kudinowa-Pasternak, R. K.); Moskau, Univ., Lehrstuhl für Zool. der Wirbellosen. Vlijanie na ličinok korabel'nogo červja (Teredo navalis L.) morskoj vody ponižennoj solenosti i različnoj temperatury. **(Einfluß von Meerwasser mit verringertem Salzgehalt und unterschiedlicher Temperatur auf die Larven des Schiffswurms [Teredo navalis].)** Zoologičeskij žurnal, Moskva **41** (1962) Nr. 1. S. 49–57. — 3 Abb., 3 Tab., 18 Lit. Zus. in Engl.
Es werden Laborversuche mit Larven aus der Kiemenhöhle freilebender *Teredo navalis* und aus künstlicher Befruchtung gewonnenen Larven beschrieben (Salzgehalt im natürlichen Milieu des Materials 17,8‰, Temperatur 20–23°). Bis zu 12‰ Salzgehalt schädigten den normalen Entwicklungsablauf nicht. Bei weiterer Erniedrigung gehen die Larven innerhalb kurzer Zeit zugrunde (11‰ — 11 Tage, 10‰ — 7 Tage, 9‰ — 4 Tage). Bei einem Salzgehalt von 17,8‰ ist die optimale Temperatur für *Teredo*-Larven 18–27 °C. Temperaturen darunter oder darüber wirken spontan schädigend. Gleichzeitige Variation beider Faktoren zeigte das gleiche Ergebnis. Diese Untersuchungen haben bes. Bedeutung für die geplanten Veränderungen der hydrol. Verhältnisse des Asowschen Meeres zur Verbesserung der Fischerei.
A. Kosler. 6150.

Mahringer, Werner und Dirmhirn, Inge; Wien, Zentralanst. für Meteorol. **Über eine Ergänzung zum Durchsichtigkeitsmesser.** Arch. Hydrobiol. **58** (1962) Nr. 3. S. 343–348. — 2 Abb., 1 Tab., 4 Lit.

In den letzten Jahren hat der Durchsichtigkeitsmesser von F. Sauberer (1958) weite Verbreitung gefunden. Mit seiner Hilfe können der vertikale Trübungsverlauf von Seen oder die Einschichtung verunreinigter Zubringer in stehende Gewässer untersucht werden. In größeren Tiefen ergaben sich häufig Zunahmen in der Durchlässigkeit, die nicht real sein konnten. Diese Effekte traten vor allem auf, wenn zwischen Wasser und Luft erhebliche Temperaturunterschiede vorhanden waren. Es wird eine Methode beschrieben, bei der die Regelung über die Helligkeit erfolgt. Dies geschieht durch ein zweites mit dem Meßlämpchen in Serie geschaltetes Lämpchen und ein Kontrollphotoelement, die beide im Meßkasten montiert sind.
M.-L. Albrecht. 6200.

Jones, J. D.; Sheffield, Univ., Dep. of Zool. A new tonometric method for the determination of dissolved oxygen and carbon dioxide in small samples. **(Eine neue tonometrische Methode zur Bestimmung von gelöstem Sauerstoff und Kohlendioxyd in kleinen Proben.)** J. exp. Biology **36** (1959) Nr. 1. S. 177–190. — 1 Abb., 1 Tab., 14 Lit. 6200.

Eckoldt, Martin; Koblenz, Bundesanst. für Gewässerkunde. **Wie ist die zulässige Belastung eines Flusses mit organischen Stoffen aus dem geforderten Mindestgehalt an Sauerstoff zu ermitteln?** Dtsch. gewässerkundl. Mitt. **6** (1962) Nr. 3. S. 55–59. — 3 Abb., 12 Lit.
Der vorliegende Artikel ist ein Beitrag zur Aufstellung von Reinhalteordnungen nach den neuen Wassergesetzen, nach denen künftig die zulässige Zufuhr an org. Stoffen so berechnet werden muß, daß ein Sauerstoffmindestgehalt nicht unterschritten wird. Hierbei sind Wasserführung, Wassertemperatur, Witterung, Schwankungen des Abwasserzuflusses usw. auch unter ungünstigen Umständen zu beachten. Weiterhin wird auf Verfahren zur Berechnung der zulässigen Belastung hingewiesen. Diese Verfahren sind mit zahlreichen Unsicherheiten behaftet und nur für eine erste orientierende Übersicht geeignet. Genauer arbeiten empirische Verfahren, die sogen. Gütedauerlinien und -bilder verwenden. Die hierfür erforderlichen Werte werden durch langjährige Felduntersuchungen an Ort und Stelle gesammelt. D. Nehring. 6200.

Kothé, Peter; Koblenz, Bundestanst. für Gewässerkunde. **Der „Artenfehlbetrag", ein einfaches Gütekriterium und seine Anwendung bei biologischen Vorfluteruntersuchungen.** Dtsch. gewässerkundl. Mitt. **6** (1962) Nr. 3. S. 60–65. — 3 Abb., 1 Tab., 10 Lit.
Unter dem Einfluß sowohl toxisch wirkender Industrieabwässer als auch mechanischer oder stark org. Belastungen pflegen Verarmungen des Artenbildes aufzutreten. Das beschriebene Verfahren zur makroskopischen Gewässeruntersuchung liefert eine Maßzahl für derartige Verarmungen und bedient sich dabei allein der Artendichte. Daher können auch Pantosaprobien u. a. Formen, deren ökologische Valenz noch unzureichend bekannt ist, für die Bewertung des Gewässerzustandes herangezogen werden. Das Verfahren ergänzt die anderen auf dem Saprobiensystem aufbauenden Auswertungsmethoden. M.-L. Albrecht. 6200.

Knöpp, Herbert; Koblenz, Bundestanst. für Gewässerkunde. **Über Situation und Entwicklungstendenzen der Saprobiologie.** Int. Rev. ges. Hydrobiol. **47** (1962) Nr. 1. S. 85–99. — 21 Lit. Vgl. LZ. Abt. III **7** (1962) Nr. 8. S. 1749.
Die Arbeit stellt eine kritische Betrachtung zu den „Studien zur Wertung der Saprobiensysteme" von Caspers und Schulz (1960) dar. Am Material der beiden Vff. wird gezeigt, daß die „Fehlbeurteilung" der Untersuchungsergebnisse nicht auf grundsätzliche Mängel der saprobiol. Methodik von Kolkwitz und Marsson zurückzuführen ist, sondern auf unvollständige und daher einseitige Auswertung der biol. Befunde. Darüber hinaus wird die praktische Notwendigkeit und Stichhaltigkeit biol. Wasseranalysen in Orientierung am

Begriff der Saprobie erläutert und begründet. Es wird hervorgehoben, daß die „Leitformen" des Saprobiensystems nicht in allen Fällen befriedigen und daß es notwendig ist, die bisherigen Erfahrungen experimentell zu prüfen, abzugrenzen und zu untermauern. M.-L. Albrecht. 6200.

Caspers, Hubert und Schulz, Helmut; Hamburg, Zool. Staatsinst., Hydrobiol. Abt. **Weitere Unterlagen zur Prüfung der Saprobiensysteme.** Int. Rev. ges. Hydrobiol. **47** (1962) Nr. 1. S. 100–117. – 1 Abb., 10 Tab., 14 Lit.
Vgl. vorst. Ref.
Vff. begegnen an Hand neuer Untersuchungsergebnisse der von Knöpp (1962) gegebenen kritischen Stellungnahme zu ihren 1960 veröffentlichten „Studien zur Wertung der Saprobiensysteme". Sie zeigen, daß auch die Berechnung der Elemente von Makro- und Mikrobenthos und des Nektons bei dem von ihnen gewählten Beispiel (Stadtkanal in Hamburg) zu irrealen Vorstellungen führt. Auch eine entsprechende Kalkulation in der Hauptverschmutzungszone der Unterelbe erwies sich als unbefriedigend. Der hochbelastete Strom müßte danach als „oligo- bis β-mesosaprob" eingestuft werden.
M.-L. Albrecht. 6200.

D. FISCHEREIWIRTSCHAFT

Binnenfischerei

Mullan, James W. und McCaig, Robert S.; Westboro, Mass., Div. of Fisheries and Game. Evaluation of selective poisoning of a stratified trout pond. **(Abschätzen einer selektiven Vergiftung in einem geschichteten Forellenteich.)** U.S. Dep. Interior, Fish Wildlife Serv., progr. Fish-Culturist **24** (1962) Nr. 2. S. 64.
Zur wertmäßigen Steigerung des Fischertrages wurde das Epilimnion eines Forellenteiches in Massachusetts mit einer Rotenonemulsion behandelt, so daß die Konzentration im Wasser 0,2 mg/l betrug. Hierdurch wurden 1 Forelle und 8,262 Pfund andere Fische (pro Flächeneinheit ?) abgetötet und entfernt. Erwartungen, daß die Vergiftung selektiv erfolgte, wurden nur teilweise erfüllt. Einem verstärkten Forellenbesatz mit 20,7 Pfund pro Morgen nach der Begiftung stand nur ein Forellenmehrertrag von 1,7 Pfund pro Morgen gegenüber. Der Ertrag an den übrigen Fischen ging dagegen um knapp 50% zurück. Als Ursache für den schlechten Forellenertrag wird das Überleben insbesondere der Raubfische angesehen. D. Nehring. 6240.

Müller, H.; Berlin-Friedrichshagen, Inst. für Fischerei der Dtsch. Akad. der Landwirtsch.-Wiss. zu Berlin. **Schleienwirtschaft in Seen.** Dtsch. Fischerei-Ztg. **6** (1959) Nr. 7. S. 200–202. – 1 Tab., 3 Lit. 6255.

Hewson, L. C.; London, Ontario, Fisheries Res. Board of Canada, Biol. Stat. A seven-year study of the fishery for lake whitefish Coregonus clupeaformis, on Lake Winnipeg. **(Eine siebenjährige Untersuchung über die Fischerei auf Coregonusclupeaformis im Winnipeg-See.)** J. Fisheries Res. Board Canada **16** (1959) Nr. 1. S. 107–120. – 4 Abb., 11 Tab., 4 Lit. 6255.

Hewson, L. C.; London, Ontario, Fisheries Res. Board of Canada, Biol. Stat. A study of six winter seasons of commercial fishing on Lake Winnipeg, 1950–1955. **(Eine Untersuchung über 6 Winterfischereien auf dem Winnipeg-See, 1950–1955.)** J. Fisheries Res. Board Canada **16** (1959) Nr. 1. S. 131–145. – 3 Abb., 11 Tab., 6 Lit. 6255.

Mueller, John W. und Rockett, Louis C.; Cheyenne, Wyo., Game and Fish Commiss. Effect of harvest, migration, and stocking on rainbow trout spawning potential in a Wyoming lake. **(Die Auswirkung von Fang, Wanderung und Besatz auf das Laichpotential von Salmo gairdneri in einem See Wyomings.)** Trans. Amer. Fisheries Soc. **91** (1962) Nr. 1. S. 63–68. – 1 Abb., 2 Tab., 2 Lit.

Die im Zufluß des De-Smet-Sees zur Laichzeit in einer stationären Fangvorrichtung gefangenen Regenbogenforellen (*Salmo gairdneri*) bilden die hauptsächlichste Bezugsquelle Wymoings für Forelleneier. Hier werden jährlich 0,5 bis 4 Mill. Eier abgestrichen. Vff. untersuchten die Auswirkung des Besatzes mit Frühjahrs- und Herbstlaichern anhand markierter Fische. Frühjahrslaicher gingen im Verhältnis 11:1 auf das Laichen im Herbst und Winter über. Die Laichpopulation besteht zum größten Teil aus erstmalig laichenden Fischen. In den Jahren 1958–60 wurden 2 bis 4 Pfund Forellen pro acre (= 0,405 ha) gefangen, diese Menge schadet dem Bestand nicht wesentlich. Für den 850 ha großen See ist ein jährlicher Besatz mit 500000 Setzlingen erforderlich, um den Forellenbestand zu erhalten. G. Seifert. 6255.

Zurbuch, Peter E.; Elkins, W. Va., Conserv. Commiss. of West Virginia. A census of five major West Virginia trout streams. **(Ein Bestandsaufnahme in fünf großen Forellenbächen West-Virginias.)** U.S. Dep. Interior, Fish Wildlife Serv., progr. Fish-Culturist **24** (1962) Nr. 1. S. 31–36. — 2 Abb., 6 Tab., 5 Lit.
Die Produktion der Forellenzuchtanstalten West-Virginias ist in den letzten 10 Jahren um mehr als 1000% gesteigert worden. Zur Zeit werden jährlich ½ Mill. erwachsene Fische (*Salmo gairdneri*, *S. trutta*, *Salvelinus fontinalis*) ausgesetzt. Über 90% der gefangenen Exemplare stammen aus Aufzuchtbetrieben. Um den Besatzerfolg festzustellen, wurden die Angelergebnisse von Anf. Apr. bis Ende Juni an 5 Bächen notiert. Bei einem durchschnittl. Fang von 0,34 Fischen/Std. muß der Besatzerfolg als mäßig bezeichnet werden. Auf einen Angler entfallen pro acre und Jahr 240 Angelstd. Während der Bestandsaufnahme (8 Wochen) wurden im Durchschnitt 69% des Besatzes wiedergefangen. M.-L. Albrecht. 6255.

Maloney, J. E., Schupp, D. R. und Scidmore, W. J.; St. Paul, Minn., Dep. of Conserv. Largemouth bass population and harvest, Gladstone Lake, Crow Wing County, Minnesota. **(Population und Ertrag des Forellenbarsches im Gladstone-See, Crow Wing, Minnesota.)** Trans. Amer. Fisheries Soc. **91** (1962) Nr. 1. S. 42–52. — 4 Abb., 8 Tab., 10 Lit.
Vff. analysieren in ausführlicher Weise die Beziehungen zwischen der Stärke der Jahrgänge und dem Fang von *Micropterus salmoides* sowie einiger weiterer beliebter Sportfische, die Fangmöglichkeit von *M. salmoides* in den verschiedenen Altersstufen und die Auswirkung einer um 2 Wochen früher als sonst üblich eröffneten Fangsaison. Es werden Angaben über die Befischungsintensität gemacht, und die Mortalität der einzelnen Jahrgänge wird anhand der Wiederfänge markierter Fische untersucht. Der Ertrag der Sportfischerei auf dem 195 ha großen Gladstone-See betrug im Durchschnitt der Jahre 1952 bis 58 24,3 Pfund (über 65 Fische) pro acre (= 0,405 ha), davon 13,4% (3,2 Pfund pro acre) *Micropterus salmoides*. G. Seifert. 6255.

Šaronov, I. V. (Scharonow, I. W.); Kuibyschew, Biol. Versuchsstat. des Inst. für Biol. der Stauseen. O roli ščuki v formirovanii ichtiofauny Kujbyševskogo vodochranilišča. **(Die Rolle des Hechts bei der Bildung der Ichthyofauna im Kuibyschew-Stausee.)** Rybnoe chozjajstvo, Moskva **37** (1961) Nr. 12. S. 30–33. — 3 Tab., 2 Lit.
Die Fangergebnisse der Jahre 1956–59 zeigten, daß im Kuibyschew-Stausee der Fischbestand nicht im erwarteten Umfang zugenommen hat. Neben einem beträchtlichen Feinfischbestand kommen auch mehrere Arten wirtschaftlich wertloser und ungenutzter Kleinfische vor, derer Anzahl ständig zunimmt. Um diese Reserven besser nutzen zu können und den Feinfischanteil zu erhöhen, wird empfohlen, die natürliche Vermehrung des Hechtes (*Esox lucius*) durch entsprechende Schonmaßnahmen zu fördern. Für die wirtschaftlich wichtigen Bleie (*Abramis brama*) bedeutet ein erhöhter Hechtbestand

keine große Gefahr, denn sie werden nur vereinzelt von größeren Exemplaren aufgenommen. A. Kozianowski. 6255.

Ryan, James H.; California inland angling estimates for 1954, 1956, and 1957. **(Schätzungen der Angelerträge aus kalifornischen Binnengewässern, 1954, 1956 und 1957.)** Calif. Fish and Game **45** (1959) Nr. 2. S. 93–109. — 2 Abb., 27 Tab., 9 Lit. 6255.

Robel, Robert J.; Logan, Utah State Univ., Cooperative Wildlife Res. Unit. Weight increases of carp in populations of different densities. **(Die Gewichtszunahme von Cyprinus carpio bei verschiedenen Besatzdichten.)** Trans. Amer. Fisheries Soc. **91** (1962) Nr. 2. S. 234–236. — 1 Abb., 1 Tab., 7 Lit.
Um den Einfluß verschiedener Besatzdichten auf das Fischwachstum unter gleichen Bedingungen zu prüfen, wurden kleinere Draht-Parzellen errichtet. 1959—1961 wurden Parzellen mit ca. 250, 500 oder 750 kg Fischen/ha zum Abwachs während des Sommers besetzt. Da sich das Besatzmaterial der einzelnen Jahre im Stückgewicht unterschied, betrugen die Stückzahlen/ha ca. 100, 200 und 300 bzw. ca. 62, 125 und 187. Für die 3 Jahre wurden Korrelationen zwischen Besatzdichte und Zuwachs von —0,74 bis — 0,87 berechnet. Der Zuwachs nahm bei steigendem Besatz 1960 und 1961 von ca. 8% auf 4% ab, 1959 von ca. 15% auf 5%. Als erster Grund für die Differenz zwischen den Jahren wird das geringere Stückgewicht der Fische im Jahre 1959 angeführt. Bei steigender Besatzdichte waren die Stückverluste größer. G. Merla. 6315.

Hofmann. **Grundsätze für Zucht- und Aufzuchtbetriebe.** Fischbauer **13** (1962) Nr. 160. S. 646–647.
Vf. unterscheidet zunächst zwischen Zuchtbetrieben, die vornehmlich auf die Erzeugung von K_V, K_1 und K_2 (*Cyprinus carpio*) eingestellt sind, und Aufzuchtbetrieben, die K_V und K_1 kaufen und K_1 und K_2 abgeben. Zuchtbetriebe sollen bestmögliche Leistungen der Karpfen anstreben, eine wirksame Kontrolle sind Leistungsprüfungen. Aufzuchtbetriebe sollen keine Laicher halten, da oft aus Mangel an geeigneten Teichen keine getrennte Aufzucht einzelner Jahrgänge und keine ordnungsgemäße Winterung möglich ist. Vom K_1- und K_2-Kauf zum Zwecke des Weiterverkaufs ist unbedingt abzusehen. Zur Regelung von Angebot und Nachfrage bei Satzfischen ist eine Ausgleichsstelle nötig, die sich vermittelnd einschaltet. Entscheidend für den Fortschritt ist auch in der Teichwirtschaft der Zusammenschluß in einer Organisation. G. Merla. 6340.

Merla, G.; Königswartha, Zweigstelle für Karpfenteichwirtsch. des Inst. für Fischerei der Dtsch. Akad. der Landwirtsch.-Wiss. zu Berlin. **Karpfenproduktion und Produktionsfaktoren.** Dtsch. Fischerei-Ztg. **9** (1962) Nr. 6. S. 181 bis 186. — 2 Abb., 4 Tab., 9 Lit.
Der Temperaturverlauf in den Jahren 1959–1961 wird betrachtet und durch Beobachtungen der Entwicklung der Karpfen-Nährtiere ergänzt. Durch ungünstigere Temperaturen war das Zooplankton 1961 stärker vermindert als die Bodentiere. Die 1961 verminderte natürliche Bonität der Teiche trug zu einer Erhöhung der rel. Futterquotienten bei. Am Beispiel der Karpfenproduktion eines praktischen Betriebes wird gezeigt, daß der Einfluß ungünstiger Temperatur durch bessere Gestaltung der Faktoren Besatz und Zufütterung eingeschränkt werden konnte. G. Merla. 6340.

Kienast, E.; Berlin, Humboldt-Univ., Inst. für Fischereiwes. **Ein Versuch, die Arbeitsproduktivität eines Fischereibetriebes mit der eines landwirtschaftlichen Betriebes zu vergleichen.** Dtsch. Fischerei-Ztg. **9** (1962) Nr. 2. S. 33–37. — 1 Abb., 6 Tab.
Es ist unmöglich, bei verschiedenen Wirtschaftszweigen einen Produktivitätsvergleich mit Hilfe des Quotienten aus Gebrauchswert-Menge und benö-

tigter Arbeitszeit durchzuführen. Beim Vergleich des VEG Dechtow und der Karpfenteichwirtschaft Linum benutzt Vf. daher zunächst die Bruttoproduktion in unveränderlichen Preisen und die Zahl der Produktionsarbeiter. 1957–1960 betrug die Arbeitsproduktivität in Dechtow im Mittel mit 14397 DM/Arbeiter nur 69,4% von der in der Teichwirtschaft. Ferner wird u.a. festgestellt, daß in der Teichwirtschaft bei einem Jahreslohn/Arbeiter von 5235 DM im Mittel nur 217 DM pro 1000 DM Bruttoproduktion benötigt wurden gegenüber 3894 DM und 275 DM in dem landwirtschaftlichen Betrieb. Der Vergleich läßt erkennen, daß die vorliegenden ertragsärmeren Böden teichwirtschaftlich sehr gut nutzbar sind. G. Merla. 6350.

Wunder, Wilhelm; Erlangen-Nürnberg, Univ., Zool. Inst., Untersuchungsstelle für Teichwirtsch. **Was kann die deutsche Karpfenteichwirtschaft tun, um sich im Kampf mit der Europäischen Wirtschaftsgemeinschaft (EWG) zu behaupten?** Fischbauer **13** (1962) Nr. 160. S. 645.
Infolge günstigerer klimatischer Bedingungen und niedrigerer Preise für Arbeitskräfte und Futtermittel können einige EWG-Länder Karpfen (*Cyprinus carpio*) in guter Qualität preisgünstiger liefern als die heimische Teichwirtschaft. Der sich hieraus ergebende Konkurrenzkampf kann nur durch Züchtung von Qualitätsware bestanden werden. Dabei sind folgende Bedingungen zu erfüllen: 1. Ausschaltung der Bauchwassersucht, 2. Auslese hochwertiger Fische für die Zucht durch Leistungsprüfungen, 3. Rationellste Bewirtschaftung der Teiche bei richtiger Besetzung, Düngung und Fütterung, 4. Anpassung von Zucht- und Produktionsziel an die Markt-Nachfrage, 5. Schonendste Behandlung der Fische. G. Merla. 6350.

Nakatani, R. E.; Richland, Wash., Gen. Electric Co., Hanford Lab., Biol. Lab. A method for force-feeding radioisotopes to yearling trout. **(Eine Methode zur zwangsweisen Fütterung von Radioisotopen an einjährige Forellen.)** U.S. Dep. Interior, Fish Wildlife Serv., progr. Fish-Culturist **24** (1962) Nr. 2. S. 56–59. — 3 Abb., 4 Lit.
Vf. beschreibt eine Methode, die allg. geeignet ist, Fischen zwangsweise Nahrung zuzuführen, ohne daß diese dabei nachteilig beeinflußt werden. Grundlage hierfür ist die Herstellung von Gelatinekapseln, die mit einer bestimmten Isotopenmenge gefüllt sind. Diese Kapseln werden mit Hilfe eines Spezial-„Preßstabes" aus Stahl in den Magen des betäubten Fisches eingeführt. Es muß darauf geachtet werden, daß die Fische die Kapseln nicht wieder ausspucken. Die Methode wurde bei der Applizierung von ^{90}Sr –^{90}Y erprobt. Eine genaue Beschreibung der Versuchsanordnung wird gegeben, die Vor- und Nachteile der Methode werden diskutiert. D. Nehring. 6420.

Teplova, E. P. (Teplowa, Je. P.); Rostow/Don, Forsch.-Inst. für Fischwirtsch. des Asowschen Meeres. Opyt vyraščivanija tolstolobika v Kubanskich limanach. **(Aufzuchtversuche mit dem Tolstolob in den Kuban-Limanen.)** Rybnoe chozjajstvo, Moskva **37** (1961) Nr. 12. S. 28–30. — 2 Tab.
Im Jahre 1960 wurden erstmalig im Delta und in Haffen des Kuban Aufzuchtversuche mit dem Gewöhnlichen und dem Scheckigen Tolstolob (Hypophthalmichthyinae) durchgeführt. Trotz der geringen Mengen von Phytoplankton, das in der Literatur als Hauptnahrungskomponente genannt wird, war das Wachstum der eingesetzten ein- und zweijährigen Fische sehr gut. Darmanalysen zeigten, daß die Nahrung des Tolstolob aus den verschiedensten Organismengruppen besteht, die Hauptbestandteile jedoch Schlamm, Detritus und Bakterien sind. Das breite Nahrungsspektrum, das schnelle Wachstum und die Resistenz gegen die Bauchwassersucht machen den Tolstolob zu einem wertvollen Nutzfisch der Kuban-Haffe. A. Kozianowski. 6450.

Someren, Vernon D. van; Jinja, E. A. Freshwater Fishery Res. Organisation. The culture of Tilapia nigra (Günther) in ponds. Part VIII. The effect of

cropping a breeding population by trapping. **(Die Zucht von T. nigra in Teichen. 8. Mitt. Der Einfluß von Reusenfängen auf den Ertrag bei Zuchtpopulationen.)** East African agric. Forestry J. 27 (1962) Nr. 3. S. 176–185. — 6 Abb., 4 Tab., 4 Lit. 6. Mitt. vgl. LZ. Abt. III 7 (1962) Nr. 8. S. 1763.
In einem 1,6-ha-Teich führte der Einsatz zweier Reusen zu einer täglichen Abnahme der nutzbaren Fische um $^1/_6$ der Stückzahl. Innerhalb von nur 8 Tg. waren praktisch alle größeren Speisefische gefangen. In 24 Tg. wurde ein Ertrag von ca. 84 kg/ha erzielt. Der Anteil der Milchner stieg mit abnehmender Menge des Gesamtfanges. Die Reusenfänge führten zu stärkerem Setzlingsaufkommen und zur Verminderung der Wachstumsrate. Die Gesamtbiomasse blieb dabei wahrscheinlich konstant innerhalb der Grenzen der Teichproduktivität. Für einen erfolgreichen Speisefischabwachs ist daher der Setzlings-Bestand ebenfalls zu vermindern. G. Merla. 6450.

Küsten- und Hochseefischerei

Gudimovič, P. K. (Gudimowitsch, P. K.) Razvivat' promysel katrana. **(Den Dornhaifang entwickeln.)** Rybnoe chozjajstvo, Moskva 38 (1962) Nr. 1. S. 17–18.
Der Dornhaifang (*Acanthias acanthias*) im Schwarzen Meer wird gegenwärtig nicht im Rahmen der Möglichkeiten betrieben. Mit den verschiedenen Fangmethoden (Angeln, Schlepp- und Stellnetze) sollte es möglich sein, bis Ende des Siebenjahrplanes 20000 bis 30000 Stück pro Jahr zu fangen. Die Verwertung des Fisches ist sowohl für die menschliche Ernährung als auch industriell (Leder- und Leimgewinnung sowie Verarbeitung der Abfälle zu Fischmehl) möglich. G. Predel. 6510.

Kulow, H.; Storkow–Hubertushöhe. **Der Lachsfang der Deutschen Demokratischen Republik.** Dtsch. Fischerei-Ztg. 9 (1962) Nr. 4. S. 132–135. — 5 Abb., 3 Lit.
Seit 1957 beteiligt sich die DDR an der Lachsfischerei. Der jährliche Gesamtertrag beträgt 25 t. Der Fang wird vom VE Fischkombinat Saßnitz mit 17–21 m-Kuttern durchgeführt. Fangobjekte sind Lachs (*Salmo salar*) und Meerforelle (*Salmo trutta trutta*). Die bedeutendsten Fangplätze sind 1. die Gewässer südöstlich Gotlands, 2. die Gdansker Bucht, 3. das Fanggebiet entlang der Küste von Westpomorce und 4. der Fangplatz südöstlich Bornholms. Der Fang beginnt im Okt. mit der Treibangelfischerei bei Gotland und verlagert sich dann bis in die Gdansker Bucht und südöstlich Bornholms. Ab Febr./März wird der Fang mit Treibnetzen an der Küste von Westpomorce fortgesetzt und im April/Mai in der Gdansker Bucht beendet. Treibnetze bringen höhere Erträge, so daß man teilweise dazu übergegangen ist, abwechselnd während der Fangsaison mit beiden Geräten zu arbeiten. Die Durchschnittstagesfänge betragen 30 bis 40 Stück mit einem mittleren Stückgewicht zwischen 3 und 5 kg. Vf. weist darauf hin, daß es durch die Intensivierung der Lachsfischerei im Ostseeraum auch für die DDR unumgänglich wird, sich an Besatzmaßnahmen zu beteiligen. H. Jähnichen. 6515.

Bergmann, H. H.; Rostock — Marienehe, Inst. für Hochseefischerei und Fischverarb., Abt. Ökon. **Probleme der wirtschaftlichen Gestaltung von Fischereifahrzeugen.** Fischereiforschung 5 (1962) Nr. 2. S. 1–6. — 6 Abb., 1 Tab.
Unter den behandelten Schiffstypen stellt für die Hochseefischerei der DDR das Transport- und Verarbeitungsschiff mit spez. Zubringertrawlern das günstigste Fangsystem für den Rundfisch- und Rotbarschfang auf entfernten Fangplätzen dar. Auftretenden Fangsausfällen durch die Fangübergabe auf See stehen günstigere Resultate gegenüber, die durch ein autonom fischendes Fabrikschiff nicht erreicht werden können. F.-K. Löwe. 6555.

E. BEEINFLUSSUNG DER FISCHEREI DURCH DIE UMWELT

Schmitz, Wolfgang; Karlsruhe, Landesstelle für Gewässerkunde und Wasserwirtsch. Planung von Baden-Württemberg. **Die Überwachung der Gewässergüte in den USA neue Wege und Methoden.** Dtsch. gewässerkundl. Mitt. **6** (1962) Nr. 3. S. 49–54. – 4 Abb., 10 Lit.

In dem vorliegenden Bericht werden die Anstrengungen geschildert, die in dem letzten Jahre in den USA auf dem Gebiet der Gütekontrolle der Gewässer unternommen worden sind. Eine wichtige Institution zur Überwachung der Wassergüte ist das bundesstaatliche Gütekontrollnetz des Robert A. Taft Sanitary Engineering Center des U.S. Public Health Service mit seinen 75 Untersuchungsstationen an allen größeren Flußläufen der USA. Das Zentralinstitut in Cincinnati (Ohio) dient der Forschung, Ausbildung und Beratung bei chem., phys., biol. und techn. Problemen. Es werden Fragen des Zustandes der Luft und des Wassers, der radioaktiven Strahlung der Abfallstoffe und der Nahrungsmittel bearbeitet. – Im Überwachungssystem des ORSANCO wird spez. das Ohio-Einzugsgebiet überwacht. Hierfür wurde das sogenannte ORSANCO-Robot-Monitor-System aufgebaut, eine Einrichtung zur automatischen Ermittlung chem. und phys. Größen, die automatisch einer Zentralstelle übermittelt werden. D. Nehring. 6655.

Bick, Hartmut und Scholtyseck, Erich; Bonn, Univ., Zool. Inst. **Biologische und chemische Untersuchungen an Abwasserteichen.** Dtsch. gewässerkundl. Mitt. **6** (1962) Nr. 3. S. 65–66.

Biol. gereinigtes Abwasser birgt die Gefahr in sich, wegen seines hohen Gehaltes an anorg. Nährstoffen zu Sekundärverschmutzungen im Vorfluter Anlaß zu geben. Für kleine ländliche Gemeinden ist deshalb die Anlage von Abwasserteichen, die mit mechanisch gereinigtem Abwasser beschickt werden, sehr zu empfehlen. An einem Beispiel wird gezeigt, daß sich hierbei durchaus positive Ergebnisse hinsichtlich der Reinigungswirkung erzielen lassen. Nur dürfen solche Anlagen nicht überbelastet werden. Um gute Erfolge zu erzielen, ist deshalb eine regelmäßige chem. und biol. Überwachung erforderlich. D. Nehring. 6655.

Friedrich, Hermann und Lüneburg, Hans; Bremerhaven, Inst. für Meeresforsch. **Beiträge zu einer Bibliographie „Abwasser in Meerwasser".** Veröff. Inst. Meeresforsch. Bremerhaven 8 (1962) Nr. 1. S. 37–52. – 227 Lit.

Durch direkte Einleitung oder durch Flüsse, deren Selbstreinigungskraft überfordert ist, gelangen im zunehmenden Maße Abwässer ins Meer. Hiervon werden insbesondere die küstennahen Gebiete betroffen, so daß sich Probleme für die Reinhaltung von Bade- und Strandgebieten, für die Fischerei u.a.m. ergeben. Ferner kann es auf dem Wege über eine Eutrophierung zur Bildung von organogenen Sedimenten kommen. Angesichts der absehbaren Entwicklungen in Industrie, Landwirtschaft und Siedlungswesen ist damit zu rechnen, daß diese Fragen weiter an Bedeutung gewinnen. Das den Vff. zugängliche Schrifttum wurde deshalb zu einer allg. Bibliographie erweitert, wobei nur die rein techn. Arbeiten nicht berücksichtigt wurden. D. Nehring. 6665.

Godward, M. B. E.; London, Queen Mary Coll., Dep. of Bot. Resistance of algae to radiation. **(Die Widerstandsfähigkeit von Algen gegenüber radioaktiver Strahlung.)** Nature [London] **185** (1960) Nr. 4714. S. 706. – 5 Lit. 6665.

Plagnat, François und Nisbet, Maud. La pollution du Rhône par les vidanges du lac de retenue du barrage hydroélectrique de Verbois (Suisse) recevant les égouts de l'agglomération genevoise. Étude biologique et chimique. **(Die Verschmutzung der Rhône durch die Verunreinigungen der Wasserkrafttalsperre von Verbois [Schweiz], in der sich die Abwässer von Genf ansammeln.**

Biologische und chemische Studie.) Ann. Stat. centr. Hydrobiol. appl. **1958** Nr. 7. S. 187–237. – 10 Abb., 9 Tab., 20 Lit. 6665.

Griffe, Jean. Note sur la pollution des cours d'eau par des fabriques de pâte de bois feuillus. **(Bericht über die Verunreinigung der Fließgewässer durch Papierfabriken.)** Ann. Stat. centr. Hydrobiol. appl. **1958** Nr. 7. S. 301–327. – 4 Abb., 3 Tab. 6665.

Stroganov, N. S. und Kolosova, L. V. (Stroganow, N. S. und Kolossowa, L. W.); Moskau, Univ., Biol. -Bodenkundl. Fak. Vlijanie stočnych vod proizvodstva nejlona na vodnye organizmy. **(Einfluß von Abwässern aus der Nylonproduktion auf Wasserorganismen.)** Zoologičeskij žurnal, Moskva **41** (1962) Nr. 1. S. 24-33. – 2 Abb., 8 Tab., 10 Lit. Zus. in Engl.
Adipinsaures Hexamethylendiamin (AH), der Ausgangsstoff der Nylonproduktion, ist auch im Abwasser der bedeutendste Anteil der toxischen Stoffe. Der Einfluß von verschieden konzentrierten AH-Lösungen auf Überlebensrate, Freßtätigkeit, Wachstumstempo, Fortpflanzung und Fruchtbarkeit von Daphnien (*Daphnia magna*), Schlammschnecken (*Limnaea stagnalis*) und Moderlieschen (*Leucaspius delineatus*) wurde in Laborversuchen ermittelt. Eine Tab. gibt einen Überblick über die Ergebnisse. Auf Grund der Daten meinen Vff., daß AH eine Konzentration von 0,1 mg/l im Gewässer nicht überschreiten darf.

Grenzkonzentrationen von AH-Lösungen, bestimmt nach verschiedenen Gesichtspunkten

Organismenart	Merkmal	Grenzkonzentrationen in mg/l
Daphnia magna	Überlebensrate (11,5 Tage)	6
Limnaea stagnalis	Überlebensrate (40 Tage)	40
Leucaspius delineatus	Überlebensrate (25 Tage)	
Leucaspius delin.	Überlebensrate Jungtiere	10
Leucaspius delin.	Überlebensrate Erwachsene	100
Leucaspius delin.	Ernährung und Wachstum	1 – 0,5
Daphnia magna	Häutung	0,5
Limnaea stagnalis	Fortpflanzung (40 Tage)	4
Daphnia magna	Fortpflanzung (11,5 Tage)	0,1 – 0,5
Daphnia magna	Fortpflanzung (7 Generationen)	weniger als 0,5

A. Kosler. 6665.

Bandt, H.-J.; Berlin-Friedrichshagen, Inst. für Fischerei der Dtsch. Akad. der Landwirtsch.-Wiss. zu Berlin. **Chemische Pflanzenbekämpfungsmittel (Herbizide) und Fische!** Dtsch. Fischerei-Ztg. **6** (1959) Nr. 8. S. 241–244. – 2 Tab., 7 Lit. 6665.

Nicholson, H. Page, Webb, Hubert J., Lauer, Gerald J., O'Brien, Robert E., Grzenda, Alfred R. und Shanklin, Donald W.; Atlanta, Ga., U.S. Dep. of Health, Education and Welfare; Clemson, S. C., Dep. of Agric. Chem. Insecticide contamination in a farm pond. Part I. Origin and duration. **(Die insektizide Verseuchung eines Farmteiches. 1. Mitt. Ursprung und Dauer.)** Trans. Amer. Fisheries Soc. **91** (1962) Nr. 2. S. 213–217. – 1 Abb., 2 Tab.
Die an einen Teich angrenzenden Gemüsefelder wurden alljährlich mit Insektiziden behandelt. Es gelangten hauptsächlich Parathion und chlorierte Kohlenwasserstoffe (DDT, DDD und BHC) zur Anwendung. Gleichzeitig mit der Überwachung der Rückstände auf den Feldern wurden auch das Teichwasser und der Teichschlamm auf ihren Gehalt an Pflanzenschutzmitteln untersucht.

Die höchste Parathionkonzentration (1,9 mg/l) im Schlamm wurde im März beobachtet und ist wahrscheinlich auf erosive Erscheinungen zurückzuführen. Im Wasser wurde der höchste Parathiongehalt (1,22 μg/l) im Juni gefunden. Das Insektizid stammt vermutlich teils aus dem Schlamm, teils wurde es bei der Ausbringung durch Wind in den Teich abgetrieben. Chlorierte Kohlenwasserstoffe ließen sich weder im Schlamm noch im Wasser nachweisen.

D. Nehring. 6665.

Grzenda, Alfred R., Lauer, Gerald J. und Nicholson, H. Page; Atlanta, Ga., U.S. Dep. of Health, Education and Welfare; Clemson, S.C., Dep. of Agric. Chem. Insecticide contamination in a farm pond. Part II. Biological effects. **(Die insektizide Verseuchung eines Farmteiches. 2. Mitt. Biologische Erscheinungen.)** Trans. Amer. Fisheries Soc. **91** (1962) Nr. 2. S. 217–222. — 1 Abb., 3 Tab., 12 Lit. 1. Mitt. vgl. vorst. Ref.

Fische, Zooplankton, Wasserinsekten und Oligochaeta-Populationen wurden durch die vorliegenden Parathionrückstände im Teichwasser (max. 1,22 μg/l) und -schlamm (max. 1,9 mg/l) scheinbar nicht beeinträchtigt. Lediglich die Anzahl der noch nicht ausgewachsenen Wasserinsekten nahm in Übereinstimmung mit der Insektizidanwendung ab. Dies führte dann indirekt zu einer Abnahme der ausgewachsenen Exemplare. Zooplankton wurde zunächst nicht als Nahrung von *Lepomis macrochirus* aufgenommen, als die Chironomidenlarven selten wurden. Als jedoch die Anzahl der Insekten stark abnahm, wurden von den Fischen auch Plankton-Crustaceen gefressen.

D. Nehring. 6665.

Pickering, Q. H., Henderson, C. und Lemke, A. E.; Cincinnati, O., U. S. Dep of Health, Education and Welfare. The toxicity of organic phosphorus insecticides to different species of warmwater fishes. **(Die Toxizität von organischen Phosphorinsektiziden gegenüber verschiedenen Arten von Warmwasserfischen.)** Trans. Amer. Fisheries Soc. **91** (1962) Nr. 2. S. 175–184. — 1 Abb., 8 Tab., 19 Lit.

Vff. ermittelten für 13 verschiedene org. Phosphorinsektizide die TLm (mittlere Toleranzgrenze) gegenüber Fischen nach 24, 48 und 96 h. Die Werte lagen zwischen 0,0052 bis 610 mg/l (Tlm nach 96 h). Am empfindlichsten waren *Lepomis macrochirus*, dann folgten *Lebistes reticulatus*, *Pimephales promelas* und *Carassius auratus*. In einigen Fällen waren große Fische weniger empfindlich als kleine, gelegentlich war aber Fischbrut nicht wesentlich empfindlicher als ausgewachsene Exemplare. Die Giftwirkung von emulgierten Konzentraten unterschied sich nicht von derjenigen streufähigen Pulvers.

D. Nehring. 6665.

Geiger, W. **Fischsterben in der Schweiz im Laufe der letzten 10 Jahre.** Schweiz. Fischerei-Ztg. **70** (1962) Nr. 6. S. 170–173.; Nr. 7. S. 200–203. — 4 Abb., 2 Tab.

Insgesamt wurden in den Jahren 1952–1961 in der Schweiz 2449 Fischsterben gemeldet. Hiervon konnten in 80–84% aller Fälle die Ursachen ermittelt werden. Die Anzahl der Sterben zeigt mit 151 im Jahre 1952 und 355 im Jahre 1961 eine deutlich steigende Tendenz. Der Höchstwert mit 368 Fischsterben wurde im Jahr 1959 erreicht. Die häufigsten Ursachen waren Jauche (28,4%), Industrie- und Gewerbeabwässer (25,3%), häusliche Abwässer (10,3%), Siloabwässer (7,8%), Öl, Bezin, Teer (7,4%), O_2-Mangel infolge Hitze (5,5%), Pflanzenschutzmittel (3,9%), Desinfektionsmittel (2,1%), Ablassen verschlammter Stauhaltungen (1,3%), Zementwasser (0,8%), andere Ursachen (7,2%). Die Zahl der Fischsterben durch Jauche hat in den letzten Jahren am stärksten zugenommen. Gleichfalls steigende Tendenz zeigen Fischsterben durch Industrie- und Gewerbeabwässer sowie Öl, Benzin und Teer, während die Zahl der Sterben durch die anderen Vergiftungsquellen etwa gleich bleibt. Vf. behandelt ferner die finanzielle Seite der durch akute Fischsterben verursachten

Schäden. Keine Berücksichtigung finden konnten dagegen schleichende Schäden, die durch chronische Verunreinigungen der Gewässer verursacht wurden. D. Nehring. 6665.

Nehring, Dietwart; Berlin-Friedrichshagen, Abt. für Chem. des Inst. für Fischerei der Dtsch. Akad. der Landwirtsch.-Wiss. zu Berlin. **Fischsterben in der Deutschen Demokratischen Republik während des Abflußjahres 1961.** Dtsch. Fischerei-Ztg. **9** (1962) Nr. 6. S. 171–173. – 1 Tab., 6 Lit.
Von den 88 auf dem Gebiet der DDR bekanntgewordenen Fischsterben in natürlichen Gewässern entfallen 54,9% auf org. verschmutzte Abwässer, 29,6% auf Abwassergifte, 2,3% auf Pflanzenschutzmittel und 4,5% auf natürliche Ursachen. 9,1% aller Fischsterben konnten nicht aufgeklärt werden. D. Nehring. 6665.

Fisk, Leonard O. Experiments with a vertical baffle fishway. **(Versuche mit einem Vertikalfischpaß.)** Calif. Fish and Game **45** (1959) Nr. 2. S. 111–122. – 3 Abb., 3 Tab., 7 Lit. 6685.

Elson, P. F.; St. Andrews, Fisheries Res. Board of Canada, Biol. Stat. Predator-prey relationships between fish-eating birds and Atlantic salmon. **(Räuber-Beute-Verhältnisse zwischen fischfressenden Vögeln und dem Atlantischen Lachs.)** Bull. Fisheries Res. Board Canada **1962** Nr. 133. S. 1–87. – 21 Abb., 25 Tab., 48 Lit.
In einem 10 Meilen langen Abschnitt des Pollett-Flusses (New Brunswick) wurden 9 Jahre hintereinander in Teichen aufgezogene Junglachse (*Salmo salar*) ausgesetzt. Jede Besatzaktion wurde zur gleichen Jahreszeit mit Fischen ähnlicher Größe durchgeführt. Die Einsatzmenge variierte jeweils zwischen 16000 und 250000 Stück. Das Gebiet ist durch einen Damm ohne Fischtreppe abgesperrt, so daß einheimische Lachse fehlen. Die Ergebnisse der ersten 5 Einsatzexperimente waren unbefriedigend. Von dem stärksten Besatz mit 250000 Sömmerlingen waren im nächsten Jahr nur 10000 bis 12000 parrs (Setzlinge) übrig, nach weiteren 3 Mon. noch 3000 smolts (abwandernde Lachse). In den folgenden Jahren sind dann die fischfressenden Vögel *Mergus merganser* (amerikanischer Gänsesäger) und *Megaceryle alcyon* (Gürtelfischer) systematisch unter Kontrolle genommen worden. Von je 250000 Sömmerlingen wurden von nun ab durchschnittl. 40–45000 parrs wiedergefangen. Der Bestand an smolts eines Jahrgangs betrug etwa 200000 Stück. Um zu derartigen Ergebnissen gelangen zu können, darf auf 50 acres Wasserfläche nur 1 Gänsesäger kommen. Gürtelfischer sind nicht ganz so gefährlich für den Fischbestand, so daß auf 2 acres 1 Exemplar leben darf. M.-L. Albrecht. 6695.

Anonym. **Gegen die Wühlmaus am Fischwasser. Etwas über die Anwendung der Bayerischen Drahtfalle und der Augsburger Kippbügelfalle.** Allg. Fischerei-Ztg. **87** (1962) Nr. 5. S. 149–150. – 2 Abb.
Zur Bekämpfung von Schermäusen und Maulwürfen im Bereich der Uferregion sind 2 Fallentyen anzuwenden. Ein Abfang der Tiere beim Aufschieben der Erdhaufen ist am günstigsten mit der Großen Wolf'schen Scherenfalle. Beim Fang in den knapp unter der Erddecke gelegenen Gängen ist die beidseitig fangende Attenkofer'sche Wühlmausfalle vorzuziehen. Bei tiefergelegenen Gängen lassen sich die Bayerische Drahtfalle und die Ausgsburger Kippbügelfalle verwenden. M.-L. Albrecht. 6695.

Blaser, E. **Die Bekämpfung der Bisam im Winter. Der Einzelfang von Bisam im Eis. Wie erbeuten wir Bisam mit Sammelfallen im Winter?** Allg. Fischerei-Ztg. **86** (1961) Nr. 24. S. 756–757.; **87** (1962) Nr. 1. S. 16–17.; Nr. 2. S. 51. – 7 Abb.
Durch das Verhalten der Bisamratte (*Ondatra zibethica*) bei Schnee und Eis kann der Bekämpfungsausübende auch in dieser Jahreszeit verschiedene Spurenbilder feststellen: Trittsiegel, Schneerutsche, Luftlöcher im Eis, Luft-

blasen unter Eis, Kotabsetzungen und Schwimmbahnen im Eis. Für den Bisamfang im Eis werden die „Fallentypen für den Einzelfang" angeraten, da die Eisdecke vielfach keine großen Eislöcher offenläßt. Der Fang muß unter dem Eis durchgeführt werden. Die Sammelfalle (Kastenfalle) ist bes. bei Schneelage und Eisdecke zur stationären Bekämpfung geeignet. Durch Auslegen eines Köders läßt sich die Fangsicherheit erhöhen. M.-L. Albrecht. 6695.

Blaser, E. **Sinn und Unsinn der Fischotterverfolgung.** Allg. Fischerei-Ztg. 87 (1962) Nr. 12. S. 350–352. — 7 Abb., 2 Lit.
Der derzeitige Bestand des Fischotters (*Lutra lutra*) zeigt, daß er übermäßig verfolgt worden ist. Jedoch nicht nur Fischer waren an der weitgehenden Ausrottung schuld, sondern auch Jäger waren in gleicher Weise beteiligt. Bereits um die Jahrhundertwende ist mit der Verfolgung begonnen worden. Zu jener Zeit waren die Fischotter noch sehr häufig, und Flußläufe, an denen zahlreiche Otter lebten, waren praktisch fischleer. Heute ist man bemüht, den Otter weitgehend zu schonen. Es muß jedoch von seiten des Tierschutzes auch Verständnis für die Belange der Ökonomie aufgebracht werden. Dort, wo der Otter der Fischerei oder Jagd schädlich wird, ist eine Kurzhaltung des Bestandes unvermeidbar. M.-L. Albrecht. 6695.

F. FISCHKRANKHEITEN

Stolk, A.; Amsterdam, Free Univ., Histol. Lab. Influence of high-fat diet on the mast cell count in the mesenterium of the viviparous cyprinodonts Lebistes reticulatus (Peters), Xiphophorus helleri Heckel and Xiphophorus maculatus Günther. **(Einfluß von stark fetthaltiger Nahrung auf die Mastzellenzahl im Mesenterium von Lebistes reticulatus, Xiphophorus helleri und Xiphophorus maculatus.)** Proc., Kon. nederl. Akad. Wetensch., Ser. C **62** (1959) Nr. 3. S. 279–291. — 11 Abb., 3 Tab., 20 Lit. 6710.

Stolk, A.; Amsterdam, Free Univ., Histol. Lab. Treatment with high fat diet and mast cell count in the myocardium of the viviparous cyprinodonts Lebistes reticulatus (Peters), Xiphophorus helleri Heckel and Xiphophorus maculatus Günther. **(Fütterung mit stark fetthaltiger Nahrung und Mastzellenzahl im Myokard von Lebistes reticulatus, Xiphophorus helleri und Xiphophorus maculatus.)** Proc., Kon. nederl. Akad. Wetensch., Ser. C **62** (1959) Nr. 3. S. 292–302. — 11 Abb., 3 Tab., 21 Lit. Vgl. vorst. Ref. 6710.

Stolk, A.; Amsterdam, Free Univ., Histol. Lab. Haemochromatosis in a strain of the characid Ctenobrycon spilurus (Valenciennes). **(Hämochromatose bei einem Stamm des Characiden Ctenobrycon spilurus.)** Proc., Kon. nederl. Akad. Wetensch., Ser. C **62** (1959) Nr. 3. S. 250–266. — 17 Abb., 35 Lit. 6710.

Sathyanesan, A. G.; Varanasi, India, Banaras Hindu Univ., Dep. of Zool. Extravasation of blood-cells in and around the pituitary of the teleost Chela bacaila (Ham.). **(Extravasation von Blutzellen in und um die Hypophyse des Teleosteers Chela bacaila.)** Naturwissenschaften **46** (1959) Nr. 5. S. 176. — 1 Abb., 4 Lit. 6710.

Reichenbach-Klinke, H.; München, Bayer. Biol. Versuchs-Anst., Demoll-Hofer-Inst. **Fischkrankheiten in Bayern im Jahre 1961.** Allg. Fischerei-Ztg. 87 (1962) Nr. 5. S. 152–153. — 4 Abb., 3 Lit. Vgl. LZ. Abt. III **6** (1961) Nr. 10. S. 1851.
Im Berichtszeitraum verursachten wie in den vorangegangenen Jahren Bauchwassersucht bei Karpfen und infektiöse Nierenschwellung und Leberdegeneration (INuL) bei Forellen die größten Verluste in den Teichwirtschaften. Hechtpest und Pocken traten nur vereinzelt auf, ein vermehrtes Auftreten von Schwächeparasiten (*Octomitus*, *Trypanoplasma*, *Ichthyophthirius*, *Chilodonella*) in Zusammenhang mit schlechten Haltungsbedingungen konnte wie-

derholt beobachtet werden. Eine allg. Bakteriose beim Wels (*Silurus glanis*) ließ sich in einem Fall feststellen. Der Befall mit parasitischen Würmern blieb ohne Bedeutung. Der Bleibestand eines kleinen oberbayerischen Sees erwies sich zu 100% mit *Ligula* befallen. Im Darm von Renken wurden Plerocercoide (wahrscheinlich der Gattung *Ichthyotaenia*) beobachtet. Mehrere Fälle von Hechtkiemenfäule wurden bekannt. Recht häufig waren Ernährungsstörungen bei Forellen, die auf schwerverdauliches oder schlechtgewordenes Futter zurückgeführt werden. Th. Mattheis. 6730.

Scott, D. M. und Martin, W. R.; St. Andrews, New Brunswick, Fisheries Res. Board of Canada, Biol. Stat. The incidence of nematodes in the fillets of small cod from Lockeport, Nova Scotia, and the Southwestern Gulf of St. Lawrence. **(Der Nematodenbefall im Filet kleiner Kabeljau von Lockeport, Nova Scotia, und dem südwestlichen Golf von St. Lawrence.)** J. Fisheries Res. Board Canada **16** (1959) Nr. 2. S. 213–221. — 2 Abb., 2 Tab., 7 Lit. 6750.

Ljubarskaja, O. D.; Kasan, Univ., Lehrstuhl für Zool. der Wirbellosen. O zaražennosti ryb plerocerkoidom Diphyllobothrium latum (Linne, 1758) v severnom otroge Kujbyševskogo vodochranilišča. **(Über den Befall der Fische des nördlichen Ausläufers des Kuibyschew-Staubeckens mit Diphyllobothrium latum.)** Zoologičeskij žrnal, Moskva **41** (1962) Nr. 4. S. 628–629. — 1 Tab., 8 Lit. Zus. in Engl.

Das sauerstoffreiche, warme und nur langsam fließende Wasser der Stauseen bietet den Copepoden — Zwischenwirten von *Diphyllobothrium latum* — die günstigsten Lebensbedingungen. 1 m³ Wasser des Kuibyschew-Stausees enthielt 1957 24 500 und 1959 52 800 Copepoden. Durch die hohe Anzahl der Zwischenwirte begünstigt, ist der Befall der Hechte (*Esox lucius*) mit Plerocercoiden des Grubenkopfbandwurmes sehr angestiegen. Bei 27 von 62 untersuchten Hechten konnten 1–6 Vollfinnen pro Fisch vorwiegend im Fett (85,2%) und in der Bauchhöhle (18,5%) festgestellt werden. Zum Winter verringert sich die Anzahl der befallenen Fische. A. Kozianowski. 6750.

Watson, N. H. F. und Price, J. L.; London, Ontario, Fisheries Res. Board of Canada, Biol. Stat. Experimental infections of cyclopid copepods with Triaenophorus crassus Forel and T. nodulosus (Pallas). **(Experimentelle Infektion von Cyclopiden mit Triaenophorus crassus und T. nodulosus.)** Canad. J. Zool. **38** (1960) Nr. 2. S. 345–356. — 6 Tab., 12 Lit. 6750.

Kulakovskaja, O. P. (Kulakowskaja, O. P.); Lwow, Museum für Naturkunde der Akad. der Wiss. der Ukrain. SSR. Novyj rod i vid gvozdičnika Breviscolex orientalis (Caryophyllaeidae, Cestodes) iz ryb bassejna Amura. **(Neue Art und Gattung des Bandwurms Breviscolex orientalis [Caryophyllaeidae, Cestodes] aus Fischen des Amur-Beckens.)** Doklady Akademii nauk SSSR, Moskva **143(30)** (1962) Nr. 4. S. 1001–1004. — 2 Abb., 5 Lit.

Bei der Bearbeitung des im Rahmen einer Forschungsarbeit über die Plattwurmfauna des Amurbeckens gesammelten Materials wurde im Darm von *Hemibarbus maculatus* und *Chilongobio czerskii* eine neue Bandwumart entdeckt, die den Namen *Breviscolex orientalis* erhielt. Die Länge der erwachsenen Parasiten beträgt 7–8 mm. Der Scolex ist klein und glatt. Die Hoden beginnen unmittelbar am Kopf, der Dottersack und die Dottergänge etwas unterhalb. Der Eierstock ist schmetterlingsartig gestaltet und hat eine Länge von 0,68–0,76 mm. Der mehrfach geschlungene Uterus enthält nur wenige ovale Eier. Die Muskulatur des Körpers ist sehr schwach entwickelt. A. Kozianowski. 6750.

Zdun, V. I. und Kulakovskaja, O. P. (Sdun, W. I. und Kulakowskaja, O.P.); Lwow, Museum für Naturkunde der Akad. der Wiss. der Ukrain. SSR. Cerkarioz ryb. **(Cercarienbefall bei Fischen.)** Zoologičeskij žurnal, Moskva **41** (1962) Nr. 5. S. 759–760. — 4 Lit. Zus. in Engl.

In mehreren Teichwirtschaften der USSR erkrankten öfters im Somme- (bei einer Wassertemperatur über 24 °C) die Karpfenbrut und die einsömmrigen Karpfen (*Cyprinus carpio*) an einer schwer zu diagnostizierenden symptomarmen Krankheit. Nähere Untersuchungen haben erwiesen, daß die Erkrankung der Jungkarpfen durch Massenbefall mit Trematodenlarven hervorgerufen wird, die in der warmen Jahreszeit in Scharen ihre Zwischenwirte (verschiedene Schneckenarten) verlassen und in die Haut der jungen Karpfen eindringen. Die Bekämpfung der Krankheit beschränkt sich ausschließlich auf das Trockenlegen oder die Desinfektion der Teichböden, wodurch die Zwischenwirte vernichtet werden. A. Kozianowski. 6750.

Manter, H. W. und Hanson Pritchard, Mary; Lincoln, Nebr., Univ. Some digenetic trematodes of eels of Hawaii. **(Einige digene Trematoden von Aalen aus Hawaii.)** J. Parasitology **46** (1960) Nr. 5. S. 651–658. — 16 Abb., 8 Lit. 6750.

Bank, Otto; Höchstadt/Aisch, Staatl. Lehr- und Versuchsanst. für Fischerei Starnberg, Außenstelle für Karpfenteichwirtsch. **Verfütterung des Leukomycins an BWS-kranke Karpfen.** Allg. Fischerei-Ztg. **87** (1962) Nr. 13. S. 383–385. — 5 Abb., 5 Lit.
Nicht selten kommt es im Spätsommer bei Satzfischen zu Geschwürbildungen. Um bis zur Herbstabfischung bzw. bis zur Winterung noch ein Abheilen zu erreichen oder wenigstens zu fördern, empfiehlt Vf. eine Verfütterung des Leukomycins (3 mg/K_2) durch Beimischung zum Futtermehl, da die Fische bes. zu dieser Zeit noch Futter aufnehmen. Das Leukomycin ist durch Alginate (Protan-Stabilisator) vor der Auslaugung im Teich zu bewahren. Sie werden im Verhältnis von 5% des Futterbreigewichtes beigeknetet. Eine Verfütterung des antibiotischen Mittels dürfte auch im zeitigen Frühjahr oder an warmen Wintertagen angezeigt sein, wenn die Fische fressen. Es sollte jedoch grundsätzlich nur an erkrankte Fischbestände verfüttert werden.
G. Merla. 6790.

Bishai, H. M.; Khartoum, Sudan, Univ., Fac. of Sci., Zool. Dep. The effect of hydrogen ion concentration on the survival and distribution of larval and young fish. **(Der Einfluß der Wasserstoffionen-Konzentration auf Überleben und Verbreitung von Fischlarven und Jungfischen.)** Z. wiss. Zool., Abt. A **164** (1960) Nr. 1/2. S. 107–118. — 78 Lit.
Grenzwerte im sauren Bereich (bei Verwendung von CO_2) sind für *Clupea harengus, Cyclopterus lumpus* und *Pleuronectes platessa* 6,49–6,6; 6,8 und 6,15 bis 6,5. *Salmo salar, S. trutta* und *S. trutta fario* können wenigstens 72 Std. lang bei 6 °C pH-Werte von 6,0–6,2 ertragen (bis zum Alter von 6–7 Wochen). *Salmo trutta fario* (54 Tage alt) hält 48 Std. lang einen pH-Wert von 5,8 aus. Im alkalischen Bereich (bei Verwendung von $NaHCO_3$) ist 9 der Grenzwert für Salmonidenbrut, während 10 letal wirkt. W. Steffens. 6805.

Stolk, A.; Amsterdam, Free Univ., Histol. Lab. Special condition of the interphase nucleus in normal and tumorous cells of fishes, amphibians and reptiles. I. **(Besonderheit des Interphasennucleus in normalen und Geschwulstzellen bei Fischen, Amphibien und Reptilien. 1. Mitt.)** Proc., Kon. nederl. Akad. Wetensch., Ser. C **61** (1958) Nr. 3. S. 395–416. — 12 Abb., 4 Tab., 87 Lit. 6820.

Stolk, A.; Amsterdam, Free Univ., Histol. Lab. Tumours of fishes. XXIII. Some cases of chromophobe adenoma in the viviparous cyprinodont Mollienisia velifera Regan. **(Geschwülste bei Fischen. 23. Mitt. Einige Fälle eines chromophoben Adenoms bei Mollienisia velifera.)** Proc., Kon. nederl. Akad. Wetensch., Ser. C **61** (1958) Nr. 3. S. 363–381. — 13 Abb., 34 Lit. 6820.

Stolk, A.; Amsterdam, Free Univ., Histol. Lab. Tumours of fishes. XXIV. Ocular melanoma in the characid Anoptichthys jordani Hubbs et Innes.

(Geschwülste bei Fischen. 24. Mitt. Augenmelanom bei Anoptichthys jordani.) Proc., Kon. nederl. Akad. Wetensch., Ser. C **61** (1958) Nr. 3. S. 382–394. — 10 Abb., 59 Lit. 23. Mitt. vgl. vorst. Titel. 6820.

Stolk, A.; Amsterdam, Free Univ., Histol. Lab. Tumours of fishes. XXVII. Guanophoroma in the characid Ctenobrycon spilurus (Valenciennes). **(Geschwülste bei Fischen. 27. Mitt. Guanophorom bei Ctenobrycon spilurus.)** Proc., Kon. nederl. Akad. Wetensch., Ser. C **62** (1959) Nr. 2. S. 155–162. — 11 Abb., 6 Lit. 24. Mitt. vgl. vorst. Titel. 6820.

Stolk, A.; Amsterdam, Free Univ., Histol. Lab. Tumours of fishes. XXVIII. Xanthophoroma in the oviparous cyprinodont Rivulus xanthonotus Ahl. **(Geschwülste bei Fischen. 28. Mitt. Xanthophorom bei Rivulus xanthonotus.)** Proc., Kon. nederl. Akad. Wetensch., Ser. C **62** (1959) Nr. 2. S. 163–171. — 12 Abb., 8 Lit. 27. Mitt. vgl. vorst. Titel. 6820.

Scott, D. M. und Fisher, H. D.; St. Andrews, New Brunswick, Fisheries Res. Board of Canada, Biol. Stat. Incidence of a parasitic ascarid, Porrocaecum decipiens in the common porpoise, Phocoena phocoena, from the lower Bay of Fundy. **(Befall von Phocoena phocoena aus der Fundy-Bucht mit dem parasitischen Ascariden Porrocaecum decipiens.)** J. Fisheries Res. Board Canada **15** (1958) Nr. 1. S. 1–4. — 1 Tab., 7 Lit. 6821.

G. FISCHVERARBEITUNG

Mann, H.; Hamburg, Inst. für Küsten- und Binnenfischerei. **Der Anteil des Eßbaren bei Karpfen, Schleien und Forellen.** Fischwirt **9** (1959) Nr. 11. S. 313 bis 318. — 2 Abb., 3 Tab., 10 Lit. 6825.

Gutschow, W.; Rostock-Marienehe, Inst. für Hochseefischerei und Fischverarb., Abt. Fischverarb. **Auftauverfahren der Gegenwart und Zukunft.** Fischereiforschung **4** (1961) Nr. 6/7. S. 4–10. — 10 Abb.
In der Vorratshaltung der Fischwirtschaft werden, um Schwankungen im Fangaufkommen ausgleichen zu können, die tiefgefrorenen Fische immer wichtiger. Aus diesem Grunde werden die Möglichkeiten zur Verbesserung des Auftauvorganges untersucht. Es wurden verschiedene Verfahren des Auftauens mittels Wasser untersucht, wobei sich „das Auftauen von gefrorenen, aus den Transportkisten herausgenommenen Fischen mittels Wasserberieselung (Block aus geforenen Fischen auf einer schmalen Seite hochkant stehend)" als das günstigste erwies. F.-K. Löwe. 6830.

Bauer, O. und Seumenicht, K.; Bonn, Bundesmin. für Ernähr., Landwirtsch. und Forsten. **Die Verarbeitung von Seefischen, Schal- und Krustentieren.** Jber. dtsch. Fischwirtsch. **1960** (hrsg. 1961) S. 265–283. — 2 Abb., 7 Tab.
Obwohl die Erträge der westdeutschen Fischerei 1960 erheblich zurückgingen, konnte die Fischindustrie ihren Rohwarenbedarf im wesentlichen durch Importe decken. Die Menge an Frischhering für den menschlichen Verbrauch lag nur 14000 t unter der Menge für 1959. Salzhering wurde ebenfalls etwas weniger als im Vorjahr produziert. Die Konserven- und Frostfischproduktion stieg an, währen die Marinadenproduktion zurückging. Die Fischmehlproduktion ging dagegen ganz erheblich zurück. Bes. war dies bei Heringsmehl der Fall. G. Predel. 6850.

Crean, P. B.; Halifax, Nova Scotia, Fisheries Res. Board of Canada, Technol. Stat. The partial desalting of salted cod. **(Die teilweise Entsalzung von gesalzenem Kabeljau.)** J. Fisheries Res. Board Canada **18** (1961) Nr. 5. S. 845 bis 850. — 2 Abb., 1 Tab., 3 Lit.
Es wurden die Möglichkeiten zur Entsalzung von stark gesalzenem Kabeljau (*Gadus morhua*) untersucht, um ein vorteilhaftes Verfahren für den praktischen Einsatz in der Fischerei zu finden. Dabei wurde von zwei verschiedenen

Methoden ausgegangen, die jedoch beide darauf beruhten, das Salz durch Süßwasser aus dem Fischfleisch herauszulösen. Der Salzgehalt konnte je nach den Versuchsbedingungen innerhalb von 24 Std. von 16,2–17,0% auf 1,1–5,6% gesenkt werden. Der Wassergehalt stieg demgegenüber in der gleichen Zeit von 49,8–52,2% auf 69,8–73,5% an. K. Anwand. 6850.

Cardin, A., Bilinski, E., Maltais, F., Bordeleau, M. A. und Laframboise, A.; Grande-Rivière, Quebec, Fisheries Res. Board of Canada, Technol. Stat. Chemical characteristics of salted cod. **(Chemische Charakteristika des gesalzenen Kabeljau.)** J. Fisheries Res. Board Canada 18 (1961) Nr. 5. S. 851 bis 858. – 4 Abb., 1 Tab., 16 Lit.
Die chem. Zusammensetzung von gesalzenem Kabeljau (*Gadus morhua*) wurde in 3 × 50 Proben analysiert. Es handelte sich um Kabeljau, der stark, mittel und schwach gesalzen war. Die Untersuchungsergebnisse waren folgende:

	Kabeljau		
	stark gesalzen	mittelstark gesalzen	schwach gesalzen
Alle flüchtigen Säuren[1])	1,85	6,49	9,66
Trimethylamin[2])	0,31	1,66	1,95
Ammonium[2])	0,88	1,35	1,76
Freie α-Aminosäuren[2])	2,01	2,50	2,82
NaCl[3])	35,8	26,7	19,6

[1]) in 1/100n NaOH/g NaCl-freie Tr.-Subst. — [2]) in mg/g NaCl-freie Tr.-Subst. [3]) in % der Tr.-Subst. K. Anwand. 6850.

Brandenburg, W.; Rostock-Marienehe, Inst. für Hochseefischerei und Fischverarb., Abt. Fischverarb. **Fischverarbeitungsmaschinen im Bordbetrieb.** Fischereiforschung 4 (1961) Nr. 5. S. 6–13. – 14 Abb., 1 Tab., 3 Lit.
Vf. berichtet über den neuesten Stand der Entwicklung von Fischverarbeitungsmaschinen, die für den Bordbetrieb in Frage kommen. Alle techn. Daten werden in einer Tab. zusammengefaßt. An Bord eignet sich weiterhin das Kontakt-Gefrierverfahren mit Platten-Gefrierschränken. Eine moderne Fischabfall-, Preßwasser- und Leberverarbeitungsanlage wird beschrieben und durch ein Schema erläutert. F.-K. Löwe. 6850.

Redaktionsschluß: 18. 1. 1963

EIN VOLLSTÄNDIGER ODER GEKÜRZTER ABDRUCK DER REFERATE IST OHNE GENEHMIGUNG DER REDAKTION UND DES VERLAGES VERBOTEN!

Herausgeber: Deutsche Demokratische Republik · Deutsche Akademie der Landwirtschaftswissenschaften zu Berlin, Institut für Landwirtschaftliche Information und Dokumentation, Berlin W 8, Krausenstraße 38/39; Fernsprecher: 22 51 61. Chefredakteur: Dr. Ursula Wittbrodt, stellvertretender Chefredakteur: Dr. Werner Kleeberg, Berlin W 8, Krausenstraße 38/39; Fernsprecher: 22 51 61. Redaktion der Abteilung III – Tierzucht · Tierernährung · Fischerei: Dr. Hans Dieter Hennig, Dr. habil. Bernhard Piatkowski und Dr. Werner Steffens, Berlin W 8, Krausenstraße 38/39; Fernsprecher: 22 51 61. Verlag: Akademie-Verlag GmbH, Berlin W 8, Leipziger Straße 3–4; Fernsprecher: 22 04 41, Telex-Nr. 011773, Postscheckkonto: Berlin 350 21. Bestellnummer dieses Heftes: 1030 III – VIII/4. Das Landwirtschaftliche Zentralblatt, Abt. Tierzucht · Tierernährung · Fischerei, erscheint monatlich. Einzelheft DM 20,–; einseitig bedruckte Ausgabe DM 24,–. Jahresbezugspreis DM 240,–; einseitig bedruckte Ausgabe DM 288,– einschl. Register, zuzüglich Porto- und Versandkosten. Gesamtherstellung: VEB Druckerei „Thomas Müntzer“ Bad Langensalza. Veröffentlicht unter der Lizenznummer 1290 des Presseamtes beim Vorsitzenden des Ministerrates.

EKKEHARD WIESNER

Beziehungen zwischen Menge und Zusammensetzung des Serumeiweißes und der Leistung und Körperform bei Kühen des Schwarzbunten Niederungsrindes

(Wissenschaftliche Abhandlungen der Deutschen Akademie der Landwirtschaftswissenschaften zu Berlin, Nr. 28)

82 Seiten — 26 Abbildungen — 59 Tabellen — gr. 8° — DM 11,—

In der Arbeit wird der Versuch unternommen, trotz der bisher negativen Untersuchungen am morphologischen Blutbild Korrelationen zu finden zwischen dem Gesamteiweißgehalt des Serums und den einzelnen Eiweiß-Unterfraktionen einerseits und der Leistung und über diesen Umweg der Konstitution andererseits. Dieser Versuch wurde gewagt, weil zwischen Serumeiweiß und Leistung bzw. Konstitution sicherlich ein engerer Zusammenhang besteht, als zwischen morphologischem Blutbild und Konstitution. Das Wesentlichste dieser umfangreichen massenstatistischen Untersuchungen war, daß die Gruppen der Rinder mit einer Gamma-Globulinvermehrung jeweils die höchste Leistung erzielten und die Ergebnisse mathematisch-statistisch gesichert werden konnten. Auch zwischen den Globulinfraktionen und dem Körperbau zeigten sich gewisse Korrelationen.

Bestellungen durch eine Buchhandlung erbeten

A K A D E M I E - V E R L A G · B E R L I N

32404

CLEMENS KLITSCH

Die Futterfrage in Mitteldeutschland

Ein Beitrag zu ihrer Lösung

(Wissenschaftliche Abhandlungen der Deutschen Akademie der Landwirtschaftswissenschaften, Nr. 25)

156 Seiten — 18 Abbildungen — 36 Tabellen — gr. 8° — DM 15,—

In den 5 Kapiteln: Fütterung im Milchviehstall, mengen- und flächenmäßiger Futterbedarf auf Grund von ausgeglichenen Tagesrationen, anbautechnische Schwerpunkte, Vorfrucht- und Kulturwert der nichthülsenfrüchtigen Zwischenfrüchte, Gärraumbedarf und Ausweichmöglichkeiten in der Behälterfrage, wird der mitteldeutsche Futterbau behandelt.

Der Verfasser hat hier vor allem die Absicht, die leistungsmäßige Benutzung einer in der Eiweiß-Stärkewert-Beziehung ausgeglichenen Fütterung nachzuweisen. Danach soll sich der betriebsgebundene Futterbau nach Maß und Zahl richten. Futterbauliche Einzelheiten werden bewußt vermieden, der Hauptwert wird auf eine Gesamtschau gelegt, die darauf hinweist, durch guten Futterbau höchste tierische Leistungen zu erreichen. Besonders wertvoll sind die tabellarischen Zusammenstellungen des mengen- und flächenmäßigen Bedarfs für die unterschiedlichen Futterbaugebiete.

Nur der ist Meister im Futterbau, der bei hoher Leistung sein Vieh aus der kleinsten Fläche vollwertig ernährt.

Bestellungen durch eine Buchhandlung erbeten

A K A D E M I E - V E R L A G · B E R L I N

Bei Fragen zur Produktsicherheit wenden Sie sich bitte an:
If you have any questions regarding product safety,
please contact:

Walter de Gruyter GmbH
Genthiner Straße 13
10785 Berlin
productsafety@degruyterbrill.com